5.12.97
30.- DM

Christian Wagner

WIE FUNKTIONIERT DAS?

DIE ENERGIE

NACHSCHLAGEWERKE
AUS MEYERS LEXIKONVERLAG:

Meyers Enzyklopädisches Lexikon
in 25 Bänden

Meyers Großes Universallexikon
in 15 Bänden

Meyers Großes Standardlexikon
in 3 Bänden

Meyers Großes Handlexikon

Meyers Großes Taschenlexikon
in 24 Bänden

Meyers Taschenlexikon
in 10 Bänden

Meyers Taschenlexikon
in 2 Bänden

Meyers Taschenlexikon Biologie
in 3 Bänden

Meyers Taschenlexikon Geschichte
in 6 Bänden

Meyers Taschenlexikon Musik
in 3 Bänden

Meyers Handbücher
der großen Wissensgebiete

Meyers Kleine Lexika

Meyers Enzyklopädie der Erde
in 8 Bänden

Meyers Naturführer

Die Erde: Meyers Großkarten-Edition

Meyers Großer Weltatlas

Meyers Neuer Weltatlas

Meyers Universalatlas

Wie funktioniert das?

Meyers Jugendlexikon

Meyers Kinder-Sachbücher

Meyers Jahresreport

»Schlag nach!«

WIE FUNKTIONIERT DAS?

DIE ENERGIE

Herausgegeben und bearbeitet
von der Redaktion
Naturwissenschaft und Medizin
des Bibliographischen Instituts
unter der Leitung von
Karl-Heinz Ahlheim

MEYERS LEXIKONVERLAG
Mannheim/Wien/Zürich

140 zweifarbige Schautafeln
145 Textseiten
zahlreiche Tabellen
Literaturverzeichnis
9 Registerseiten

CIP-Kurztitelaufnahme der Deutschen Bibliothek
Wie funktioniert das? Die Energie
Erzeugung, Nutzung, Versorgung/hrsg. u. bearb. von d. Red. Naturwiss. u. Medizin d. Bibliogr. Inst. unter d. Leitung von Karl-Heinz Ahlheim.
Mannheim; Wien; Zürich: Bibliographisches Institut, 1983.
ISBN 3-411-02375-9
NE: Ahlheim, Karl-Heinz [Hrsg.]; Die Energie

Satz: Bibliographisches Institut AG (DIACOS Siemens) und Mannheimer Morgen Großdruckerei und Verlag GmbH
Druck: Zechnersche Buchdruckerei, Speyer
Einband: Klambt-Druck GmbH, Speyer
Printed in Germany
ISBN 3-411-02375-9

Vorwort

Energie ist ein Grundphänomen unseres Lebens. Sie spielt eine ebenso bedeutsame Rolle für die Aufrechterhaltung der Lebensvorgänge in den Zellen wie für das Funktionieren großtechnischer Abläufe in der Industrie. Ohne Energie geht nichts!
Das vorliegende Buch beschäftigt sich mit allen Aspekten der Energie. Der Leser wird auf gegenüberliegenden Text- und Bildseiten systematisch in die Lage versetzt, Energie in all ihren vielfältigen Erscheinungsformen und technischen Anwendungen zu begreifen; Schlagworte hierzu sind: das Wesen der Energie, Energiearten, physikalische Energetik, Energieumwandlungen, Energietransport, Energiebereitstellung, Energieverteilung. Darüber hinaus werden die Themenkreise Energiewirtschaft, Energieplanung, Energieprognosen, Energiepolitik sowie Energie und Umwelt behandelt. Das Kernstück des Buches bildet eine Vielzahl „konkreter" Kapitel, die drei Schwerpunktbereiche betreffen: 1. die nichtregenerativen (also erschöpflichen) fossilen Energieträger Kohle, Erdöl und Erdgas; 2. die für uns immer wichtiger werdenden regenerativen (also unerschöpflichen) Energiequellen Sonne, Wasser, Wind, Erdwärme und Biomasse; 3. die Kernenergie mit ihren Besonderheiten und ihrer Problematik.
Ein ausführliches alphabetisches Stichwortregister erleichtert die Handhabung des Buches. Ein weiterführendes Literaturverzeichnis bietet dem interessierten Benutzer die Anregung, sich eingehend über spezifische Fragen des Energiekomplexes zu informieren.
„Wie funktioniert das? – Die Energie" ist ein umfassendes und anschauliches, systematisch geordnetes Lesebuch, das für das Verständnis der Energieprobleme unserer Zeit unentbehrlich ist.

Mannheim im Herbst 1983 — Verlag und Herausgeber

Wissenschaftliche Koordination:

Dipl.-Ing. Helmut Kollmann, Dipl.-Wirtsch.-Ing. Werner Huber, Dipl.-Wirtsch.-Ing. Max Pohlmann

Wissenschaftliche Mitarbeit:

(Sämtliche Autoren sind Mitarbeiter der Programmgruppe Systemforschung und technologische Entwicklung der Kernforschungsanlage Jülich GmbH)
Dipl.-Wirtsch.-Ing. Harald Allhorn, Dipl.-Ing. Ulf Birnbaum, Dip.-Ing. Jörg Bostel, Dr. rer. nat. Friedhelm Drepper, Dipl.-Ing. Klaus Düring, Dr.-Ing. Hans-Günter Eickhoff, Dr. rer. nat. Edgar Geißler, Prof. Dr.-Ing. Ulf Hansen, Dipl.-Phys. Rainer Heckler, Dr. rer. pol. Tilo Hildebrandt, Dr. rer. nat. Eckhard Höpfinger, Dipl.-Wirtsch.-Ing. Werner Huber, Dr.-Ing. Wolfgang Jaek, Dr.-Ing. Manfred Kleemann, Dr. rer. nat. Gerhard Kolb, Dipl.-Ing. Helmut Kollmann, Dr. rer. nat. Dag Martinsen, Dr.-Ing. Michael Meliß, Dipl.-Ing. Wolfgang Mönig, Dipl.-Ing. Michael Müller, Dr.-Ing. Detlef Orth, Dipl.-Ing. Michael Plewnia, Dipl.-Wirtsch.-Ing. Max Pohlmann, Dr.-Ing. Stefan Rath-Nagel, Dipl.-Ing. Heinz Riemer, Dipl.-Ing. Dirk Sievert, Dr.-Ing. Johannes Schmitz, Dr.-Ing. Hans-Paul Schwefel, Dipl.-Ing. Wilhelm Terhorst, Dr. rer. nat. Reinhard Uhlemann, Dipl.-Geol. Heinz Vos, Dr.-Ing. Hermann-Josef Wagner, Dr. rer. nat. Manfred Walbeck, Dipl.-Math. Peter Wensierski

Redaktionelle Bearbeitung:

Hans-Heinrich Müller, Dipl.-Math. Hermann Engesser, Kurt Dieter Solf

Graphische Gestaltung:

Dieter Kneifel

Bildquellenverzeichnis:

DFVLR Deutsche Forschungs- und Versuchsanstalt für Luft- und Raumfahrt e.V., Köln. – KFA Kernforschungsanlage Jülich GmbH. – KWU Kraftwerk Union AG, Mülheim a.d. Ruhr. – M·A·N Maschinenfabrik Augsburg-Nürnberg AG, Augsburg. – MBB Messerschmitt-Bölkow-Blohm GmbH, Ottobrunn. – RWE Rheinisch-Westfälisches Elektrizitätswerk AG, Essen.

Inhalt

Was ist Energie?

Der physikalische Energiebegriff ist eng verknüpft mit der *Arbeit,* die im menschlichen Alltag und in der technischen Praxis sehr vielgestaltig anfällt und auf vielerlei Weise verrichtet wird. Es kostet Arbeit, ein Gewicht zu heben, einen Werkstoff (etwa ein Blech) zu verformen, eine träge Masse (etwa ein Schwungrad) in Bewegung zu setzen, einen antriebslos rollenden Wagen oder einen gleitenden Körper durch Schieben oder Ziehen in Bewegung zu halten. In all diesen Fällen wird etwas wirksam, was man als *Arbeitsvermögen* bezeichnen kann, was aber heute unter dem Namen *Energie* einen wesentlich größeren Bedeutungsumfang angenommen hat.

Die Einführung der Bezeichnung „Energie" in die Physik geht wohl auf Th. Young (um 1800) zurück, der sie allerdings noch in einem rein mechanischen Zusammenhang gebrauchte. Die Modellvorstellungen und Begriffe der Mechanik sind ja bis zur Gegenwart lebendig und nützlich geblieben, obwohl wir inzwischen gelernt haben, daß sich Energie auch in Form elektromagnetischer Wellen durch den leeren Raum übertragen und zur Erzeugung neuer Elementarteilchen einsetzen läßt.

Die Mechanik lehrt, daß die verschiedenen Tätigkeiten und Mühen, die man gemeinhin als Arbeit bezeichnet und die in den angeführten Beispielen bereits weitgehend typisiert sind, miteinander verglichen werden können. Sie gibt auch einen objektiven Maßstab dafür an. *Arbeit im Sinne der Mechanik* bewirkt nämlich Ortsveränderungen der Materie und erfordert dazu einen Kraftaufwand in der Verschiebungs- bzw. Deformationsrichtung. Das Maß für die Arbeit ist das Produkt beider Bestimmungsgrößen. Der allgemeinen Meßvorschrift, die vereinfacht durch die Merkregel „Arbeit ist gleich Kraft mal Weg" wiedergegeben wird, liegt ein reiches Beobachtungsmaterial, auch quantitativer Art, zugrunde. Die physikalische Größe Arbeit hat mit sehr Realem zu schaffen; es steckt mehr dahinter als Definition oder formale Rechenanweisung.

Eine mechanische Vorrichtung, die eine Arbeitsleistung erfährt, kann dadurch die Fähigkeit erlangen, ihrerseits Arbeit zu verrichten, so z. B. die durch Arbeitsaufwendung gespannte Feder oder das angehobene Gewicht beim Antrieb eines Uhrwerks. Die Anordnung verliert diese Fähigkeit nach Maßgabe der von ihr erbrachten Arbeit; die Feder entspannt sich bei Arbeitsleistung, das Gewicht sinkt ab. Hierbei verhält sich die Arbeit offenbar wie eine lieferbare und beziehbare Ware, und als solche kann sie zumindest teilweise gespeichert, wiedergewonnen und weiterverwendet werden.

Nun bewirkt Arbeit im allgemeinen nicht nur Ortsveränderungen der Materie, also mechanische Zustandsänderungen, sondern auch thermische, elektrische, chemische u. a. Zustandsänderungen. Beim Bohren, Fräsen, Feilen beobachtet man starke Hitzeentwicklung, beim Reiben von Kunststoffen elektrische Aufladung, die sich unter Funkensprühen abbaut, so daß Knistergeräusche und Leuchterscheinungen auftreten; eine chemische Reaktion wird im Zündholzkopf ausgelöst, wenn man ihn über die Reibfläche führt. Umgekehrt kann eine physikalische Anordnung, die thermische, elektrische, chemische Zustandsänderungen erfährt, aus sich heraus Arbeit leisten: Die Ausdehnung gefrierenden Wassers läßt Flaschen und Rohre aufplatzen. Bei der Entladung eines Kondensators über eine Magnetspule (Abb. 1 a) wird ein aufliegender Kurzschlußring in die Höhe geschleudert; ebenso ergeht es einem Geschoß nach Zündung des chemischen Treibsatzes (Abb. 1 b).

Der Energiebegriff ermöglicht es, derartige Vorgänge sehr generell darzustellen und die Arbeitsleistungen unter einem einheitlichen Bilanzprinzip zu betrachten. Zugrunde liegt die Vorstellung, daß Energie eine unzerstörbare, gleichsam abstrakte Substanz ist, die zwar in vielen Erscheinungsformen auftritt, aber jeder Art von Arbeit gleichwertig ist. Eine Arbeit von der Größe A verrichten heißt demnach: eine äquivalente Menge Energie nutzen, um bestimmte physikalische Zustandsänderungen zu bewirken. Die eingesetzte Energie wird dabei nicht verbraucht, sondern allenfalls in eine andere Form umgewandelt: mechanische Energie der Bewegung z. B. in die bei der Reibung entstehende Wärme.

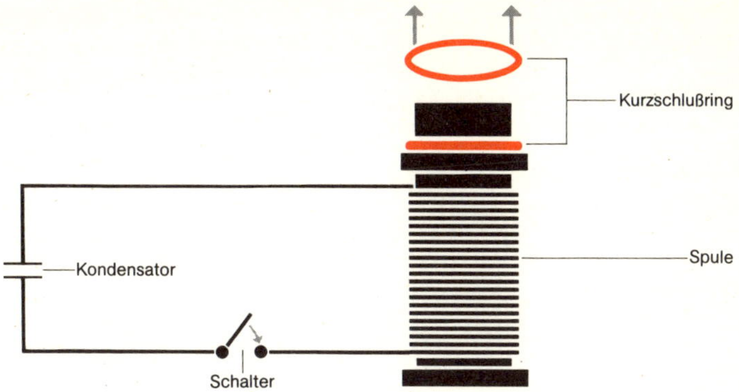

Abb. 1a Die plötzliche elektrische Entladung eines Kondensators über eine Spule hebt einen Kurzschlußring

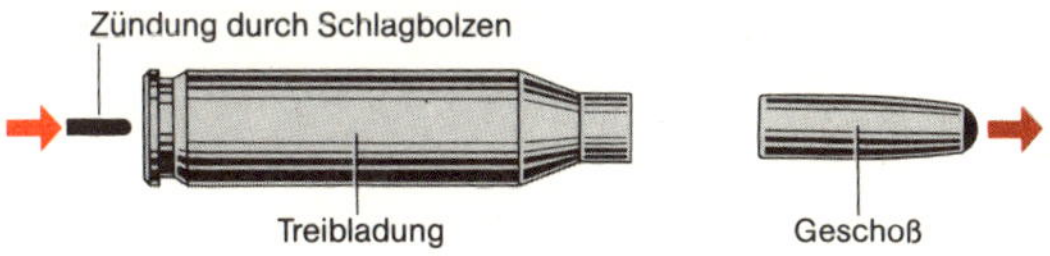

Abb. 1b Die Zündung der chemischen Treibladung einer Patrone treibt das Geschoß heraus

Energieumsetzung	Arbeitsleistung	Energieinhalt von S
Energie ΔE wird zugeführt → S	$A_z = \Delta E$ an S	steigt von E auf $E + \Delta E$
← Energie ΔE wird abgeführt S	$A_v = \Delta E$ von S	fällt von E auf $E - \Delta E$

Abb. 2a Die Änderung des Energiezustandes eines physikalischen oder technischen Systems S

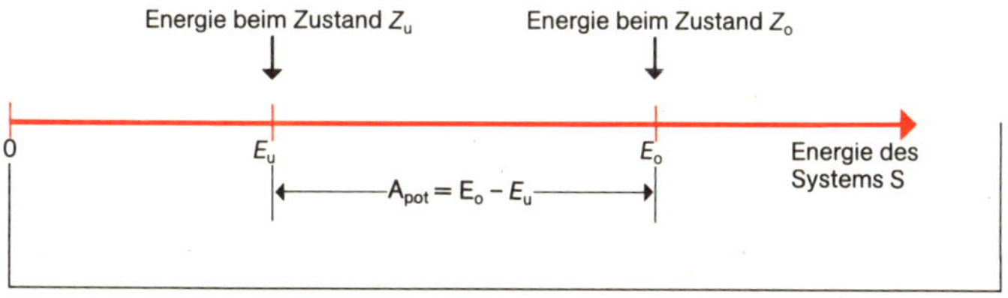

Abb. 2b Das potentielle Arbeitsvermögen A_{pot} eines Systems S bei einer Zustandsänderung

Einem System kann Energie zugeführt und entnommen werden, wobei sich sein Energieinhalt E um die zu- bzw. abgeführten Energiemengen $\pm \Delta E$ ändert (Abb. 2a). Als System wird hier ganz allgemein irgendeine Anordnung physikalischer Objekte bezeichnet. In diesem Sinne stellt etwa ein Gebäude samt Installation ein System dar. Andere Beispiele sind die elektrische Batterie, der Dampfkessel, das Pendel, ein Kraftwerk oder auch ein Atom. Eine an einem System geleistete Arbeit A_z bewirkt eine Energiezufuhr $\Delta E = + A_z$ zum System. Wenn ein System die Arbeit A_v verrichtet, vermindert sich sein Energieinhalt E um $\Delta E = A_v$.

Der energetische Zustand eines Systems (Abb. 2b) ist ungeachtet der jeweils vorliegenden Energieformen ausschließlich durch seinen Energieinhalt gekennzeichnet; dessen Arbeitsvermögen hingegen hängt davon ab, inwieweit es möglich ist, das System aus dem vorliegenden, noch durch andere Realitäten bedingten Zustand Z_0 der Energie E_0 heraus in einen Zustand Z_u mit dem niedrigeren Energieinhalt E_u zu überführen. Diese Möglichkeit kann durch physikalische, durch technische und durch wirtschaftliche Umstände eingeschränkt werden.

Im Prinzip jedoch sind alle bislang entdeckten Erscheinungsformen der Energie (mechanische, thermische, elektrische, magnetische, elektromagnetische, chemische, nukleare Energie) äquivalent, und sie lassen sich quantitativ ineinander umwandeln. Energie kann dabei weder geschaffen noch vernichtet werden. Dieser Sachverhalt ist empirisch im breitestmöglichen Umfang abgesichert. Darauf gründet sich der *Satz von der Erhaltung der Energie,* der als universelles Prinzip alle Gebiete der Naturwissenschaft beherrscht: In einem abgeschlossenen System bleibt die Gesamtenergie über alle internen Zustandsänderungen hinweg konstant. Selbstverständlich kann der Satz keine Gültigkeit für bislang unbekannte Energieformen beanspruchen. Aber auch dann, wenn man ihn nur als „vorläufige" Arbeitshypothese bei der Beobachtung neuer Phänomene heranzog, wurde seine außerordentliche Zuverlässigkeit immer bestätigt. Es gibt noch kein ernsthaftes Indiz gegen den Energiesatz.

Historisch hat sich der Energiebegriff allmählich im praktischen Umgang mit Arbeitsmaschinen entwickelt. Bereits die Ingenieure des Altertums setzten Maschinen wie Hebel und Flaschenzug ein, mit denen sie die Muskelkraft um ein Vielfaches verstärken konnten. Bekannt war ihnen auch schon eine spezielle Version des Energiesatzes, die *goldene Regel der Mechanik:* Was an Kraftaufwand gespart wird, ist als Mehrweg aufzubringen. Wenn z. B. ein Gewicht G um die Strecke h anzuheben ist, muß man bei der einfachen Rolle (Abb. 3a) das Seilende mit der Kraft $F_s = G$ um das Stück $s = h$ anziehen, bei der doppelten Rolle (Abb. 3b) nur mit der Kraft $F_s = G/2$, jedoch um das Stück $s = 2h$. Die Kraft F_s, die imstande ist, das Gewicht G über den längeren Weg s der schiefen Ebene auf die Höhe h zu befördern (Abb. 4), reduziert sich auf $G \cdot h/s$. In allen Fällen führt die obige Meßvorschrift auf den Wert $G \cdot h$ für die Arbeit. Mit mechanischen Vorrichtungen kann offenbar Kraft gewonnen, Arbeit aber nicht eingespart werden.

Die Idee eines *Perpetuum mobile,* einer Maschine, die letzten Endes Arbeit aus sich heraus immerfort leisten und abgeben könnte, hat Generationen unglücklicher Erfinder bis auf den heutigen Tag beflügelt, obwohl bereits im Jahre 1775 die Pariser Akademie beschloß, Vorschläge zur Konstruktion eines Perpetuum mobile nicht mehr zu prüfen. Längst war nämlich der generelle Nachweis erbracht, daß nach rein mechanischen Prinzipien eine derartige Konstruktion unmöglich ist.

Die fundamentale Bedeutung des Energieprinzips für alle Gebiete der Physik wurde erst im Laufe des 19. Jahrhunderts erkannt, obwohl die Ansätze dazu bereits bei G. Galilei, W. Leibniz und Ch. Huygens vorhanden sind. Die Äquivalenz von Wärme und mechanischer Energie hat Robert Mayer um 1842 als erster ausgesprochen, wobei er sich gleichzeitig für ein noch allgemeineres Energieprinzip einsetzte. Die wissenschaftlichen Grundlagen dazu wurden in der Folge vor allem durch H. von Helmholtz, J. P. Joule, Lord Kelvin, W. J. M. Rankine und R. Clausius geschaffen.

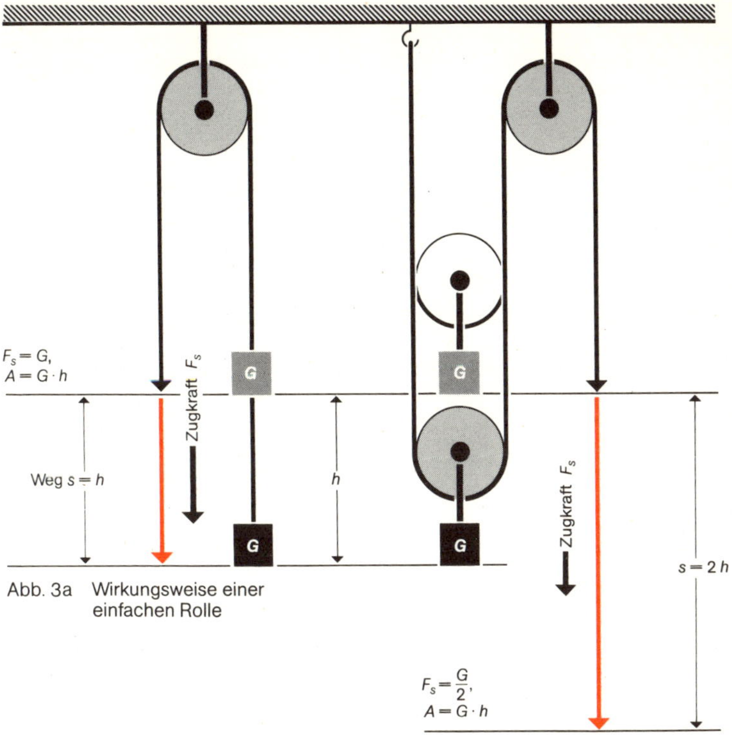

Abb. 3a Wirkungsweise einer einfachen Rolle

Abb. 3b Wirkungsweise einer doppelten Rolle

Abb. 4 Die schiefe Ebene reduziert die zum Heben eines Gewichts G aufzuwendende Kraft auf eine Schubkraft vom Betrage $F_s = G \cdot \sin \alpha$; die zu leistende Arbeit bleibt $A = G \cdot h$

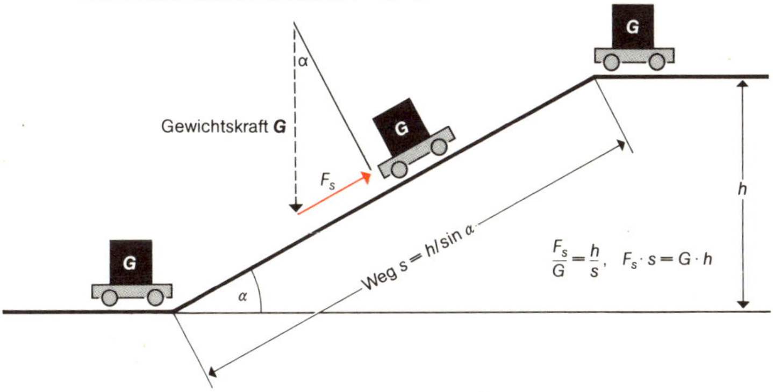

Wofür wird Energie gebraucht?

Energie ist nicht nur Grundlage aller Lebensvorgänge, sie ist auch Voraussetzung aller technischen und wirtschaftlichen Aktivitäten und trägt zum Gestalten humaner Lebensbedingungen entscheidend bei. Mit dem Aufkommen von Maschinen konnte Muskelkraft durch *Maschinenarbeit* ersetzt werden, was zur Folge hatte, daß bei verringertem Körpereinsatz sich die Lebensbedingungen verbesserten und der Prozeß des arbeitsteiligen Wirtschaftsablaufs einsetzte. Dieser Substitutionsprozeß führte zugleich zu erhöhter Nachfrage nach Energieträgern, die in die benötigten Energieformen umgewandelt wurden. Holz, Wind, Wasser, Steinkohle, Erdöl, Erdgas und Kernenergie wurden in dieser Reihenfolge nutzbar gemacht.

Der Prozeß der Wirtschaftsentwicklung ist weltweit sehr unterschiedlich verlaufen und hat dazu geführt, daß der *Primärenergieverbrauch* (s. Tabelle) in Industrieländern sehr viel höher – pro Kopf der Bevölkerung im Mittel jährlich bis zu 28,5 kg Steinkohleneinheiten (SKE) – als in Entwicklungsländern ist, wo in einigen Fällen (z. B. Haiti, Jemen) weniger als 0,5 kg SKE pro Kopf zur Verfügung stehen.

In einem hochindustrialisierten Land wie der *BR Deutschland* wird Energie heute für drei Energiedienstleistungsbereiche eingesetzt, nämlich zur Erzeugung von:

1. *Raumwärme* zum Heizen bzw. Klimatisieren (1981 rund 35 % des Endenergiebedarfs);
2. *Prozeßwärme,* die als Produktionswärme in Industrie und Gewerbe gebraucht wird und mit der in den Haushalten gekocht und Heißwasser bereitet wird (34 %).
3. *Licht* und *Energie für mechanische und nachrichtentechnische Zwecke* (31 %).

Aus dem *Energieflußbild* der BR Deutschland (s. Abb.) können die *Primärenergiestruktur* und die sich aus der Energiedienstleistung ergebenden Anteile der Wirtschaftssektoren an der *Endenergie* entnommen werden:

Private Haushalte verbrauchten 1981 rund 26 % des gesamten Endenergiebedarfs von 246,4 Mill. t SKE oder 7,221 EJ (= $7{,}221 \cdot 10^{18}$ J), also rund 64 Mill. t SKE oder 1,88 EJ. Aus nutzungsorientierter Sicht entfielen davon auf Raumheizung 80 % und auf Prozeßwärme 14 %. Für Licht, Radio und Fernsehen sowie für Antriebe wurden dagegen nur 6 % eingesetzt. Die Anteile der Endenergieträger betrugen dabei: Heizöl 48 %, Gase 24 %, Strom 16 %, feste Brennstoffe 9 %, Fernwärme 3 %.

Kleinverbraucher (Schulen, Krankenhäuser, Handel, Gewerbe, Selbständige, Landwirtschaft) benötigten rund 17 % des Endenergieverbrauchs, also 42 Mill. t SKE oder 1,23 EJ. Für Wärmezwecke wurden hier 80 % eingesetzt (58 % Raumheizung, 22 % Prozeßwärme), während auf Licht und Kraft 20 % entfielen. An Endenergieträgern wurden eingesetzt: Mineralölprodukte 51 %, Strom 22 %, Gase 19 %, Fernwärme 6 %, feste Brennstoffe 2 %.

Die *Industrie* mit einem Anteil von 34 % am Endenergieverbrauch (83,9 Mill. t SKE oder 2,46 EJ) wendete davon 76 % für die Erzeugung von Prozeßwärme auf, die zur Durchführung und Aufrechterhaltung chemischer Reaktionen und zur Verarbeitung von Stoffen diente. Raumheizung, Licht und Antriebsenergiebedarf machten rund 24 % aus. Folgende Energieträger wurden dafür eingesetzt: Gase 31 %, feste Brennstoffe 24 %, Mineralölprodukte 23 %, Strom 21 %, Fernwärme 1 %. Hauptverbraucher sind die Grundstoff- und Produktionsgüterbereiche (chemische Industrie, Eisen- und Stahlindustrie, Industrie der Steine und Erden, Papierindustrie).

Der *Verkehr* verbrauchte etwa 85 % seines 54 Mill. t SKE (= 1,59 EJ) betragenden 22%igen Anteils am gesamten Endenergiebedarf für Fahrleistungen des privaten Pkw-Verkehrs und des Lkw-Gütertransports; öffentliche Verkehrseinrichtungen (Bahnen, Busse), der Luftverkehr und die Binnenschiffahrt benötigten nur 15 %. Flüssige Treibstoffe deckten mit 97,5 % den Bedarf dieses Sektors fast allein ab.

Der *nichtenergetische Verbrauch,* d. h. der Primärenergieeinsatz zur Erzeugung von Produkten, die keine neue Energie darstellen (z. B. Kunststoffe, Düngemittel, Chemiefasern, Medikamente, Wärmedämmstoffe oder Farben), betrug 6,6 % des gesamten Primärenergieeinsatzes, also 24,6 Mill. t SKE oder 0,72 EJ. Zu 90 % wurden dazu Erdölprodukte eingesetzt.

Primärenergieverbrauch 1980

Region, Land bzw. Ländertyp	insgesamt in Mill. t SKE	insgesamt in EJ	pro Kopf im Mittel kg SKE	pro Kopf im Mittel GJ	pro Kopf und Tag kg SKE	pro Kopf und Tag MJ
weltweit	8 511	250,2	1 947	57,2	5,3	156
Industrieländer	4 781	140,6	6 013	176,8	16,5	484
Entwicklungsländer	1 001	29,4	458	13,5	1,3	37
Planwirtschaftsländer	2 729	80,2	1 965	57,8	5,4	158
Westeuropa	1 565	46,0	4 204	123,6	11,5	339
europ. Planwirtschaften	2 105	61,9	5 572	163,8	15,3	449
Nordamerika	2 615	76,9	10 394	305,6	28,5	837
Lateinamerika	425	12,5	1 162	34,1	3,2	94
Afrika	173	5,1	370	10,9	1,0	30
Naher Osten	152	4,5	1 123	33,0	3,1	90
*Ferner Osten**	744	21,9	544	16,0	1,5	44
asiat. Planwirtschaften	624	18,4	617	18,3	1,7	50
Australien/Ozeanien	103	3,0	4 514	132,7	12,4	364

Tab. Der Primärenergieverbrauch im Jahr 1980 (Quelle: United Nations, Statistical Yearbook 1979/80)
* ohne kommunistische Länder

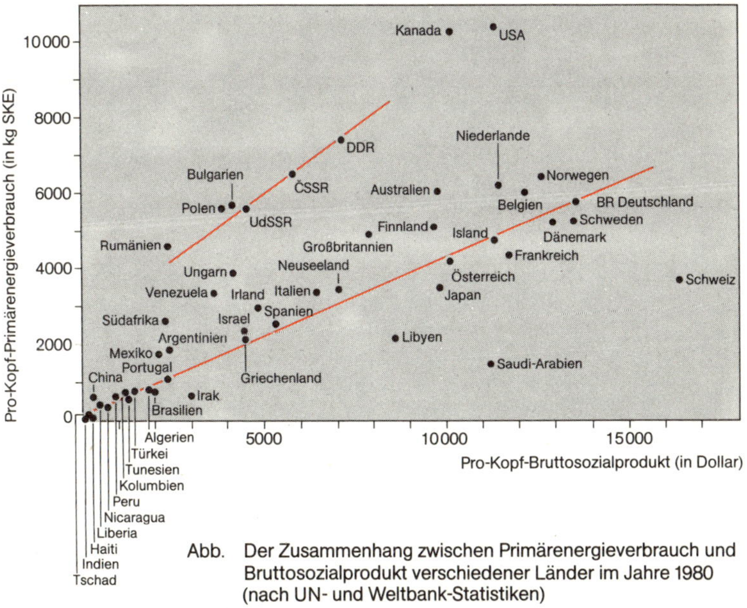

Abb. Der Zusammenhang zwischen Primärenergieverbrauch und Bruttosozialprodukt verschiedener Länder im Jahre 1980 (nach UN- und Weltbank-Statistiken)

Energie in Aktion – Kraft, Arbeit, Leistung

Energie wird u. a. benötigt, um Arbeit im Sinne der Mechanik zu verrichten, d. h. gegen widerstrebende Kräfte Ortsveränderungen der Materie zu bewirken. Damit derartige Änderungen zustande kommen, müssen hinreichend hohe Gegenkräfte aufgebracht werden. Der Begriff der *Kraft* ist unveräußerliches Erbe der Newtonschen Mechanik; er ist aber auch fundamental für andere Gebiete der Physik und für die Technik.

Kräfte erlebt als Muskelanspannung, wer massive Objekte zu bewegen versucht. Die in einem Angriffspunkt P wirkende Kraft $\boldsymbol{F}$ wird bildlich dargestellt als Pfeil, dessen Spitze die Angriffsrichtung der Kraft und dessen Länge ihre Stärke F kennzeichnet (Abb. 1a). Physikalisch wird sie z. B. als Zug realisiert, wenn man im Angriffspunkt mittels Rolle und Seil längs der Wirkungslinie l die Kraft angreifen läßt, die ein Gewicht $G = F$ im Schwerefeld der Erde erfährt (Abb. 1b). Gewichtsgeeichte Druckkräfte können im Prinzip über Hebel und geführte Gelenkstangen hergestellt werden, ebenso flächenhaft verteilte Kräfte, wozu Platten und eventuell hydraulische Mechanismen (Abb. 1 c) anzuwenden sind.

Eine räumliche Kräfteverteilung liegt in einem *Kraftfeld* vor. Das ist ein besonderer Erregungszustand des Raums, so daß in jedem Punkt Feldkräfte herrschen; wirksam werden beispielsweise die Feldkräfte der Gravitation als Anziehung zwischen Massen, elektrische Feldkräfte als Wechselwirkung elektrischer Ladungen, zwischenmolekulare Feldkräfte in dichter Materie, insbesondere im Festkörper. Richtung und Größe der Feldkräfte sind im allgemeinen orts- und zeitabhängig.

Wenn mehrere Kräfte $\boldsymbol{F}_1, \boldsymbol{F}_2, ..., \boldsymbol{F}_n$ gleichzeitig in einem Punkt angreifen, wirken sie wie die Einzelkraft $\boldsymbol{R}$, die sich als Vektorsumme $\boldsymbol{R} = \boldsymbol{F}_1 + \boldsymbol{F}_2 + ... + \boldsymbol{F}_n$ (Abb. 2a) oder als Resultierende durch mehrfache Konstruktion des jeweils für zwei Kräfte geltenden Kräfteparallelogramms (Abb. 2b) ergibt. Ist $\boldsymbol{R} = 0$, so stehen die Kräfte im Gleichgewicht und haben keine erkennbare Wirkung. Eine punktförmige Masse m behält dann ihre Geschwindigkeit $\boldsymbol{v}$, bleibt also in Ruhe oder in gleichförmiger Bewegung. Unter dem Einfluß einer Kraft $\boldsymbol{F}$ ändert sich ihre Bewegungsgröße $m\boldsymbol{v}$, und zwar in jedem (kleinen) Zeitintervall Δt um $\Delta (m\boldsymbol{v}) = \boldsymbol{F}\Delta t$ (Abb. 3a). Dieses *Grundgesetz der Punktmechanik* ist bekannter in der Form „Kraft gleich Masse mal Beschleunigung" $\boldsymbol{F} = m\boldsymbol{b}$ (mit der sich für $\Delta t \rightarrow 0$ ergebenden Beschleunigung $\boldsymbol{b} = \mathrm{d}\boldsymbol{v}/\mathrm{d}t$ der Masse).

Bei einem Körper, d. h. einem aus Massenpunkten zusammengesetzten System, hat man im allgemeinen dreierlei Arten gekoppelter Kraftwirkungen. Intern verlagern sich die Massenelemente, bis die gestörten zwischenmolekularen Kräfte wieder im Gleichgewicht sind; daraus resultieren *Verformungen* (Abb. 3b). Die äußeren Kräfte lassen sich dann reduzieren auf eine Einzelkraft $\boldsymbol{R}$, die die Gesamtmasse im Bezugspunkt O angreift, und auf ein Kräftepaar ($\boldsymbol{F}$,-$\boldsymbol{F}$) oder Drehmoment $\boldsymbol{M}$, das einen starren Körper als Ganzes um O zu drehen sucht (Abb. 4a und 4b). Daraus resultieren beim frei beweglichen Körper Beschleunigungen seiner fortschreitenden Bewegung und seiner Rotation. Analog wie die Masse die Trägheit der Materie gegen Änderungen $\Delta \boldsymbol{v}$ der Geschwindigkeit durch Kräfte charakterisiert, charakterisiert das Trägheitsmoment J den Widerstand eines Körpers gegen Änderungen der Winkelgeschwindigkeit Δw durch Drehmomente. Ähnlich gilt: $\Delta(Jw) = M\Delta t$. Kräfte sind also aufzuwenden, um Werkstoffe zu verformen, Körper gegen die Trägheit in Bewegung zu setzen oder gegen Feldkräfte und Reibung in Bewegung zu halten.

Das Maß für die geleistete *Arbeit* ist das Produkt aus überwundener Wegstrecke $\boldsymbol{s}$ und der parallel zur Verschiebungsrichtung angreifenden Kraftkomponente $\boldsymbol{F}_s$ (Abb. 5). Falls die Kraft entlang dem Weg veränderlich ist oder dieser nicht geradlinig verläuft, wird das Produkt jeweils für kleine Teilstücke ermittelt und die Arbeit als Summe aller Einzelbeiträge bestimmt. Im Kraft-Weg-Diagramm ergibt sich die Arbeit als Flächeninhalt. Die Arbeit eines Drehmoments $\boldsymbol{M}$ erhält man als Produkt mit dem Drehwinkel: $A = M\varphi$.

Abb. 1a Kräfte sind stets gerichtet

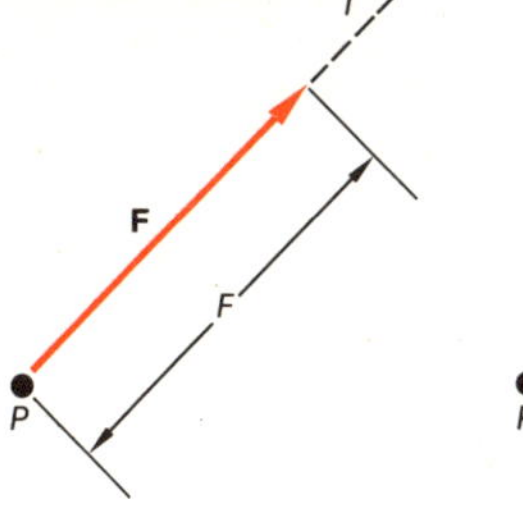

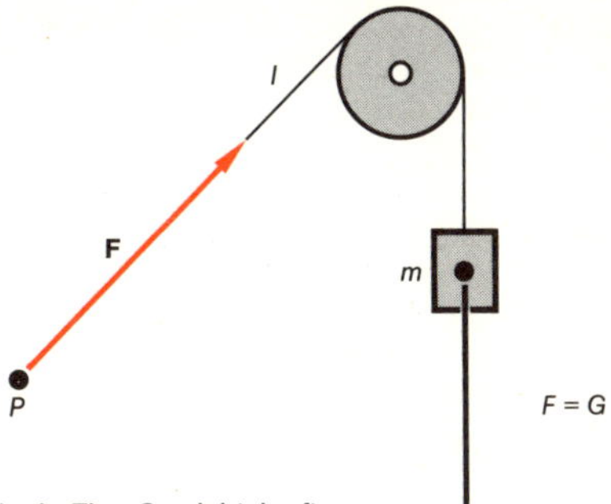

Abb. 1b Eine Gewichtskraft wird umgelenkt

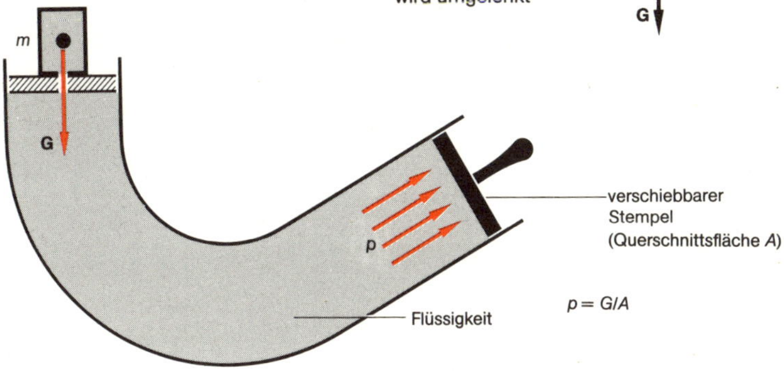

Abb. 1c Hydraulische Vorrichtung zur Übertragung von Kräften (als Druckkräfte; *p* Druck)

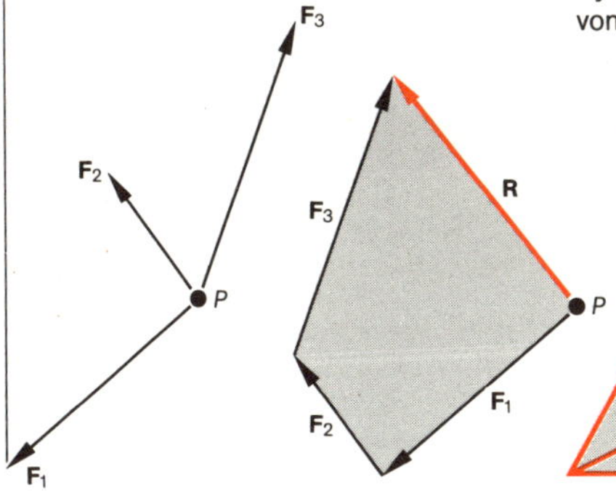

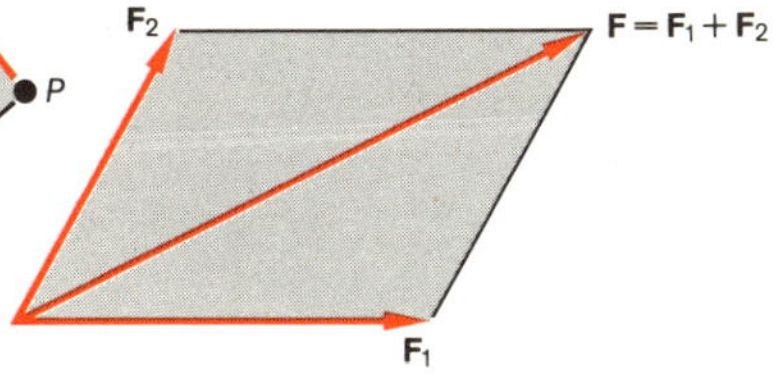

Abb. 2a Die Resultierende **R** von drei Kräften

Abb. 2b Das Kräfteparallelogramm

Von großer Bedeutung für die Energietechnik als Auslegungskenngröße ist die je Zeiteinheit verrichtete Arbeit. Man bezeichnet sie als *Leistung* (gemessen in Watt). Ist die Arbeit zeitlich nicht konstant, kann eine *Momentanleistung* $P_t = \mathrm{d}A/\mathrm{d}t$ als zeitliche Ableitung der (zeitlich) veränderlichen Arbeit definiert werden. Die menschliche Muskelkraft z. B. kann für wenige Sekunden Momentanleistungen von etwa 1 kW erbringen (etwa beim Heben oder beim Treppensteigen), auf Dauer aber nur Leistungen von etwa 10 Watt.

Als Auslegungskenngröße energieliefernder bzw. -umwandelnder Geräte, Vorrichtungen und Anlagen spielt die Leistung unter anderem eine wichtige Rolle bei Verbrennungs- und Elektromotoren (Motorleistung) und in Wärmekraftwerken (Wärmeleistung und elektrische Leistung).

Die bisherige Energiediskussion ging vor allem deshalb so häufig an den Realitäten vorbei, weil sie vorrangig die Energie und die Arbeit, die technisch und für die Anwendungen der Energie wichtige Kenngröße Leistung dagegen nur wenig beachtete. Der *Leistungsbedarf* ist die eigentliche Ursache unserer „Energievergeudung". Könnte man alle geforderten Leistungen mit der Leistungsdichte null zur Verfügung stellen, so ließen sich alle Prozesse reversibel, d. h. unter maximaler Energieersparnis, abwickeln. Das Auto an der Verkehrsampel z. B. benötigt, um bei „Grün" anzufahren, Leistung; es benötigt sie auf kleinstem Raum, so daß eine hohe Leistungsdichte im Motor erforderlich ist. Unter diesen Umständen ist es nicht verwunderlich, daß Automotoren einen schlechten Wirkungsgrad haben. Die in Verbrennungsmotoren vergeudete Energie ist in der Tat beträchtlich. Die bei der Bereitstellung von elektrischer Leistung in Kraftwerken verlorene Primärenergie ist demgegenüber vergleichsweise viel geringer; denn elektrische Energie ist mit hohem Wirkungsgrad und nahezu unabhängig von der Leistungsanforderung nutzbar; für ihre Erzeugung können auch minderwertige Primärenergieträger genutzt werden.

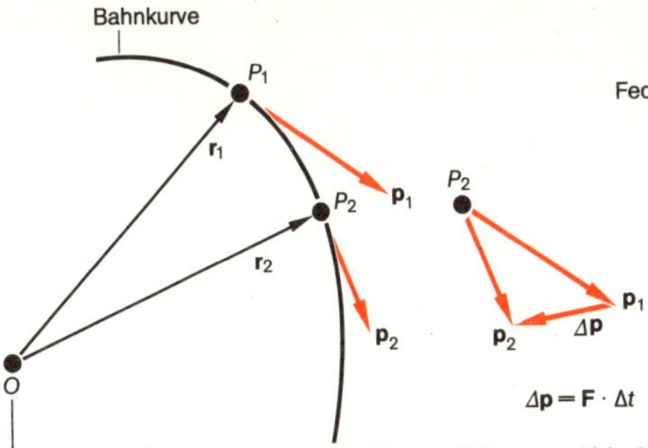

Abb. 3a Bewegung einer frei beweglichen Masse unter Krafteinwirkung entlang einer gekrümmten Bahn

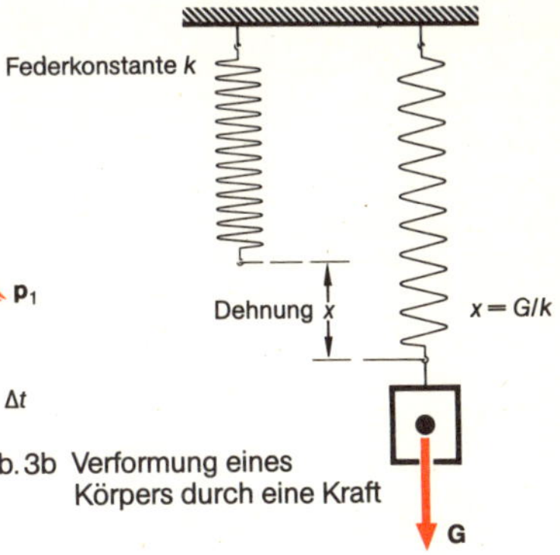

Abb. 3b Verformung eines Körpers durch eine Kraft

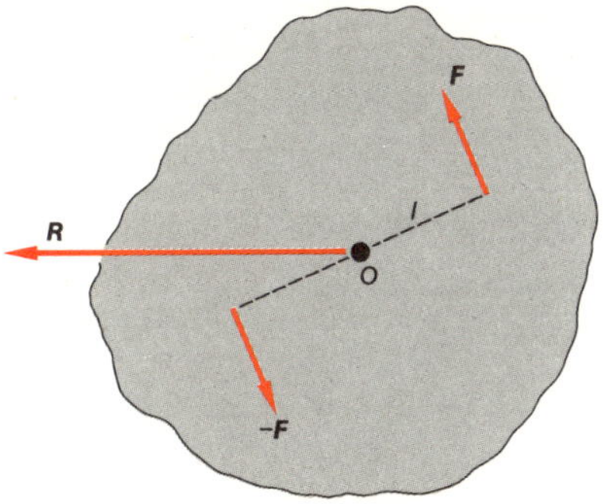

Abb. 4a Am starren Körper greifen Kraft und Drehmoment an

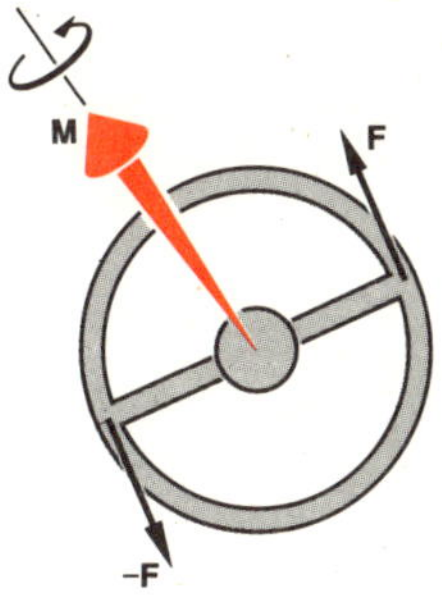

Abb. 4b durch ein Kräftepaar (**F**, −**F**) bewirktes Drehmoment **M**

Abb. 5 Mechanische Arbeit bei geradliniger Bewegung mit konstanter Krafteinwirkung

Energiequellen und Energieträger · Energieumwandlungen

Die Möglichkeit, durch Aufwendung von Energie Arbeit zu verrichten, Heizwärme, elektrischen Strom, Licht u. a. zu erzeugen, nutzt der Mensch vielfältig aus, indem er die in der Natur vorkommenden, Energie liefernden *Energiequellen* heranzieht und sie entweder unmittelbar als ausnutzbare *Energieträger* einsetzt oder aus ihnen zur Energienutzung geeignete Energieträger gewinnt. Die zur Energieversorgung eines Landes eingesetzte Energie stammt prinzipiell aus zwei Arten von Energiequellen (bzw. von Energieträgern), nämlich aus den quasi unerschöpflichen regenerativen Energiequellen und den sich mehr oder weniger rasch erschöpfenden nichtregenerativen Energiequellen:

Regenerative Energiequellen (bzw. *regenerative Energieträger*) bieten sich in Form der Sonnenstrahlung und der Erdwärme als stetig fließende *Energieströme* dar, in Form von Wind, Wasser- und Gezeitenströmen, Meereswärme und Biomasse hingegen als sich auf natürliche Weise – zumeist zeitlich periodisch – erneuernde Energiequellen bzw. -träger. Dabei ist die Sonnenstrahlung und die von ihr zur Erde transportierte Energie (s. S. 204) die Energiequelle für alle in der Atmosphäre ablaufenden Wettervorgänge, für die Windströmungen und atmosphärischen Windsysteme, für die Erwärmung der Meere und die Erzeugung von Biomasse. Im weitesten Sinne gehören dazu als Energiequelle der Sonnenstrahlung die noch viele Millionen Jahre unvermindert anhaltenden Kernfusionsprozesse im Sonneninnern, als Energiequelle der Erdwärme die radioaktiven Kernzerfallsprozesse im Erdinnern und als Energiequelle der Wasserkräfte bzw. der Gezeiten die Gravitationskräfte der Erde bzw. des Mondes und der Sonne.

Nichtregenerative Energiequellen (bzw. *nichtregenerative Energieträger*), die sich in geologischen Zeiträumen gebildet haben und durch bergbauliche Förderung aus ihren sich erschöpfenden geologischen Lagerstätten gefördert, für die energietechnische Verwendung aufbereitet und dann eingesetzt werden, sind vor allem die *fossilen Energieträger* (feste Brennstoffe wie Kohle und Torf, flüssige Brennstoffe wie Erdöl oder flüssige Kraftstoffe wie Benzin und Dieselöl sowie gasförmige Brennstoffe wie das Erdgas), ferner die als *Kernenergieträger* genutzten Kernbrennstoffe wie (mit dem Uranisotop U 235 angereichertes) Uran und Thorium, in näherer oder fernerer Zukunft schwere Wasserstoffisotope (Deuterium und Tritium) sowie Lithium als *Kernfusionsbrennstoffe* zukünftiger Fusionsreaktoren (s. S. 198). Zu den nichtregenerativen, d. h. nicht wieder erneuerbaren Energiequellen bzw. -trägern gehören auch die aus geothermischen Lagerstätten gewonnene *geothermische Energie,* in vielen Entwicklungsländern ferner die durch zu starke Nutzung und Bodenschädigung immer mehr abnehmende *Biomasse* (z. B. Holz) sowie vor allem in Industrieländern die industriell anfallende *Abwärme.*

Der heutige *Primärenergiebedarf* wird immer noch zu über 90 % mit fossilen Energieträgern aus Kohle-, Erdöl- und Erdgaslagerstätten bestritten. Diese nicht erneuerbaren Energieträger, die in Jahrmillionen entstanden sind, werden aber in nicht allzu ferner Zukunft – in erdgeschichtlicher Sicht in einer gegenüber ihrer Bildungsdauer äußerst geringen Zeitspanne – verbraucht sein (Abb. 1).

Bereits in der vorindustriellen Epoche wurden demgegenüber Energien aus regenerativen Energiequellen bzw. -trägern (z. B. Wasser- und Windkräfte) mit relativ einfachen technischen Mitteln (z. B. Wasser- und Windmühlen bzw. Segel) in benötigte Energieformen umgesetzt (z. B. zur Leistung mechanischer Arbeit bzw. zum Vortrieb von Segelfahrzeugen). Zukünftig werden *fortschrittliche Energiesysteme,* die derartige regenerative Energiequellen, insbesondere die Sonnenenergie, die Erd- und Meereswärme sowie die Gezeitenenergie, nutzen, eine bedeutende Rolle spielen. Dazu kommen die teilweise bereits seit den 50er Jahren in Kernreaktoren genutzten Kernenergieträger aus erschöpfbaren Lagerstätten (Uran, Thorium), die bei allgemeiner Einführung von *Brutreaktoren* eine 60fach höhere Nutzungsdauer als heute hätten, sowie zukünftig bei technischer Beherrschung der *thermonuklearen*

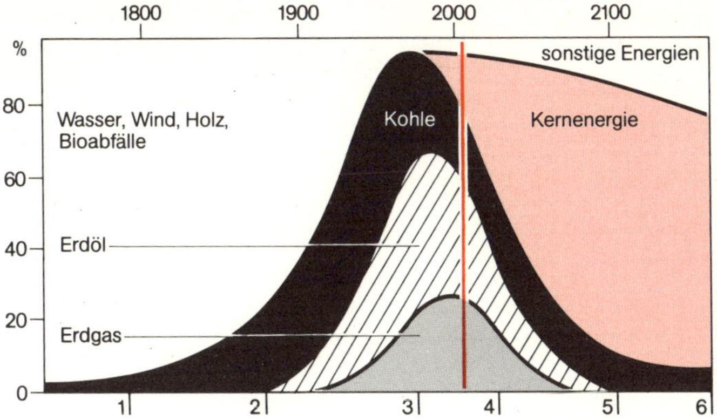

1 vorindustrielle Epoche
2 Übergang
3 exponentielles Wachstum
4 Übergang
5 allmähliche Stagnation
6 langfristige Optionen

Abb. 1 Phasen der Nutzung primärer Energiequellen bzw. -träger

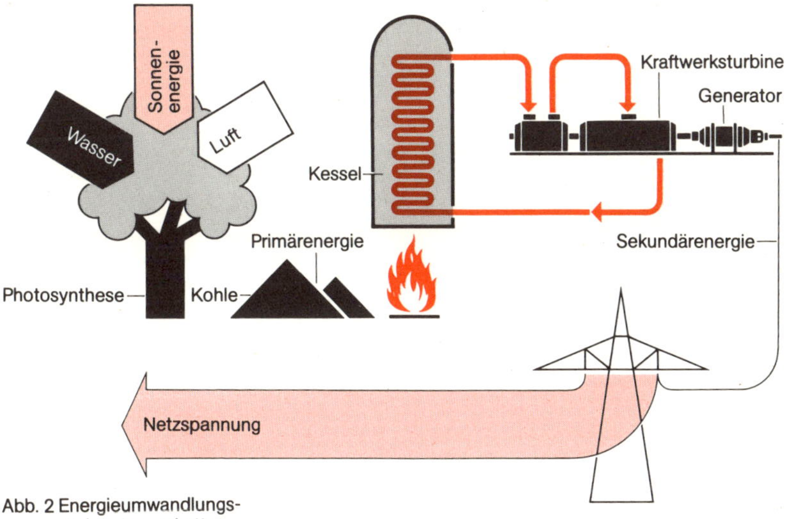

Abb. 2 Energieumwandlungs- und -nutzungskette

Kernfusion als Fusionsbrennstoffe das Deuterium (D), das in Form des schweren Wassers (D_2O bzw. DHO) überaus reichlich im Meerwasser enthalten ist, weiter das daraus herstellbare Tritium sowie das ebenfalls reichlich vorhandene Lithium. Diese potentiellen Kernenergievorräte würden dann praktisch den Charakter der Unerschöpflichkeit besitzen.

Die verschiedenen Energieträger sind in der Regel nicht direkt einsetzbar, sondern müssen durch *Energieumwandlung* dem Verwendungszweck entsprechend nutzbar gemacht werden. Der Umwandlungs- und Nutzungsprozeß beginnt mit der Gewinnung bzw. Erfassung des jeweiligen Primärenergieträgers (z. B. Kohle, Erdöl, Sonnenstrahlung, Wind).

So wird z. B. in Kraftwerken aus diesen Primärenergieträgern Energie freigesetzt, z. B. (Abb. 2) in Kohle- und Ölkraftwerken Wärmeenergie durch Verfeuern von Kohle oder Erdöl (Beispiele einer Umwandlung chemischer Energie in Wärmeenergie), mit der in einem Dampfkessel überhitzter Wasserdampf erzeugt wird, der dann eine Turbine antreibt (Umwandlung von Wärmeenergie in mechanische Energie). Durch die Kopplung der Turbine mit einem elektrischen Generator wird elektrischer Strom erzeugt (Umwandlung mechanischer Energie in elektrische Energie).

Dieser Strom wird zu den *Sekundärenergieträgern* gezählt, die nach Umwandlungs- bzw. Veredelungsprozessen zur eigentlichen Nutzung herangezogen werden: Der über ein weitverzweigtes Elektrizitätsnetz (Verbundnetz) zum Endverbraucher gelangende Strom treibt Elektromotoren an bzw. erzeugt Elektrowärme oder Licht (Umwandlung von elektrischer Energie in mechanische Energie bzw. in Wärme- oder Strahlungsenergie). Andere Sekundärenergieträger dienen zur Heizung (Koks, Briketts, Heizöl, Gas) bzw. zum Antrieb von Verbrennungsmotoren (Benzin, Dieselöl); ihre Ausnutzung ist also mit einer Umwandlung von chemischer Energie in Wärmeenergie bzw. in mechanische Energie verbunden. Die zur Erfüllung der gewünschten Dienstleistung tatsächlich verbrauchte Sekundärenergie bezeichnet man als *Nutzenergie.*

Bei jeder Energieumwandlung wird letztlich Wärme erzeugt, die dem Prozeß als *Abwärme* verlorengeht. Die Güte der Umwandlung in einem Energiewandler wird durch den *Wirkungsgrad* $\eta = P_a / P_e$ angegeben, den Quotienten aus der nutzbar abgegebenen Leistung P_a und der eingesetzten Leistung P_e, bzw. durch den *Nutzungsgrad* $\eta_N = E_a / E_e$, den Quotienten aus der in einer bestimmten Zeitspanne nutzbar abgegebenen Energie E_a und der insgesamt eingesetzten Energie E_e. Abb. 3 zeigt die im Mittel erzielten Wirkungsgrade von verschiedenen Energieumwandlungen bzw. der dazu dienenden Energiewandler.

Da die wichtigsten Primärenergieträger zur Zeit nur über die Umwandlung in Wärme nutzbar gemacht werden, kommt *Wärmekraftmaschinen* (z. B. Dampfturbinen, Otto- und Dieselmotoren) eine große Bedeutung zu. In ihnen kann aber die erzeugte Wärmeenergiemenge Q nicht vollständig in Arbeit umgesetzt werden. Im günstigsten Falle ist die gewonnene Nutzarbeit gleich der durch $Ex_Q = \eta_C \cdot Q$ gegebenen, als *Exergie* bezeichneten Arbeitsfähigkeit der Wärmemenge Q. Dabei ist $\eta_C = (T - T_0)/T$ der *Carnot-Wirkungsgrad* des als *Carnot-Prozeß* bezeichneten idealen (d. h. verlustfreien) thermodynamischen Kreisprozesses (s. S. 6), der zwischen der Temperatur T, bei der Wärme aufgenommen wird, und der Kühlmittel- bzw. Umgebungstemperatur T_0 abläuft, bei der Wärme abgegeben wird.

Da aus Werkstoffgründen die Temperatur T nicht beliebig erhöht werden kann, beträgt die Exergie des idealen Kreisprozesses etwa 60–65% der aufgenommenen Wärme. In der Praxis werden allerdings durch Verluste bei der Verbrennung und Wärmeübertragung nur ca. 40% genutzt. Die Verhältnisse lassen sich günstiger gestalten, wenn man die Abwärme nicht bei Kühlmittel- bzw. Umgebungstemperatur (als arbeitsunfähige *Anergie*), sondern bei höheren Temperaturen abgibt und sie z. B. als Fernwärme (s. S. 144) weiter nutzbar macht.

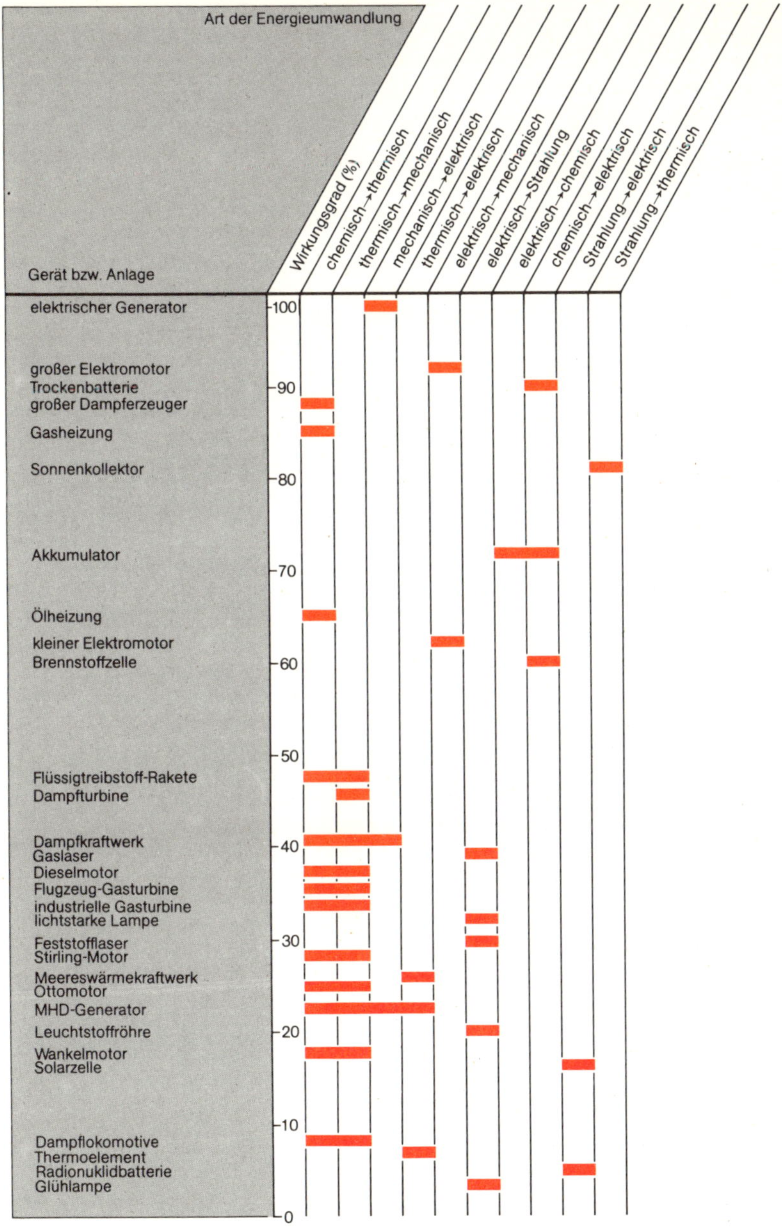

Abb. 3 Wirkungsgrade von Energieumwandlungen bzw. Energiewandlern

Energieformen

Energie tritt in vielerlei Gestalt und gekoppelt an physikalische Vorgänge auf: als mechanische Energie bei einer Bewegung; als Wärmeenergie heißer Festkörper, Flüssigkeiten und Gase; als chemisch gebundene Energie der Brennstoffe; als elektrische Energie beim geladenen Kondensator; als magnetische Energie der stromdurchflossenen Spule; als Bindungsenergie der Atomkerne; als elektromagnetische Energie z. B. in der Röntgen-, Licht- und Wärmestrahlung.

Nach dem Energieprinzip sind alle Energieformen als „Vorratslager" für nutzbare mechanische Arbeit gleichwertig. Sie unterscheiden sich allenfalls durch die Parameter, die den jeweiligen physikalischen Zustand kennzeichnen. Wenn beispielsweise beim Entladen einer 12-Volt-Autobatterie die elektrische Ladungsmenge von 80 Amperestunden geflossen ist, hat die elektrochemisch gespeicherte Energie um 12 V · 80 Ah = 960 Wh = 0,96 kWh abgenommen. Man kann damit eine Arbeit von 0,96 kWh verrichten, z. B. die Masse 1 000 kg um 352 m gegen die Schwerkraft der Erde anheben. Man könnte damit ebenfalls – immer vorausgesetzt, daß keine Verluste auftreten – ca. 10,3 kg Wasser von 20 °C auf 100 °C erwärmen, auch ca. 10,3 kg Eis bei 0 °C schmelzen oder 1,5 kg Wasser bei 100 °C verdampfen, durch Elektrolyse 0,27 m^3 Wasserstoff erzeugen (liefert ebenso viel Verbrennungswärme wie 82,5 g Heizöl), ferner über eine Leuchte 16 Stunden lang mit 60 Watt Leistung Licht und Wärme in einen Raum verströmen und vieles andere mehr. Der Energieinhalt des betroffenen Systems würde dabei jeweils um 960 Wh vergrößert, die sich, im Prinzip jedenfalls, als Arbeit reaktivieren lassen, wenn der ursprüngliche Zustand des Systems wiederhergestellt wird. Aufgabe der Energietechnik ist es nun, so verschiedenartige Energieformen, physikalische Bedingungen und Vorgänge praktisch zu nutzen.

Daß Arbeit, einmal aufgewendet, über viele Zustandsänderungen hinweg wirksam bleibt, erkannte als erster G. Galilei (1564–1642) am schwingenden Fadenpendel (Abb. 1): Wird die Pendelmasse m aus der Ruhelage O in die Position A gebracht und dann freigegeben, so führt sie auf dem Kreisbogen $\widehat{AB}$ Hin- und Herbewegungen um den Tiefpunkt O aus, die im Idealfall verschwindender Reibung andauern, so daß sich die Bewegungsrichtung immer in den Symmetriepunkten A und B umkehrt. Dort wird die Momentangeschwindigkeit (v) null; beim Durchgang durch O erreicht sie den gleichen Wert, den die Masse beim freien Fall durch die Distanz h_A annimmt und der diese befähigt, gegen die Schwerkraft um h_A anzusteigen. Die anfangs dem Pendel durch Aufwand der Arbeit mgh_A zugeführte Lageenergie wird also im ständigen Wechselspiel vollständig in Bewegungsenergie und zurück umgewandelt. Man nennt die Energie der bewegten Massen auch *kinetische Energie,* die der Lage auch *potentielle Energie.*

Auf Ch. Huygens (1629–1695) geht der *Energiesatz der Mechanik* zurück (1673), nach dem sich bei jedem Bewegungsvorgang die Summe der kinetischen und potentiellen Energie um die zu- bzw. abgeführte Arbeit ändert. Für das reibungsfreie Pendel folgt: $\frac{1}{2} mv^2 + mgh = mgh_A$. Der Term $\frac{1}{2} mv^2$ erfaßt nur die kinetische Energie der fortschreitenden Bewegung einer punktförmig konzentrierten Masse. Beim starren Körper, der eine Drehbewegung mit der Winkelgeschwindigkeit ω um eine beliebige Achse ausführt, kommt noch *Rotationsenergie* hinzu. Für diese gilt: $E_{\mathrm{rot}} = \frac{1}{2} J\omega^2$, wobei J das zugehörige Trägheitsmoment um die Schwerpunktachse ist.

Potentielle Energie nennt man auch die in *elastische Verformungen* hineingesteckte, stets rein mechanisch rückgewinnbare Arbeit. Bei Dehnung bzw. Stauchung einer *Feder* (Abb. 2) wachsen deren Rückstellkraft $\boldsymbol{F}_{\mathrm{r}}$ und deren potentielle Energie mit zunehmender Auslenkung (Federweg) $\boldsymbol{x}$ an; bei einer Feder mit linearer Charakteristik gilt: $\boldsymbol{F}_{\mathrm{r}} = -k\boldsymbol{x}$ und $E_{\mathrm{pot}} = \frac{1}{2} kx^2$, wobei k als Federkonstante bezeichnet wird. Durch Anhängen einer Masse gerät das System in Schwingungen. Am Tiefpunkt ist die Rückstellkraft der Feder doppelt so groß wie das Gewicht; ihre potentielle Energie ist gleich der Einbuße der Masse an Lageenergie im Schwerefeld.

Mit dem Ausbau der Mechanik entstand Ende des 18., Anfang des 19. Jahrhunderts die mathematische Potentialtheorie (Laplace, Gauß, Weber), die auch auf da-

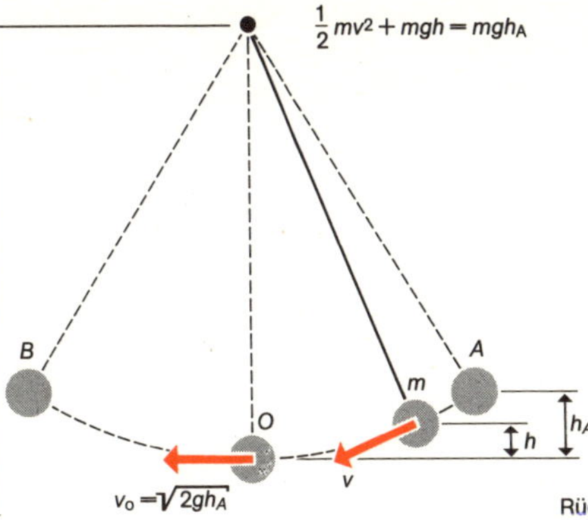

Abb. 1 Wechselspiel potentieller und kinetischer Energie beim Pendel

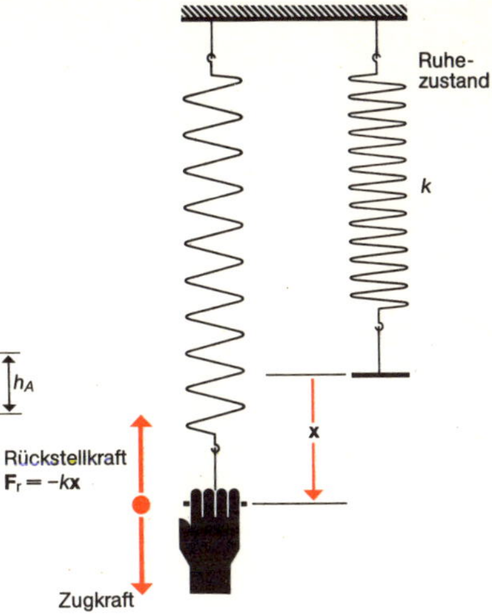

Abb. 2 Gleichheit von Zug- und Rückstellkraft beim Dehnen einer Feder (Federkonstante k)

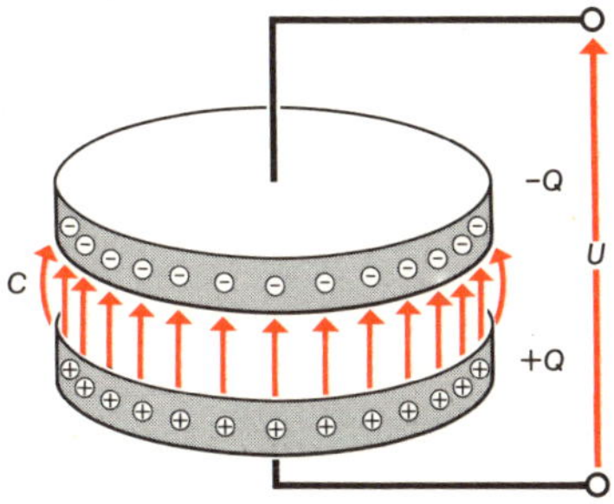

Ladung $Q = CU$

$$E_{el} = \frac{1}{2}QU = \frac{1}{2}CU^2$$

Abb. 3a Elektrische Energie eines Plattenkondensators (Kapazität C) bei angelegter Spannung U

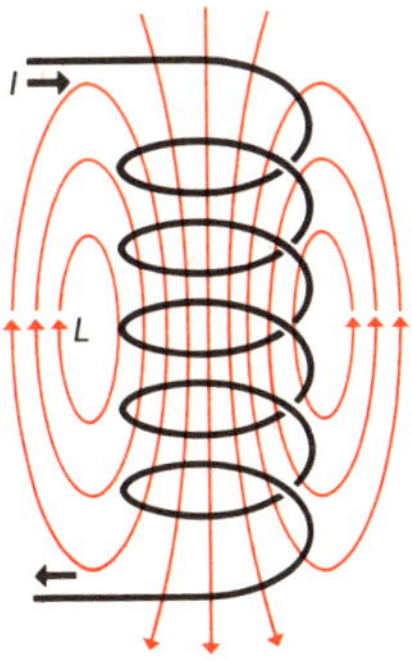

Magnetfluß $\Phi = LI$

$$E_m = \frac{1}{2}\Phi \cdot I = \frac{1}{2}LI^2$$

Abb. 3b Magnetische Energie einer stromdurchflossenen Spule (Induktivität L, Stromstärke I)

mals bekannte elektrische und magnetische Kraftwirkungen anwendbar war. Ebenso wie die Masse im Schwerefeld erregen ruhende elektrische Ladungen und Magnetpole typische *Potentialfelder.* In diesen besitzt die wechselwirkende Materie, abhängig nur vom Ort, eine potentielle Energie. Führt man z. B. im elektrischen Potentialfeld eine Ladung durch eine Folge von Gleichgewichtszuständen zu einem anderen Ort, so ist die aufgewendete bzw. gewonnene Arbeit, unabhängig vom gewählten Weg, gleich der Differenz der potentiellen Energien am Ziel- und Startpunkt, d. h., sie ist bei geschlossener Wegführung gleich null.

Die auf eine Einheit der Masse, Ladung oder Polstärke bezogene potentielle Energie ist eine spezifische Kenngröße in Potentialfeldern und wird *Potential* genannt. Das Potential hängt nur von dem jeweiligen im Feld eingenommenen Raumpunkt ab. Die *Potentialdifferenz* zwischen zwei Punkten mißt daher die Arbeit an der Mengeneinheit der Materie. Im elektrischen Feld wird die auf die Ladungseinheit bezogene elektrische Potentialdifferenz *Spannung* genannt (s. S. 36). Spannung ist Arbeit an der Ladungseinheit.

Ein Kondensator (Abb. 3 a) der Kapazität C mit der Spannung U trägt auf jeder Platte die Ladung $Q = CU$, er speichert die elektrische Energie $E_{el} = \frac{1}{2} CU^2$. Eine vom Strom I durchflossene Spule (Abb. 3 b) der Induktivität L speichert den Induktionsfluß LI und die magnetische Energie $E_m = \frac{1}{2} LI^2$. Wenn man die Spule an den geladenen Kondensator schaltet, entstehen elektrische Schwingungen, so daß Energie „hin- und herpendelt" (Abb. 4).

Die von H. Ch. Ørstedt 1820 entdeckten *magnetischen Kraftwirkungen des elektrischen Stroms* und vollends die von M. Faraday 1831 gefundenen *Induktionswirkungen des zeitlich veränderlichen Induktionsflusses* lassen sich nicht durch Potentialfelder beschreiben, weil bei geschlossenem Umlauf im allgemeinen Arbeit verrichtet wird (Abb. 5 a und 5 b). Dies gab den Anstoß zum Ausbau der elektromagnetischen Feldtheorie (Maxwell, 1860), die auch die Ausbreitungsvorgänge der Radiowellen, Wärme-, Licht-, Ultraviolett- und Röntgenstrahlung umfaßt. Träger der Feldenergie ist der Raum; über Wechselwirkungen mit der Materie wird das Feld geformt. Die Feldenergie besteht aus einem elektrischen und einem magnetischen Anteil, deren räumliche Dichte von den jeweiligen Feldstärken $\boldsymbol{E}$ und $\boldsymbol{H}$ und den jeweiligen Erregungen $\boldsymbol{D}$ und $\boldsymbol{B}$ abhängt: $w_e = \frac{1}{2} \boldsymbol{E} \cdot \boldsymbol{D}$, $w_m = \frac{1}{2} \boldsymbol{H} \cdot \boldsymbol{B}$. Die Feldgrößen sind räumlich und zeitlich miteinander gekoppelt, so daß eine irgendwo erfolgende Änderung des Feldes sich wellenförmig im Raum fortpflanzt und dabei Energie überträgt. Die Ausbreitung erfolgt mit Lichtgeschwindigkeit, im Vakuum mit 300 000 km/s.

Ab 1840 erforschte J. P. Joule mit Induktions- und Batterieströmen die mechanischen, chemischen und insbesondere die Wärmewirkungen der Stromarbeit systematisch. 1845 fand er durch Reibungsversuche einen sehr genauen Wert des mechanischen Wärmeäquivalents (s. S. 62), das R. Mayer schon 1842 bei Aufstellung des Energieprinzips aus dem Unterschied der spezifischen Wärmen bei konstantem Druck und konstantem Volumen berechnet hatte. Die *Wärme* galt bis dahin als unzerstörbare Substanz, die bei der Arbeitsleistung in Dampfmaschinen lediglich an Temperatur, nicht jedoch an Menge abnehme, wie noch S. Carnot, der Begründer des zweiten Hauptsatzes der Wärmelehre, 1824 betont hatte. Die Wärmeerzeugung bei mechanischer Arbeit war mehrfach vermutet und von Rumford 1798 deutlich beschrieben worden.

Nachdem man die Wärme als Energieform erkannt hatte, wurde das Energieprinzip sehr erfolgreich bei chemischen Stoffwandlungen angewendet: Die *chemische Reaktionsenergie* (meist Wärme- oder elektrische Energie) resultiert aus der Umorientierung der chemischen Bindungskräfte, die die Atome zu Molekülen binden.

Ebenso steht es mit der *Kernenergie,* die bei Atomkernumwandlungen frei oder aufgewendet wird, wenn die durch sehr viel stärkere Kernkräfte gekoppelten Nukleonen neue Bindungen eingehen. Daß dabei hohe Energieumsätze stattfinden, erkannte man bereits beim natürlichen radioaktiven Zerfall (M. und P. Curie, 1898).

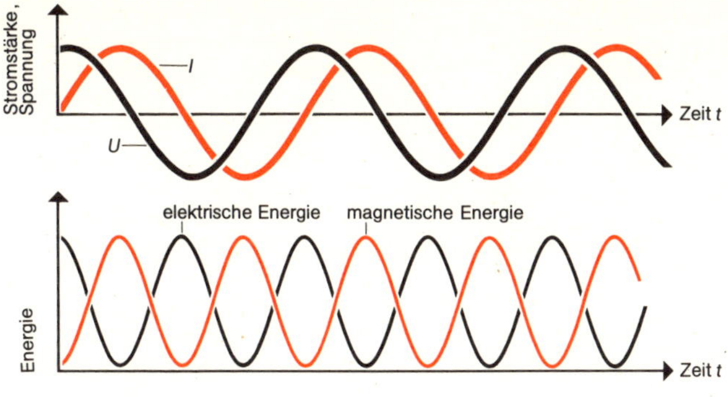

U = Kondensatorspannung
I = Spulenstrom

Abb. 4 Wechselspiel von elektrischer und magnetischer Energie beim Zusammenschalten eines aufgeladenen Kondensators mit einer Spule

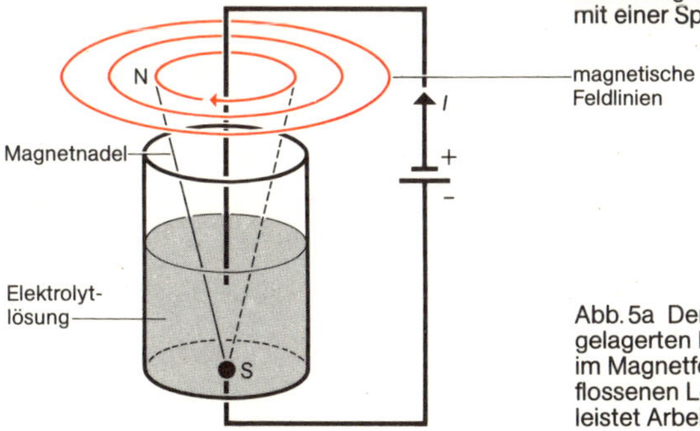

Abb. 5a Der Nordpol der gelenkig gelagerten Magnetnadel kreist im Magnetfeld des stromdurchflossenen Leiters: Der Strom leistet Arbeit

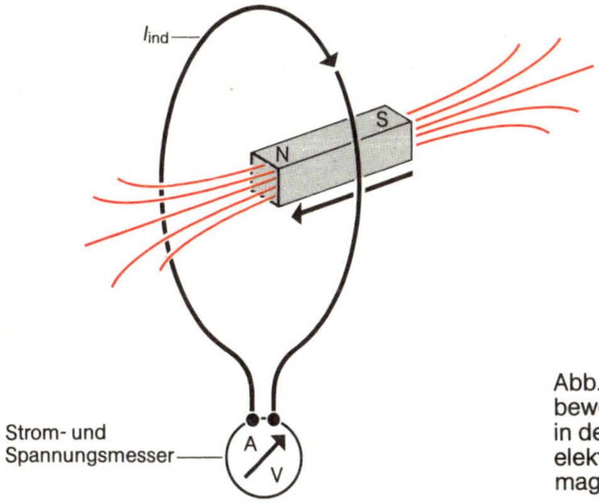

Abb. 5b Das Magnetfeld des bewegten Stabmagneten induziert in der Leiterschleife einen elektrischen Strom, mit dem magnetische Energie verknüpft ist

Mechanische Energie

Wird an oder von einem physikalischen bzw. technischen System mechanische Arbeit (s. S. 10) geleistet, so nimmt dabei die Energie dieses Systems zu oder ab: Sie vergrößert oder verkleinert sich um eine mechanische Energie, die dem Betrag nach gleich der umgesetzten mechanischen Arbeit ist. Um z. B. einen Körper der Masse m, der im Schwerefeld der Erde das Gewicht $G = mg$ hat ($g = 9{,}81\ \mathrm{m/s^2}$; die Normfallbeschleunigung), gegen die Schwerkraft in die Höhe h anzuheben, ist die Hubarbeit $A_\mathrm{H} = m \cdot g \cdot h = G \cdot h$ zu leisten. Der Körper besitzt dann im Schwerefeld der Erde gegenüber dem ursprünglichen Niveau (Nullniveau) die *potentielle Energie (Lageenergie)* $E_\mathrm{pot} = m \cdot g \cdot h$, die nicht davon abhängt, auf welchem Weg der Körper diese Höhe h erreicht hat (s. S. 13).

Geht andererseits der Körper im Schwerefeld in eine tiefere Lage mit geringerer potentieller Energie über, indem er aus einer Ruhelage im freien Fall die Strecke h in der Zeit $t = \sqrt{2g/h}$ durchfällt (Abb. 1), so besitzt er am Ende der Strecke die Geschwindigkeit $v_0 = g \cdot t = \sqrt{2gh}$ und die *kinetische Energie (Bewegungsenergie)* $E_\mathrm{kin} = \frac{1}{2} m v_0^2 = mgh = G \cdot h$. Also ist seine beim freien Fall gewonnene kinetische Energie gleich der potentiellen Energie, die er vorher besaß. Man kann auch sagen, daß die vom Schwerefeld an ihm geleistete Beschleunigungsarbeit seine kinetische Energie erhöht hat. Dies ist auch der Fall, wenn ein Automobil der Masse m von einer Geschwindigkeit v_1 auf eine Geschwindigkeit v_2 beschleunigt wird: Die vom Motor geleistete Beschleunigungsarbeit entspricht bei Vernachlässigung jeglicher Reibung der Zunahme $E_\mathrm{kin} = \frac{1}{2} m \cdot (v_2^2 - v_1^2)$ der kinetischen Energie. Bei konstanter Geschwindigkeit ist dagegen vom Motor nur noch soviel Arbeit zu leisten, wie kinetische Energie durch Reibung und Luftwiderstand verlorengeht.

Jede dieser beiden mechanischen Energien – die kinetische und die potentielle Energie – erlauben es dem Körper (allgemeiner einem mechanischen System), seinerseits mechanische Arbeit zu leisten, wobei sie sich häufig wechselseitig ineinander umwandeln. Beim Abbremsen eines Autos hingegen wird die kinetische Energie durch die an den Bremsen auftretende Reibung in nicht wiedergewinnbare Wärmeenergie umgesetzt, bei einem Zusammenstoß in Verformungsarbeit (Abb. 2).

Weitere Beispiele für mechanische Energie sind die als Spannungsenergie bezeichnete potentielle Energie einer gespannten Feder (s. S. 24) und die mit der Ausdehnungs- oder Expansionsarbeit $A_\mathrm{ex} = \int p\,\mathrm{d}V$ verbundene Energieänderung eines erwärmten und dadurch sein Volumen V ausdehnendes Gases (p der Gasdruck).

Die Umwandlung von potentieller in kinetische Energie läßt sich am *Pendel* anschaulich darstellen: Beim Fadenpendel wird Lageenergie (s. S. 24), beim Federpendel Spannungsenergie (s. Abb. 3) in kinetische Energie umgewandelt. In der jeweiligen Gleichgewichtslage (Nullage O) hat die kinetische Energie ihr Maximum und die potentielle Energie ihr Minimum, während in den Endlagen (Umkehrpunkten) A und B die kinetische Energie minimal und die potentielle Energie maximal wird. Eine Abnahme an potentieller Energie entspricht demnach einer Zunahme an kinetischer Energie und umgekehrt. Der *Energieerhaltungssatz der Mechanik* besagt, daß in einem „mechanisch" abgeschlossenen System die Summe aus potentieller und kinetischer Energie erhalten bleibt.

Eine häufige Form der kinetischen Energie ist die *Rotationsenergie* eines Systems. Bei der Rotation eines starren Körpers um eine feste Drehachse haben die einzelnen Massenelemente Δm_i, in die man sich die Gesamtmasse M zerlegt denken kann ($M = \Sigma \Delta m_i$), mit größerem Achsenabstand r_i wegen gleicher Winkelgeschwindigkeit ω eine höhere Bahngeschwindigkeit $v_i = \omega r_i$ und damit eine größere kinetische Energie $\frac{1}{2} m_i \cdot v_i^2$ (Abb. 4). Durch Summation über alle Massenelemente erhält man als Rotationsenergie: $E_\mathrm{rot} = \frac{1}{2} J \omega^2$, wobei die durch Summation über alle Massenelemente sich ergebende Größe $J = \Sigma\ m_i r_i^2$ als *Trägheitsmoment* des Körpers in bezug auf die Drehachse bezeichnet wird.

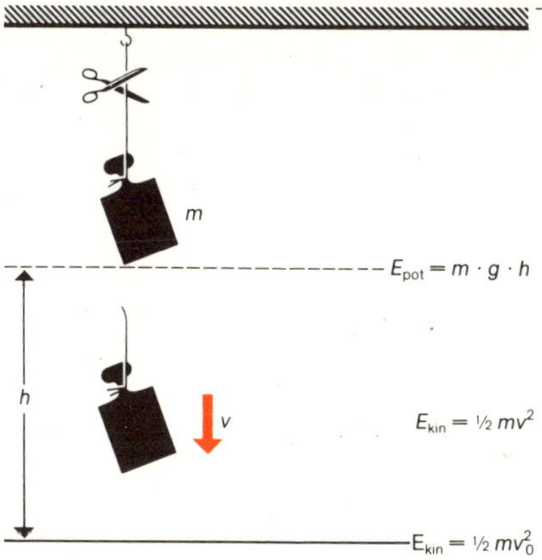

Abb. 1 Umwandlung von potentieller in kinetische Energie

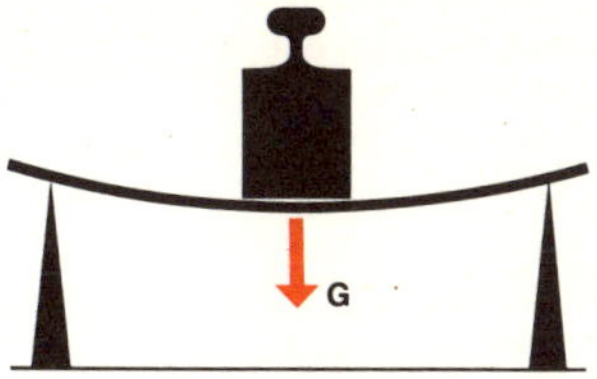

Abb. 2a Elastische Verformungsarbeit bei Durchbiegung

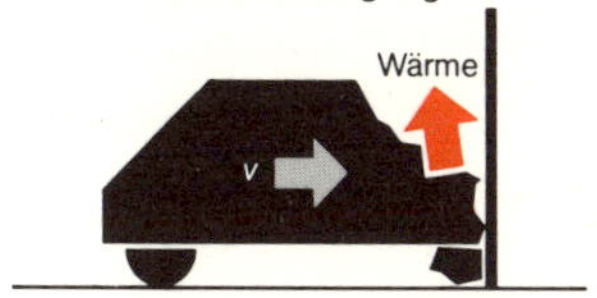

Abb. 2b Inelastische Verformungsarbeit (teilweise Umwandlung von kinetischer Energie in Wärmeenergie)

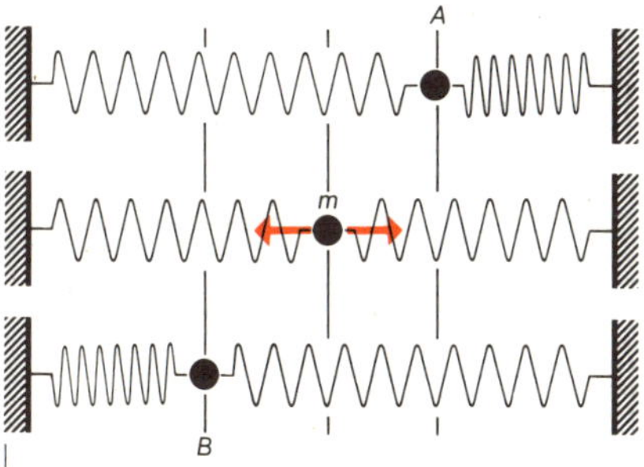

Abb. 3 Wechselspiel von Spannungsenergie und kinetischer Energie beim horizontalen Federpendel

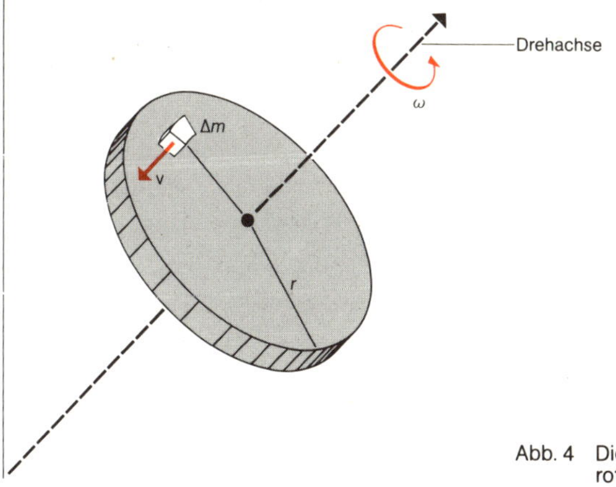

Abb. 4 Die kinetische Energie eines rotierenden Körpers

Wärmeenergie

In der Physik bilden die kinetische Energie (Bewegungsenergie) und die potentielle Energie (Lageenergie) die Grundlage energetischer Betrachtungen. Bereits im täglichen Leben treten aber neben diesen mechanischen Energieformen auch andere makroskopische Energieformen auf, unter ihnen vor allem die Wärmeenergie. Die Begriffe Wärme und Wärmeenergie sind schwer zu definieren. Wir können einen Körper über den Wärmesinn als warm oder kalt empfinden und die Auswirkungen von zu- oder abgeführter Wärmeenergie (z. B. Verbrennung oder Vereisung) erkennen. Wir können auch den „Wärmezustand" eines Körpers durch die Angabe seiner Temperatur kennzeichnen und aus der Erfahrung heraus sagen, daß ein Körper um so mehr Wärmeenergie enthält, je höher seine Temperatur ist; dabei ist die Wärmemenge proportional zur Masse und zur Temperatur des Körpers (s. S. 58).

Die einem Körper z. B. bei direktem Kontakt mit einem auf höherer Temperatur befindlichen Wärmereservoir (s. S. 52) oder durch Wärmestrahlung zugeführte Wärmeenergie kann man ermitteln, wenn man die dadurch verursachte Temperaturerhöhung mißt und dann unter gleichen Bedingungen dem Körper so viel mechanische oder elektrische Arbeit zuführt, bis aufgrund der erzeugten Reibungs- oder Stromwärme die gleiche Temperaturänderung erreicht ist (Abb. 1). Dabei ist die in einem System bei beliebigen thermodynamischen Prozessen zu- oder abgeführte Wärmemenge stets gleich der Differenz der Änderung seiner inneren Energie und der zwischen ihm und seiner Umgebung ausgetauschten Arbeit (die innere Energie ist dabei die gesamte Energie der atomaren bzw. molekularen Systembausteine).

Wärmeenergie tritt bei einem physikalischen System auf, wenn dieses in einen Zustand höherer Unordnung und damit höherer Entropie (s. S. 64) übergeht, z. B. bei Übergängen von einer Energieform in die andere, bei der Übertragung von Energie auf Materie und bei der Änderung ihrer Aggregatzustände. Die dabei stattfindende ständige irreversible Umwandlung höherwertiger Energieformen in Wärmeenergie entspricht dem im zweiten Hauptsatz der Thermodynamik (s. S. 64) ausgedrückten Streben der Natur, in einen möglichst wahrscheinlichen, d. h. möglichst ungeordneten, Zustand überzugehen.

Der mikroskopische, d. h. atomistische Hintergrund der Wärme ist die regellose, ungeordnete (nicht kollektive) Bewegung der sehr vielen Atome bzw. Moleküle (etwa 10^{23} pro cm^3 in festen oder flüssigen Stoffen, etwa 10^{19} pro cm^3 in Gasen), so daß damit Wärmeenergie sich v. a. aus den kinetischen Energien dieser Materiebausteine zusammensetzt (s. S. 56). Je höher die Temperatur, um so heftiger ist diese ungeordnete thermische Bewegung (Wärmebewegung) der in Gasen fast völlig frei sich bewegenden, in kristallinen Festkörpern um feste Kristallgitterpunkte schwingenden Atome bzw. Moleküle (Abb. 2).

Die Übertragung von Wärme z. B. von einem heißen, in einem Behälter eingeschlossenen Gas durch die Behälterwandung hindurch in die Umgebung beruht somit darauf, daß die von den Gasmolekülen bei Stößen auf die Wandung übertragenen Energie- und Impulsänderungen durch diese „hindurchgehen": Jede Wechselwirkung (Stoß) zwischen den Gas- und den Wandmolekülen bewirkt vorübergehend eine kleine Verschiebung der Wandmoleküle, die sich fortpflanzt, bis an der Wandaußenseite nunmehr Gasmoleküle der Umgebung angestoßen werden.

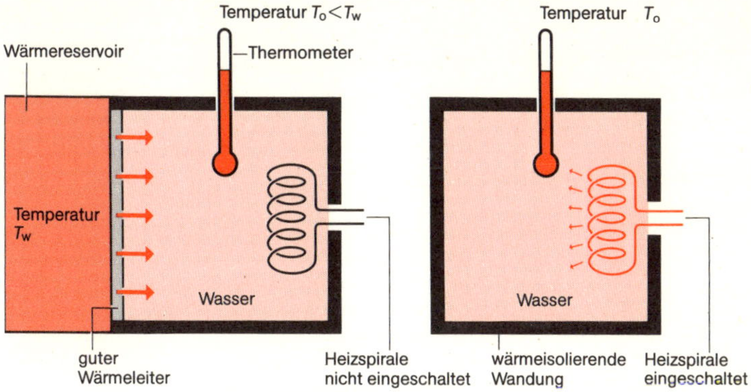

Abb. 1 Messung der einer Wassermenge durch Wärmeleitung zugeführten Wärmeenergie durch Vergleich mit einer die gleiche Temperatur liefernden Stromwärme eines elektrischen Tauchsieders

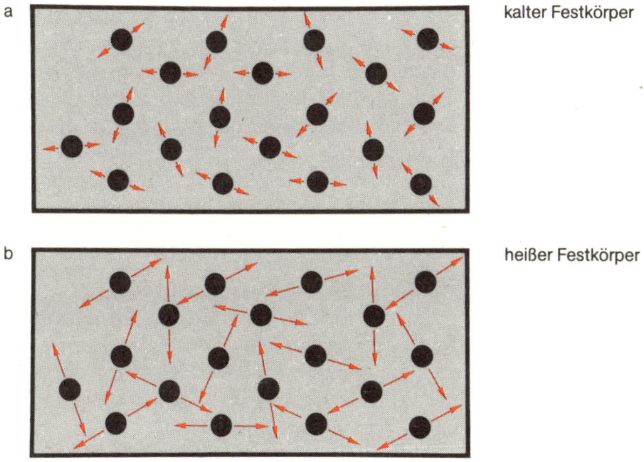

Abb. 2 Wärmeenergie als Folge der Wärmebewegung der Atome eines Körpers; a schwache Wärmebewegung, wenig Wärmeinhalt; b starke Wärmebewegung, großer Wärmeinhalt

Chemische Energie

In chemischen Verbindungen ist Energie durch den als chemische Bindung bezeichneten Zusammenschluß von Atomen zu Molekülen in Form von Bindungsenergie gespeichert. Diese *chemische Bindungsenergie* von unterschiedlicher Größe (man spricht von „energiearmen" bzw. „energiereichen" Verbindungen) muß man zuführen, um die Moleküle wieder in Atome zu zerlegen, so daß chemische Reaktionen eintreten können. Bei diesen Reaktionen wird Energie umgesetzt und z. T. auch freigesetzt, nämlich immer dann, wenn aus energiereichen Verbindungen energiearme Verbindungen entstehen (sog. *exogene Reaktionen*). Energiereiche Verbindungen sind z. B. in den fossilen Brennstoffen (Kohle, Heizöl, Erdgas) enthalten, bei denen durch Verbrennung (d. h. durch chemische Reaktion mit Sauerstoff) ein Teil dieser chemischen Bindungsenergie in Wärmeenergie umgewandelt und damit freigesetzt wird. Umgekehrt gibt es auch chemische Reaktionen, in die Energie hineingesteckt werden muß, damit energiereiche Verbindungen zustande kommen (sog. *endogene Reaktionen*). Ein Beispiel dafür ist die bei Zufuhr von Lichtenergie in Pflanzen ablaufende Photosynthese organischer Substanzen.

Die nicht nur die Bildung von Molekülen, sondern auch von Flüssigkeiten und v. a. kristallinen Festkörpern bewirkende *chemische Bindung* ist von der Art der beteiligten Atome abhängig und erklärt sich aus dem Aufbau der Atome und aus ihrem Bestreben, dabei in energieärmere und deswegen stabilere Zustände überzugehen. In einem Atom sind eine durch die Ordnungszahl des zugehörigen chemischen Elements gegebene Anzahl von elektrisch negativ geladenen Elektronen an den artbestimmenden, positiv geladenen Atomkern (s. S. 42) gebunden. Sie halten sich dabei vorwiegend in schalenförmigen Bereichen auf, wobei diese Elektronenschalen allerdings nur bis zu einer bestimmten, bei der äußersten Schale im allgemeinen nicht erreichten Maximalzahl von Elektronen besetzt werden können.

Von den chemisch inaktiven Edelgasatomen abgesehen, haben nun alle Atome das Bestreben, entweder durch Abgabe von Elektronen an Atome eines anderen Elements bzw. durch Aufnahme von Elektronen anderer Atome in den stabileren Zustand mit einer abgeschlossenen Edelgasschale überzugehen (Abb. 1), wobei aus den beteiligten Atomen entgegengesetzt geladene Ionen werden, die sich infolge elektrischer Wechselwirkung anziehen und binden (sog. *heteropolare* oder *elektrostatische Bindung, Ionenbindung;* Abb. 2). Oder die Atome suchen diesen Zustand dadurch zu erreichen, daß sie mit anderen Atomen gemeinsame Elektronenpaare ausbilden (Abb. 3), die dann durch das Auftreten besonderer quantenmechanischer Austauschkräfte die beteiligten Atome binden *(homöopolare* oder *kovalente Bindung, Atombindung).* Bei ungleichen Atomen verteilt sich dabei ein Elektronenpaar ungleichmäßig auf die Atome: Die Bindung erhält einen polaren Anteil; das entstehende Molekül (z. B. ein Wassermolekül) stellt einen elektrischen Dipol dar.

Während die Bildung von Molekülen und von nichtmetallischen Festkörpern v. a. auf kovalenter oder koordinativer Bindung beruht, führt die Ionenbindung nicht zu Molekülen, sondern zur Bildung von Ionenkristallen, in deren Kristallgittern abwechselnd positive und negative Ionen nebeneinander angeordnet sind. Eine gesonderte Stellung nimmt die in den Metallen bzw. ihren Legierungen vorliegende sog. *metallische Bindung* ein (Abb. 4): Die von den Metallatomen sich abtrennenden quasi frei beweglichen Außenelektronen bilden ein den Raum zwischen den Atomrümpfen (Ionen) ausfüllendes Elektronengas und führen in ihrer Gesamtheit die Bindung derselben zu einem Kristallgitter herbei.

Bei den sog. *Nebenvalenzbindungen,* die z. B. den Zusammenhalt valenzmäßig abgesättigter Moleküle in Flüssigkeiten und Molekülkristallen bewirken, sind die sie verursachenden zwischenmolekularen Kräfte (Molekularkräfte) entweder elektrostatische Anziehungskräfte zwischen Dipolmolekülen und Ionen bzw. anderen Dipolmolekülen, oder diese Kräfte beruhen auf einer gegenseitig durch elektrische Polarisation bewirkten Verschiebung der elektronischen Ladungsverteilung in den Molekülen, die zu einander anziehenden Dipolen werden *(Van-der-Waals-Bindung).*

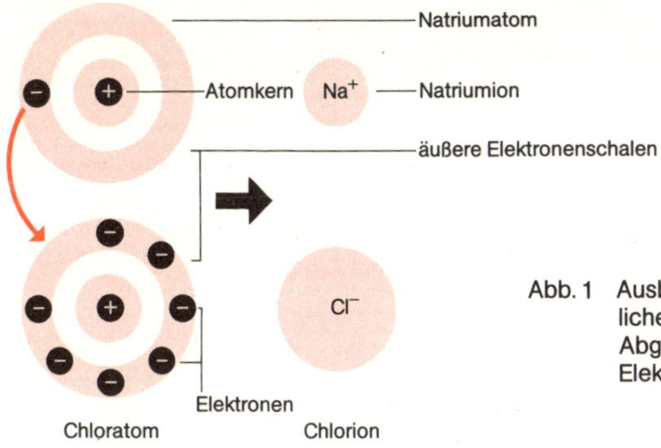

Abb. 1 Ausbildung von edelgasatomähnlichen Elektronenhüllen durch Abgabe bzw. Aufnahme von Elektronen

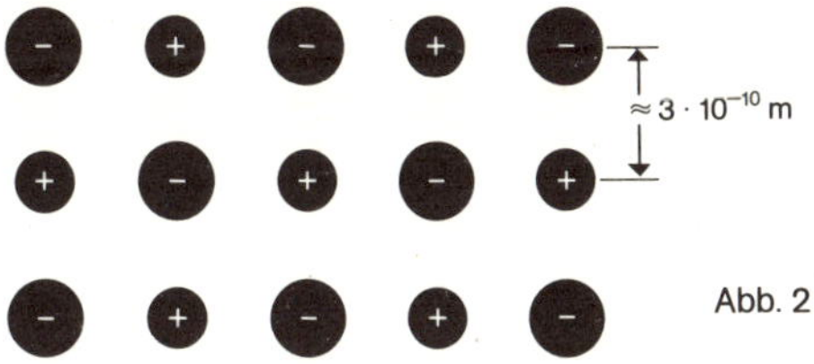

Abb. 2 Infolge heteropolarer Bindung bilden sich Ionenkristalle

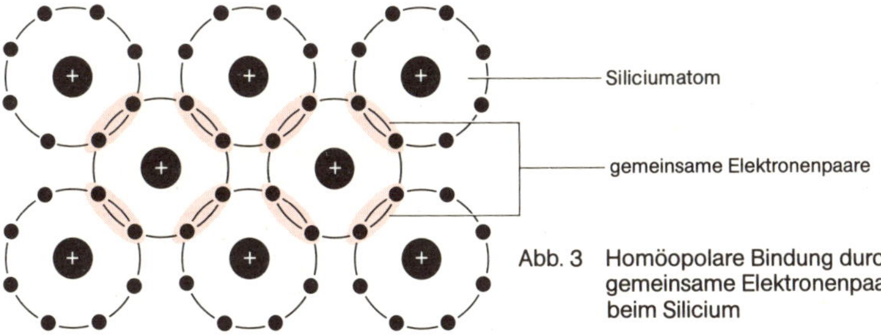

Abb. 3 Homöopolare Bindung durch gemeinsame Elektronenpaare beim Silicium

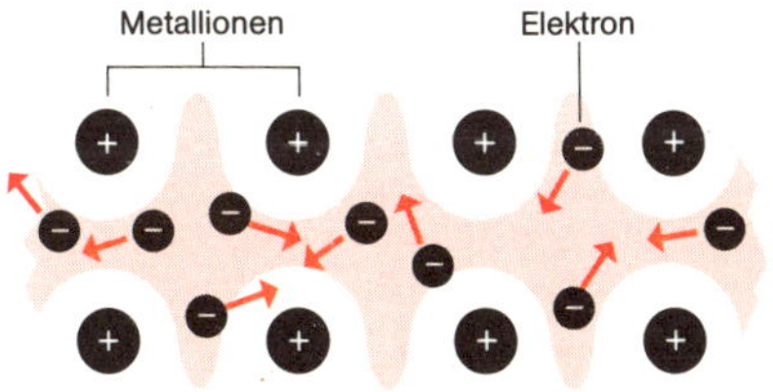

Abb. 4 Metallische Bindung: Die „Ladungswolke“ der frei beweglichen Elektronen bewirkt die Bindung der Metallionen

Bioenergie

Als Bioenergie bezeichnet man die in Biomasse gespeicherte chemische Energie. Dabei versteht man unter *Biomasse* die Materie und die Abfallstoffe (Ausscheidungen, Rückstände) lebender oder toter Lebewesen, soweit sie nicht fossiler Natur sind, also die Substanz aller Pflanzen und Tiere, ihre Abfall- und Reststoffe; im weiteren Sinne bezieht man den Begriff Biomasse auch auf Stoffe, die aus tierischer oder pflanzlicher Substanz durch Umwandlung oder Verarbeitung hervorgegangen sind, also z. B. Papier und Zellstoff, organische Rückstände der Lebens- und Genußmittelindustrie sowie organische Bestandteile des Hausmülls.

Bioenergie ist in chemischer Form *gespeicherte Sonnenenergie.* Denn die Primärproduktion von Biomasse erfolgt nur durch *Photosynthese,* das ist der Aufbau pflanzlicher Substanz aus anorganischer Materie mittels Sonnenstrahlungsenergie. Dabei wird durch Sonnenstrahlung des Wellenlängenbereichs 400–700 nm (also im Sichtbaren) in den Pflanzenzellen unter Mitwirkung bestimmter in ihnen enthaltener Farbstoffmoleküle (überwiegend des Pflanzenfarbstoffs Chlorophyll) Wasser (H_2O) in Wasserstoff (H) und Sauerstoff (O) gespalten. Der Wasserstoff bildet mit dem Kohlendioxid (CO_2) der Atmosphäre Biomasse, während der Sauerstoff in molekularer Form (O_2) freigesetzt wird.

Die Biomasse abgestorbener Lebewesen wird meist von Kleinlebewesen durch Oxidation wieder in ihre Ausgangsstoffe, CO_2, H_2O und Mineralstoffe (Stickstoff-, Phosphor-, Kalium- und Schwefelverbindungen), zerlegt, wodurch der *natürliche Regenerationszyklus* geschlossen wird (Abb.). Beim Abernten von pflanzlicher Biomasse werden die mineralischen Bestandteile entfernt, wodurch eine Bodenverarmung eintreten kann und eine Düngung notwendig wird, wenn Pflanzen wieder nachwachsen sollen. Ist diese Rückführung von Mineralstoffen nicht gewährleistet, so kommt es insbesondere in den heißen Zonen der Erde sehr schnell zu einer nachhaltigen Zerstörung der Bodenqualität bis zur Wüstenbildung, wofür entwaldete oder überweidete Gebiete in Afrika (Sahelzone) und Asien (z. B. Indien, Nepal) erschreckende Beispiele liefern (Stichwort „Brennholzkrise“).

Weltweit ist die jährliche Neubildung an pflanzlicher Biomasse sehr beeindrukkend. Der Energieinhalt der entsprechenden Trockensubstanz (mit einem geschätzten Kohlenstoffgehalt von etwa 80 Mrd. t) beträgt etwa das Zehnfache des derzeitigen weltweiten Primärenergieverbrauchs (s. S. 15), steht aber aus geographischen sowie wirtschaftlichen und ökologischen Gründen nur sehr beschränkt zur Verfügung. Denn die *Vegetationsdecke der Erde* zeigt, was ihre Produktivität betrifft, eine geographisch recht unterschiedliche Verteilung, mit einer starken Abnahme vom Äquator zu den Polen hin. Außerdem ist der durchschnittliche Wirkungsgrad der Photosynthese sehr niedrig. Er beträgt – bezogen auf die weltweite mittlere Sonneneinstrahlung – auf dem Festland nur 0,3 %; tropische Regenwälder erreichen 0,8 %, Ackerland erreicht im Durchschnitt ebenfalls nur 0,3 %. Etwa 2 % der jährlich neugebildeten Biomasse dienen als Nahrungs- und Futtermittel, etwa 1 % wird zu Papier- und Faserstoffen verarbeitet.

Biomasse in Form von *Nahrung* ist seit jeher der wichtigste Energielieferant für den Menschen. Biomasse in Form von Holz, Stroh, Dung und ähnlichen Materialien dient heute noch überall in der Welt als *Brennstoff* zur Erzeugung von Wärme, auch wenn, v. a. in Industrieländern, hierfür meist die aus fossiler Biomasse hervorgegangenen Brennstoffe wie Kohle, Erdöl und Erdgas herangezogen werden. Durch die seit 1973 stark gestiegenen Preise der fossilen Brennstoffe hat aber auch in den Industrieländern das Interesse an der Nutzung von Biomasse als *regenerativem Energieträger* stark zugenommen, und zwar sowohl an der Nutzung von land- und forstwirtschaftlichen Abfällen (z. B. Mist, Stroh, Holzreste) als auch an der Nutzung von Biomasse, die man durch Anpflanzung von ausschließlich zur energetischen Verwertung dienenden „Energiepflanzen“ erhält (z. B. Zuckerrohr in Brasilien zur Gewinnung von Äthanol als Treibstoff; s. S. 226).

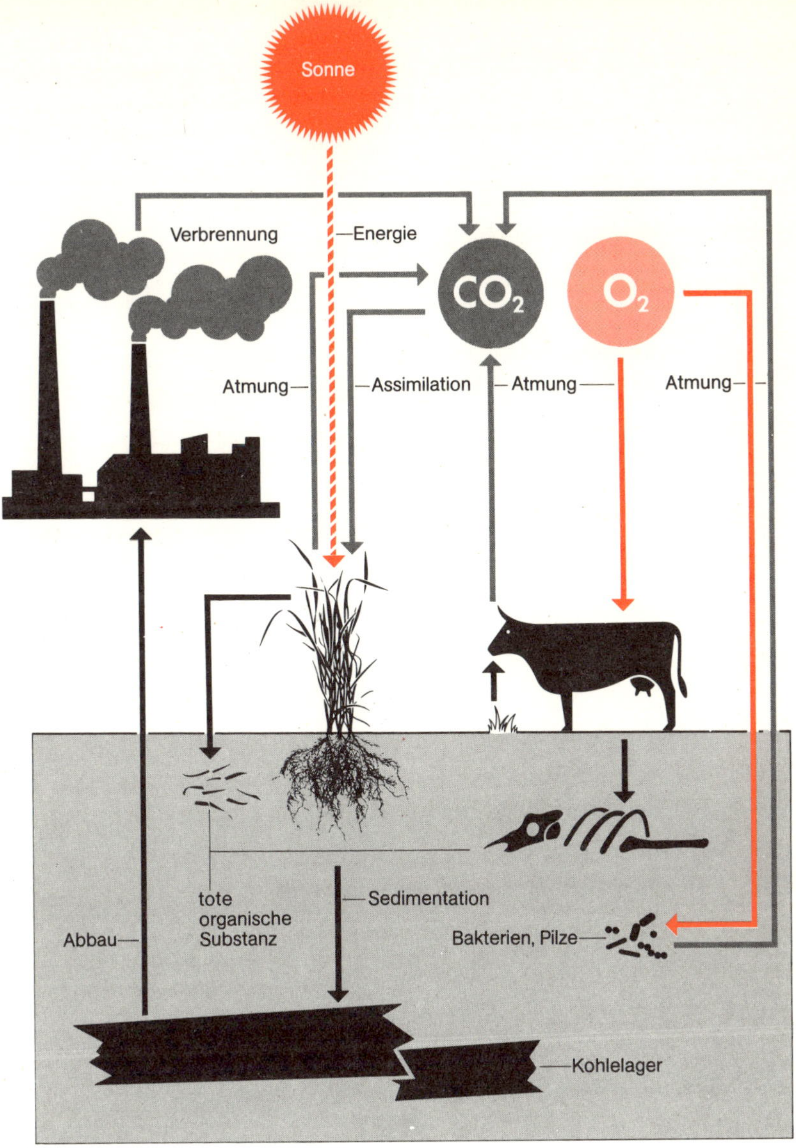

Abb. Der Kohlenstoff- und Sauerstoffkreislauf

Elektrische Energie

Unter elektrischer Energie versteht man die Energie, die mit ruhenden oder bewegten elektrischen Ladungen verknüpft ist. Eine negative elektrische Ladung hat das *Elektron,* der Baustein der Atomhülle, eine positive das *Proton,* ein Baustein des Atomkerns; elektrisch negativ oder positiv geladene Atome nennt man *Ionen*. Elektrische Energie tritt z. B. auf, wenn ein elektrischer Kondensator aufgeladen wird oder wenn in einem Stromkreis ein elektrischer Strom fließt.

Als vielseitig einsetzbare Energieform läßt sich elektrische Energie nicht nur in andere Energieformen (s. S. 24) umwandeln, sondern sie kann mit Hilfe geeigneter Energiewandler (s. S. 96) auch aus jeder anderen Energieform gewonnen werden (Abb. 1). Darüber hinaus läßt sie sich mittels Freileitungen und Kabeln relativ leicht übertragen und verteilen (s. S. 112).

Grundlegend für das Verständnis der elektrischen Energie und der Arbeitsfähigkeit des elektrischen Stroms ist der Begriff der elektrischen *Spannung*. Spannung bedeutet ein Gefälle für die Ladung im elektrischen Feld, ähnlich wie es der Höhenunterschied für eine Masse (z. B. eine Flüssigkeitsmenge) im Schwerefeld darstellt (Abb. 2); denn wie im Schwerefeld läßt sich auch jedem Punkt des statischen oder stationären elektrischen Feldes ein *Potential* zuordnen. Die elektrische Spannung U ist dann die zwischen zwei Punkten P_1 und P_2 mit unterschiedlichem Potential bestehende *Potentialdifferenz:* $U = V_1 - V_2$. Derartige Potentialdifferenzen bzw. Spannungen bestehen z. B. zwischen den beiden aufgeladenen Metallbelägen (Elektroden) eines Kondensators und zwischen den Polen einer Batterie oder einer Steckdose. Besteht zwischen den zwei Orten P_1 und P_2 des Raums die Spannung U, so wird an einer einzelnen elektrischen Ladung q, die sich von P_1 nach P_2 bewegt, die *elektrische Arbeit* $A_e = q \cdot U$ verrichtet. Wird eine größere Ladungsmenge Q in der Zeit t transportiert *(elektrische Stromstärke* $I = Q/t$), so ist die beim Ladungstransport geleistete elektrische Arbeit $A_e = U \cdot I \cdot t$.

Ein derartiger Ladungstransport bzw. *elektrischer Strom* findet beispielsweise statt, wenn die beiden Pole einer Batterie durch einen metallischen elektrischen Leiter (Draht, Kabel), der einen elektrischen Verbraucher (z. B. Glühlampe) als strombegrenzenden elektrischen Widerstand enthält, miteinander verbunden werden: Die Ladungsträger (Elektronen) werden dann aufgrund der Batteriespannung durch den Leiter und den Verbraucher von einem zum anderen Pol getrieben, ähnlich wie Wasser von einem höheren Niveau auf ein niedrigeres fällt bzw. strömt.

Im Leitermaterial (insbesondere des Verbrauchers) regen die hindurchfließenden Elektronen zusätzlich zu den bereits thermisch angeregten weitere Gitterschwingungen der Atome an, die sowohl den die Stromstärke auf $I = U/R$ begrenzenden elektrischen Widerstand R als auch die Temperatur des Leitermaterials erhöhen. Dabei wird die Stromarbeit gänzlich in die *Joulesche Wärme (Stromwärme)* $Q = RI^2 \cdot t$ umgewandelt, was zur Wärmeerzeugung z. B. mit Tauchsiedern und Elektroheizungen oder zur Lichterzeugung mit Glühlampen u. a. ausgenutzt wird. Mechanische Arbeit wird gewonnen, indem man die magnetischen Kraftwirkungen des Stroms nutzt, z. B. beim Elektromotor. Entscheidend für die Stromarbeit und damit für die Nutzung des elektrischen Stroms ist die Aufrechterhaltung einer Spannung.

Elektrische Spannungszustände begegnen uns in vielfältiger Form. Nicht alle Verfahren zur Spannungserzeugung sind gleich gut geeignet, elektrische Energie bereitzustellen. Spannung bildet sich beispielsweise auch in der Erdatmosphäre; beim Blitz findet der Ladungsausgleich zwischen den Wolken und der Erde durch kurzzeitige hohe Ströme statt. Außer diesen kaum nutzbaren Spannungszuständen der Erdatmosphäre gibt es eine Reihe technisch-physikalisch handhabbarer Verfahren der Spannungserzeugung (MHD-Verfahren, Brennstoffzellen, Solarzellen, thermoelektrische Wandlung u. a.). Für die großtechnische Produktion von Elektroenergie in Kraftwerken ist allerdings bislang nur das von Werner von Siemens 1866 technisch verwirklichte, auf dem dynamoelektrischen Prinzip beruhende Verfahren von Bedeutung.

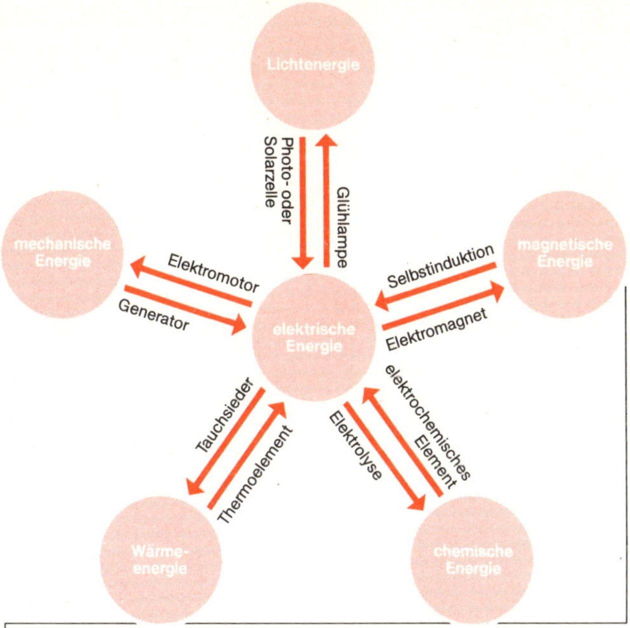

Abb. 1 Beispiele wechselseitiger Energieumwandlung (in und aus elektrischer Energie); nach Bergmann/Schröder

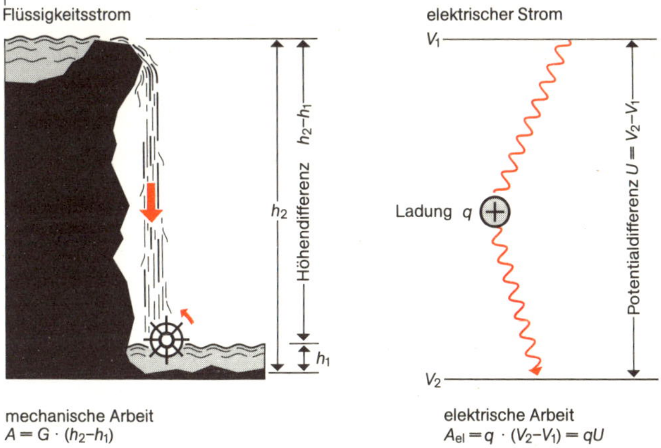

Abb. 2 Die Analogie zwischen elektrischem Potentialfeld und dem Schwerefeld (G Gewicht der strömenden Masse, q strömende Ladung)

Elektromagnetische Energie

In der Nähe von stromführenden Leitern lassen sich Kraftwirkungen (z. B. auf Eisenfeilspäne) beobachten, die als magnetische Kräfte bezeichnet werden und durch *Magnetfelder* bewirkt werden. Diese entstehen beim Fließen von elektrischen Strömen (d. h. durch bewegte elektrische Ladungen) oder nach J. C. Maxwell als Folge von zeitlich sich ändernden elektrischen Feldern. Wird nun in einem durch die magnetische Feldstärke $\boldsymbol{H}$ und die magnetische Induktion $\boldsymbol{B}$ beschriebenen Magnetfeld eine geschlossene Leiterschleife derart bewegt, daß sich der magnetische Fluß $\Phi = \int B_n \cdot df$ und somit die Zahl der Feldlinien durch die Schleife ändern (B_n die Normalkomponente von $\boldsymbol{B}$), so wird in der Schleife eine elektrische Spannung induziert, und es fließt in ihr ein elektrischer Strom (Abb. 1). Man spricht in diesem Fall von *elektromagnetischer Induktion.*

Die Änderung des Flusses durch eine Leiterschleife – wirkungsvoller ist eine aus Draht gewickelte Spule – kann nicht nur durch Bewegung der Spule in einem Magnetfeld bewirkt werden, wobei mechanische Energie in elektrische Energie umgewandelt wird, sondern auch durch ein zeitlich sich änderndes Magnetfeld (z. B. eines Wechselstroms). In beiden Fällen führt die in der Spule erzeugte Potentialdifferenz (Induktionsspannung) zu einem *Induktionsstrom,* der stets so gerichtet ist, daß er über das mit ihm verbundene Magnetfeld den ihn erzeugenden Vorgang zu hemmen versucht *(Lenzsche Regel).* Die in der Spule induzierte Spannung U_{ind} ist durch die zeitliche Änderung (Ableitung) des magnetischen Flusses bzw. der Stromstärke I bestimmt: $U_{ind} = -\mathrm{d}\Phi/\mathrm{d}t = -L \cdot \mathrm{d}I/\mathrm{d}t$ *(Induktionsgesetz),* wobei L der von der Geometrie und der Wicklungszahl der Spule abhängige Selbstinduktionskoeffizient (die *Selbstinduktivität*) der Spule ist.

Zu den wichtigsten Anwendungen des Induktionsgesetzes gehört die Erzeugung von Wechselströmen mittels Generatoren. Fließt durch eine Spule mit der Selbstinduktivität L ein Strom der Stromstärke I, so ist in ihrem Magnetfeld die magnetische Energie $E_{mag} = \frac{1}{2} L \cdot I^2$ gespeichert. Dabei wurde elektrische Energie in magnetische Energie umgewandelt. Bricht das Magnetfeld zusammen, wird diese Energie des Magnetfeldes in elektrische Energie umgesetzt, nämlich in die elektrische Energie $E_{el} = \frac{1}{2} R (\Delta I)^2$ des dann im Leiter (Widerstand R) fließenden kurzen Stromstoßes der Stromstärke ΔI. Dieser kann einen angeschlossenen Kondensator (Kapazität C) aufladen, der dann die elektrische Energie $E_{el} = \frac{1}{2} CU^2$ besitzt (U seine Spannung).

Einen ständigen Austausch zwischen elektrischer und magnetischer Energie findet man z. B. in einem ungedämpften idealen *Schwingkreis,* ein im einfachsten Fall aus einem Kondensator und einer Spule bestehender elektrischer Schaltkreis (Abb. 2). Der Kondensator ist zu einem gewissen Zeitpunkt aufgeladen und entlädt sich dann über die Spule. Der dabei fließende Strom baut in dieser ein Magnetfeld auf, dessen Trägheit aufgrund der Selbstinduktion der Spule die Polarität des Kondensators ändert; der Umladungsvorgang spielt sich darauf in umgekehrter Richtung ab. Dadurch fließt im Kreis ein konstanter Wechselstrom mit der Schwingungsdauer $T = 2\pi \sqrt{L \cdot C}$.

Die Frequenz $\nu = 1/T$ des Wechselstroms wird um so höher, je kleiner die Selbstinduktion L und die Kapazität C sind. Durch Verkleinerung des Kondensators und Streckung der Spule schafft man den Übergang zum *Hertzschen Dipol,* der eine einfache Vorrichtung zur Abstrahlung elektromagnetischer Wellen darstellt (Abb. 3). Da sich das elektrische Dipolmoment mit der Periode der angelegten Spannung ändert, bauen sich in entsprechender Folge elektrische und magnetische Felder auf, die sich ablösen und als *elektromagnetische Wellen* ausbreiten. Dabei führen sie elektromagnetische Strahlungsenergie mit. Ein Bruchteil davon wird in der Empfangsantenne wieder in elektrische Energie umgesetzt.

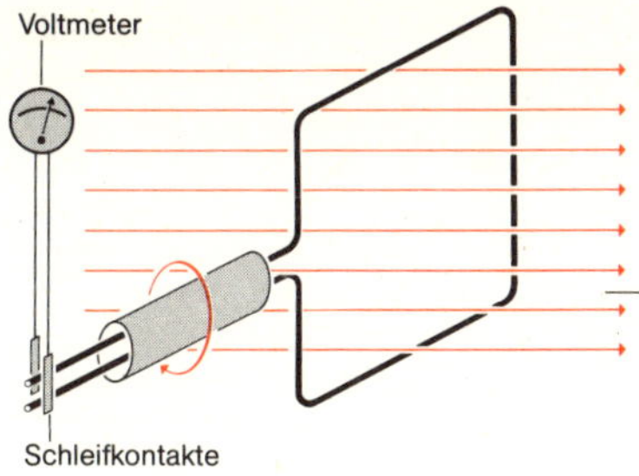

Abb. 1 Rotierende Leiterschleife in einem Magnetfeld. Über Schleifkontakte wird die induzierte Spannung bzw. der Induktionsstrom abgegriffen

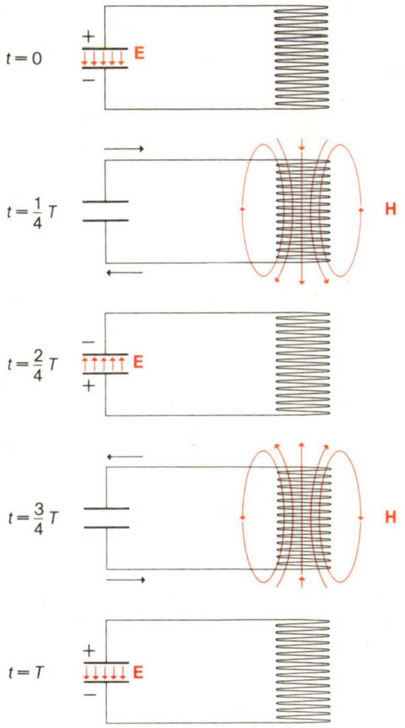

Abb. 2 Ungedämpfter idealer Schwingkreis: Das Wechselspiel zwischen elektrischer und magnetischer Energie innerhalb einer Schwingungsdauer T

E elektrische Feldstärke
H magnetische Feldstärke

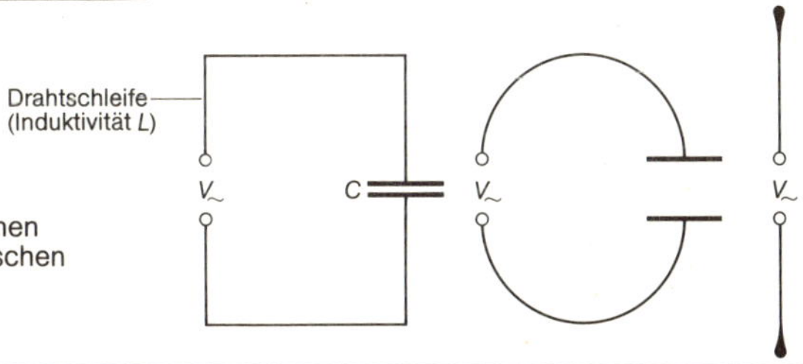

Abb. 3 Übergang vom geschlossenen zum offenen Schwingkreis bzw. Hertzschen Dipol ($V_\sim$ die angelegte Wechselspannung)

Strahlungsenergie

Unter *Strahlung* versteht man den gerichteten Transport von Energie und/oder Materie. Bei einer *Wellenstrahlung* erfolgt die Ausbreitung in Form von Wellen, z. B. bei der elektromagnetischen Strahlung in Form elektromagnetischer Wellen (s. S. 38) unterschiedlicher Frequenz und Wellenlänge (Tab.). Eine *Korpuskular-, Partikel-* oder *Teilchenstrahlung* besteht aus meist sehr schnell bewegten Teilchen (Atome, Moleküle, Ionen oder Atomkerne bzw. Elektronen, Protonen, Neutronen oder andere Elementarteilchen); z. B. Elektronenstrahlen in Fernsehröhren, Alpha- und Betastrahlen der radioaktiven Strahlung, kosmische Höhenstrahlung.

Elektromagnetische Strahlung wird hauptsächlich durch beschleunigte oder abgebremste elektrische Ladungen (v. a. Elektronen) bzw. durch Quantensprünge in Atomen, Molekülen u. a. erzeugt. Ein Beispiel dafür ist die Glühlampe, in der elektrische Energie in Wärme und diese wiederum in Lichtenergie verwandelt wird: Gewendelte Drähte aus Wolfram und Osmium werden durch die von den Leitungselektronen erzeugte Stromwärme (s. S. 36) so stark erhitzt, daß sie Licht aussenden.

Das *Spektrum der elektromagnetischen Wellen* bzw. Schwingungen reicht von den leitungsgebundenen technischen Wechselspannungen und tonfrequenten elektrischen Schwingungen über die mit Schwingkreisen bzw. Hochfrequenzgeneratoren erzeugten und von Sendeantennen abgestrahlten *elektrischen Wellen* (von den Längstwellen bis zu den Mikrowellen bzw. Submillimeterwellen), über die Bereiche der Infrarotstrahlung, des sichtbaren Lichts und der v. a. photochemisch und biologisch wirksamen Ultraviolettstrahlung bis hin zu den z. B. in Röntgenröhren durch Beschuß von Metallelektroden mit Elektronenstrahlen erzeugten *Röntgenstrahlen* und den bei Kernreaktionen (z. B. bei radioaktivem Zerfall) entstehenden *Gammastrahlen* (γ-Strahlen). – Monochromatisches, kohärentes Licht besonders hoher Intensität und Strahlenbündelung ist die *Laserstrahlung:* In einem Laser wird durch intensive Lichteinstrahlung eine „induzierte" Emission von Lichtquanten gleicher Frequenz und Phase bewirkt.

Während Erscheinungen wie Beugung, Interferenz und Polarisation auf der *Wellennatur* der elektromagnetischen Strahlung beruhen, ist ihre Wechselwirkung mit Materie, insbesondere ihre Absorption und Emission, nur aus ihrer *Teilchennatur* zu verstehen: Die Strahlungsenergie einer elektromagneten Welle der Frequenz ν besteht aus sehr vielen kleinen Energieportionen $h\nu$, die sich wie Teilchen verhalten (h Plancksches Wirkungsquantum). Treffen diese *Lichtquanten* oder *Photonen* auf Materie, so werden in ihnen Atomelektronen aus einem Zustand der Energie E_1 in einen Zustand höherer Energie E_2 gehoben (sog. *Quantensprung*), wenn $E_2 - E_1 = h\nu$ ist. Kehrt ein derart angeregtes Elektron wieder auf das Energieniveau E_1 zurück, so wird die vorher absorbierte Energie E' erneut als Lichtquant $h\nu$ emittiert. Ist E' größer als die Bindungsenergie E_B des Elektrons im Atom, so wird dieses mit der kinetischen Energie $\frac{1}{2} mv^2 = E' - E_B$ emittiert (m Masse, v Geschwindigkeit).

Der zur Beschreibung elektromagnetischer Strahlung notwendige *Welle-Teilchen-Dualismus* gilt auch für Teilchenstrahlen, d. h., man kann allen atomaren und subatomaren Teilchen Welleneigenschaften zuschreiben: Dem Impuls $p = mv$ eines Teilchens entspricht eine Wellenlänge $\lambda = h/p$ der zugehörigen *Materiewelle.* So treten beim Durchgang von Elektronenstrahlen durch Kristallgitter Beugungserscheinungen auf, weil ihre Wellenlänge in der Größenordnung der Atomabstände liegt.

Die Energie der Photonen oder Teilchen einer Strahlung wird in Elektronvolt (eV) gemessen: $1\ eV = 1{,}602 \cdot 10^{-19}\ J$; das ist die kinetische Energie, die ein Elektron beim Durchlaufen einer Spannung von 1 Volt gewinnt.

Die Wellenlängen- und Frequenzbereiche der elektromagnetischen Strahlung

Wellenlängenbereich	Frequenzbereich	Bezeichnung (Abkürzung)	Verwendung
18 000 km 6 000 km	$16\frac{2}{3}$ Hz 50 Hz	techn. Wechselstrom	elektr. Bahnen elektr. Energieversorgung
18 800–15 km	16–20 000 Hz	Tonfrequenz (AF)	Wiedergabe von Sprache und Musik
∞–30 000 m	0–10 kHz	Niederfrequenz (NF)	Regeltechnik, Telegrafie, induktive Heizung
30 000–1 m	*10 kHz–300 MHz*	*Hochfrequenz (HF):*	
30 000–10 000 m	10–30 kHz	Längstwellen (VLF), Myriameterwellen	Überseetelegrafie, Frequenznormale, Boden-Unterwasser-Verbindungen
10 000–1 000 m	30–300 kHz	Langwellen (LW, LF) Kilometerwellen	Kontinentaltelegrafie, Rundfunk, See-, Navigations- und Wetterfunk
1 000–100 m	300–3 000 kHz	Mittelwellen (MW, MF) Hektometerwellen	Rundfunk, Seefunk feste und bewegl. Funkdienste
100–10 m	3–30 MHz	Kurzwellen (KW, HF), Dekameterwellen	Überseetelegrafie und -telefonie, Rundfunk, Seefunk, Flugfunk, Amateurfunk
10–1 m	30–300 MHz	Ultrakurzwellen (UKW, VHF), Meterwellen	Rundfunk, Fernsehen, Flugfunk, Polizei- und Richtfunk
1 m–1 mm	*300 MHz–300 GHz*	*Höchstfrequenz (HHF):*	
1 m 1 dm	300–3 000 MHz	Dezimeterwellen (UHF)	Fernsehen, Richtfunk, Militär, Satellitensteuerung, Diathermie
10–1 cm	3–30 GHz	Zentimeterwellen (SHF)	Richtfunk, Radar, Satellitenfunk, Maser, Mikrowellenerwärmung
10–1 mm	30–300 GHz	Millimeterwellen (EHF)	aerolog. Funkmeßtechnik
1–0,1 mm	300–3 000 GHz	Submillimeterwellen	noch nicht technisch ausgenutzt
1 mm–0,78 μm	$3 \cdot 10^{11} - 3{,}8 \cdot 10^{14}$ Hz	Infrarot (IR)	Infrarotheizung, -trocknung, Wärmeortung, Infrarot-Nachrichtentechnik, Laser
0,78–0,38 μm	$3{,}8 \cdot 10^{14} - 7{,}9 \cdot 10^{14}$ Hz	[sichtbares] Licht	Beleuchtung, Photographie, Lichttelefonie, Lasertechnik, elektroopt. Entfernungsmessung
0,38–0,01 μm	$7{,}9 \cdot 10^{14} - 3 \cdot 10^{16}$ Hz	Ultraviolett (UV)	Höhensonne
30–0,3 nm	10^{16}–10^{18} Hz	sehr weich (Röntgenstrahlen)	Röntgendiagnostik und -therapie, Materialprüfung, Kernreaktionen, Elementarteilchenprozesse
0,3–0,06 nm	10^{18}–$5 \cdot 10^{18}$ Hz	weich (Röntgenstrahlen)	
0,06–0,01 nm	$5 \cdot 10^{18}$–$3 \cdot 10^{19}$ Hz	mittel (Röntgenstrahlen)	
0,01–0,003 nm	$3 \cdot 10^{19}$–10^{20} Hz	hart (Röntgenstrahlen)	
$3 \cdot 10^{-3}$–10^{-4} nm	10^{20}–$3 \cdot 10^{21}$ Hz	sehr hart (Röntgenstrahlen)	
10^{-4}–10^{-8} nm	$3 \cdot 10^{21}$–$3 \cdot 10^{25}$ Hz	ultrahart (Röntgenstrahlen)	
0,4–10^{-4} nm	$8 \cdot 10^{17}$–$4{,}7 \cdot 10^{21}$ Hz	Gammastrahlen	Strahlentherapie, Materialuntersuchung, Kernreaktionen
$< 10^{-5}$ nm	$> 10^{22}$ Hz	sekundäre Höhenstrahlen	–

Kernenergie

Unter Kernenergie versteht man jede Energie, die bei natürlichen oder künstlich herbeigeführten Umwandlungen von Atomkernen *(Kernreaktionen)* in unterschiedlicher Form (insbesondere als kinetische Energie entstehender Teilchen bzw. Kernfragmente und als Strahlungsenergie) freigesetzt wird, sich auf die Materie der Umgebung verteilt und in dieser dann als Wärmeenergie wiedergefunden wird. Bei den Kernreaktionen handelt es sich nicht wie in der Chemie um Reaktionen von Atomen, an denen nur deren Elektronen beteiligt sind (s. S. 32), sondern um Reaktionen ihrer sehr viel kleineren Kerne (Durchmesser etwa 10^{-12} cm). Wegen der Kleinheit der Atomkerne werden bei ihren dadurch sehr viel stärkeren Wechselwirkungen Energien umgesetzt, die z. T. viele millionenmal höher sind als die bei chemischen Reaktionen umgesetzten chemischen Energien. Die Nutzung der *Kernenergie als Energiequelle* beruht darauf, daß bestimmte Kernreaktionen hinreichend viel Energie liefern, wenn sie mit genügender Häufigkeit stattfinden.

Die aus einer dichten Packung von Protonen und Neutronen, den sog. Nukleonen, bestehenden *Atomkerne* (kurz: *Kerne*) existieren nur deshalb, weil in ihnen zwischen den Nukleonen Anziehungskräfte wirksam sind, die wesentlich stärker sind als die elektrischen Abstoßungskräfte, die die Protonen als gleichnamig geladene Teilchen aufeinander ausüben. Die Massenbilanzierung zeigt, daß die Masse eines Kerns stets kleiner ist als die Summe der Massen aller Nukleonen, aus denen er aufgebaut ist. Dieser *Massendefekt* muß nach der Einstein-Relation, nach der jeder Masse m eine Energie E zugeordnet ist, die gleich dem Produkt aus der Masse und dem Quadrat der Lichtgeschwindigkeit c ist ($E = m \cdot c^2$), ein Äquivalent finden in einer entsprechenden Menge an Energie, die man als *Kernbindungsenergie* bezeichnet. Diese Bindungsenergie wird bei der Bildung eines Kerns frei; umgekehrt ausgedrückt: Diese Energie muß aufgebracht werden, um den Kern in seine Einzelbestandteile, die Nukleonen, zu zerlegen.

In Abb. 1 ist die mittlere Bindungsenergie je Nukleon im Kern in Abhängigkeit von der Massenzahl (Summe aller Protonen und Neutronen eines Kerns) aufgetragen. Die sich ergebende sog. *Bepp-Kurve* (Abk. für engl. *b*inding *e*nergy *p*ro *p*article) zeigt, daß im Bereich der mittelschweren Kerne die Bindungsenergie je Nukleon ein Maximum von rund 8,5 MeV erreicht (etwa bei der Massenzahl 70), während sie im Bereich der leichten wie der schweren Kerne deutlich kleiner ist. Will man also mit Hilfe von Kernreaktionen Energie gewinnen, müssen genau solche ablaufen, bei denen Kernbindungsenergie frei wird, d. h. die Summe der Bindungsenergie der neuen Kerne größer ist als die Summe der Bindungsenergie der Ausgangskerne.

Dies trifft zu bei der Kernverschmelzung leichter Kerne und bei der Kernspaltung schwerer Kerne. Beispiele für Kernverschmelzungen sind der *Proton-Proton-Prozeß* (Abb. 2a) und die *Kernfusion* von Kernen der Wasserstoffisotope Deuterium (^2_1H, D) und Tritium (^3_1H, T) gemäß der Reaktionsgleichung: $D + T \rightarrow He + n + 17{,}58$ MeV, die Kerne des Edelgases Helium (^4_2He) und Neutronen (n) liefert. Beide Prozesse laufen als *thermonukleare Reaktionen* unter sehr hohen Temperaturen (über 10 Mill. K) und Drücken im Innern der strahlenden Sterne von selbst ab und decken z. T. deren Energiebedarf. Das wichtigste Beispiel für eine *Kernspaltung* ist die Spaltung von Kernen des Uranisotops $^{235}_{92}U$, die durch langsame Neutronen bewirkt wird (Abb. 3) und mittelschwere Kerne als Spaltprodukte sowie im Mittel drei neue Neutronen liefert.

Sowohl die Kernfusion als auch die Kernspaltung können technisch zur Gewinnung von Kernenergie genutzt werden (s. S. 198 und S. 168). Aufgabe der *Kerntechnik* ist es, in geeigneten Reaktoren die Bedingungen zu schaffen, daß Fusions- bzw. Spaltungsprozesse kontrolliert und unter Weiterverwendung der freigesetzten Energie ablaufen. (Eine unkontrollierte Freisetzung von Kernenergie findet bei den Explosionen der speziell dafür hergestellten Kernwaffen – Kernspaltungs- und Kernfusions- oder Wasserstoffbomben – statt.) Weitere Beispiele für Kernreaktionen, die Kernenergie liefern, sind die *radioaktiven Zerfallsprozesse von Radionukliden,* die die Energie des Erdinnern liefern bzw. in Radionuklidbatterien ausgenutzt werden.

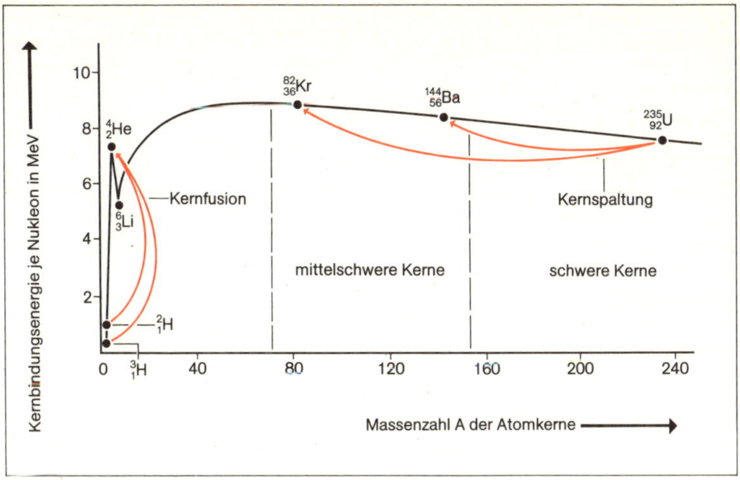

Abb. 1 Mittlere Bindungsenergie eines Nukleons im Kern in Abhängigkeit von der Massenzahl der Atomkerne

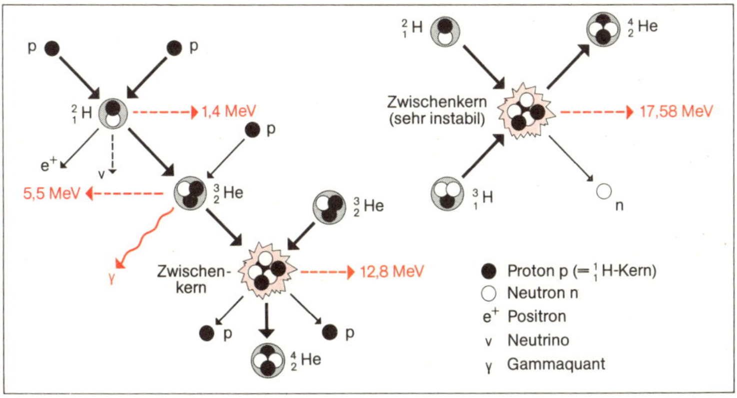

Abb. 2 Freiwerden von Kernenergie durch Kernverschmelzung:
a) im stellaren Proton-Proton-Prozeß,
b) bei der Kernfusion

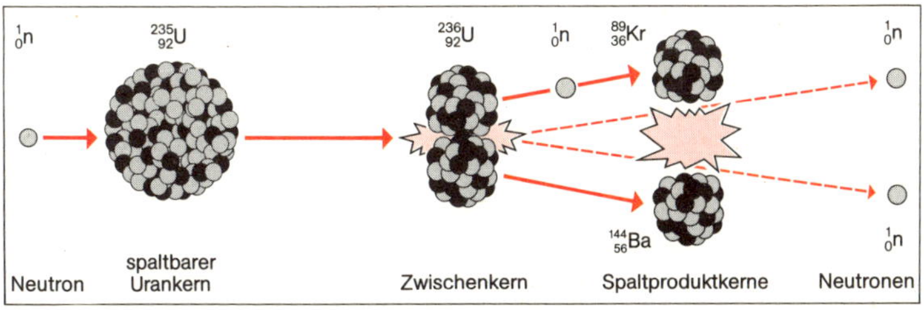

Abb. 3 Freiwerden von Kernenergie durch Kernspaltung

Die Messung von Energie, Kraft und Leistung

Meßbare Eigenschaften von Objekten und Vorgängen werden in Form physikalischer Größen erfaßt. Dabei unterscheidet man *Basisgrößen (Grundgrößen)*, z. B. Länge und Zeit (Dimensionszeichen L bzw. T), und aus diesen *abgeleitete Größen*, z. B. Geschwindigkeit und Beschleunigung (Dimensionsprodukte LT^{-1} bzw. LT^{-2}). Bei Hinzunahme der Masse als dritter Grundgröße (Dimensionszeichen M) lassen sich die Größen Kraft, Energie und Leistung erfassen (Dimensionsprodukte MLT^{-2}, ML^2T^{-2} bzw. ML^2T^{-1}). In der Thermodynamik kommen noch die Temperatur und die Stoffmenge, in der Elektrizitätslehre die elektrische Stromstärke und in der Photometrie die Lichtstärke hinzu.

Messungen erfordern festgelegte *Einheiten*. Ein Meßwert gibt dann an, wie oft die vereinbarte Einheit in der gemessenen Größe enthalten ist. Als Einheiten wählt man entweder in der Natur beobachtbare Größen, z. B. für die Zeiteinheit die Dauer einer Erdumdrehung, oder (aus praktischen Gründen) durch geeignete Körper, Apparate u. a. dargestellte Einheitenverkörperungen (sog. *Normale, Prototypen* oder *Urmaße*), wie z. B. das Urmeter oder das Urkilogramm. Für die Basisgrößen festgelegte sog. *Basiseinheiten* des Internationalen Einheitensystems (SI) sind: Meter (m), Sekunde (s), Kilogramm (kg), Kelvin (K), Mol (mol), Ampere (A) und Candela (Cd).

Viele Größen lassen sich direkt messen, z. B. durch Vergleich mit Einheitsgrößen. Die meisten physikalischen Vorgänge werden aber erst aufgrund ihrer Wirkung in Form analog gemessener Werte zugänglich. So nutzt man z. B. beim Thermometer die Ausdehnung einer Quecksilbersäule bei Wärmezufuhr zur Messung der Temperatur. In einem mechanischen System kann z. B. die Änderung der potentiellen Energie über eine dabei geleistete mechanische Arbeit (s. S. 16) bestimmt werden, d. h. auf eine Kraft- und eine Wegmessung zurückgeführt werden.

Kräfte sind immer dann im Spiel, wenn ein Körper seinen Bewegungszustand ändert, d. h. wenn er beschleunigt oder verzögert wird. Vergrößert sich z. B. die Geschwindigkeit eines Körpers der Masse 1 kg in einer Sekunde um 1m/s, so wirkt die Kraft 1 Newton (N), also die Kraft $1\ N = 1\ kg \cdot m/s^2$. Die *Messung* kann daher über die Messung der einer bestimmten Masse erteilten Beschleunigungen erfolgen oder auch direkt mit geeichten Schraubenfedern (Druck- oder Zugfedern), deren Längenänderungen den einwirkenden Kräften proportional sind.

Die Einheit *Joule* (J) für die physikalischen Größen Arbeit, Energie, Drehmoment und Wärmemenge, die alle das gleiche Dimensionsprodukt ML^2T^{-2} besitzen, erhält man durch entsprechende Verknüpfung der Basiseinheiten: $1\ J = 1\ N \cdot m = 1\ W \cdot s = 1\ kg \cdot m^2/s^2$.

Eine bedeutende Rolle, z. B. bei der Auslegung technischer Geräte, spielt die *Leistung* als die in einer Zeitspanne übertragene Energie bzw. geleistete Arbeit (s. S. 18). Entsprechend ihrem Dimensionsprodukt ML^2T^{-1} gilt für ihre als *Watt* (W) bezeichnete Einheit: $1\ W = 1\ J/s = 1\ kg \cdot m^2/s$. Diese Einheit gilt auch für Energie- und Wärmeströme sowie für Strahlungsflüsse.

Die *Änderung der inneren Energie* eines Körpers z. B. bei Zuführung einer Wärmemenge ΔQ ist seiner Masse m sowie der dadurch bei ihm bewirkten, in *Kelvin* (K) gemessenen Temperaturerhöhung ΔT proportional und gleich der zugeführten Wärmemenge: $\Delta Q = m \cdot c \cdot \Delta T$, wobei der Proportionalitätsfaktor c seine spezifische Wärme ist und in der Einheit J/(kg · K) angegeben wird. Bei bekannter spezifischer Wärme läßt sich somit aus der gemessenen Temperaturänderung ΔT die zu- bzw. abgeführte Energie bestimmen.

Die während der Zeitspanne Δt von einem elektrischen Gleichstrom der Stromstärke I (in Ampere) bei der Spannung U (in Volt) übertragene *elektrische Energie* $E = U \cdot I \cdot \Delta t$ wird mit geeichten *Ampere-* bzw. *Voltmetern* gemessen und ebenfalls in Joule angegeben, ist doch ihre Einheit: $1\ V \cdot 1\ A \cdot 1\ s = 1\ VA \cdot s = 1\ W \cdot s = 1\ J$, wenn man beachtet, daß die für die elektrische Leistung $P_{el} = U \cdot I$ verwendete Einheit *Voltampere* (VA) definitionsmäßig gleich 1 Watt ist.

Physikalische Größen und ihre Einheiten
(Auswahl)

Größe (Formelzeichen)	SI-Einheit (Einheitenzeichen)	Zusammenhang mit anderen SI-Einheiten
Aktivität (A)	Becquerel (Bq)	$1\,Bq = 1\,s^{-1}$
Arbeit (W, A)	Joule (J)	$1\,J = 1\,Nm = 1\,Ws = 1\,m^2 \cdot kg \cdot s^{-2}$
Beleuchtungsstärke (E_v)	Lux (lx)	$1\,lx = 1\,lm \cdot m^{-2} = 1\,cd \cdot sr \cdot m^{-2}$
Beschleunigung ($\boldsymbol{a}$)	Meter durch Sekundenquadrat (m/s^2)	
Dichte (ϱ)	Kilogramm durch Kubikmeter (kg/m^3)	
Drehimpuls; Impulsmoment; Drall ($\boldsymbol{L}$)	Kilogramm mal Quadratmeter durch Sekunde ($kg \cdot m^2/s$)	
Drehmoment; Kraftmoment ($\boldsymbol{M}$)	Newtonmeter (Nm)	$1\,Nm = 1\,m^2 \cdot kg \cdot s^{-2}$
Druck (p)	Pascal (Pa)	$1\,Pa = 1\,N \cdot m^{-2} = 1\,m^{-1} \cdot kg \cdot s^{-2}$
Energie (E, W)	Joule (J)	$1\,J = 1\,Nm = 1\,Ws = 1\,m^2 \cdot kg \cdot s^{-2}$
Feldstärke, elektr. ($\boldsymbol{E}$)	Volt durch Meter (V/m)	$1\,V \cdot m^{-1} = 1\,m \cdot kg \cdot s^{-3} \cdot A^{-1}$
Feldstärke, magnet. ($\boldsymbol{H}$)	Ampere durch Meter (A/m)	
Fläche (A)	Quadratmeter (m^2)	
Frequenz (f, ν)	Hertz (Hz)	$1\,Hz = 1\,s^{-1}$
Geschwindigkeit ($\boldsymbol{v}$)	Meter durch Sekunde (m/s)	
Gewichtskraft ($\boldsymbol{G}$)	Newton (N)	$1\,N = 1\,m \cdot kg \cdot s^{-2}$
Impuls; Bewegungsgröße ($\boldsymbol{p}$)	Newtonsekunde (Ns)	$1\,Ns = 1\,m \cdot kg \cdot s^{-1}$
Induktivität (L)	Henry (H)	$1\,H = 1\,Vs \cdot A^{-1} = 1\,m^2 \cdot kg \cdot s^{-2} \cdot A^{-2}$
Kapazität, elektr. (C)	Farad (F)	$1\,F = 1\,C \cdot V^{-1} = 1\,m^{-2} \cdot kg^{-1} \cdot s^4 \cdot A^2$
Kraft ($\boldsymbol{F}$)	Newton (N)	$1\,N = 1\,m \cdot kg \cdot s^{-2}$
Ladung, elektr. (Q)	Coulomb (C)	$1\,C = 1\,As$
*Länge (l)	Meter (m)	
Leistung (P)	Watt (W)	$1\,W = 1\,J \cdot s^{-1} = 1\,m^2 \cdot kg \cdot s^{-3}$
Leuchtdichte (L_v)	Candela durch Quadratmeter (cd/m^2)	
*Lichtstärke (I_v)	Candela (cd)	
Lichtstrom (Φ_v)	Lumen (lm)	$1\,lm = 1\,cd \cdot sr$
*Masse (m)	Kilogramm (kg)	
Spannung, elektr. (U)	Volt (V)	$1\,V = 1\,W \cdot A^{-1} = 1\,m^2 \cdot kg \cdot s^{-3} \cdot A^{-1}$
*Stoffmenge (n)	Mol (mol)	
*Stromstärke (I)	Ampere (A)	
*Temperatur, thermodynam. (T)	Kelvin (K)	
Volumen (V)	Kubikmeter (m^3)	
Wärmekapazität, spezif. (c)	Joule durch Kilogramm und Kelvin ($J/(kg \cdot K)$)	$1\,J \cdot kg^{-1} \cdot K^{-1} = 1\,m^2 \cdot s^{-2} \cdot K^{-1}$
Wärmeleitfähigkeit (λ)	Watt durch Meter und Kelvin ($W/(m \cdot K)$)	$1\,W \cdot m^{-1} \cdot K^{-1} = 1\,m \cdot kg \cdot s^{-3} \cdot K^{-1}$
Wärmemenge (Q)	Joule (J)	$1\,J = 1\,Nm = 1\,Ws = 1\,m^2 \cdot kg \cdot s^{-2}$
Wichte (γ)	Newton durch Kubikmeter (N/m^3)	$1\,N \cdot m^{-3} = 1\,m^{-2} \cdot kg \cdot s^{-2}$
Widerstand, elektr. (R)	Ohm (Ω)	$1\,\Omega = 1\,V \cdot A^{-1} = 1\,m^2 \cdot kg \cdot s^{-3} \cdot A^{-2}$
Winkel, ebener ($\alpha, \beta, \gamma, \ldots, \varphi, \ldots$)	Radiant (rad)	
Winkel, räuml. (Ω)	Steradiant (sr)	
Winkelgeschwindigkeit (ω)	Radiant durch Sekunde (rad/s)	
*Zeit (t)	Sekunde (s)	

* Basisgrößen des Internat. Einheitensystems (SI)

Energetische Maßeinheiten

Nach dem am 5. Juli 1970 in Kraft getretenen, am 6. Juli 1973 und 12. Dezember 1977 abgeänderten „Gesetz über Einheiten im Meßwesen“ mit Ausführungsverordnungen vom 26. Juni 1970, vom 27. November 1973 und vom 12. Dezember 1977 dürfen mit ganz wenigen Ausnahmen seit dem 1. Januar 1978 im *geschäftlichen* und *amtlichen Verkehr* nur noch die im Gesetz festgelegten Einheiten verwendet werden. Obwohl Lehre und Schrifttum nicht vom Gesetz berührt werden, sollten auch hier nur die gesetzlichen Einheiten verwendet werden.

Die *gesetzlichen Einheiten im Meßwesen* sind: 1. die in Tab. 1 aufgeführten, den sieben als grundlegend betrachteten physikalischen Basisgrößen (s. S. 44) zugeordneten Basiseinheiten des 1954 von der X. Generalkonferenz für Maße und Gewichte eingeführten, später erweiterten *Praktischen* oder *Internationalen Einheitensystems* (Système International d'Unités; kurz: *SI-System*); 2. die mit diesen gebildeten abgeleiteten Einheiten aller anderen physikalischen Größen; 3. die dezimalen Vielfache und Teile der verschiedenen Einheiten; 4. die atomare Masseneinheit (u) und das Elektronvolt (eV) als atomphysikalische Massen- bzw. Energieeinheit.

Die Festlegung der *Basiseinheiten* als Maßeinheiten von bestimmten, nicht voneinander herleitbaren physikalischen Größen *(Basisgrößen)* erfolgt in unterschiedlicher, z. T. nicht völlig unabhängiger Weise. Die Längeneinheit Meter (m) und die Zeiteinheit Sekunde (s) in ihrer heutigen Festlegung sowie die Temperatureinheit Kelvin (K) werden auf Naturkonstanten zurückgeführt. Die Definition der Masseneinheit Kilogramm (kg) durch einen Metallzylinder (Kilogrammprototyp) ist ebenfalls völlig unabhängig. Dagegen geht in die Definition der Stromstärkeeinheit Ampere (A) eine festgelegte Kraft ein, während die Definitionen der Stoffmengeneinheit Mol (mol) und der Lichtstärkeeinheit Candela (cd) von der Massen- bzw. Längeneinheit abhängig sind.

Die *abgeleiteten SI-Einheiten* erhält man aus den Basiseinheiten jeweils über die Definitionsgleichung einer physikalischen Größe als Produkte von Potenzen derselben (s. S. 44). So ist z. B. die physikalische Größe Kraft eine über das dynamische Grundgesetz „Kraft = Masse × Beschleunigung“ abgeleitete Größe; ihre als Newton (N) bezeichnete Einheit ist gleich der Kraft, die einem Körper der Masse 1 kg die Beschleunigung $1\,m/s^2$ erteilt: $1\,N = 1\,kg \cdot m \cdot s^{-2}$. Eine nichtgesetzliche Einheit ist das Kilopond: $1\,kp = 9{,}807\,N$. Die abgeleitete Einheit des die Dimension Kraft × Länge besitzenden Kraft- bzw. Drehmoments ist das Newtonmeter: $1\,Nm = 1\,kg \cdot m^2 \cdot s^{-2}$.

Die abgeleitete SI-Einheit der Energie und der physikalisch gleichartigen Größen Arbeit und Wärmemenge ist das Joule (J): 1 Joule ist gleich der Arbeit, die verrichtet wird, wenn der Angriffspunkt der Kraft 1 N in Richtung der Kraft um 1 m verschoben wird: $1\,J = 1\,Nm = 1\,kg \cdot m^2 \cdot s^{-2}$. Nichtgesetzliche Einheiten sind für Arbeit und Energie das Kilopondmeter: $1\,kpm = 9{,}807\,J$, für die Wärmemenge die Kalorie: $1\,cal = 4{,}1868\,J$.

Die abgeleitete SI-Einheit der Leistung sowie der physikalisch gleichartigen, als Energie- bzw. Wärmemenge pro Zeit definierten Größen Energie- und Wärmestrom ist das Watt (W): 1 Watt ist gleich der Leistung, bei der während der Zeit 1 s die Energie 1 J umgesetzt wird: $1\,W = 1\,J/s = 1\,Nm/s = 1\,kg \cdot m^2 \cdot s^{-3}$. Energie- und Wärmeströme sollten allerdings in J/s angegeben werden. Nichtgesetzliche Einheiten sind die Pferdestärke (PS): $1\,PS = 75\,kpm/s = 735{,}5\,W$.

Um sehr große bzw. sehr kleine Zahlenwerte bei der Angabe physikalischer Größen (insbesondere bei großen Energien und Leistungen bzw. bei kleinen Längen und Zeiten) zu vermeiden, ist es zweckmäßig, dezimale Vielfache und Teile der Einheiten zu verwenden. Sie werden mit sog. Vorsätzen (Tab. 2) gebildet, wobei bei Massenangaben von der Einheit Gramm (g) ausgegangen wird. Diese größeren oder kleineren Einheiten sind zwar keine SI-Einheiten mehr, wohl aber gesetzliche Einheiten.

Tab. 1
Basisgrößen und Basiseinheiten des Internationalen Einheitensystems

Basisgröße	Basiseinheit	Zeichen
Länge	Meter	m
Masse	Kilogramm	kg
Zeit	Sekunde	s
elektrische Stromstärke	Ampere	A
thermodynam. Temperatur	Kelvin	K
Stoffmenge	Mol	mol
Lichtstärke	Candela	cd

Faktor	Vorsatz	Zeichen
10^{18}	Exa-	E
10^{15}	Peta-	P
10^{12}	Tera-	T
10^{9}	Giga-	G
10^{6}	Mega-	M
10^{3}	Kilo-	k
10^{2}	Hekto-	h
10	Deka-	da
10^{-1}	Dezi-	d
10^{-2}	Zenti-	c
10^{-3}	Milli-	m
10^{-6}	Mikro-	µ
10^{-9}	Nano-	n
10^{-12}	Pico-	p
10^{-15}	Femto-	f
10^{-18}	Atto-	a

Tab. 2
Vorsätze und Vorsatzzeichen für Vielfache und Teile von SI-Einheiten

Einheit	Joule (J)	Kilowattstunde (kWh)	Kilokalorie (kcal)	Elektronvolt (eV)	Steinkohleneinheit (SKE)
1 J = 1 Ws	1	$2{,}778 \cdot 10^{-7}$	$0{,}239 \cdot 10^{-3}$	$0{,}624 \cdot 10^{19}$	$3{,}412 \cdot 10^{-8}$
1 kWh	$3{,}6 \cdot 10^{6}$	1	859,8	$2{,}247 \cdot 10^{25}$	0,12273
1 kcal	$4{,}187 \cdot 10^{3}$	$1{,}163 \cdot 10^{-3}$	1	$2{,}613 \cdot 10^{22}$	$1{,}428 \cdot 10^{-4}$
1 eV	$1{,}602 \cdot 10^{-19}$	$4{,}450 \cdot 10^{-26}$	$3{,}826 \cdot 10^{-23}$	1	$5{,}468 \cdot 10^{-21}$
1 SKE	$29{,}308 \cdot 10^{6}$	8,1475	7000	$18{,}29 \cdot 10^{19}$	1

1 EJ = 10^{18} J = $0{,}278 \cdot 10^{12}$ kWh = 0,0317 TWa = $34{,}12 \cdot 10^{9}$ SKE = 34,12 Mill. t SKE
1 TWa = $8{,}760 \cdot 10^{12}$ kWh = 31,536 EJ = $1{,}076 \cdot 10^{12}$ SKE = 1076 Mill. t SKE
1 Mill. t SKE = 10^{9} SKE = 29,308 PJ = $8{,}148 \cdot 10^{9}$ kWh = $0{,}929 \cdot 10^{-3}$ TWa

Tab. 3
Umrechnungstabelle und Umrechnungen häufig verwendeter Einheiten der Energie, Arbeit und Wärmemenge

Einheit	Watt (W)	Kilowatt (KW)	Kilokalorie pro Sekunde (kcal/s)	Pferdestärke (PS)
1 W = 1 J/s	1	10^{-3}	$2{,}389 \cdot 10^{-4}$	$1{,}36 \cdot 10^{-3}$
1 kW	10^{3}	1	0,239	1,3596
1 kcal/s	$4{,}186 \cdot 10^{3}$	4,1855	1	5,691
1 PS	735,499	0,7355	0,1757	1

Tab. 4
Umrechnungstabelle häufig verwendeter Einheiten von Leistung, Energie- und Wärmestrom

Auswirkungen von Energiezufuhr

Energieübertragungen und -umwandlungen können nur aufgrund von Wechselwirkungen stattfinden. Nur aufgrund solcher Wirkungen kann Energie überhaupt erst gemessen werden; denn Messungen basieren stets auf den Auswirkungen von Energieübertragungen. Die Energie ist letztlich definiert durch diese Auswirkungen, die recht vielfältig und komplex sind (Abb. 1 a–d): Führt man z. B. einem ruhenden oder gleichförmig bewegten Körper mechanische Energie zu, so wird seine kinetische Energie vergrößert, was sich in einer erhöhten Geschwindigkeit bzw. einer Richtungsänderung des Körpers bemerkbar macht. Bei der Verbrennung wandelt sich die chemische Energie des Brennstoffs (z. B. Kohlenstoff) in Wärmeenergie um; dabei entstehen neue chemische Verbindungen (z. B. Kohlendioxid). Führt man dem Glühfaden einer Lampe elektrische Energie zu, wird der Faden heiß und sendet Licht aus. Wenn ein Körper Wärme aufnimmt, so ändert er z. B. seine Temperatur und sein Volumen *(Wärmeausdehnung)*.

Jede Energiezu- bzw. -abfuhr bei einem Medium ist also mit einer *Zustandsänderung* verbunden. Diese kann sich darin äußern, daß das Medium Energie in anderer Form abgeben kann (z. B. die Glühlampe), daß es seine Zusammensetzung ändert (z. B. bei Verbrennung), daß seine Energie unter Beibehaltung der Energieform verändert wird (z. B. bei Bewegung) oder daß es seine äußere Form ändert (z. B. durch Volumenänderung). Diese Änderungen lassen sich durch Veränderungen in den atomaren bzw. nuklearen Energiezuständen der Atome und Moleküle bzw. der Atomkerne, aus denen unsere Welt aufgebaut ist, mikroskopisch (d. h. atom- bzw. kernphysikalisch) erklären. Sie lassen sich im praktischen Alltag zum Messen und zum Durchführen technischer Arbeitsabläufe makroskopisch nutzen.

Relativ auffällige Zustandsänderungen stellen die *Änderungen der Aggregatzustände* dar (Abb. 2): Wenn einem festen Körper (z. B. Eis) Wärme zugeführt wird, steigt seine Temperatur, bis die um ihre Gleichgewichtslage in den Kristallgitterpunkten schwingenden Atome oder Moleküle des Körpers bei einer bestimmten Temperatur (sein *Fließ-* oder *Schmelzpunkt*) ihre Gleichgewichtslage verlassen können. Es finden dann Platzwechselvorgänge statt; der Körper schmilzt und geht in den flüssigen Aggregatzustand über (z. B. Wasser). Beim *Schmelzen* tritt keine Temperaturerhöhung auf, im allgemeinen aber eine Volumenvergrößerung. Einige Stoffe zeigen hingegen eine Volumenverringerung beim Schmelzen bzw. eine Zunahme des Volumens beim Gefrieren (z. B. Wasser).

Bei weiterer Wärmezufuhr erhöht sich nach dem Schmelzen die Temperatur wieder. Wenn eine bestimmte Temperatur, der sog. *Siedepunkt*, erreicht ist (z. B. bei Wasser 100 °C), haben die Moleküle genug Energie bekommen, um sich „selbständig" machen zu können. Die Flüssigkeit verdampft und geht bei konstant bleibender Temperatur in den gasförmigen Aggregatzustand über. Da das Gasvolumen viel größer ist als das Flüssigkeitsvolumen, findet beim *Verdampfen* eine sehr große Volumenänderung statt: Die Flüssigkeit „kocht". Eine Flüssigkeit kann allerdings ab einem gewissen Druck, auch ohne zu kochen, d. h. ohne deutliche Trennung der flüssigen Phase von der Gasphase, in die Gasform übergehen.

Ein Stoff kann sich auch direkt bei Wärmezufuhr vom festen in den gasförmigen Zustand umwandeln *(Sublimation)*. Dies hängt vom herrschenden Druck und von der Temperatur sowie von den Stoffeigenschaften ab. Gefrorenes Kohlendioxid (Trockeneis) z. B. geht bei Normaldruck und Normaltemperatur direkt in die Gasphase über.

Wärmezufuhr kann aber auch ohne Änderungen des Aggregatzustandes *Phasenumwandlungen*, d. h. Veränderungen der Stoffeigenschaften, hervorrufen. Bei Wärmezufuhr verlieren z. B. ferromagnetische Materialien bei einer bestimmten Temperatur ihren starken Magnetismus. Auch die Löslichkeit von Stoffen kann durch Wärmezufuhr verändert werden (z. B. die von Kohlensäure in Wasser).

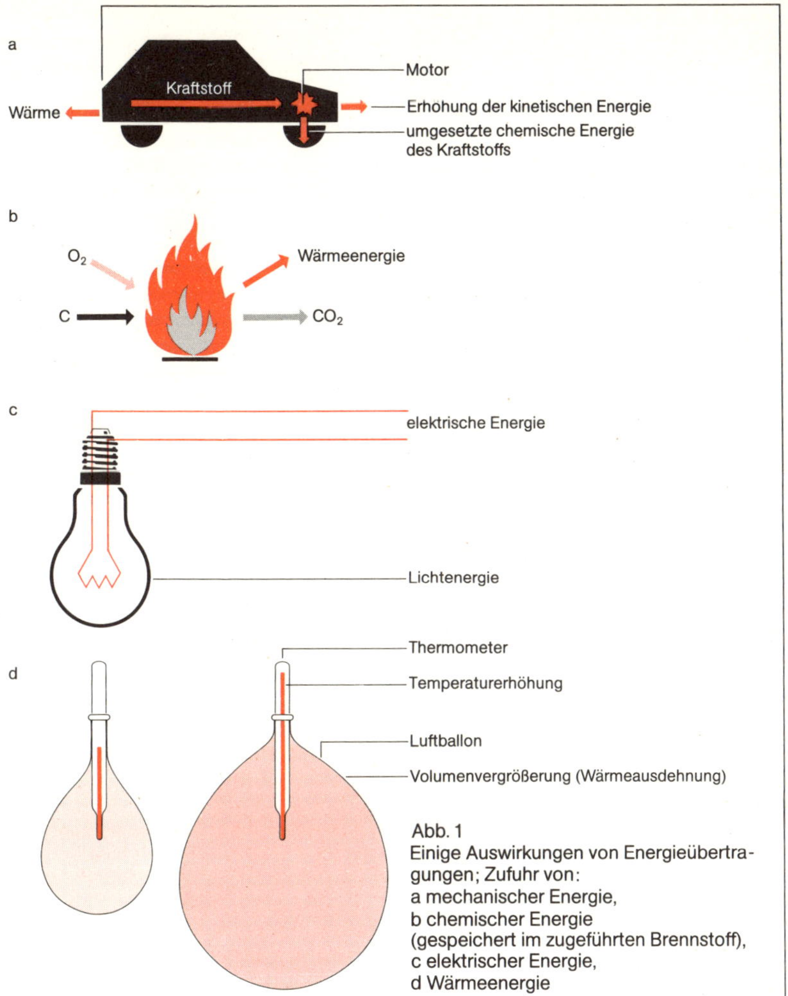

Abb. 1
Einige Auswirkungen von Energieübertragungen; Zufuhr von:
a mechanischer Energie,
b chemischer Energie
(gespeichert im zugeführten Brennstoff),
c elektrischer Energie,
d Wärmeenergie

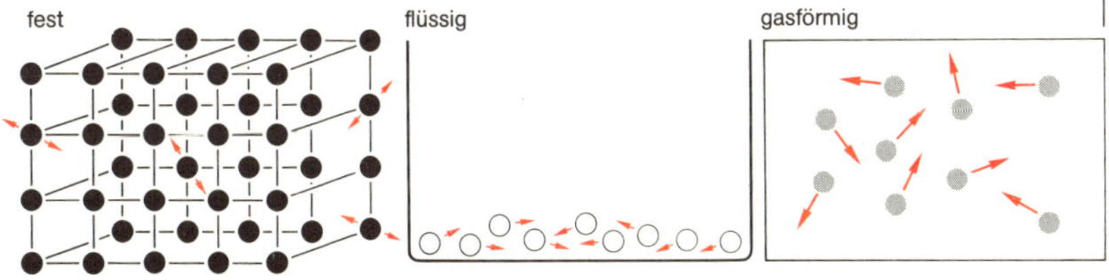

Abb. 2 Änderungen des Aggregatzustandes bei Zufuhr von Wärmeenergie

Die Thermodynamik der Energieumsetzungen

Die ursprünglich als reine *Wärmelehre* nur mit der Untersuchung und Beschreibung der in Natur und Technik auftretenden Wärmeerscheinungen und -vorgänge befaßte, heute aber als eine allgemeine Energielehre anzusehende *Thermodynamik* lehrt u. a. die verschiedenen Energieformen zu unterscheiden, zeigt das Ausmaß ihrer Umwandlung, Übertragung und Verknüpfung bei natürlichen und technischen Prozessen und klärt die Bedingungen und Grenzen für die stattfindenden Energieumsetzungen. Aus technischen Fragestellungen entstanden, basiert die Thermodynamik auf zwei grundlegenden Naturgesetzen: dem Naturgesetz der Energieerhaltung und dem der Entropievermehrung (s. S. 62 und 64). Ihre Prinzipien und Methoden werden z. B. bei der Konstruktion von Wärmekraftmaschinen, beim Erfassen des Verhaltens der Materie in ihren Aggregatzuständen oder zur Lösung von Problemen des chemischen Gleichgewichts bei chemischen Reaktionsabläufen verwendet.

In der Thermodynamik werden bestimmte Begriffe von definierter Bedeutung verwendet. So ist ein *thermodynamisches System* eine makroskopische Menge Materie innerhalb eines abgegrenzten Raumbereichs, dessen Form oder Volumen veränderbar sein kann. Alles außerhalb des Systems bildet seine *Umgebung*, von der es durch wirkliche (z. B. Behälterwände) oder gedachte Begrenzungsflächen *(Systemgrenzen)* getrennt ist. Bei einem *geschlossenen System* sind die Grenzflächen für Materie undurchlässig, so daß es stets dieselbe Masse hat (Abb. 1). Bei einem *abgeschlossenen* oder *isolierten System* verhindern sie auch jede Wechselwirkung (z. B. jeden Energieaustausch) mit der Umgebung. Sind die Grenzflächen für Materie (Stoffströme) durchlässig, so liegt ein *offenes System* vor. (Abb. 2). In einem *homogenen System* schließlich sind die chemische Zusammensetzung und die physikalischen Eigenschaften überall gleich (andernfalls ist es *heterogen*). Jeden *homogenen* Bereich eines Systems bezeichnet man als *Phase*.

Ein thermodynamisches System wird in seinem thermodynamischen Zustand von einer Reihe physikalischer Größen, den *thermodynamischen Zustandsgrößen*, charakterisiert, aus denen sich weitere Zustandsgrößen bilden lassen, z. B. die Entropie (s. S. 64). Die Charakterisierung ist zu einem gewissen Grade von der Art des Systems abhängig: Der Zustand eines Gases in einem Behälter ist z. B. vollständig durch die sog. *thermischen Zustandsgrößen* Druck p, Temperatur T und Volumen V bzw. Dichte n beschrieben. Bei anderen Systemen müssen unter Umständen andere Zustandsgrößen herangezogen werden, wie z. B. die Konzentration bei einer Lösung. Wichtig ist hier nur, daß diese Größen überall im System gleiche Werte haben. Ist dies in einem isolierten System nicht der Fall, so gleichen sich die räumlichen Unterschiede in den Zustandsgrößen allmählich aus, wenn es lange genug sich selbst überlassen ist. Den Endzustand eines solchen isolierten Systems nennt man den *Gleichgewichtszustand*, das System selbst befindet sich im *thermodynamischen Gleichgewicht*.

Die sog. *Gleichgewichtsthermodynamik* beschreibt nun Systeme im thermodynamischen Gleichgewicht, in dem ihre Zustandsgrößen eindeutig bestimmte Werte haben. Diese können nur durch äußere Einwirkungen, d. h. durch Zu- bzw. Abführung von Energie über die Systemgrenzen, verändert werden: Im betrachteten System findet dann ein *thermodynamischer Prozeß* statt. Besteht dieser Prozeß aus einer kontinuierlichen Folge von nacheinander angenommenen Gleichgewichtszuständen, so ist er *reversibel* oder umkehrbar, d. h., das System kann wieder in seinen Anfangszustand gebracht werden, ohne daß irgendwelche Änderungen in der Umgebung zurückbleiben. Ist dies nicht der Fall, so ist der Prozeß *irreversibel* oder nicht umkehrbar: Die Wiederherstellung des Anfangszustandes erfordert mehr Aufwand, als beim Erreichen eines beliebigen anderen Zustandes an Energie freigesetzt würde.

Beispiele für irreversible Prozesse sind der Schaufelradprozeß, bei dem die Temperatur eines abgeschlossenen Gases durch ein sich drehendes Schaufelrad infolge Reibung allmählich ansteigt (Abb. 3a), und das sehr schnelle Hineindrücken eines beweglichen Stempels in einen gasgefüllten Zylinder (Abb. 1b): Druck, Temperatur

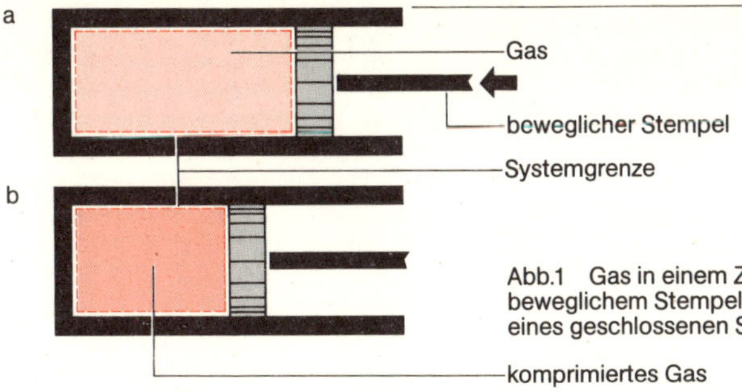

Abb.1 Gas in einem Zylinder mit beweglichem Stempel als Beispiel eines geschlossenen Systems

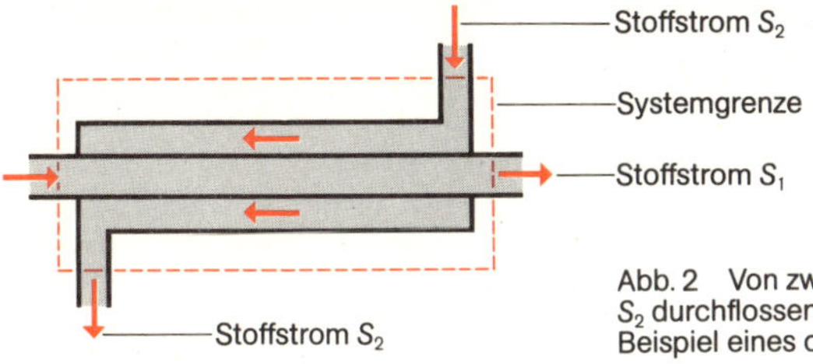

Abb. 2 Von zwei Stoffströmen S_1 und S_2 durchflossener Wärmetauscher als Beispiel eines offenen Systems

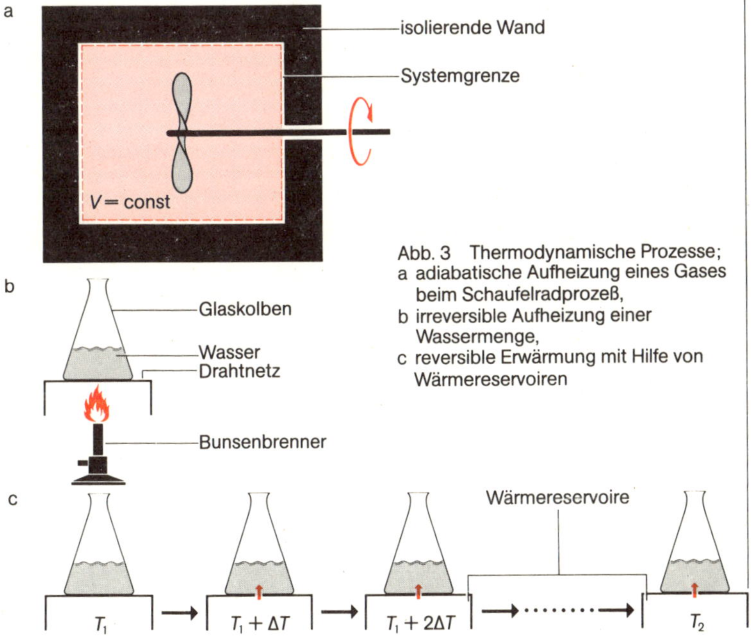

Abb. 3 Thermodynamische Prozesse;
a adiabatische Aufheizung eines Gases beim Schaufelradprozeß,
b irreversible Aufheizung einer Wassermenge,
c reversible Erwärmung mit Hilfe von Wärmereservoiren

und Dichte unmittelbar vor dem Stempel sind höher als anderswo im Gas. Um dieses reversibel zu komprimieren, muß der Stempel so langsam bewegt werden, daß sich Druck und Temperatur in jedem Zeitpunkt ausgleichen können.

Ein irreversibler Prozeß ist auch das Erwärmen von Wasser in einem Gefäß über einer Gasflamme (Abb. 3b), weil die Flammentemperatur sehr viel höher ist als die Temperatur des Wassers und das Wasser unmittelbar über der Flamme sehr viel wärmer ist als sonstwo im Gefäß. Eine reversible Aufwärmung des Wasser müßte über den Kontakt mit vielen Körpern von stetig steigender Temperatur erfolgen (Abb. 3c). Diese Körper sollen große Wärmespeicher sein, d. h., die Wärmeabgabe an das Wassergefäß soll ihre Temperatur nur unwesentlich beeinflussen. Wird das Wassergefäß nacheinander genügend lange in Kontakt mit diesen Wärmereservoiren gebracht, bis sich jeweils ein thermodynamisches Gleichgewicht einstellt, ist der Prozeß reversibel. Alle wirklichen (natürlichen oder technischen) Prozesse sind irreversibel, weil sie durch endliche Differenzen von Druck, Temperatur u. a. bewirkt werden.

Wie sich feststellen läßt, bestehen zwischen den Zustandsgrößen eines Systems bestimmte Beziehungen, die durch sog. *Zustandsgleichungen* beschrieben und z. B. durch *Zustandsflächen* bzw. *Zustandsdiagramme* dargestellt werden können (Abb. 4 und 5). Die einfachste Zustandsgleichung ist die eines idealen Gases, nach der das Produkt aus dem Druck und dem Volumen der absoluten Temperatur des Gases proportional ist.

Soll ein thermodynamischer Prozeß ablaufen, so muß normalerweise Energie mit der Umgebung ausgestauscht werden. Wenn z. B. ein Gas in einem Behälter mit beweglichem Stempel (Abb. 1) expandiert, so leistet es am Stempel Arbeit, wobei es sich u. U. abkühlt und Wärme abgibt. Eine derartige *Zustandsänderung* kann prinzipiell über unendlich viele Prozeßwege laufen: Die Arbeit, die das System zwischen zwei Zuständen Z_1 und Z_2 ausführt, ist vom Weg abhängig, d. h., die Arbeit ist keine Zustandsgröße. Das gleiche gilt für die Wärmeenergie. Es kann aber experimentell nachgewiesen werden, daß die Summe aus Arbeit und Wärme, unabhängig vom Weg, gleich der Änderung der inneren Energie des Systems ist. Somit stellt diese eine Zustandsgröße dar.

Weitere Zustandsgrößen eines Systems sind z. B. seine *Enthalpie* (= Summe aus seiner inneren Energie U und der Verdrängungsarbeit $p \cdot V$) und die *freie Energie F* (als derjenige Anteil seiner Energie, der sich unter Konstanthaltung der Temperatur durch geeignete Prozesse in beliebiger Energieform entziehen läßt). Sie ist die Differenz von innerer Energie U und sog. *gebundener Energie* $T \cdot S$, in die eine als *Entropie* bezeichnete Zustandsgröße S eingeht, die ein Maß für die Unordnung eines Systems ist (s. S. 64). Nach dem 2. Hauptsatz der Thermodynamik ist ein in einem geschlossenen System ablaufender Prozeß nur dann möglich, wenn die gesamte Entropie (einschließlich der Umgebung) wächst (irreversibel) oder konstant (reversibel) bleibt; abnehmen kann sie nie. Diese Erkenntnis erlaubt es, die Richtung eines Prozeßablaufs zu bestimmen und aus den Prozessen diejenigen auszuwählen, die a priori überhaupt ablaufen können bzw. eine maximale Energiewandlung ermöglichen.

Ein Beispiel hierzu ist eine Wärmekraftmaschine, die zwischen zwei Wärmereservoiren mit Temperatur T_1 und $T_2 > T_1$ arbeitet. Von ihr wird Arbeit A abgegeben, indem das System die Wärmemenge Q_2 absorbiert und die Wärmemenge Q_1 abgibt. Nach dem Energieerhaltungssatz wäre es durchaus möglich, daß die gesamte Wärmemenge Q_2 in Arbeit A umgewandelt wird. Dann müßte aber die gesamte Entropie abnehmen. Daher muß das System immer eine Wärmemenge $Q_1 \neq 0$ abgeben. Die Wärmemenge Q_2 kann also nur zum Teil in technische Arbeit umgewandelt werden, und zwar in dem durch die Exergie gegebenen Maße (s. S. 54).

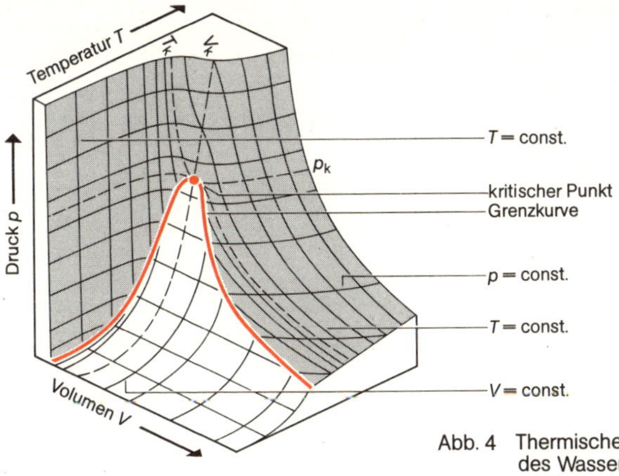

Abb. 4 Thermische Zustandsgleichung des Wasserdampfs im p,V,T-Raum

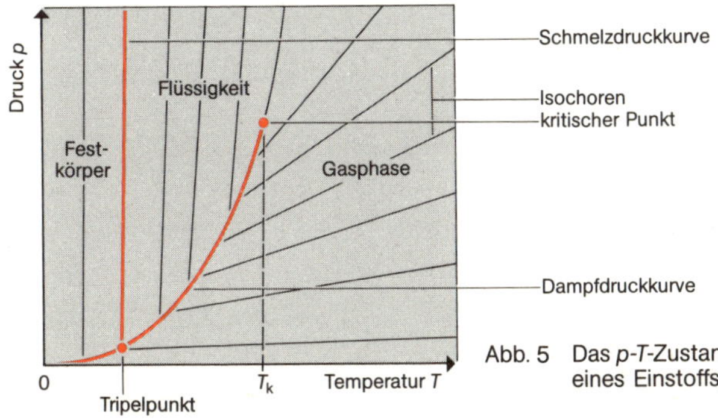

Abb. 5 Das p-T-Zustandsdiagramm eines Einstoffsystems

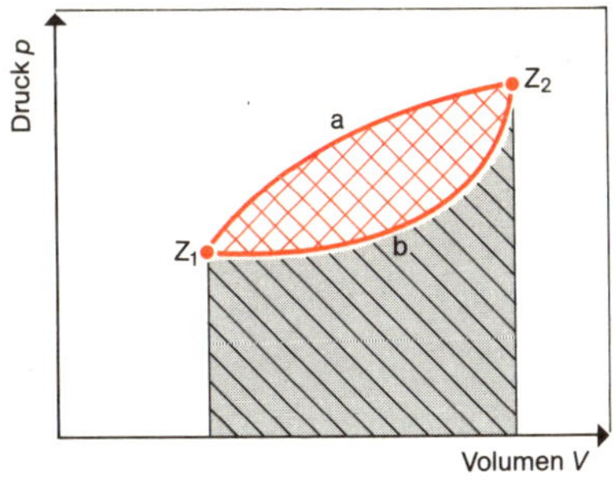

Abb. 6 Darstellung der geleisteten Arbeit im p-V-Diagramm

Exergie und Anergie

Die Thermodynamik lehrt, daß es für die Umwandlung einer Energieform in eine andere eine obere Grenze gibt (s. S. 50). Diese Grenze setzt die Natur durch das Prinzip der Energieerhaltung (s. S. 62) und das der Entropievermehrung (s. S. 64). Abb. 1 zeigt die schematische Darstellung eines *Energieumwandlungsprozesses:* Die vorgegebene Eintrittsenergie E_1 läßt sich aus thermodynamischen Gründen nur teilweise in die für den Nutzbereich als Arbeit erwünschte Austrittsenergie E_2 umwandeln. Wenn der Prozeß reversibel (s. S. 50 und 64) abläuft, erreicht E_2 seinen Maximalwert. Diese maximale Energiemenge hat dann quantitativ dieselbe technische Arbeitsfähigkeit wie die eingesetzte Energie. Dabei wird unter *technischer Arbeitsfähigkeit* derjenige Betrag an Energie verstanden, der sich unbeschränkt in jede Form der Energie umwandeln läßt. Wenn der Energieumwandlungsprozeß irreversibel abläuft, geht ein gewisser Betrag an technischer Arbeitsfähigkeit verloren. Die technische Arbeitsfähigkeit ist daher keine konservative (d. h. erhalten bleibende) Größe.

Es ist wünschenswert, die Energieformen nach ihrer Arbeitsfähigkeit zu quantifizieren, damit die Anpassung zwischen verwendeter Energieform und Nutzungssystem bewertet werden kann. Dazu bedient man sich der als *Exergie* bezeichneten Größe (Zeichen *Ex*): Die Exergie einer Energieform ist die maximale Energiemenge, die aus dieser Energieform in technische Arbeit umgesetzt werden kann. In Ergänzung hierzu ist die *Anergie* definiert als diejenige Energiemenge, die *nicht* in technische Arbeit umgesetzt werden kann. Die Summe aus Exergie und Anergie ist gleich der inneren Energie eines Systems (oder gleich der *Enthalpie* bei offenen Systemen). Die Umwandelbarkeit kann nun genauer formuliert werden: Bei einem Energieumwandlungsprozeß wird Exergie zumindest teilweise vernichtet; sie kann allenfalls konstant bleiben.

Je kleiner die Exergievernichtung ist, desto besser ist die Anpassung von Energieform und Nutzungssystem an die zu verrichtende Aufgabe. Dies gilt nicht für die Energie; denn für sie gibt es einen Erhaltungssatz. Wenn in der Energiediskussion das Wort „Energieverbrauch" benutzt wird, ist eigentlich *Exergieverbrauch* (d. h. Exergievernichtung) gemeint. Das Bestreben, „Energie einzusparen", ist also das Bestreben, den Verbrauch von Exergie so niedrig wie möglich zu halten, d. h. die Umwandlungsprozesse möglichst reversibel zu gestalten. Da alle realen Prozesse irreversibel sind, wird in jedem Prozeß Exergie vernichtet.

Die meisten Prozesse in der Natur sind sogar stark irreversibel, d. h., in einem isolierten System ist der Vorrat an Exergie bald verbraucht, und die Prozesse kommen zum Stillstand. Das System Erde ist aber nun nicht isoliert, sondern die Sonne sorgt dafür, daß dauernd Exergie neu zugeführt wird, um den irdischen Verbrauch zu kompensieren. Abb. 2 zeigt den Energie- bzw. *Exergiehaushalt der Erde.* Die Sonne liefert nicht „nur" Energie, sondern sie ist primär ein Exergielieferant. Die Erde strahlt im Mittel pro Zeiteinheit genau soviel Energie in den Weltraum ab, wie sie von der Sonne empfängt. Die zurückgestrahlte Energie umfaßt aber einen Frequenzbereich, dessen Schwerpunkt im infraroten Teil des elektromagnetischen Spektrums liegt, während im Gegensatz hierzu die Sonneneinstrahlung ihr Maximum im sichtbaren (grünen) Teil hat. Infrarote Strahlungsenergie besitzt nun aber relativ weniger Exergie als sichtbare, so daß also netto Exergie an die Erde abgegeben wird. Diese Exergie wird fast ausschließlich zum Ausgleich der irdischen Exergievernichtung benutzt. Ein verschwindend kleiner Bruchteil wird allerdings auch gespeichert (Exergieressourcen; z. B. alle fossilen Energievorräte).

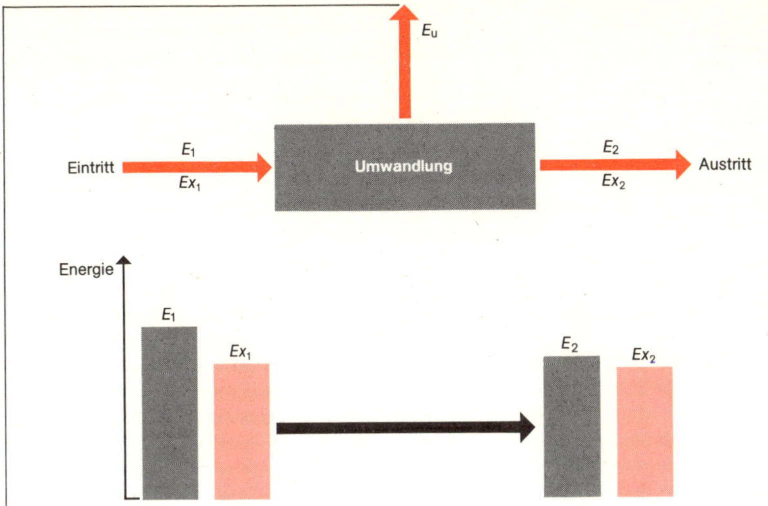

Abb. 1 Charakterisierung eines Energieumwandlungsprozesses durch die ein- und umgesetzten Energien sowie ihre Exergien

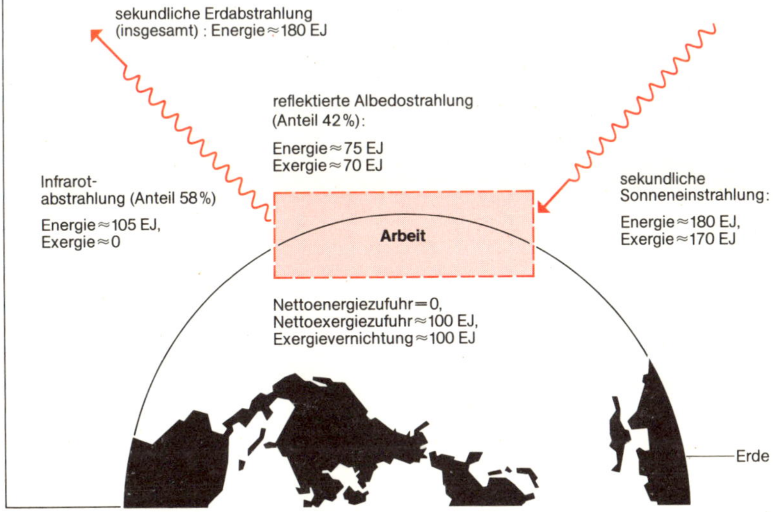

Abb. 2 Energie- und Exergiehaushalt der Erde

Wärmeenergie – die kinetische Wärmetheorie

Die *Wärmeenergie* ist eine von der Thermodynamik makroskopisch definierte physikalische Größe. Ihre mikrophysikalische, d. h. atomistische Herleitung kann die Thermodynamik nicht liefern, weil sie keine Annahmen über die Struktur der Materie macht und diese als Kontinuum behandelt. Eine sehr erfolgreiche (und bereits sehr alte) Annahme zur Struktur war die, daß Materie aus kleinsten Teilchen (Atome, Moleküle) zusammengesetzt ist. Die molekulare Theorie der Gase wurde zuerst entwickelt, weil die Physik hier im Vergleich zu der von Flüssigkeiten und Festkörpern recht einfach ist.

Das Bild des *molekularen Gases* ist durch eine freie und ungeordnete Bewegung der zahlreichen Atome oder Moleküle (normalerweise etwa 10^{19} pro cm^3) gekennzeichnet. Durch die fortwährenden Zusammenstöße der Teilchen untereinander und mit den Molekülen einer das Gas einschließenden Umgebung (z. B. Gefäßwände) ändern sie ihren Bewegungszustand (Geschwindigkeit und Richtung) ständig. Wenn es möglich wäre, die Bewegung jedes einzelnen Teilchens zu verfolgen (wie etwa die Bewegung von Billardkugeln), würde man das Verhalten eines Gases genau übersehen können. Wegen der ungeheuer großen Zahl der Teilchen ist dies jedoch in der Praxis völlig ausgeschlossen. Es lassen sich aber grundlegende physikalische Aussagen machen, wenn das durchschnittliche statistische Verhalten einer solchen Gesamtheit von sehr vielen Teilchen betrachtet wird.

Die umfassende Theorie, die die Gaseigenschaften bzw. die Wärmeenergie mit Hilfe der Statistik aus der ungeordneten Bewegung der Moleküle oder Atome ableitet, bezeichnet man als *kinetische Gas-* bzw. *Wärmetheorie*. In Abb. 1 ist der Momentanzustand eines Gases mit seiner molekularen Struktur schematisch dargestellt. Wenn dem Gas bei konstantem Volumen V Energie zugeführt wird, kann es diese Energie speichern, wobei seine Wärmeenergie und somit seine Temperatur zunehmen; gleichzeitig ist auch ein Ansteigen des Gasdrucks p zu beobachten. Dieser kommt durch die Stöße der Moleküle zustande und ist um so größer, je höher die durchschnittliche Geschwindigkeit der im Volumen V befindlichen N Moleküle ist. Die kinetische Gastheorie liefert nun für den Druck eines idealen Gases die Beziehung: $p = nkT$, wobei $n = N/V$ seine Teilchendichte und $k = 1{,}38 \cdot 10^{-23}$ J/K die fundamentale Boltzmann-Konstante ist. Eine entsprechende Proportionalität zur Temperatur gilt auch für die Wärmeenergie: $E_{th} = \frac{3}{2}\,NkT$, wobei $E_{th}/N = \frac{3}{2}\,kT$ die durchschnittliche kinetische Energie der Moleküle ist.

Nun kann zur Wärmeenergie aber nicht nur die ungeordnete Molekülbewegung mit ihren drei *Freiheitsgraden* der Translation beitragen. Bei zweiatomigen Molekülen z. B. gibt es zusätzlich die beiden Freiheitsgrade der Rotation um zwei zueinander und zur Verbindungslinie der Atome senkrechte Achsen sowie einen Freiheitsgrad für die bei normalen Temperaturen nicht angeregte Valenz- oder Streckschwingung in der Verbindungslinie, bei mehratomigen Molekülen außerdem noch verschiedene Deformationsschwingungen. In kristallinen Festkörpern sind dagegen nur Schwingungen der Atome um ihre Gleichgewichtslagen in den Kristallgitterpunkten zu berücksichtigen (3 Freiheitsgrade).

Jedem Freiheitsgrad entspricht nun ein Beitrag $\frac{1}{2}\,kT$ zur Wärmeenergie; im Falle von Schwingungsfreiheitsgraden kommt noch ein gleich großer Beitrag an potentieller Schwingungsenergie hinzu. Die Wärmeenergie wächst somit in Abhängigkeit von der Temperatur mit der Anzahl der angeregten Bewegungen bzw. Freiheitsgrade. Bei Gasen, die aus mehratomigen Molekülen mit vielen Schwingungsfreiheitsgraden bestehen, sowie bei Festkörpern muß daher pro Mol mehr Energie zugeführt werden als z. B. bei einatomigen Gasen (z. B. Helium), um dieselbe Temperaturerhöhung zu erreichen: Sie haben eine größere Wärmekapazität (s. S. 58).

Bei niedrigen Temperaturen und bei Metallen zeigt sich keine gute quantitative Übereinstimmung zwischen den Meßergebnissen und den Angaben der kinetischen Gastheorie. Letztlich wurden diese Unstimmigkeiten durch die Quantenstatistik behoben.

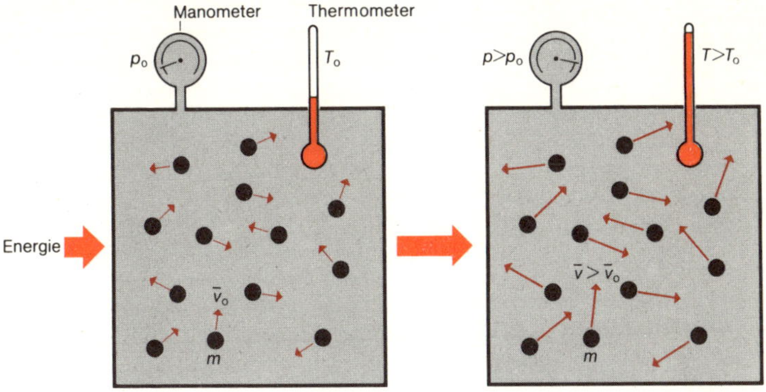

Wärmeenergie proportional zum Druck bzw. zur Temperatur

Abb. 1 Wärmeenergie als kinetische Energie der sämtlichen Moleküle eines Gases (p_o, T_o Druck bzw. Temperatur des Gases vor, p und T nach Energiezufuhr; v_o und v die zugehörigen mittleren Geschwindigkeiten der Gasmoleküle, m deren Masse)

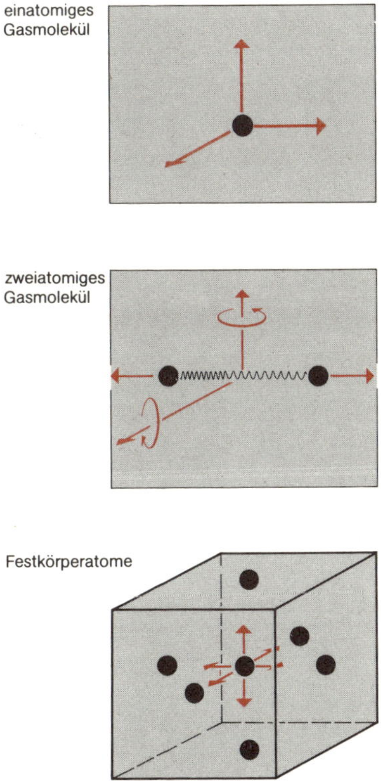

$f = 3$
(nur Translationsfreiheitsgrade)

Wärmeenergie proportional zu Zahl f der Freiheitsgrade eines Atoms bzw. Molküls

$f = 6$
(3 Translations-,
2 Rotationsfreiheitsgrade,
1 Schwingungsfreiheitsgrad)

$f = 3$
(nur Schwingungsfreiheitsgrade)

Abb. 2 Bewegungsmöglichkeiten (Freiheitsgrade) ein- oder zweiatomiger Gasmoleküle bzw. der Atome eines Kristalls

Wärmeenergie – fühlbare und latente Wärme

Stoffe reagieren auf die Zu- oder Abfuhr von Energie auf unterschiedliche Weise (s. S. 48). Häufig bewirkt die Zufuhr von Wärmeenergie eine Erhöhung der Temperatur des Mediums. Führt man z. B. einem Liter Wasser eine Wärmemenge von einer Kilokalorie (1 kcal = 4,186 kJ) zu, so steigt die Temperatur des Wassers um 1 °C. Man spricht in diesem Falle davon, daß sich die *fühlbare Wärme* des Wassers erhöht hat. Führt man dagegen einem Liter Alkohol die gleiche Wärmemenge zu, so erhöht sich die Temperatur des Alkohols um 1,7 °C. Die Temperaturerhöhung bei gleicher Wärmezufuhr ist demnach von der Art des Stoffes abhängig. Man beschreibt diese Stoffeigenschaft durch die Angabe der *spezifischen Wärmekapazität c*. Sie ist definiert als diejenige Wärmemenge, die pro Masseneinheit erforderlich ist, um eine Temperaturerhöhung von 1 °C zu bewirken. Bei Gasen z. B. muß man noch unterscheiden zwischen c_p und c_V, den jeweiligen spezifischen Wärmekapazitäten des Gases für die Wärmezufuhr bei konstant bleibendem Druck (p) bzw. Volumen (V). Typische Werte sind in der Tabelle wiedergegeben. Das Produkt aus der Masse m eines Körpers, seiner spezifischen Wärmekapazität und der Abweichung seiner Temperatur T_K von der Umgebungstemperatur T_U ergibt die fühlbare Wärme:

$$W_F = c \cdot m \cdot (T_K - T_U).$$

Stoffe können auf Wärmezufuhr auch mit einer Phasenumwandlung, einer Änderung ihres Aggregatzustandes oder einer chemischen Umwandlung reagieren, ohne daß sich dabei die Temperatur ändert. Die zugeführte Wärmeenergie wird in diesen Fällen in eine Veränderung des Mediums einbezogen und in diesem gebunden bzw. gespeichert. Sie wird wieder freigesetzt, wenn das Medium in seinen ursprünglichen Zustand zurückkehrt. Da diese Wärmeeinbindung bzw. -speicherung nicht sofort über die Temperatur erkennbar ist, spricht man hier von *latenter* (d. h. versteckt gebundener) *Wärme*. Als Beispiel sei die im ADAM-EVA-System zur Fernübertragung nuklear erzeugter Energie (s. S. 182) herangezogene chemische Reaktion angeführt. Dort wird Methan (CH_4) mit Wasserdampf (H_2O) unter Wärmeeinbindung in Synthesegas, ein Gemisch von Kohlenmonoxid (CO) und Wasserstoff (H_2), gespalten. Die ablaufende Reaktion erfolgt gemäß der chemischen Reaktionsgleichung: $H_2O + CH_4 + 210$ kJ/mol $\rightarrow CO + 3\ H_2$.
Erweitert man diese Gleichung von den Molvolumina (jeweils = 22,4 l) auf m³-Volumina, so erhält man

$$1\ m^3\ (H_2O) + 1\ m^3\ (CH_4) + 9\,350\ kJ \rightarrow 1\ m^3\ (CO) + 3\ m^3\ (H_2) = 4\ m^3\ \text{Synthesegas}.$$

Jeder m³ Synthesegas enthält somit 2338 kJ Latentwärme (und zwar bei 100 °C ebenso wie bei 0 °C). Ist das Gas heiß, so enthält es zudem noch fühlbare Wärme gemäß der Gleichung $W_F = c_{SG} \cdot m\ (T_{SG} - T_U)$. Die fühlbare Wärme kann unmittelbar durch Wärmetausch an die Umgebung oder ein anderes kälteres Medium (z. B. bei der Vorwärmung von Speisewasser) abgegeben werden. Zur Wiedergewinnung der Latentwärme hingegen muß zunächst die Rückreakton eingeleitet und durchgeführt werden, was z. B. beim nuklearen Fernenergiesystem unter Einsatz von Katalysatoren (Reaktionsbeschleunigern) in der Methanisierungsanlage geschieht. Die Reaktionsgleichung der dort dann ablaufenden Reaktion lautet:

$$CO + 3H_2 \rightarrow CH_4 + H_2O + 2\,338\ kJ\ \text{Wärmeenergie pro}\ m^3.$$

Sowohl fühlbare als auch latente Wärme nutzt man für den Energietransport, indem ein Trägermedium (z. B. Wasser oder ein Gas) mit Wärmeenergie aufgeladen wird, sowie bei Energiespeichern (s. S. 122).

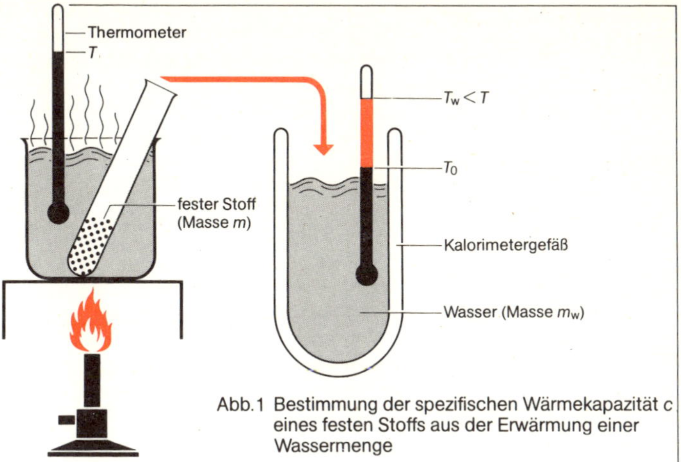

Abb. 1 Bestimmung der spezifischen Wärmekapazität c eines festen Stoffs aus der Erwärmung einer Wassermenge

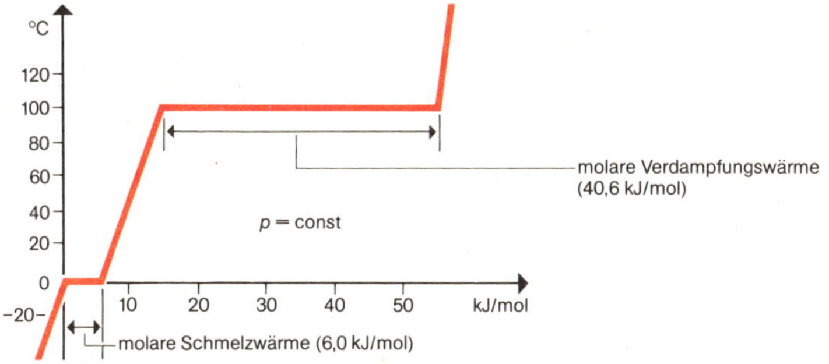

Abb. 2 Der Temperaturverlauf bei der Erwärmung von 1 mol Wasser in Abhängigkeit von der zugeführten Wärmemenge

Stoff	c_p kJ/(kg · K)	κ	Stoff	c_p kJ/(kg · K)	κ
Gase					
Helium	5,23	1,630	Luft	1,01	1,402
Argon	0,52	1,648	Wasserdampf	1,87	1,280
Wasserstoff	14,28	1,407	Kohlendioxid	0,85	1,293
Sauerstoff	0,91	1,401	Ammoniak	2,16	1,317
Stickstoff	1,04	1,396	Methan	2,22	1,310
Flüssigkeiten					
Wasser	4,18		Benzin	1,80	
Äthylalkohol	2,43		Schwefelkohlenstoff	1,00	
Glycerin	2,43		Quecksilber	0,14	
feste Stoffe					
Aluminium	0,897		Silicium	0,74	
Schmiedeeisen	0,460		Kochsalz	0,85	
Kupfer	0,394		Ziegelstein	0,84	
Blei	0,130		Glas	0,82	
Graphit	0,90		Hartgummi	1,42	

Tab. Spezifische Wärmekapazität c_p bei konstantem Druck (1 bar) und konstanter Temperatur (20°C) für verschiedene Stoffe (bei Gasen ist auch das Verhältnis $\kappa = c_p/c_v$ angegeben)

Wärmeenergie – Wärmeübertragung

Berühren sich zwei Körper unterschiedlicher Temperatur, so stellt sich nach einiger Zeit Temperaturgleichheit ein, d. h., die Temperaturen der Körper gleichen sich an. Das gleiche geschieht, wenn die Körper durch ein Gas oder ein Vakuum voneinander getrennt sind. In beiden Fällen findet eine Wärmeübertragung statt, und zwar vom Körper höherer Temperatur zum Körper niedriger Temperatur. Für die Wärmeübertragung sind im wesentlichen drei Transportvorgänge verantwortlich, die physikalisch recht unterschiedlich sind: die Konvektion oder Wärmeströmung, die Wärmeleitung und die Wärmestrahlung:

Der Wärmetransport durch *Konvektion* beruht auf der Tatsache, daß eine Flüssigkeit oder ein Gas bei hoher Temperatur eine geringere Dichte besitzen als bei niedriger Temperatur. Daher stellt sich bei lokalen Temperaturunterschieden eine Strömung der Flüssigkeit oder des Gases von Orten höherer Dichte zu Orten niedriger Dichte ein. Diese bewirkt nicht nur einen Masseaustausch, sondern auch einen Wärmetransport vom Ort höherer Temperatur zum Ort niedriger Temperatur. Läuft dieser Vorgang unter dem Einfluß der Schwerkraft automatisch ab, spricht man von *freier Konvektion*. Wird die Bewegung des zum Wärmetransport dienenden Stoffs vorwiegend durch äußere Kräfte (z. B. durch eine Pumpe oder einen Ventilator) hervorgerufen, spricht man von *erzwungener Konvektion*.

Wohl der größte Teil aller Wärmeübergänge, die im täglichen Leben beobachtet werden können, beruht auf Konvektion. So wird in Heizungsanlagen die Wärme durch erzwungene Konvektion des Wassers vom Kessel zu den Heizkörpern übertragen. Dort übernimmt vorbeiströmende Luft die Wärme und verteilt sie durch freie Konvektion im Raum. Andere Beispiele für Konvektion sind der Kühlkreislauf in Kraftfahrzeugen oder die Wärmeabfuhr in den Kühltürmen der Kraftwerke.

Ein zweiter Mechanismus des Wärmetransportes ist die *Wärmeleitung*. Die Wärmeleitung innerhalb von Stoffen beruht auf der Energieübertragung, die bei den Zusammenstößen bzw. Wechselwirkungen ihrer Atome oder Moleküle stattfindet. Obschon die Teilchen selbst dabei nicht transportiert werden, wird Wärme von einem Teilchen zum anderen fortgeleitet, da die Teilchen hoher Energie die Teilchen niedriger Energie auf ein höheres Energieniveau anregen. Der Transport von Wärme in Richtung abnehmender Temperatur ist um so stärker, je größer die Temperaturdifferenz sowie eine als *Wärmeleitfähigkeit* oder *Wärmeleitzahl* bezeichnete Stoffgröße sind.

Der Vorgang der Wärmeleitung ist an fast allen Wärmeübergängen beteiligt. So gibt das Heißwasser einer Heizungsanlage seine Wärme durch Wärmeleitung über den Heizkörper an die Luft ab. Auf dem Herd ist es ebenfalls die Wärmeleitung, die dafür sorgt, daß die Hitze einer Kochplatte durch die Wand eines Kochtopfes auf dessen Inhalt übertragen wird.

Die *Wärmestrahlung* unterscheidet sich grundsätzlich von den beiden anderen Transportvorgängen (Leitung, Konvektion) dadurch, daß ein stofflicher Energieträger zur Fortleitung der Wärme nicht erforderlich ist. Bei der Wärmestrahlung handelt es sich um elektromagnetische Wellen mit Wellenlängen im Infrarotbereich, deren Energie aus der inneren Energie der Körper herrührt. Die von den Körpern ausgesandten elektromagnetischen Wellen werden beim Auftreffen auf andere Körper teilweise absorbiert und wieder in innere Energie umgewandelt.

Ein einleuchtendes Beispiel für Wärmestrahlung ist der Grill, in dem Speisen durch berührungsloses Erhitzen zubereitet werden. Auch bei Raumheizkörpern (sog. Radiatoren) spielt der Wärmetransport durch Strahlung neben der Konvektion eine wichtige Rolle. Überhaupt darf festgestellt werden, daß bei den meisten Wärmeübergängen alle drei Transportmechanismen beteiligt sind. Allerdings wird in der Regel einer der drei Vorgänge überwiegen.

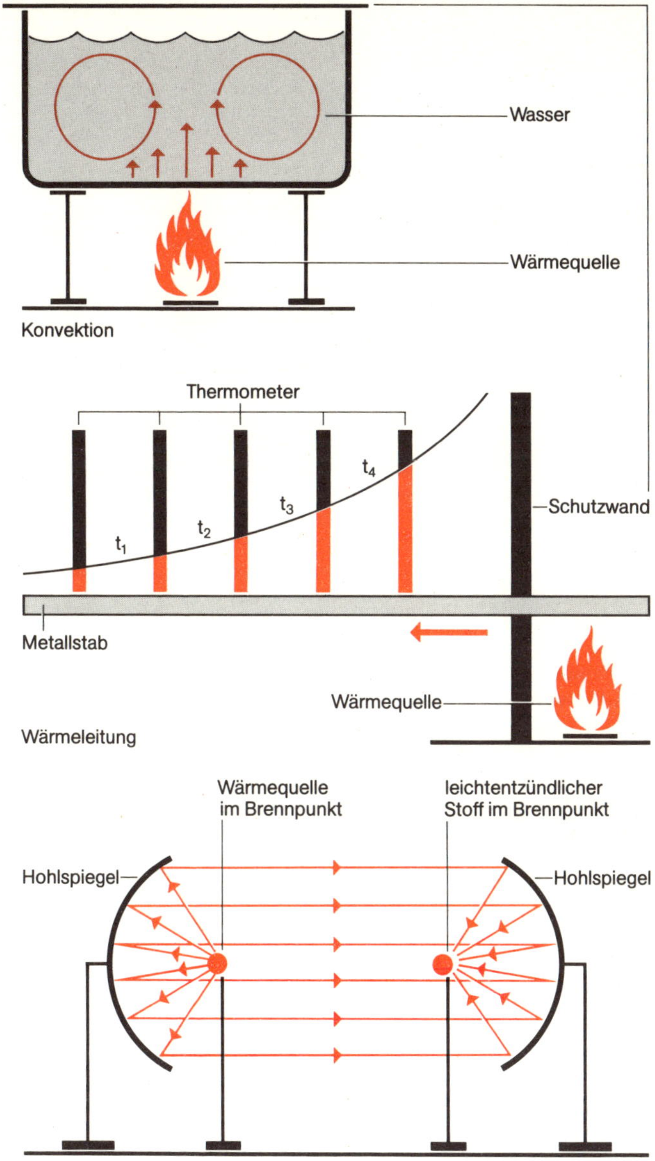

Abb. Versuchsanordnungen zur Verdeutlichung der drei Wärmeübertragungsmöglichkeiten

Energie bleibt erhalten

In der Mechanik lassen sich alle Vorgänge als eine Umwandlung zwischen potentieller und kinetischer Energie verstehen (s. S. 24). Aus verschiedenen Versuchsanordnungen, bei denen störende Einflüsse wie Reibung, Luftwiderstand o. ä. weitgehend ausgeschaltet sind, läßt sich dabei der *Energiesatz der Mechanik* ableiten: Bei allen mechanischen Vorgängen bzw. in allen mechanischen Systemen bleibt die Summe aus kinetischer und potentieller Energie, d. h. die Gesamtenergie, unverändert. Anders ausgedrückt heißt dies, daß ein Körper (bzw. ein beliebiges mechanisches System), an dem mechanische Arbeit verrichtet wurde, wegen der dadurch verursachten Zustandsänderung seinerseits in der Lage ist, den umgekehrten Arbeitsgang zu verrichten und dadurch wieder in seinen früheren Zustand zurückzukehren. Ein Beispiel dafür ist das ideale Pendel (Abb. 1).

Mechanische Energie kann weder vernichtet werden noch aus dem Nichts entstehen, sie kann nur von einem System auf ein anderes bzw. in eine andere Energieform übergehen. Da die Wärmeenergie als kinetische und potentielle Energie von Atomen und Molekülen zu verstehen ist (s. S. 56), muß man schließen, daß auch Wärmeenergie weder verschwinden noch aus dem Nichts entstehen kann und daß eine eindeutige Beziehung zwischen Wärmeenergie und mechanischer Arbeit besteht. Dies konnte u. a. auch experimentell mit der in Abb. 2 im Querschnitt dargestellten, von J. P. Joule in den Jahren 1842 bis 1850 benutzten Versuchsanordnung nachgewiesen werden: Mehrere Schaufelräder eines Rührwerks werden durch eine sinkende Masse M in einem mit Quecksilber gefüllten Gefäß bewegt; dabei wird das Quecksilber unter Wärmeentwicklung infolge starker Reibung durch die engen Spalten zwischen den Rädern und den Wänden gedrückt. Die Masse sinkt bei diesem Vorgang so langsam, daß keine nennenswerte potentielle Energie in kinetische übergeht. Wenn die Masse M um die Höhe h gesunken ist, hat sie die potentielle Energie $E_{pot} = M \cdot g \cdot h$ eingebüßt (g = 9,81 m/s^2, die Fallbeschleunigung); diese wurde im Gefäß vollständig in Wärmeenergie umgewandelt.

Durch Messungen kann das als *Wärmeäquivalent der Arbeit* bezeichnete Umrechnungsverhältnis zwischen Wärme und mechanischer Energie bestimmt werden. Es läßt sich mit folgender Aussage *(erster Hauptsatz der Wärmelehre)* wiedergeben: Arbeit und Wärme sind zwei verschiedene, ineinander umwandelbare Formen der Energie; dabei ist die Arbeit 1 Joule äquivalent einer Wärmemenge von 0,23884 Kalorien und umgekehrt (1 cal = 4,1868 J). Der zahlenmäßige Wert des Wärme- bzw. Arbeitsäquivalents ist allerdings nach Einführung des Internationalen SI-Einheitensystems (s. S. 44) gegenstandslos geworden, da seitdem alle Energien und Arbeiten in der gleichen Einheit Joule (J) zu messen sind.

Das Gesetz über die energetische Gleichwertigkeit von mechanischer Arbeit und Wärme ist nur eine Teilaussage zu einem viel umfassenderen, die ganze Natur beherrschenden *Prinzip von der Erhaltung der Energie,* das für abgeschlossene Systeme – das sind Anordnungen, denen von außen weder Energie zugeführt noch entzogen wird – als *Energieerhaltungssatz* formuliert wird: In einem abgeschlossenen System, in dem sich beliebige mechanische, thermische, elektrische, optische oder chemische Vorgänge abspielen, bleibt die Gesamtenergie unverändert.

Man kann das Prinzip von der Erhaltung der Energie auch so formulieren, daß die Konstruktion einer Vorrichtung, die mechanische Arbeit hervorbringt, ohne daß ein anderer gleichwertiger Energiebetrag verbraucht wird, unmöglich ist.

Eine derartige Vorrichtung, die ohne Energiezufuhr von außen nicht nur in Bewegung bleibt (was nur bei völliger Reibungsfreiheit der Bewegung möglich ist), sondern zusätzlich auch dauernd Arbeit verrichtet, bezeichnet man als *Perpetuum mobile erster Art.* Das Prinzip von der Energieerhaltung läßt sich somit auch so aussprechen: Ein Perpetuum mobile erster Art ist unmöglich.

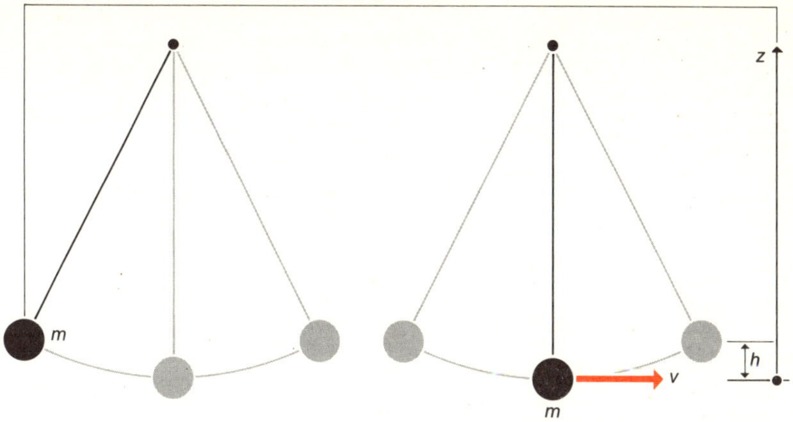

Abb. 1 Beim Pendel wird dauernd potentielle Energie in kinetische und kinetische Energie in potentielle umgewandelt, im Idealfall (reibungsfreie Lagerung, kein Luftwiderstand) ohne Reibungsverluste

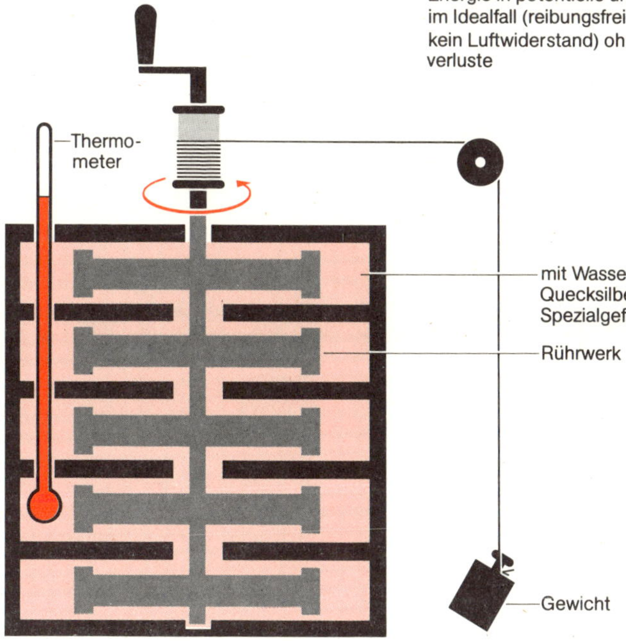

Abb. 2 Schematische Darstellung der von J.P. Joule verwendeten Apparatur zur Messung des Zusammenhangs von mechanischer Arbeit und Wärme

Die Entropie und der zweite Hauptsatz der Wärmelehre

Die *Entropie S* ist eine Größe, die neben der Energie den makroskopischen Zustand eines physikalischen Systems quantitativ kennzeichnet. Über sie stellt der *zweite Hauptsatz der Wärmelehre* fest: „Die Entropie eines gegen Wärmeaustausch mit der Umgebung isolierten Systems nimmt mit der Zeit zu, günstigstenfalls bleibt sie konstant". Die besagte Entropiezunahme ist Maß für die Irreversibilität der Vorgänge, die in dem System zwischenzeitlich abgelaufen sind. *Irreversibel* sind z. B. das Zerbrechen von Glas oder ein Sprung ins Wasser. *Reversibel* ist ein Vorgang dann, wenn der Ausgangszustand ohne Nettoenergieaufwand und ohne bleibende Veränderung der Umgebung wiederhergestellt werden kann. Das ideale, ungedämpft schwingende Pendel illustriert einen reversiblen dynamischen Prozeß.

Wenn Wärme beteiligt ist, erfordert eine reversible Prozeßführung sehr kleine Schritte über nah beieinander gelegene thermische und mechanische Gleichgewichtszustände. Dann wird die Arbeitsfähigkeit der Wärme voll ausgenutzt, und Energie wird nicht vergeudet. Wie im Prinzip auf Kosten eines Wärmebades Arbeit gewonnen werden kann, zeigt Abb. 1: Das Bad hat Wärmekontakt mit einem gasgefüllten Zylinder, dessen beweglicher Kolben durch ein in viele Segmente geteiltes Gewicht belastet wird, so daß er dem Gasdruck die Waage hält. Wird nun der Kolben allmählich entlastet, indem die Segmente ohne Energieaufwand nacheinander von der Seite her abgenommen werden, so rücken der Kolben und der Schwerpunkt des Gewichtes schrittweise höher. Die an den Gewichtsstücken geleistete Hubarbeit A_H wird aus der Wärmeenergie des Bades gedeckt. Irreversibel verläuft die Expansion des Gases, wenn das Gewicht schlagartig entfernt wird, wobei die beschriebene Umwandlung nicht erfolgt.

Die zwischen zwei Zuständen eines Systems eingetretene Änderung ΔS seiner Entropie wird gemessen, indem man die Zustandsänderung auf einem reversiblen Wege nachvollzieht, die hierbei zu- bzw. abgeführten Wärmemengen jeweils durch ihre absolute Temperatur T dividiert und die Summe dieser „reduzierten" Wärmemengen $\Delta Q_{rev}/T$ bildet. Im obigen Beispiel wurde dem Gas auf reversiblem Wege die Wärme $Q = A_H$ bei konstanter Temperatur T zugeführt, auf irreversiblem Wege dagegen keine Wärme. In beiden Fällen ist die Entropie des Gases am Ende der Expansion um $\Delta S = Q/T$ höher als zu Beginn. Führt man die Expansion adiabatisch, d. h. wärmeisoliert von der Umgebung, aus ($Q = 0$), so leistet der reversible Prozeß wiederum Arbeit, diesmal auf Kosten der inneren Energie des Gases, dessen Temperatur dabei sinkt, dessen Entropie aber konstant bleibt. Der irreversible Prozeß, bei dem die Temperatur konstant bleibt und Arbeit nicht geleistet wird, muß über einen reversiblen Weg nachvollzogen werden, bei dem zur Aufrechterhaltung der Temperatur eine Wärmeaufnahme Q und entsprechende Arbeitsleistung erforderlich sind.

Dem zweiten Hauptsatz zufolge wird Energie optimal genutzt, wenn der Prozeßverlauf ein reversibler ist, d. h. unendlich langsam durch nacheinander angenommene Gleichgewichtszustände führt. In der technischen Praxis bewirken der hohe Leistungsbedarf der Energienutzer sowie die in hohem Maße irreversiblen natürlichen Ausgleichsvorgänge wie Reibung, Wärmeleitung, Diffusion und Wärmestrahlung, daß der ideale Energienutzungsgrad niemals erreicht wird. Ein Teil der arbeitsfähigen Energie wird stets für eine irreversible Wärmeproduktion verbraucht.

Die oben makroskopisch definierte Entropie eines Systems läßt sich direkt als Wahrscheinlichkeit der molekularen Unordnung interpretieren (Abb. 2). Alle irreversiblen Vorgänge führen zu einer Vergleichmäßigung der Molekülverteilung. Es ist z. B. unwahrscheinlich, daß verschiedenartige Moleküle sich in getrennten Raumgebieten aufhalten, wenn ihnen die Möglichkeit der freien Ausbreitung gegeben wird; es ist vielmehr sehr wahrscheinlich, daß sie sich gleichmäßig durchmischen. Die Einstellung einer Temperatur findet über die molekulare Geschwindigkeitsverteilung statt. In abgeschlossenen Systemen stellt sich auf Dauer stets ein Maximum an molekularer Unordnung, also auch an Entropie, ein.

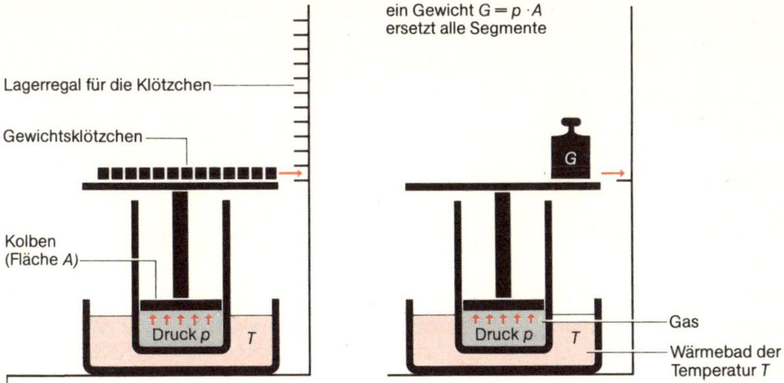

Abb. 1 Reversible und irreversible Expansion eines Gases

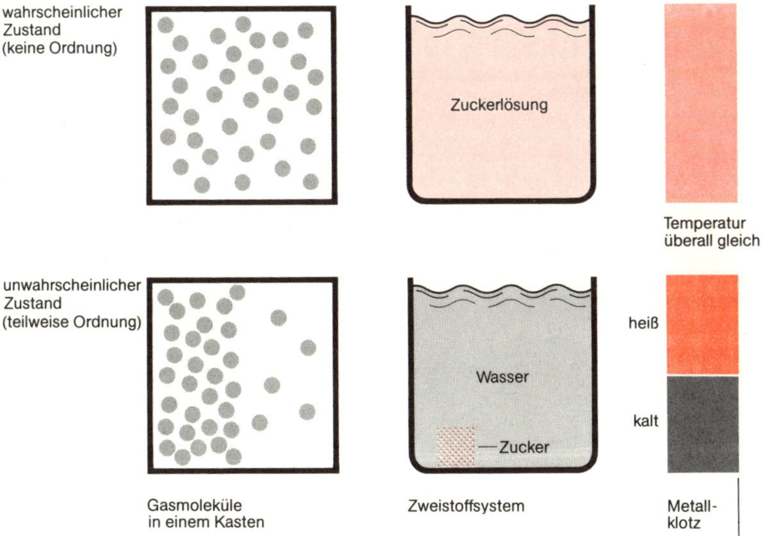

Abb. 2 Molekulare Unordnung in sich selbst überlassenen abgeschlossenen Systemen

Kreisprozesse

Die *Umwandlung von Wärmeenergie in mechanische Arbeit* ist eine der wichtigsten Grundoperationen der Technik. Jedoch nur in einmalig stattfindenden, nicht zum Ausgangszustand zurückführenden Prozessen kann Wärme restlos in Arbeit umgewandelt werden: Läßt man etwa ein *Gas* unter Verrichtung äußerer Arbeit sich *adiabatisch* (d. h. thermisch von der Umgebung isoliert) *ausdehnen,* wobei es sich abkühlt, so kann sein Verlust an Wärmeenergie restlos als Arbeit gewonnen werden (s. S. 64). Die dazu verwendete Vorrichtung befindet sich indessen am Ende des Vorgangs in einem Zustand, der nur dadurch rückgängig gemacht werden kann, daß man am Gas seinerseits mechanische Arbeit verrichtet, und zwar mindestens von der gleichen Größe wie die vorher vom Gas geleistete Arbeit. Man muß nämlich das Gas wieder komprimieren, um es auf seine alte Temperatur zu bringen. Folglich hat man insgesamt keine Arbeit gewonnen.

Für eine Umwandlung von Wärme in Arbeit im Dauerbetrieb sind nur Vorrichtungen (Maschinen) brauchbar, die unter ständiger Zufuhr von Wärme Arbeit leisten und dabei immer wieder die gleichen Zustände durchlaufen, also periodisch arbeiten. In diesen Vorrichtungen laufen dann andauernd sog. *Kreisprozesse* ab. Bei solchen periodischen Arbeitsprozessen kann nun stets nur ein Teil der zugeführten Wärme, nämlich nur die Exergie (s. S. 54), in mechanische Arbeit umgewandelt werden. Der Rest, die Anergie, geht dabei nur von einem Zustand höherer Temperatur in einen Zustand niedrigerer Temperatur über.

Wie auf S. 52 ausgeführt, ist die Arbeit keine Zustandsgröße. Vielmehr ist ihr Betrag, der zwischen zwei thermodynamischen Zuständen Z_1 und Z_2 freigesetzt bzw. aufgewendet wird, vom gewählten Weg zwischen diesen Zuständen abhängig. Wählt man also für einen Kreisprozeß verschiedene Hin- und Rückwege, so kann die Differenz der Arbeiten, die zu beiden Wegen gehören, genutzt werden. Entsprechend den Möglichkeiten bei der Auswahl der Arbeitswege und der anwendbaren Vorrichtungen zur Arbeitsverrichtung gibt es eine Vielzahl von Kreisprozessen:

Ein besonders wichtiger Prozeß ist der *Carnot-Kreisprozeß (Carnot-Prozeß):* In einen Behälter von veränderlichem Volumen (z. B. Hohlzylinder mit beweglichem Stempel; s. S. 51) befinde sich ein ideales Gas, das anfangs die Temperatur T_1 und das Volumen V_1 haben möge. An diesem Gas sollen nacheinander folgende Zustandsänderungen stattfinden, die in dem durch Abb. 1a gegebenen, als *Temperatur-Volumen-Diagramm (T-V-Diagramm)* bezeichneten Zustandsdiagramm (Temperatur T als Ordinate, Volumen V als Abszisse) graphisch dargestellt sind:

1. Das Gas wird adiabatisch komprimiert. Dabei erwärmt es sich auf die (höhere) Temperatur T_2 und nimmt dann das kleinere Volumen V_2 ein. 2. Das Gas wird mit einem großen, auf der Temperatur T_2 befindlichen Wasserreservoir (s. S. 52) in Verbindung gebracht und nun bei konstanter Temperatur *(isotherm)* auf das Volumen V_2' ausgedehnt ($V_2' > V_2$). Da das Gas dabei Arbeit nach draußen leistet (z. B. den Stempel im Zylinder verschiebt), muß ihm von außen, d. h. aus dem Wärmereservoir, die Wärmemenge Q_2 zugeführt werden, um die Temperatur konstant zu halten. 3. In einem dritten Schritt wird das Gas vom Wärmereservoir getrennt und adiabatisch bis auf das Volumen V_1' ausgedehnt, so daß sich durch die dabei eintretende Abkühlung wieder die anfängliche Temperatur T_1 einstellt. 4. Im letzten Schritt wird das Gas mit einem zweiten Wärmereservoir der Temperatur T_1 (seiner Anfangstemperatur) verbunden und durch Aufwendung äußerer Kompressionsarbeit auf sein Anfangsvolumen V_1 isotherm komprimiert. Dabei gibt es eine Wärmemenge Q_1 an dieses Reservoir ab.

Nach Vollendung dieses Kreisprozesses ist das Gas wieder in seinem Anfangszustand. Beim Durchlaufen des Prozesses hat der erste Wärmespeicher die Wärme Q_2 an das Gas abgegeben und der zweite die Wärmemenge Q_1 aufgenommen. Ferner hat das Gas Arbeit verrichtet (bzw. es wurde Arbeit an das Gas abgegeben).

Nach dem ersten Hauptsatz der Thermodynamik ist die Differenz dieser geleisteten Arbeiten, also die gewonnene Arbeit A, gleich der Differenz aus entzogener und

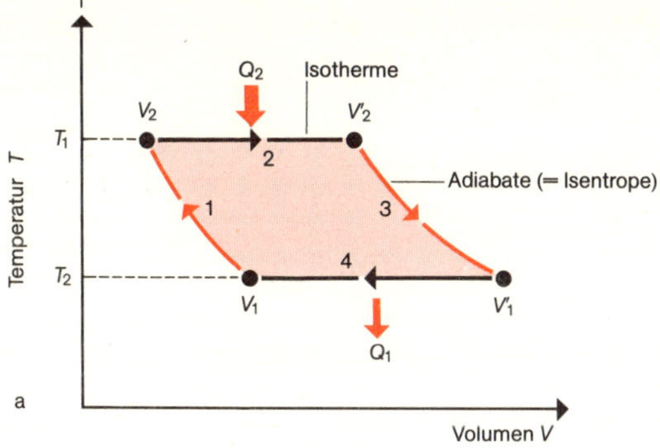

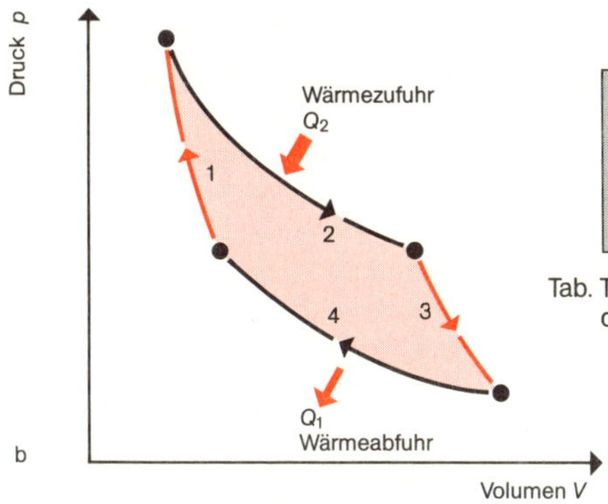

Wärmekraftmaschine	Wirkungsgrad
Dampfmaschine	10 – 25%
Dampfturbine	25 – 35%
Ottomotor	20 – 28%
Dieselmotor	23 – 33%
Gasturbine	22 – 35%

Tab. Technische Wirkungsgrade verschiedener Wärmekraftmaschinen

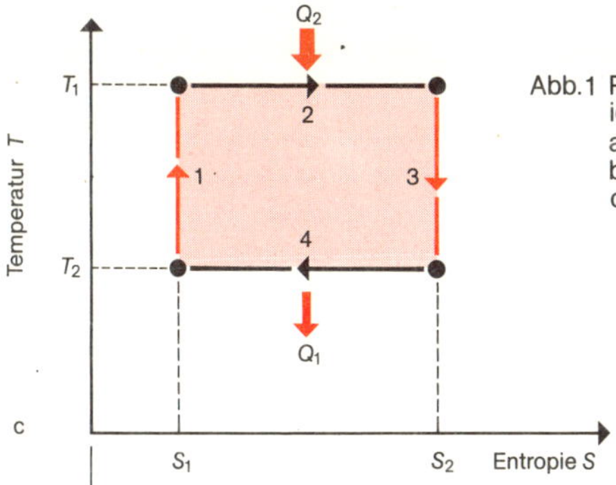

Abb. 1 Reversibler Carnot-Prozeß beim idealen Gas, dargestellt in:
a einem *T-V*-Diagramm,
b einem *p-V*-Diagramm,
c einem *T-S*-Diagramm

zugeführter Wärmeenergie, da Energie weder erzeugt noch vernichtet werden kann: $A = Q_2 - Q_1$. Führt man nun den Prozeß genügend langsam (d.h. reversibel), so bleibt die Entropie konstant (zweiter Hauptsatz der Thermodynamik). Insbesondere ist sie bei der 2. und 4. Zustandsänderung durch die zugehörigen reduzierten Wärmemengen (s. S. 64) bestimmt, die somit gleich sein müssen, d.h., es gilt die Beziehung $S_1 - S_2 = Q_1/T_1 - Q_2/T_2 = 0$.

Mit dieser Beziehung erhält man für den *thermodynamischen Wirkungsgrad* des reversiblen Carnotschen Kreisprozesses:

$$\eta_C = \frac{A}{Q_2} = \frac{Q_2 - Q_1}{Q_2} = 1 - \frac{T_2}{T_1} \textit{ (Carnot-Wirkungsgrad).}$$

Dabei wird unter dem Wirkungsgrad allgemein das Verhältnis aus gewonnener Arbeit zu zugeführter Wärme verstanden. Man beachte zunächst, daß dieser Carnot-Wirkungsgrad nur bei reversibler Führung des Prozesses wirklich erreicht wird. Bei endlicher Laufgeschwindigkeit der Maschine müssen Temperaturdifferenzen zwischen Gas und Wärmereservoiren bestehen, d.h., T_2 muß etwas größer und T_1 etwas kleiner als die Gastemperatur sein. Somit ist der *effektive Wirkungsgrad* η_{eff} stets kleiner als der Carnot-Wirkungsgrad: $\eta_{eff} < \eta_C$.

Der Carnot-Wirkungsgrad η_C ist zugleich der höchste erreichbare Wirkungsgrad, wie aus folgendem Gedankenexperiment hervorgeht: Angenommen, es gibt eine zweite Maschine, die ebenfalls reversibel zwischen den gleichen Reservoiren arbeitet, aber dem zweiten Reservoir die Wärmemenge $Q_1' < Q_1$ zuführt, dabei also die Arbeit $A' > A$ verrichtet. Nun wäre aber $A' - A$ die Arbeit, die man gewinnen würde, wenn beide Maschinen gegenläufig arbeiten würden. Dabei würde lediglich das zweite Wärmereservoir benötigt, da ja Q_2' und Q_2 gleich wären. Somit wäre eine Vorrichtung konstruiert, die allein dadurch dauernd Arbeit verrichtet, daß sie nur einem Wärmereservoir Wärme entzieht (sog. Perpetuum mobile zweiter Art). Dies steht aber im Gegensatz zum zweiten Hauptsatz der Thermodynamik. Die Vorrichtung kann nur funktionieren, wenn $Q_1' = Q_1$, also der Wirkungsgrad gleich ist.

Den gleichen theoretischen Wirkungsgrad wie der Carnot-Prozeß hat der *Clapeyron-Kreisprozeß*. Er unterscheidet sich von diesem dadurch, daß die adiabatischen Arbeitsschritte des Carnot-Prozesses durch isochore, d.h. bei konstant bleibendem Volumen ablaufende Zustandsänderungen (isochore Verdichtung und Verdünnung), ersetzt werden. Bei der Konstruktion von Wärmekraftmaschinen bemüht man sich um eine möglichst reversible Prozeßführung, um η_{eff} möglichst nahe an η_C heranzuführen, und um große Temperaturspannen, um η_{eff} analog η_C möglichst groß zu machen. Dabei sind der Temperatur nach oben hin durch die Temperaturbeständigkeit des Materials, nach unten hin durch die Umgebungstemperatur Grenzen gesetzt. Hinzu kommt, daß sich die verwendeten Arbeitsmedien in den Maschinen (z.B. Wasserdampf) nur bei sehr hohen Temperaturen wie ideale Gase verhalten. Bei niedrigen Temperaturen ist ihrem anderen Verhalten Rechnung zu tragen. So gibt es z.B. beim idealen Gas im Gegensatz zum Wasserdampf keine Kondensation bei niedriger Temperatur.

Technisch realisierte Wirkungsgrade sind für einige Arbeitsmaschinen in der Tabelle angegeben. In Abb. 2 und 3 sind idealisiert anhand ihrer *T-V*-Diagramme wichtige Kreisprozesse aufgezeigt, deren technische Anwendung in anderen Kapiteln ausführlich beschrieben sind: Abb. 2a zeigt den *Carnot-Dampfprozeß* oder *-zyklus*. Dabei grenzt die punktierte Linie die verschiedenen Dampf/Wasser-Zustände voneinander ab. Abb. 2b zeigt den für mit Wasserdampf arbeitende Anlagen häufig herangezogenen, dem Carnot-Dampfprozeß nahestehenden *Clausius-Rankine-Prozeß*, der entlang zweier Isobaren und zweier Adiabaten bzw. Isentropen verläuft. Abb. 3a zeigt den *Dieselprozeß*, Abb. 3b den *Ottoprozeß*, die beide in Verbrennungsmotoren ablaufen.

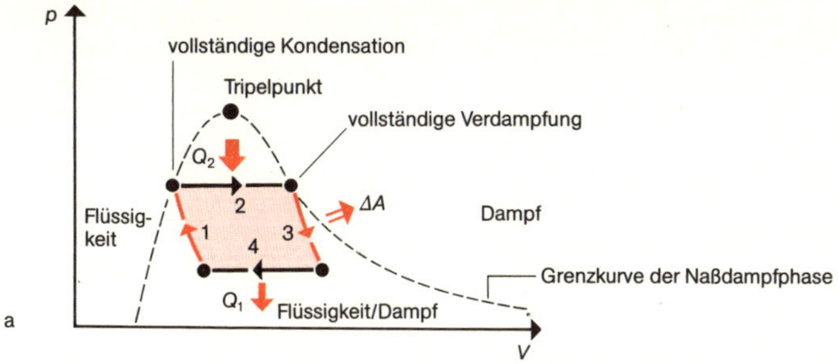

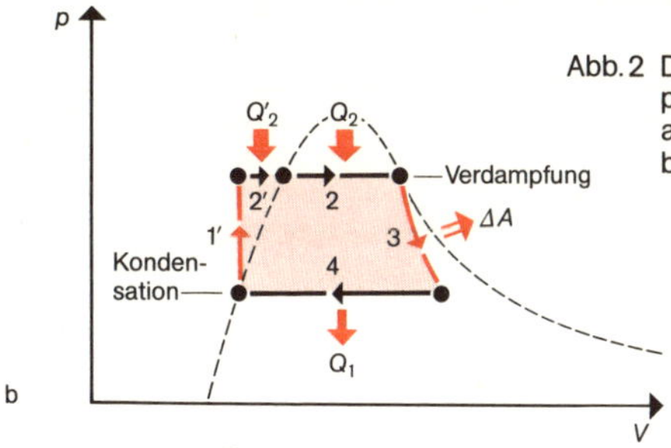

Abb. 2 Dampfkreisprozesse, dargestellt in p-V-Diagrammen;
a Carnot-Dampfkreisprozeß,
b Clausius-Rankine-Prozeß

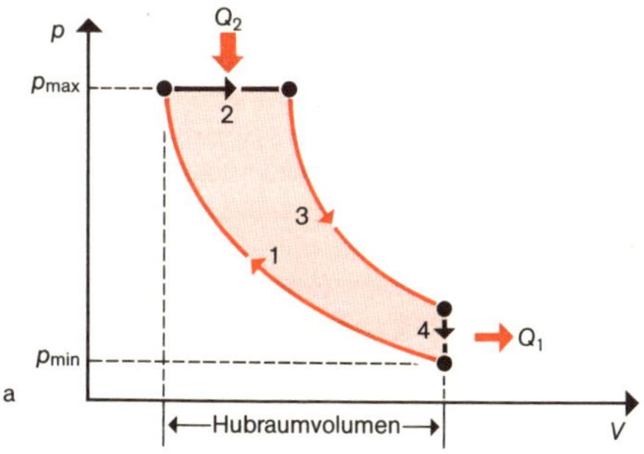

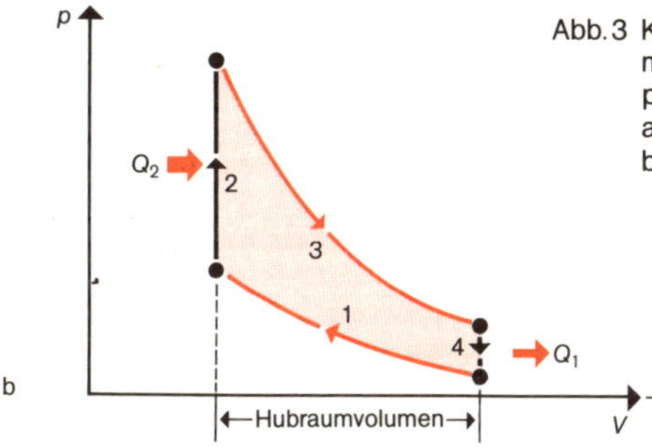

Abb. 3 Kreisprozesse von Verbrennungskraftmaschinen, dargestellt in p-V-Diagrammen;
a Dieselprozeß,
b Ottoprozeß

Die Hausheizung

Die Aufgabe der Hausheizung ist die Erzielung eines behaglichen Raumklimas, d. h., die auf die Raumnutzer einwirkende sog. empfundene Temperatur t_e (Mittelwert aus Raumlufttemperatur und mittlerer Temperatur der Raumumschließungsflächen) soll je nach körperlicher Aktivität und individuellen Ansprüchen entsprechend in einem Bereich von etwa 16 bis 24 °C liegen (Abb. 1). Weitere Anforderungen an die Hausheizung sind möglichst geringe Anschaffungs- und Brennstoffkosten sowie eine möglichst geringe Schadstoffemission. Diese Bedingungen werden durch gute Regelbarkeit des Heizsystems (bei entsprechendem Nutzerverhalten) und einen guten Wärmeschutz des Hauses erfüllt.

In Altbauten findet man noch vielfach *Einzelöfen,* die durch Verbrennen von Holz, Kohle, Gas und Heizöl oder durch elektrischen Strom die Wärme direkt im Raum erzeugen bzw. teilweise mit Verspätung an den Raum abgeben (Nachtspeicheröfen). Bei *Zentralheizungen* wird die von einem meist im Keller befindlichen Heizkessel (Abb. 2) erzeugte Wärme durch einen Wärmeträger (meist Wasser, seltener Dampf oder Luft) den zu beheizenden Räumen zugeführt. Sie wird dort über Heizkörper *(Radiatoren, Konvektoren)* und in jüngster Zeit häufig wieder über *Fußbodenheizungen* an den Raum abgegeben.

Der Umtrieb des Wassers im Wärmeverteilungssystem erfolgt heute fast ausschließlich mit Hilfe einer *Umwälzpumpe* im Zwangsumlauf (Pumpenwarmwasserheizung). Je nach Höhe der maximalen Vorlauftemperatur des vom Kessel kommenden, dort durch die heißen Rauchgase erwärmten Wassers unterscheidet man dabei zwischen *Niedertemperaturheizsystemen* (< 70 °C) und Normal- oder *Hochtemperaturheizsystemen* (< 110 °C).

Herkömmliche Heizsysteme arbeiten, vom Verbrennungsprozeß her gesehen, wenig angepaßt an die Heizaufgabe: Verbrennungstemperaturen von 1 000–2 100 °C stehen einem Wärmebedarf bei Temperaturen von etwa 20 °C gegenüber. Die neue Generation der *Niedertemperatur-Heizkessel* kann aufgrund konstruktiver Maßnahmen und korrosionsfester Materialien mit Kesselwassertemperaturen von 40 °C betrieben werden. Hocheffiziente Öl- und Gasheizungen mit *Gebläsebrennern* zum Erhitzen des Heizkessels erreichen Nutzungsgrade von über 80 %, *Brennwertkessel mit Gasfeuerung* Nutzungsgrade von fast 100 %. Durch zusätzliche Wärmetauscher wird die latente Wärme des in dem Rauch enthaltenen Wasserdampfs durch Kondensation freigesetzt und die fühlbare Abwärme weitgehend zurückgewonnen. Die Abgastemperaturen im Kamin betragen dann nur noch 40–60 °C (statt wie früher 200 °C).

Eine andere, moderne Möglichkeit, Gebäude zu beheizen, besteht in der Nutzung der Umweltwärme. Dazu bedient man sich sog. *Wärmepumpen* (s. S. 92 u. S. 214), die die Umweltwärme z. Zt. unter Einsatz hochwertiger Energieträger auf ein für Nutzungszwecke geeignetes Temperaturniveau anheben. Während der Nutzungsgrad elektrischer Systeme bei gut 100 % liegt, können Kompressions- und Absorptionswärmepumpen einen Nutzungsgrad von etwa 130 % erreichen. Ähnliche Nutzungsgrade erzielen auch *Solaranlagen,* die über Solarkollektoren Wärme aus der Sonnenstrahlung gewinnen. Eine angepaßte Wärmeerzeugung unter Einbeziehung dieser alternativen Heizsysteme ermöglicht beträchtliche Einsparungen an fossilen Brennstoffen und leistet zugleich einen wichtigen Beitrag zur Entlastung der Umwelt von Schadstoffen. Allerdings wirken sich die derzeit noch zu hohen Anschaffungskosten hemmend auf die Markteinführung der entsprechenden Technologien aus.

Für alle Heizsysteme ist die selbsttätige Regelung von zentraler Bedeutung. Sie soll die Leistung der Wärmeerzeuger und der Heizflächen den Nutzergewohnheiten weitgehend anpassen. Während *Thermostatventile* die Raumtemperaturen unabhängig von der Heizwassertemperatur konstant halten, erfolgt die Regelung der Kesseltemperatur in Abhängigkeit von der Raumtemperatur und/oder von der mit Außenfühlern gemessenen Außentemperatur. Die Regelung selbst geschieht durch Ausschaltung des Brenners oder über ein Mischventil (Abb. 3). Ein Thermostat mit Schaltuhr ermöglicht auch eine automatische Nachtabsenkung.

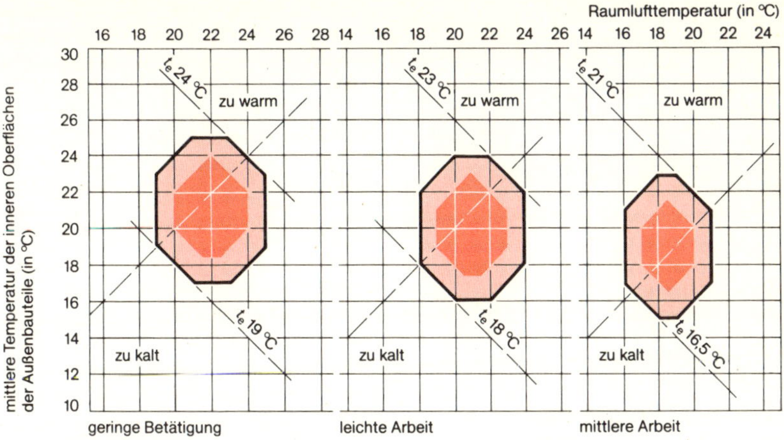

Abb. 1 Behaglichkeitsfelder bei unterschiedlicher Aktivität der Raumnutzer (t_e = empfundene Temperatur); nach H. Hebgen

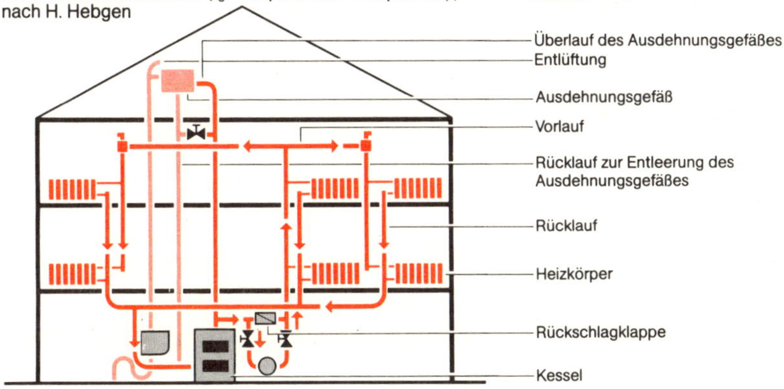

Abb. 2 Als Zweirohrsystem ausgeführte Warmwasserheizung mit oberer Verteilung (Pumpe im Vorlauf)

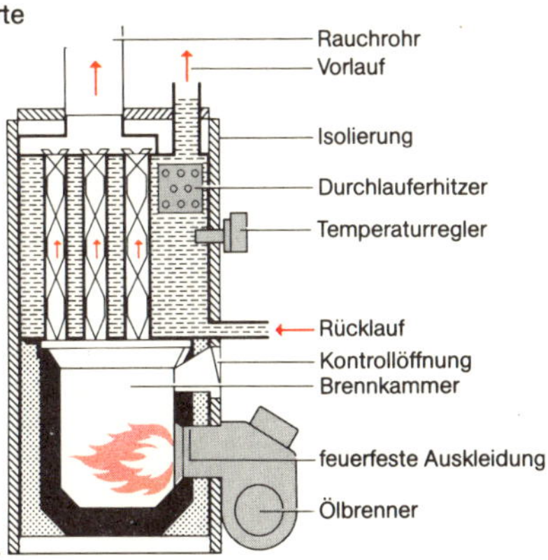

Abb. 3 Ölkessel mit Durchlauferhitzer als Beispiel eines modernen Heizkessels

Feuerungsanlagen

Feuerungsanlagen dienen üblicherweise der Erzeugung von Wärme, die direkt oder indirekt genutzt wird. Das einfachste Beispiel ist der *Zimmerofen,* der im wesentlichen aus einem Feuerraum besteht. Die Verbrennungswärme wird durch Konvektion und Wärmestrahlung (s. S. 60) direkt auf die Umgebung übertragen. – Eine Zentralheizung (s. S. 70) weist als zusätzliche Komponente den *Heizkessel* auf, in dem ein Trägermedium, meist Wasser, die Verbrennungswärme aufnimmt und an anderer Stelle wieder abgibt. Der Feuerraum ist hier in den Kessel integriert, was auch bei großen, in Kraftwerken eingebauten Anlagen der Fall ist. Die Bezeichnungen *Kraftwerkskessel* ist eher historisch bedingt; denn es handelt sich hierbei um einen großen, umbauten Raum, in dem eine Vielzahl von Rohrschlangen mit dem Ziel verlegt ist, das durch sie strömende Wasser so stark zu erhitzen, daß der erzeugte Dampf Turbinen und angekoppelte, Strom erzeugende Generatoren antreiben kann.

Art und Auslegung der Feuerung richten sich nach dem eingesetzten Brennstoff, der stückig, körnig, staubförmig, flüssig oder gasförmig vorliegen kann. Stückige Brennstoffe wie Stückkohle, Koks, Briketts oder auch Müll werden in *Rostfeuerungen* verbrannt (Abb. 1). Dabei wird der Brennstoff in einer losen Schüttung auf einen *Feuerrost* aufgebracht. Die benötigte Verbrennungsluft wird mit niedriger Strömungsgeschwindigkeit von unten durch den Rost und die Schüttung geleitet.

Die entwicklungsmäßig noch junge *Wirbelschichtfeuerung* (Abb. 2) schließt verfahrenstechnisch an die Rostfeuerung an. Das Brenngut darf zwar nicht stückig sein, aber Korngrößen bis 6 mm sind zulässig. Auch bei dieser Technik wird der Brennstoff auf eine Schüttung im Feuerraum aufgebracht; dort jedoch wird er von der aus am Kesselboden installierten Düsen austretenden Verbrennungsluft mit hoher Strömungsgeschwindigkeit durchsetzt, wodurch jedes einzelne Korn aufgewirbelt wird. Dabei dehnt sich die als Bett bezeichnete Schüttung aus und zeigt ein flüssigkeitsähnliches Bewegungsverhalten. Besondere Merkmale dieser Technik sind die hohe Reaktivität als Folge der ständigen Kornbewegung und auch die hohen Wärmeübergangswerte wegen der Ähnlichkeit mit Flüssigkeiten. So wird die Verbrennungswärme nicht wie bei der Rostfeuerung hauptsächlich durch Konvektion und Wärmestrahlung der Rauchgase übertragen, sondern primär aus dem Inneren des Bettes abgeführt.

Bei der *Staubfeuerung* erfolgt die Verbrennung nicht mehr in einer Schüttung, sondern in einer Flugstaubwolke. Zu diesem Zweck wird mit speziellen Brennern der zu Pulver vermahlene Brennstoff mit Trägerluft in den Brennraum geblasen, wo er bei genügend hohen Temperaturen sofort zündet und verbrennt. Bei einem *Kohlenstaubbrenner* wird meist noch zusätzlich Öl zur Unterstützung der Verbrennung eingedüst.

Bei Einsatz flüssiger Brennstoffe ist man bestrebt, diese vor der Vermischung mit Verbrennungsluft durch Dampf, Preßluft, Fliehkräfte u. a. fein zu zerstäuben und zu verteilen, um einen möglichst vollständigen Ausbrand zu erzielen. Gasförmige Brennstoffe werden z. B. am Brennermund der eingeblasenen Luft beigemischt. – Abgesehen davon, daß eine Vielzahl von Brennerbauarten existiert, werden je nach Bedarf unterschiedliche Brenneranordnungen in die Feuerungsanlage eingebaut.

Beim Heizkessel als dem Teil der Feuerungsanlage, in dem die Verbrennungswärme auf ein Trägermedium übertragen wird, unterscheidet man grundsätzlich *Rauchrohrkessel,* bei denen die Rauchgase durch von Wasser umspülte Rohre strömen, und *Wasserrohrkessel,* bei denen das Wasser durch von Rauchgasen umspülte Rohre geleitet wird. Zu den bekanntesten Rauchrohrkesseln gehören die Lokomotiv- und Schiffskessel. In Kraftwerken werden üblicherweise Wasserrohrkessel der Bauart *Schrägrohr-* oder *Steilrohrkessel* mit verschiedenen Wasserumlaufsystemen benutzt. Wichtige Kesselaggregate sind: Verbrennungsluftvorwärmer (Luvo), Speisewasservorwärmer (Economiser) und Überhitzer (Abb. 3).

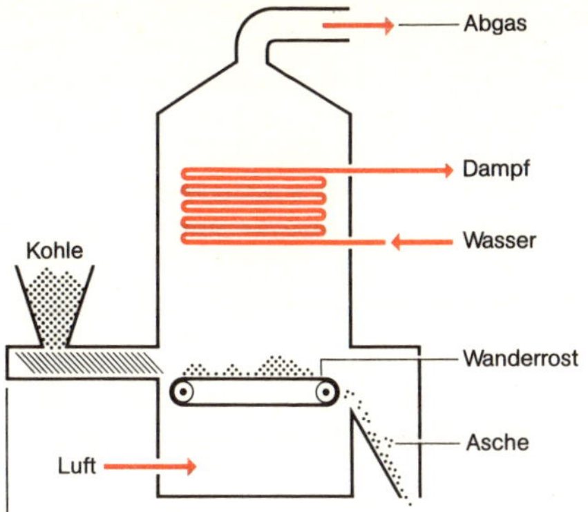

Abb. 1 Rostfeuerung

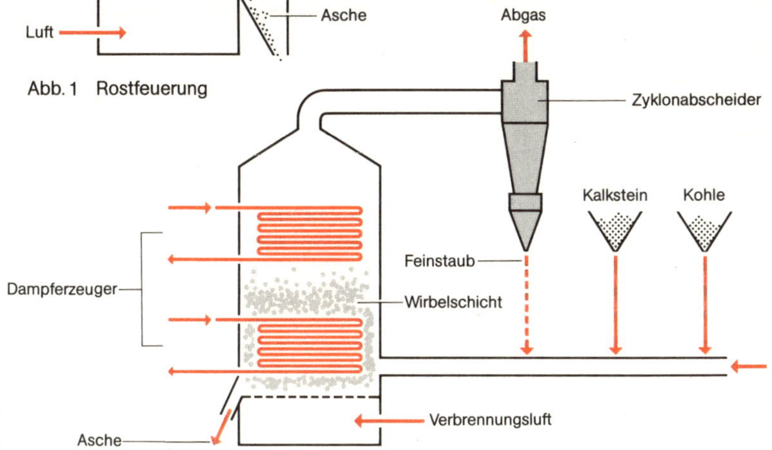

Abb. 2 Wirbelschichtfeuerung

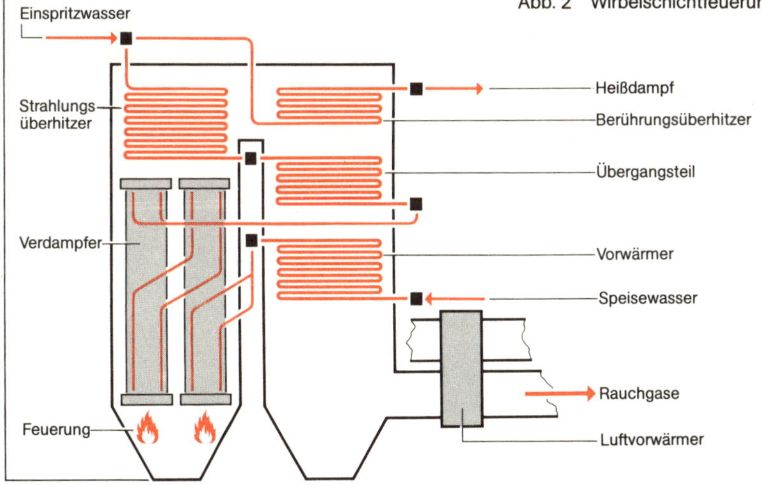

Abb. 3 Schema eines Siemens-Benson-Zwangsdurchlaufkessels

Kraft- und Arbeitsmaschinen

Unter Maschinen versteht man beliebige technische Vorrichtungen, mit denen eine zur Verfügung stehende Energieform zumeist in eine andere, für einen bestimmten Zweck nutzbare Form umgewandelt bzw. in mechanische Arbeit umgesetzt wird. *Kraftmaschinen* wandeln Wärmeenergie, mechanische oder elektrische Energie in mechanische Energie um; diese dient ihrerseits in Form von Bewegungsenergie bei *Antriebsmaschinen* (Motoren und Turbinen) zum Antrieb von Fahrzeugen oder anderen Maschinen. *Arbeitsmaschinen* setzen die ihnen von Kraftmaschinen zugeführte Energie in gewünschte Arbeit um bzw. benutzen sie zur Änderung des Energieinhalts eines Arbeitsmediums, zur Änderung der Energieform oder zur Umformung oder zum Transport von Material.

Nach der Bauart und Wirkungsweise unterscheidet man *Kolbenmaschinen,* bei denen ein periodisch hin- und hergehender Kolben mechanische Arbeit leistet (hierzu gehören die Dampfmaschinen und Verbrennungsmotoren), „rotierende" *Strömungsmaschinen,* die von einem strömenden Fluid angetrieben werden (z. B. die verschiedenen Turbinen) oder ein solches erzeugen (z. B. Kreiselpumpen und -verdichter), und *elektrische Maschinen,* die mechanische Energie in elektrische (Generatoren) oder elektrische Energie in mechanische (Elektromotoren) bzw. andere elektrische Energie (Transformatoren und Umformer) umwandeln.

Bei den Kraftmaschinen unterscheidet man nach der genutzten Energieform bzw. dem genutzten Energieträger Wärmekraftmaschinen (s. S. 76), die Wärme in mechanische Energie umwandeln (speziell die Dampf- und Verbrennungskraftmaschinen und der Stirling-Motor), Wasser- und Windkraftmaschinen sowie Elektromotoren. Mit Ausnahme des Elektromotors (s. S. 100) muß bei Kraftmaschinen die in Arbeit umzuwandelnde Energie mit Hilfe eines flüssigen, dampf- oder gasförmigen Arbeitsmediums (Fluid) bereitgestellt werden. In einigen wenigen Fällen (z. B. bei Wasser- und Windturbinen) können die energiereichen Massenströme der Natur entnommen werden. In den meisten Anwendungsbereichen der Dampf- und Gasturbinen muß der erforderliche Massenstrom des Arbeitsmediums jedoch zunächst mit andersartigen Energieformen erzeugt werden.

Als Einsatzenergie kommen bei Wärme- bzw. Verbrennungskraftmaschinen die an einen Brennstoff gebundene chemische Energie und die durch Verbrennung desselben bzw. andersweitig erzeugte Wärme zum Einsatz. Bei den *Wärmekraftmaschinen* wird das Arbeitsmedium zunächst außerhalb der Kraftmaschine durch Zufuhr der erzeugten Wärme über Wärmetauscher arbeitsfähig gemacht; z. B. wird aus Wasser durch Wärmezufuhr arbeitsfähiger Dampf erzeugt, der dann bei Entspannung mechanische Arbeit leistet. Bei *Verbrennungskraftmaschinen* erfolgt die Wärmeübertragung direkt in der Kraftmaschine, indem die chemisch gebundene Brennstoffenergie in Gegenwart des gasförmigen Arbeitsmediums explosionsartig (bei Otto- und Dieselmotoren) bzw. kontinuierlich (bei Gasturbinen) verbrannt wird. Dabei nimmt das Arbeitsmedium Wärme auf und wird in die Lage versetzt, Arbeit zu leisten. Bei den Elektromotoren beruht die Fähigkeit, elektrische Energie in mechanische Arbeit umzuwandeln, auf der Kraftwirkung, die ein magnetisches Feld auf einen stromführenden Leiter ausübt.

Typisch für Arbeitsmaschinen ist ihre Fähigkeit, die zugeführte mechanische Energie in eine andere Energieform umzusetzen, z. B. in elektrische Energie bei den elektrischen Generatoren oder in potentielle Energie (Druckenergie) eines Arbeitsmediums bei den Verdichtern (Kompressoren) und Kältemaschinen, oder diese Energie zur Umformung eines Stoffs (z. B. bei den Werkzeug- und Textilmaschinen) bzw. zum Stofftransport (z. B. bei den Hebezeugen, Förderanlagen, Pumpen und Ventilatoren) zu nutzen. Nach ihrem Arbeitsprinzip unterscheidet man u. a. kontinuierlich wirkende Strömungsarbeitsmaschinen (z. B. Pumpen für flüssige Medien, Gebläse oder Verdichter für gas- oder dampfförmige Medien), periodisch wirkende Kolbenarbeitsmaschinen (z. B. Kolbenpumpen und -verdichter) sowie elektrische Generatoren.

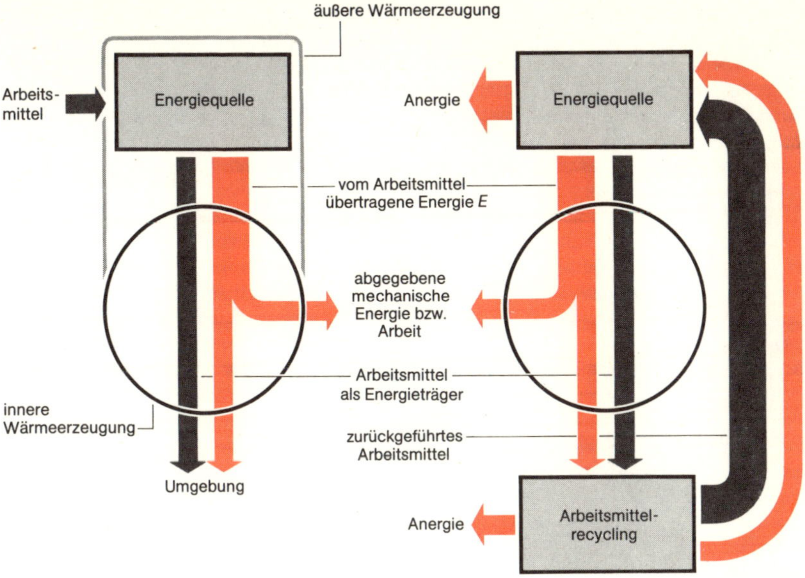

Abb. 1 Wirkungsschema und Energieflußbild von Kraftmaschinen; links offener, rechts geschlossener Arbeitsmittelkreislauf

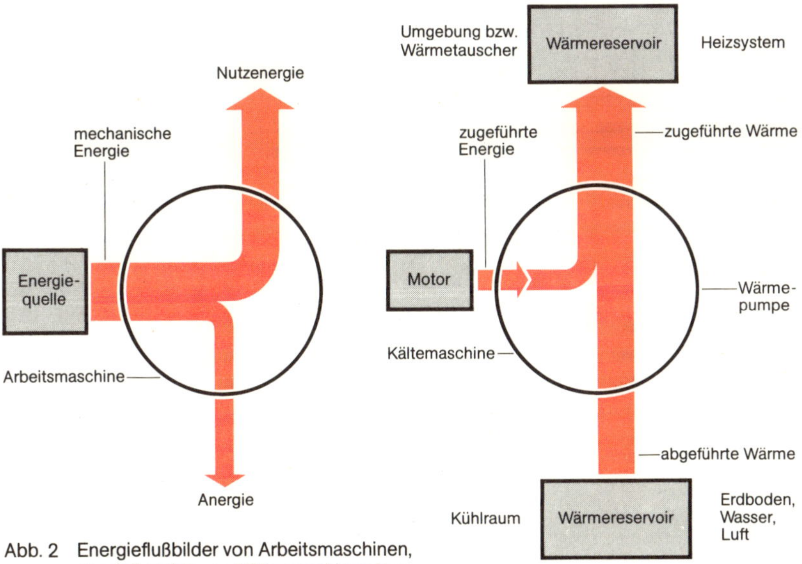

Abb. 2 Energieflußbilder von Arbeitsmaschinen, speziell rechts von Kältemaschinen bzw. Wärmepumpen

Wärmekraftmaschinen

Wärmekraftmaschinen sind dadurch charakterisiert, daß sie die bei der Verbrennung von Brennstoffen freiwerdende Wärme in mechanische Energie umwandeln. Die in ihnen ablaufenden *Wärmekraftprozesse* sind periodische Aufeinanderfolgen von Zustandsänderungen eines Arbeitsmittels bzw. des Brennstoffs, die eine Wärme- und Krafterzeugung bewirken. Es laufen somit in ihnen thermodynamische Kreisprozesse ab (s. S. 66), die sich entweder vollständig in der Wärmekraftmaschine *(innere Verbrennung)* oder auch teilweise außerhalb der Maschine *(äußere Verbrennung)* abspielen.

Ein typisches Beispiel einer Wärmekraftmaschine mit äußerer Verbrennung ist die Dampfmaschine bzw. die Dampfturbine: Bei der *Dampfmaschine* ist außerhalb ein Dampferzeuger angeordnet, in dem die bei der Verbrennung anfallende Wärme dazu dient, Dampf hoher Temperatur und hohen Drucks (und damit auch hoher Enthalpie und Arbeitsfähigkeit) zu erzeugen. Die im Dampf gespeicherte Energie wird bei der Dampfmaschine in einem Zylinder mit Hilfe eines beweglichen Kolbens entspannt und so direkt in mechanische Energie umgewandelt. – In der *Dampfturbine* findet der Umwandlungsprozeß durch die Druckwirkung auf die rotierenden Turbinenschaufeln statt.

Charakteristisch für Wärmekraftmaschinen mit äußerer Verbrennung, zu denen auch der Stirling-Motor zählt (s. S. 78), ist der Einsatz eines Arbeitsmediums (z. B. Wasserdampf), das die Übertragung der erzeugten Wärme übernimmt. Die Verwendung des Arbeitsmediums ermöglicht den Einsatz sämtlicher Brennstoffe, insbesondere auch fester fossiler Brennstoffe (Kohle), im weiteren Sinne auch von Kernbrennstoffen, nur daß dann die benötigte Wärme nicht durch Verbrennung, sondern Kernspaltungsprozesse erzeugt wird. Durch die Möglichkeit, ganz unterschiedliche Brennstoffe einzusetzen, spielt der Wärmekraftprozeß mit äußerer Verbrennung in der Kraftwerkstechnik, wo er zur Stromerzeugung herangezogen wird, eine dominierende Rolle. Der wirtschaftlichste Wärmekraftprozeß wird dort durch Kopplung von Wärme- und Krafterzeugung erreicht *(Kraft-Wärme-Kopplung),* wobei ein Teil der Energie für die Stromerzeugung und ein anderer Teil zur Fernwärmeerzeugung genutzt wird (s. S. 144).

Wärmekraftmaschinen (bzw. -prozesse) mit innerer Verbrennung liegen bei den Verbrennungskraftmaschinen vor. Im Gegensatz zu den mit Dampf betriebenen Maschinen wird bei *Verbrennungskraftmaschinen* kein Arbeitsmedium benötigt, da der Brennstoff im Arbeitszylinder selbst verbrannt wird. Dabei haben die aus dem verbrennenden Brennstoff-Luft-Gemisch entstehenden Abgase ein größeres Volumen; der Druck wird erhöht und dient zur Erzeugung von mechanischer Energie. Besondere Bedeutung besitzen Verbrennungskraftmaschinen in Form von *Kolbenmaschinen,* bei denen v. a. Diesel- und Ottomotoren unterschieden werden. Der entscheidende Unterschied zwischen beiden liegt in der Art der Gemischaufbereitung und der Zündung: Beim *Ottomotor* wird ein Brennstoff-Luft-Gemisch verdichtet und fremdgezündet, während beim *Dieselmotor* ausschließlich Luft verdichtet wird und eine Selbstzündung beim Einspritzen des Kraftstoffs stattfindet (s. S. 80).

Eine neuere Form der Wärmekraftmaschine mit äußerer Verbrennung ist die *Gasturbine* (s. auch S. 86): In der Brennkammer wird das komprimierte Brennstoff-Luft-Gemisch verbrannt. Ähnlich der Arbeitsweise des Dampfturbinenprozesses wird anschließend in der Turbine aus den einströmenden Abgasen mechanische Energie gewonnen. Gasturbinenanlagen werden in Kraftwerken zur Spitzenstromerzeugung eingesetzt, weiter in Form von Luftstrahltriebwerken (s. S. 82) in Düsenflugzeugen sowie als Antrieb für sog. Gasturbinenschiffe.

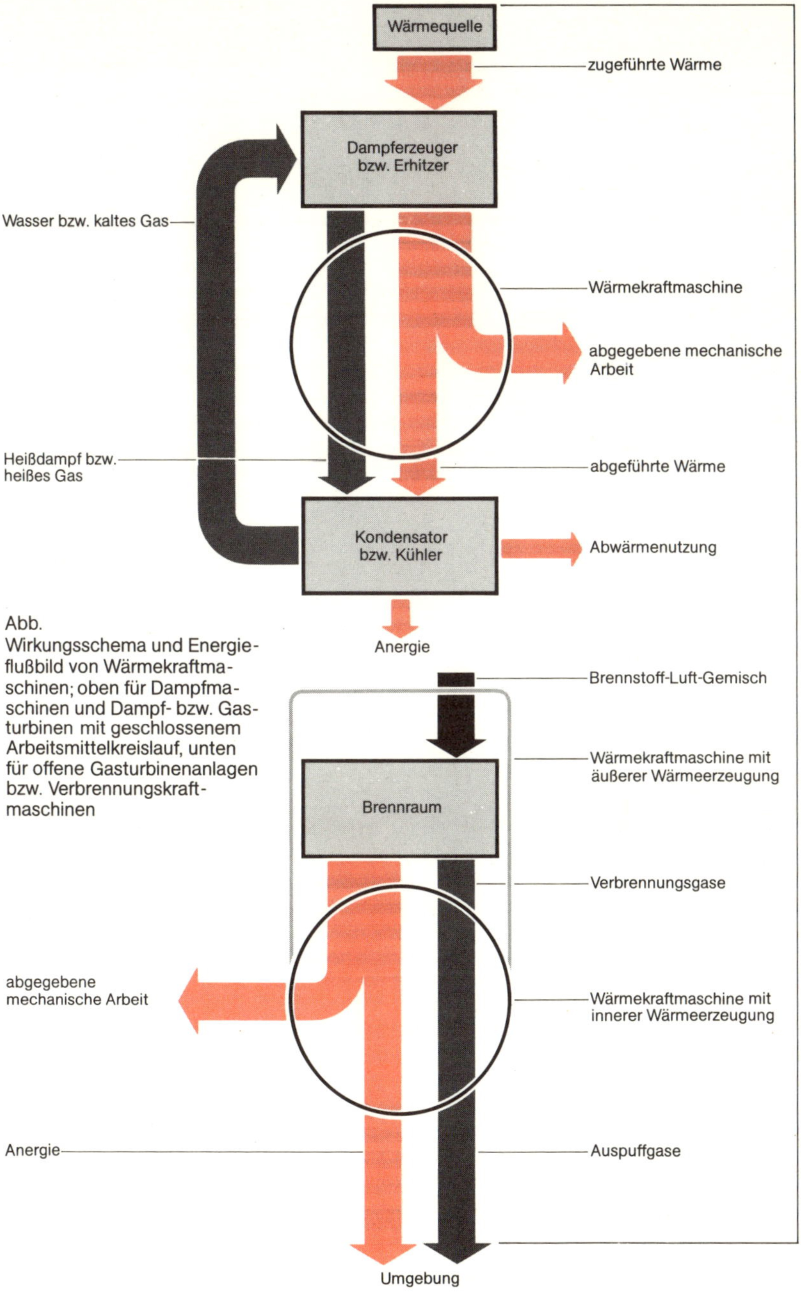

Abb.
Wirkungsschema und Energieflußbild von Wärmekraftmaschinen; oben für Dampfmaschinen und Dampf- bzw. Gasturbinen mit geschlossenem Arbeitsmittelkreislauf, unten für offene Gasturbinenanlagen bzw. Verbrennungskraftmaschinen

Der Stirling-Motor

Der auf einer Erfindung des Schotten Robert Stirling aus dem Jahre 1816 beruhende Stirling-Motor ist neben der gebräuchlichen Dampfmaschine die älteste Wärmekraftmaschine; er hat allerdings im Gegensatz zu dieser in der Vergangenheit nur eine geringe Bedeutung erlangt.

Beide Motorkonzepte weisen eine kontinuierliche äußere Verbrennung auf, jedoch arbeitet der Stirling-Motor im Unterschied zur Dampfmaschine mit einem konstanten Gasvolumen: Ein Arbeitsmedium (Wasserstoff, Helium, bei sog. *Heißluftmotoren* Luft) wird durch einen Kolben komprimiert, beim Durchströmen eines Wärmetauschers von den heißen Abgasen eines Brenners zusätzlich erhitzt, wodurch es zu einer weiteren Druck- und Temperaturerhöhung kommt, und anschließend in einem Arbeitszylinder entspannt; hierbei wird mechanische Arbeit geleistet. Die in dem Arbeitsmedium verbliebene Wärmeenergie wird in einem Wärmetauscher entzogen. Anschließend wird das wieder abgekühlte Gas in den Kompressionsraum zurückgebracht.

Charakteristisch für den Stirling-Motor sind die zwei doppeltwirkenden Kolben, die in meist V-förmig angeordneten Zylindern laufen. Zwischen den Zylindern ist ein *Regenerator* angeordnet, der wichtigste Teil des Stirling-Motors, der die Aufgabe hat, dem hinströmenden Gas möglichst viel Wärme zu entziehen und aufzuspeichern, um sie an das rückströmende Gas wieder abzugeben. Der Regenerator soll eine große Wärmekapazität haben, einen schnellen Wärmetausch bei geringen Strömungsverlusten ermöglichen und ein geringes Wärmeleitvermögen aufweisen, damit möglichst wenig Wärme ungenutzt von der warmen zur kalten Seite gelangt. Weiterhin sind zwischen den Zylindern Kühler und Erhitzer angeordnet. Der *Kühler* hat die Aufgabe, das Volumen des Arbeitsgases vor der Verdichtung zu verringern, während der *Erhitzer* beim Überströmen des verdichteten Arbeitsgases in Aktion tritt und eine Druckerhöhung bewirkt. Die Arbeitsweise mit doppeltwirkenden Kolben weist Parallelen zum Zweitaktmotor auf, der aber nach dem Verfahren der inneren Verbrennung arbeitet.

Die doppeltwirkenden Kolben haben im Fall des Stirling-Motors folgende Aufgabe: Der *Expansionsraum*, in dem die Arbeit geleistet wird, befindet sich auf der Kolbenoberseite, der *Kompressionsraum*, in dem ein Teil der Arbeit bei der Verdichtung aufgezehrt wird, auf der Kolbenunterseite. Bei laufendem Motor wird nun das Arbeitsgas von der Unterseite des ersten Zylinders auf die Oberseite des zweiten Zylinders geschoben. Dazwischen durchströmt es den Regenerator, worin es vorgewärmt wird, und den *Brenner*, der zusätzlich Wärmeenergie zuführt. Das Arbeitsgas durchströmt nach der Expansion oberhalb der Kolben Regenerator und Kühler und gibt dabei die verbliebene Wärmeenergie ab. Die Arbeitsweise der beiden Zylinder ist völlig gleich, jedoch phasenverschoben. Diese Phasenverschiebung wird dadurch erreicht, daß die Kröpfungen der Kurbelwelle um 90 °C versetzt sind. In Abb. 1 ist neben einem Längsschnitt durch einen Stirling-Motor das Volumen des Expansions- und Kompressionsraums während der einzelnen Bewegungsphasen der Kolben für den ablaufenden *Stirling-Kreisprozeß* dargestellt. Abb. 2 zeigt den konstruktiven Aufbau des Motors im Querschnitt.

Der Stirling-Motor bietet den Vorteil, daß in seinem Brenner ganz unterschiedliche Brennstoffe verbrannt werden können: feste, flüssige oder gasförmige. Er zeichnet sich weiter durch geringen Verschleiß und Geräuscharmut aus. Ventile besitzt er nicht. Die Leistungsabgabe des Stirling-Motors wird über die Arbeitsgasmenge geregelt, d. h., je nach Last wird Arbeitsgas abgelassen bzw. eingespeist.

Neuere Stirling-Motoren erreichen einen Wirkungsgrad von 30%; die Drehzahl beträgt etwa 3 000 U/min. Da bislang ihre Bauweise schwieriger und aufwendiger als die der konventionellen Hubkolbenmotoren ist, bedarf es noch der Weiterentwicklung bis zur praktischen Anwendung dieser Motorkonzeption.

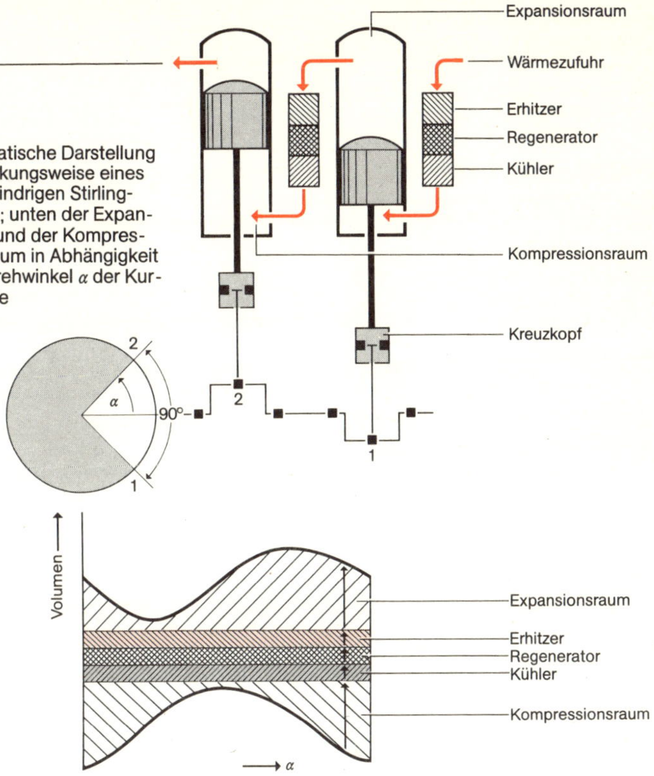

Abb. 1 Schematische Darstellung der Wirkungsweise eines zweizylindrigen Stirling-Motors; unten der Expansions- und der Kompressionsraum in Abhängigkeit vom Drehwinkel α der Kurbelwelle

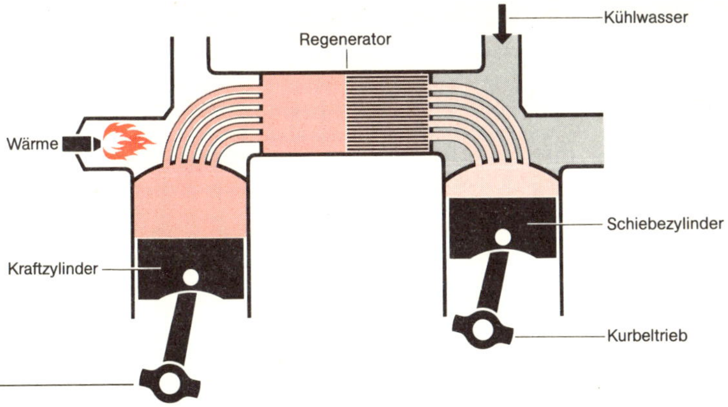

Abb. 2 Prinzip des Regenerators beim Stirling-Motor

Ottomotor und Dieselmotor

Die zu den Verbrennungskraftmaschinen (s. S. 76) zählenden Otto- und Dieselmotoren ermöglichen die Gewinnung von mechanischer, v. a. zum Antrieb von Kraftfahrzeugen dienender Nutzenergie aus chemisch gebundener Energie:

Der *Ottomotor* trägt den Namen seines Erfinders Nikolaus Otto, der 1867 zusammen mit Eugen Langen den Viertakt-Ottomotor entwickelte. Die prinzipielle Arbeitsweise dieses Motors ist der Abb. 1 zu entnehmen: In den ersten beiden Arbeitstakten des Kolbens im Motorzylinder wird ein vom Vergaser bereitgestelltes Benzin-Luft-Gemisch angesaugt, verdichtet und am Ende der Verdichtung durch eine elektrisch betriebene Zündkerze fremdgezündet (Beginn des Arbeitstaktes). Die durch den Verbrennungsvorgang freigesetzte chemische Energie findet sich als Wärmeenergie in den gebildeten heißen Verbrennungsgasen wieder; diese dehnen sich aus und verschieben den Kolben. Die dabei von ihnen geleistete mechanische Schubarbeit wird mit Hilfe der Kurbelwelle in Rotationsenergie umgewandelt und in dieser Form auf die Antriebswelle übertragen.

Eine wesentliche Kenngröße für die thermodynamischen Zustände im Brennraum stellt das *Verdichtungsverhältnis* dar, eine Zahl, die angibt, auf welches Endvolumen ein angesaugtes Benzin-Luft-Gemisch im Zylinder verdichtet wird. Für die z. Z. gängigen Fahrzeugtypen liegen die Verhältnisse zwischen 6 und 11. Im allgemeinen kann festgestellt werden, daß sich mit steigendem Verdichtungsverhältnis die Energienutzung verbessert. Ottomotoren weisen im Durchschnitt einen *Motorenwirkungsgrad* von etwa 25% auf, d. h., 25% der chemisch im Kraftstoff gebundenen Energie findet sich in Form von mechanischer Energie an der Kurbelwelle wieder.

Wirkungsgradverbesserungen über eine Steigerung des Verdichtungsverhältnisses sind Grenzen durch die Gefahr der Selbstzündung (Klopfen) des Brennstoff-Luft-Gemisches gesetzt. Das *Klopfen* kann ebenfalls auftreten, wenn die Kraftstoffqualität nicht für eine ungestörte Verbrennung ausreicht. Die Mindestanforderungen an Kraftstoffe für Ottomotoren sind in DIN 51 600 festgelegt. Ihre durch die Oktanzahl (OZ) gekennzeichnete *Klopffestigkeit* muß größer sein als die Oktanzahlanforderung des Motors. Die Folgen des andernfalls eintretenden Klopfens sind Überhitzung (verbunden mit Leistungseinbuße und erhöhtem Kraftstoffverbrauch) und außergewöhnliche Triebwerksbelastungen, die zu Kolben-, Ventil- und Lagerschäden führen können. – Der normalerweise mit Benzin betriebene Ottomotor kann auf den Betrieb mit Alkohol (Methanol und Äthanol), verflüssigtem Propan und Butan (Autogas) sowie Wasserstoff umgestellt werden, wobei die produktspezifischen Eigenschaften der verschiedenen Kraftstoffe zu beachten sind.

Der *Dieselmotor* wird nach dem Namen seines Erfinders Rudolf Diesel benannt, der 1892 sein Patent anmeldete. Auffälliges Merkmal dieses Motors ist die gesteuerte Selbstzündung eines Dieselkraftstoff-Luft-Gemisches in einem Motorzylinder (Abb. 2): Zunächst erfolgt die Ansaugung der Luft, die vom zurückkehrenden Kolben in die obere Stellung auf 30 bis 55 bar verdichtet und dabei auf 700–800 °C erhitzt wird. Der nun eingespritzte Dieselkraftstoff verteilt sich in der Luft, und nach etwa 0,001 Sekunden (sog. *Zündverzug*) findet der Verbrennungsprozeß statt. Liegt der Zündverzug über 0,002 Sekunden, so läuft der Motor hart, er „nagelt". Die Zündwilligkeit eines Dieselkraftstoffs wird durch die *Cetanzahl* gekennzeichnet. Außer von dieser wird der Zündverzug beeinflußt vom Verdichtungsverhältnis, vom Einspritzbeginn, vom Gemischbildungsverfahren, von den Betriebsbedingungen und vom Motorzustand.

Aufgrund seiner Konzeption ergeben sich für den Dieselmotor wesentlich höhere physikalische und thermodynamische Kennwerte als beim Ottomotor. Der hieraus resultierende höhere thermische Wirkungsgrad von ca. 30%, bezogen auf die Motorarbeit an der Kurbelwelle, führt zu einer Senkung des Kraftstoffverbrauchs gegenüber dem Ottomotor.

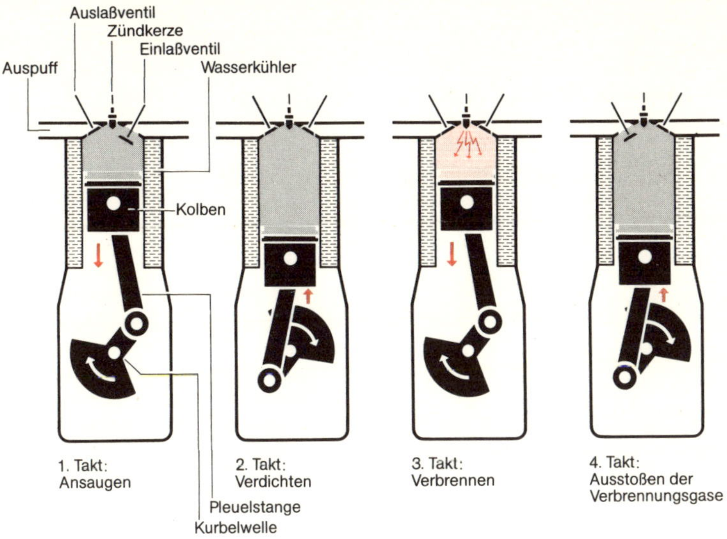

Abb. 1 Arbeitsweise eines Viertakt-Ottomotors

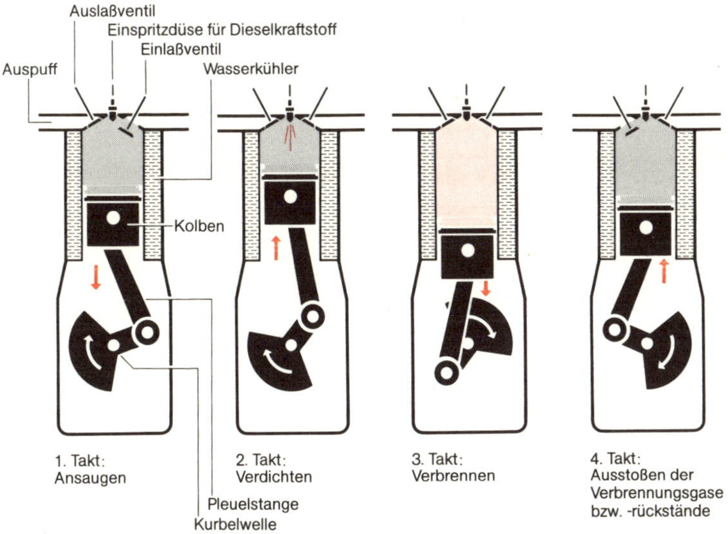

Abb. 2 Arbeitsweise eines Viertakt-Dieselmotors

Flugtriebwerke · Raketentriebwerke

Zum Antrieb von Flugzeugen, Flugkörpern und Raketen werden als Flugtriebwerke bezeichnete Verbrennungskraftmaschinen verwendet, in denen die chemische Energie von Treibstoffen in Schubkraft und damit in mechanische Bewegungsenergie umgesetzt wird. Sie liefern den notwendigen Vortriebsschub zum Überwinden des Luftwiderstandes (v.a. beim stationären Horizontalflug) und die zum Steig- und Vertikalflug benötigte Vertikalbeschleunigung zur Überwindung der Schwerkraft.

Propellertriebwerke erzeugen den Vortrieb dadurch, daß sie Luftschrauben (Propeller) rotieren lassen, deren Drehbewegung die von ihren 2 bis 5 flügelartigen Luftschraubenblättern erfaßte Luft kontinuierlich nach rückwärts beschleunigen, wodurch sich als Gegenkraft der vorantreibende Schraubenschub ergibt. Der Antrieb der Propellerwelle erfolgt durch einen Kolbenmotor oder – beim *Propeller-Turbinen-Luftstrahltriebwerk (Turboproptriebwerk, PTL-Triebwerk)* – durch eine Gasturbine.

Strahltriebwerke arbeiten nach dem Rückstoßprinzip: Die beim Verbrennen des Treibstoffs freiwerdende Wärmeenergie wird direkt in die kinetische Energie der gerichtet aus einer Düse ausströmenden Verbrennungsgase (Abgasstrahl) umgesetzt. Sie umfassen die *Düsen-* oder *Luftstrahltriebwerke,* die den zur Treibstoffverbrennung benötigten Sauerstoff der umgebenden bzw. durch sie hindurchströmenden Luft entnehmen, und die *Raketentriebwerke,* bei denen sowohl der feste oder flüssige Raketentreibstoff als auch flüssiger Sauerstoff bzw. ein Sauerstoffträger von der Rakete mitgeführt werden.

Die wichtigsten Bauteile bei einem *Turbinen-* oder *Turboluftstrahltriebwerk (TL-Triebwerk)* sind der Verdichter, die Brennkammer, die Turbine und die Schubdüse (Abb.). Der Verdichter umfaßt neben dem eigentlichen Kompressor auch einen als Staudiffusor ausgebildeten Lufteintritt. In der Brennkammer wird Treibstoff in den komprimierten Luftstrom eingespritzt und das Gemisch gezündet. Die expandierenden Verbrennungsgase treiben die Turbine an, die ihrerseits den auf gleicher Welle sitzenden Kompressor antreibt und außerdem zur Beschleunigung des Gasstrahls in der Schubdüse dient. Triebwerke mit zwei koaxialen Wellen für den Nieder- und den Hochdruckteil von Kompressor und Turbine *(Zweiwellentriebwerke)* sind besser regelbar. Bei Zweikreissystemen *(ZTL-Triebwerke)* treibt ein Teil des Kompressors oder der Turbine zusätzlich einen kalten Mantelluftstrom an. Durch den zu Lasten der Austrittsgeschwindigkeit erhöhten Durchsatz kann der Vortriebswirkungsgrad verbessert und der Lärm vermindert werden.

Luftstrahlturbinen haben gegenüber Propellertriebwerken einen höheren spezifischen Brennstoffverbrauch. Ihr niedrigeres Leistungsgewicht gestattet aber höhere Fluggeschwindigkeiten. Im hohen Überschallbereich macht der hohe Staudruck einen Kompressor und damit auch die Turbine überflüssig. In den ohne diese Teile wirksamen *Staustrahltriebwerken* sind der Diffusor und die konvergent-divergente Laval-Düse verstellbar, um den Schub zu regeln. Ihr Hauptanwendungsgebiet sind unbemannte Flugkörper.

Die außer dem Brennstoff auch den Oxidator (Sauerstoffträger) mit sich führenden *Raketen* sind unabhängig von der Lufthülle und daher für Weltraumflüge einsetzbar. Bei den *chemischen Raketentriebwerken* unterscheidet man je nach Aggregatzustand der Treibstoffe zwischen Feststoff-, Flüssigkeits- und Hybridtriebwerken (fester Treibstoff, flüssiger Oxidator). Die wichtigste Kenngröße, die Austrittsgeschwindigkeit der Gase, hängt von der Treibstoffkombination und dem Außendruck ab. Das Prinzip der Mehrstufigkeit gestattet eine flexiblere Auswahl der Treibstoffe und das Abwerfen von nicht mehr benötigter Konstruktionsmasse.

Besonders hohe Abgasstrahlgeschwindigkeiten und lange Brenndauern (aber geringe Mengenströme) erzielt man mit *elektrischen Raketentriebwerken,* z. B. mit den *Ionentriebwerken,* bei denen das Arbeitsgas ionisiert und dann in elektrischen Feldern beschleunigt wird (möglicher Antrieb für interstellare Flüge).

Als reine Starthilfe dienen sog. *Heißwasserraketen.* Sie erzeugen Schub durch Entspannungsverdampfung von am Boden erhitztem Wasser.

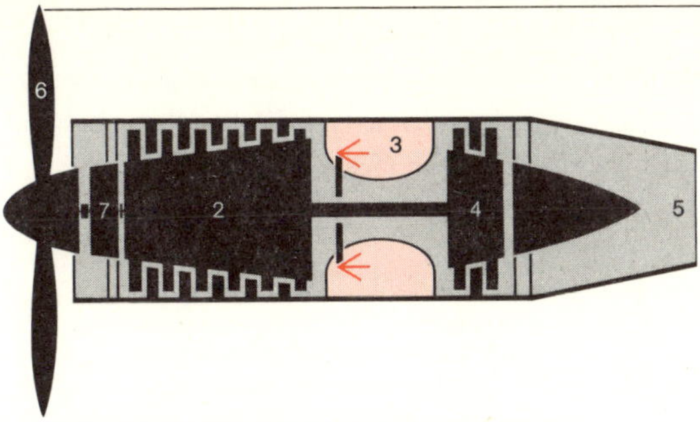

Abb. 1 Schema eines Propeller-Turbinen-Luftstrahltriebwerks

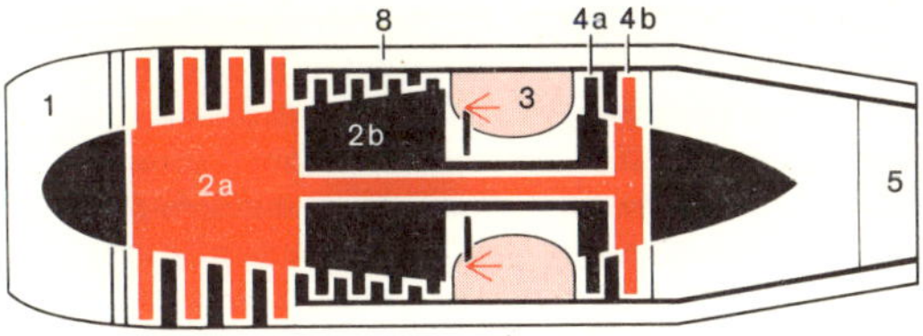

Abb. 2 Schema eines Zweikreis-Turboluftstrahltriebwerks
(Mantelstromtriebwerk)

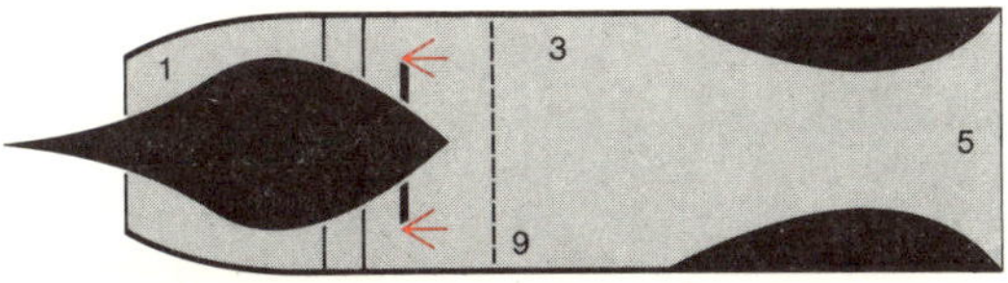

Abb. 3 Staustrahltriebwerk in schematischer Darstellung

1 Einlaufdiffusor
2 Kompressor
  a Niederdruckverdichter
  b Hochdruckverdichter
3 Brennkammer(n)
4 Turbine
  a Hochdruckturbine
  b Niederdruckturbine
5 Austrittsdüse
6 Propeller
7 Getriebe
8 Mantelluftstrom
9 Flammenhalter
10 Brennstofftank
11 Oxidatortank

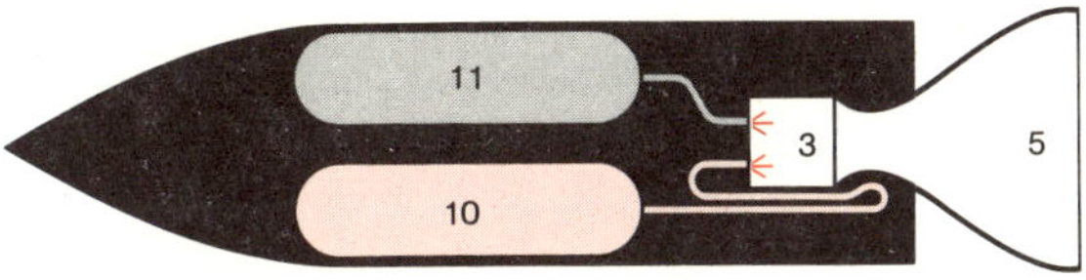

Abb. 4 Schema eines Raketentriebwerks
(Einstufen-Flüssigkeitsrakete)

Dampfmaschine und Dampfturbine

Die Idee, die Arbeitsfähigkeit von Dampf zur Erzeugung mechanischer Kraftwirkung auszunutzen, ist schon relativ alt. Bereits 100 v. Chr. unternahm Heron von Alexandria erste Versuche mit Heißluft und Dampf, danach erst wieder Denis Papin (1690). Entscheidend vorangebracht aber wurde das Dampfmaschinenprinzip in England mit der Entwicklung der kolbenlosen Dampfpumpe (1698) durch Thomas Savery und mit der Erfindung der Dampfmaschine durch James Watt (1784).

Das Prinzip, nach dem eine *Dampfmaschine* funktioniert, ist denkbar einfach: Wärme wird isobar, d. h. bei konstantem Druck p, auf ein Arbeitsmittel (üblicherweise Wasser) übertragen, das dabei verdampft. Beim Arbeitsmittel Wasser verläuft dieser *Verdampfungsprozeß* in drei Schritten: Zunächst wird das Wasser bis zu der zum konstantem Druck p gehörigen Siedetemperatur T_s erhitzt. Dann findet bei konstanter Temperatur (Isothermie) und konstantem Druck der eigentliche Verdampfungsvorgang statt, an dessen Ende das Wasser vollständig verdampft ist. Im letzten Schritt schließlich wird der nun vorliegende gesättigte Dampf bei konstantem Druck auf die gewünschte Temperatur gebracht. Dieser Vorgang wird als *Überhitzen des Sattdampfes* bezeichnet. Der so gewonnene hochenergetische Dampf kann nun in einer Kraftmaschine (Kolbenmaschine oder Turbine) mechanische Arbeit verrichten, wobei er sich entspannt und abkühlt.

Die ersten Dampfmaschinen waren ausschließlich Kolbenmaschinen, bei denen der Druck des heißen, gespannten Dampfes auf einen beweglichen Kolben wirkte. Erst gegen Ende des 19. Jahrhunderts wurden die ersten Strömungsmaschinen, die Dampfturbinen, entwickelt, und zwar 1883/84 durch Gustav de Laval und Charles Parsons, 1898 durch Charles Curtis, dessen Turbine die unmittelbare Kopplung mit elektrischen Generatoren ermöglichte.

Die Kraftumsetzung in einer *Dampfturbine* geschieht dadurch, daß rasch strömender Dampf als Arbeitsmittel beim Auftreffen auf die am sog. Turbinenlaufrad längs des Umfangs angebrachten „Schaufeln" eine Geschwindigkeitsänderung erfährt, die – physikalisch gesehen – einer Beschleunigung entspricht. Da der Dampf eine Masse besitzt, übt er eine Kraft der Größe Masse × Beschleunigung auf die Laufradschaufeln aus und versetzt dadurch das Laufrad in Drehung. Hierbei sinken Temperatur und Druck des Dampfes ab, der Dampf wird entspannt.

Sowohl in der Dampfmaschine als auch in der Dampfturbine wird der Dampf adiabatisch entspannt, d. h., es erfolgt dabei kein Wärmeaustausch mit der Umgebung. Erst wenn er die Arbeitsmaschine verlassen hat, wird die bei der Arbeitsleistung nicht verwertbare Wärme an die Umgebung abgeführt. Insbesondere bei Kolbenmaschinen geschieht dies vielfach durch einfaches Ablassen des entspannten Dampfes. Beispiele dafür sind die Dampflokomotive und das Dampfschiff. Nachteilig ist dabei, daß das Arbeitsmittel vollständig verlorengeht. Deshalb wird bei technischen Anwendungen mit großen Dampfströmen bzw. -durchsätzen (z. B. in Kraftwerken) die Abfuhr der nicht verwertbaren Wärme an die Umgebung durch Kondensation bevorzugt; der Kondensationsvorgang läuft dabei isobar und isotherm ab. Die anfallende Kondensationswärme wird über ein Kühlmittel (Luft, Wasser) an die Umgebung abgegeben (s. S. 286). Das kondensierte Arbeitsmittel kann nach adiabater Druckerhöhung auf den Verdampfungsdruck in der sog. Speisewasserpumpe erneut dem Dampferzeuger zugeführt werden. Das Arbeitsmittel durchläuft demnach einen thermodynamischen Kreisprozeß, der im Falle des Wasser-Dampf-Systems als *Clausius-Rankine-Prozeß* bezeichnet wird.

Der Wirkungsgrad der mechanischen Krafterzeugung durch den beschriebenen einfachen Kreisprozeß ist mit etwa 30% relativ gering. Dies hat im wesentlichen physikalische Gründe, da es – wie der zweite Hauptsatz der Wärmelehre sagt (s. S. 64) – nicht möglich ist, bei der Kondensation Wärme unterhalb der Umgebungstemperatur an die Umgebung abzuführen. Durch verfahrenstechnische Modifikation des Kreisprozesses (Zwischenüberhitzung des Dampfes, Speisewasservorwärmung) lassen sich jedoch Verbesserungen des Wirkungsgrades bis auf 39% erreichen.

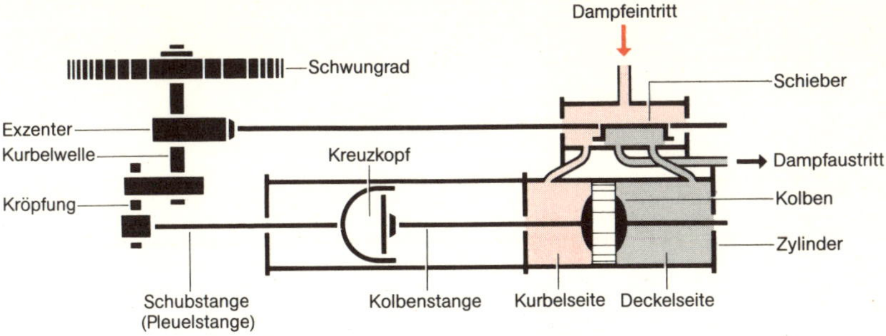

Abb. 1 Schematische Darstellung einer Dampfmaschine

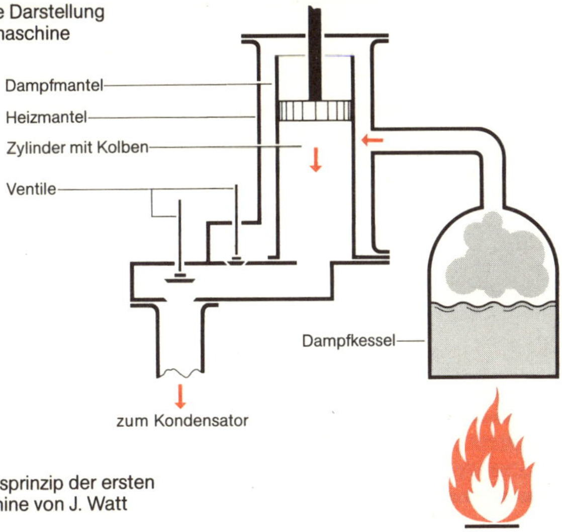

Abb. 2 Konstruktionsprinzip der ersten Dampfmaschine von J. Watt

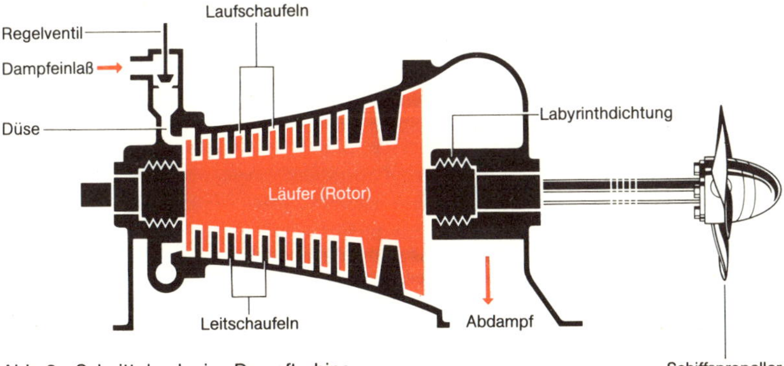

Abb. 3 Schnitt durch eine Dampfturbine

Dampfturbinen und Gasturbinen

Wesentlicher Bestandteil moderner Großkraftwerke ist die *Dampfturbine,* in der die Wärmeenergie hochgespannten (d. h. auf hoher Temperatur und hohem Druck befindlichen) Dampfes in mechanische Energie umgewandelt wird. Je nach Wirkungsweise unterscheidet man Gleich- und Überdruckturbinen. In *Gleichdruckturbinen* bleibt der Dampfdruck im rotierenden Turbinenlaufrad konstant, d. h., der gesamte Druckabbau erfolgt im davor befindlichen *Leitapparat,* einer festen Anordnung von Düsen oder Schaufeln, die dem zuströmenden Dampf den für den Eintritt ins Laufrad nötigen Zuströmdrall und die günstigste Strömungsrichtung gibt. In *Überdruckturbinen* sinkt der Dampfdruck sowohl im Leitapparat als auch im Laufrad. Verwendet eine Turbine die gesamte thermodynamisch nutzbare Energie des hochgespannten Dampfes zur Erzeugung mechanischer Energie, wobei dieser kondensiert, so spricht man von einer *Kondensationsturbine* (Abb. 1).

Häufig soll jedoch ein Teil der nutzbaren Dampfwärme für andere Zwecke, etwa als Prozeßwärme oder (bei Kraft-Wärme-Kopplung) als Fernwärme, eingesetzt werden. In diesen Fällen erlauben es sog. *Gegendruckturbinen,* den Dampf lediglich teilweise zu entspannen, d. h., der Dampf verläßt die Turbine auf einem ausreichend hohen Druck- und Temperaturniveau, so daß seine Wärme anschließend z. B. als Prozeßwärme verwertet werden kann. Umgekehrt ist es auch möglich, die Wärme des hochenergetischen Dampfes zunächst als Prozeßwärme zu nutzen und die dann noch verbleibende Restwärme des Dampfes in einer Abdampfturbine in mechanische Energie umzusetzen. Beide Verfahren spielen v. a. in industriellen Prozessen zur gekoppelten Erzeugung von Kraft und Wärme eine wichtige Rolle.

Eine dritte Turbinenkonstruktion wird in der Zukunft insbesondere bei der gekoppelten Erzeugung von Elektrizität und Fernwärme in Kraftwerken zum Einsatz kommen: In sog. *Anzapf-* oder *Entnahmeturbinen* wird der Dampf auf dem gewünschten Energieniveau direkt aus den Turbinen entnommen. Im Unterschied zu Gegendruck- und Abdampfturbinen können hier die mechanische Leistung an der Turbinenwelle und die thermische Leistung des Abzapfdampfes weitgehend unabhängig voneinander gesteuert werden. So kann eine solche Turbine ohne Dampfentnahme als reine Kondensationsturbine zur ausschließlich mechanischen Krafterzeugung betrieben werden, oder es wird aus ihr eine so große Dampfmenge ausgekoppelt, daß lediglich noch der zur Kühlung des Turbinenlaufrades erforderliche Dampfstrom in der Niederdruckstufe der Dampfturbine verbleibt (Arbeitsweise wie bei einer Gegendruckturbine).

Gemeinsames Kennzeichen aller Dampfturbinen ist, daß unabhängig von ihrer Betriebsweise Wärmeenergie dem Arbeitsmittel (Wasser/Dampf) jeweils außerhalb der Turbine, etwa in einem Dampfkessel oder in einem Kernreaktor, zugeführt wird. Die Turbine dient lediglich der Umsetzung von Wärmeenergie in mechanische Energie.

Bei Gasturbinenanlagen (Abb. 2) liegen die Verhältnisse etwas anders. Unter einer *Gasturbine* versteht man nicht nur die reine Strömungsmaschine (Turbine), sondern ein Aggregat, das mindestens aus einem Verdichter, einer Brennkammer und einer Turbine besteht. Wenn man so will, entspricht eine Gasturbine einer ganzen Dampfkraftanlage. Die Energieumwandlung in einer Gasturbine läuft prinzipiell in drei bzw. vier Teilschritten ab: Der Verdichter saugt große Mengen Luft an, die dann von ihm stark komprimiert als Verbrennungsluft in die Brennkammer gefördert werden. Der Brennstoff (Heizöl, auch Erdgas u. a.) wird über Düsen in die Brennkammer geblasen und mit der Verbrennungsluft bei gleichbleibendem Druck verbrannt. Die bei der Verbrennung entstehenden heißen Verbrennungsgase bzw. in *Heißluft-* und *Heliumturbinen* von ihnen erhitzte Heißluft- bzw. Heliumgasströme werden schließlich in der Turbine entspannt und treiben diese an. Die dabei an der Turbinenwelle erzeugte mechanische Rotationsenergie dient zum Antrieb des auf der gleichen Welle sitzenden Verdichters sowie, über Getriebe (wegen der hohen Drehzahlen), zum Antrieb eines elektrischen Generators, zum Schiffsantrieb u. a. Nutzleistungen.

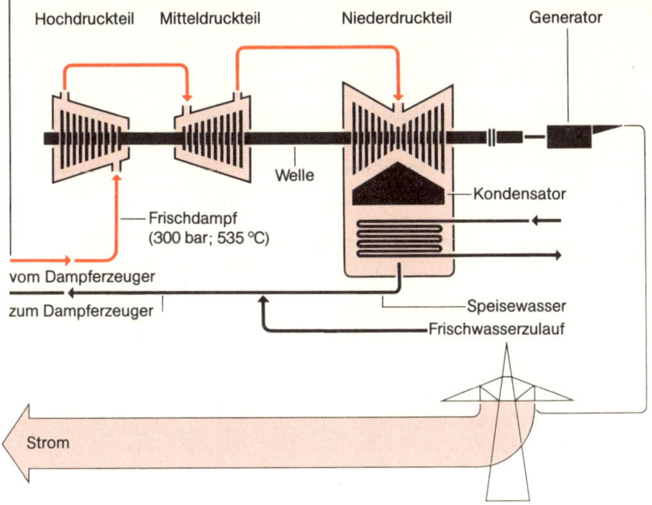

Abb. 1 Schema einer dreistufigen Kondensationsturbine

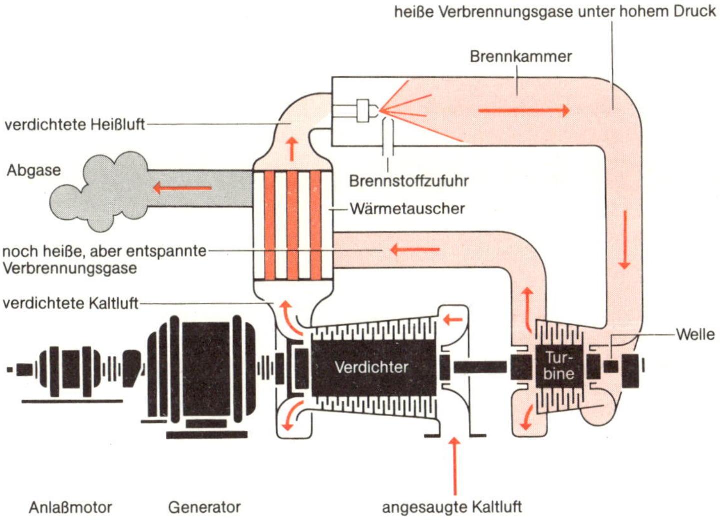

Abb. 2 Die Wirkungsweise einer Gasturbine

Wasserturbinen und Windturbinen

Zu Beginn des 19. Jahrhunderts führte die Weiterentwicklung der bereits aus dem Altertum bekannten Wasserräder zu strömungstechnischen Verbesserungen, die noch heute Grundlage moderner Wasserkrafttechnologie sind. Im Jahre 1880 ließ sich der amerikanische Ingenieur Lester Allan Pelton die erste *Freistrahlturbine* (Abb. 1) patentieren. Bei dieser nach ihrem Erfinder auch *Pelton-Turbine* genannten Aktions- oder Gleichdruckturbine tritt das Wasser unter großem Druck aus einer oder mehreren verstellbaren Düsen aus und schießt tangential auf das Turbinenlaufrad, das mit becherförmigen Schaufeln besetzt ist. Diese nehmen die Bewegungsenergie der scharfen Wasserstrahlen fast vollständig auf und setzen sie in eine Drehung des ganzen Turbinenrades um. Pelton-Turbinen kommen vorzugsweise zum Einsatz, wenn das Wasser mit hohem Druck am Kraftwerk anfällt. In modernen Speicherkraftwerken wird dies dadurch erreicht, daß für das Wasser Gefällstrecken teilweise bis zu 2 000 m eingerichtet werden. Der hohe Wasserdruck in den Turbinendüsen erlaubt es dann, die Turbine bereits mit geringen Wassermengen anzutreiben und trotzdem Leistungen bis zu 60 MW und mehr zu erreichen.

Häufig stehen allerdings entsprechend große Gefälle nicht zur Verfügung. Bei Fallhöhen unter 450 m setzt man wirkungsvoll eine *Francis-Turbine* ein (Abb. 2). Bei dieser 1849 von dem britischen Ingenieur James Francis entwickelten, auf der Umkehrung der Schiffsschraubenwirkung beruhenden Reaktions- oder Überdruckturbine befindet sich das Laufrad zwischen spiralförmig angeordneten, tragflügelähnlichen Leitschaufeln; diese lenken das zuströmende Wasser in das Laufrad, dessen Schaufeln so geformt sind, daß der voll auf sie auftreffende Wasserstrom radial zur Achse hineinströmt, im Innern des Laufrades umgelenkt wird und in Richtung der Turbinenachse wieder austritt. Dabei wird die Strömungsenergie des Wassers in eine Drehung des Laufrades umgewandelt. Der Leistungsbereich großer Francis-Turbinen reicht bis über 100 MW.

In Flußkraftwerken oder in Staustufenkraftwerken, in denen die Gefälle (10 bzw. 25 m) auch für Francis-Turbinen zu klein sind, kommt die von dem österreichischen Ingenieur Viktor Kaplan ab 1910 entwickelte *Kaplan-Turbine* zum Einsatz (Abb. 3). Ihr Laufrad, das einer senkrecht stehenden Schiffsschraube gleicht, wird in axialer Richtung von möglichst großen Wassermengen durchströmt. Der nur geringe hydrostatische Druck wirkt direkt auf die großen Turbinenschaufeln, die durch Verdrehen unterschiedlicher Durchflußmengen optimal angepaßt werden können. Die Leistungen großer Kaplan-Turbinen können über 100 MW betragen.

Die Nutzung der Windenergie zur Verrichtung mechanischer Arbeit hat die Menschen lange vor Beginn des industriellen Zeitalters beschäftigt. Bereits im 17. Jahrhundert nutzten die Holländer eine große Zahl von Windmühlen zum Wasserpumpen, um eingedeichtes Land zu entwässern. Versteht man unter *Windturbinen* alle ortsfesten Anlagen, die mit Hilfe geeignet geformter rotierender Vorrichtungen die Strömungsenergie des Windes in nutzbare Rotationsenergie umwandeln, so ist die *Windmühle* die älteste Bauart einer Windturbine. Sie besitzt meist vier fast den Boden berührende Flügel, die durch Drehung der Mühle bzw. des Mühlenoberteils in den Wind gestellt werden. Beim früher 12–40 relativ kurzen Flügeln aufweisenden *Windrad* dienen heute gewöhnlich nur 2–4 verstellbare Rotorblätter meist größerer Länge zur Umwandlung der Windenergie. Das Einstellen in die richtige Lage zum Wind erfolgt durch Drehung des Turmkopfes, auf dem es montiert ist. Bei kleinen Anlagen wird dies durch eine Windfahne hinter dem Rotor oder durch ein kleines zweites Windrad parallel zur Windrichtung erreicht.

Bei großen Windkraftanlagen (z. B. Growian, s. S. 232) erfolgt die Ausrichtung der Windturbine durch komplizierte Regeleinrichtungen.

Grundsätzlich müssen alle Windanlagen mit einer waagrechten Turbinenachse in die richtige Lage zur jeweiligen Windrichtung gebracht werden. Bei Windkraftanlagen mit senkrechter Turbinenachse, wie dem Savonius-Rotor, entfällt diese Notwendigkeit.

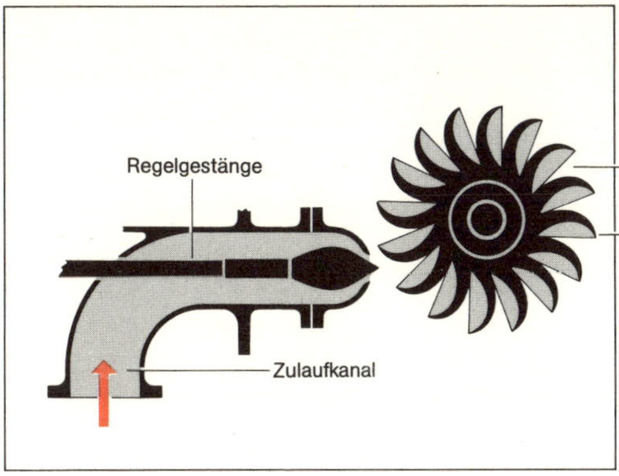

Abb. 1 Funktionsschema einer Pelton-Turbine

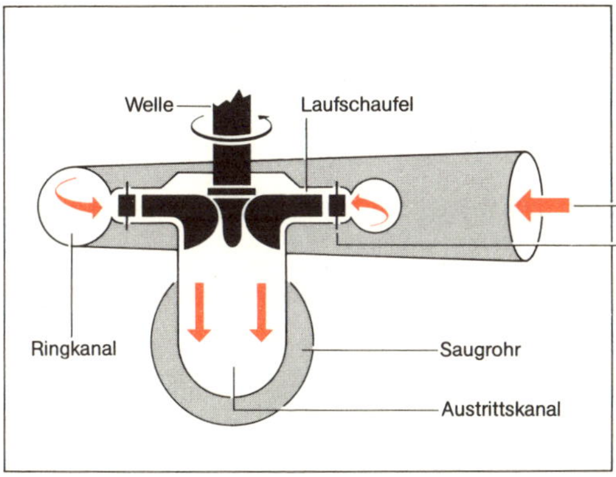

Abb. 2 Arbeitsweise einer Francis-Turbine

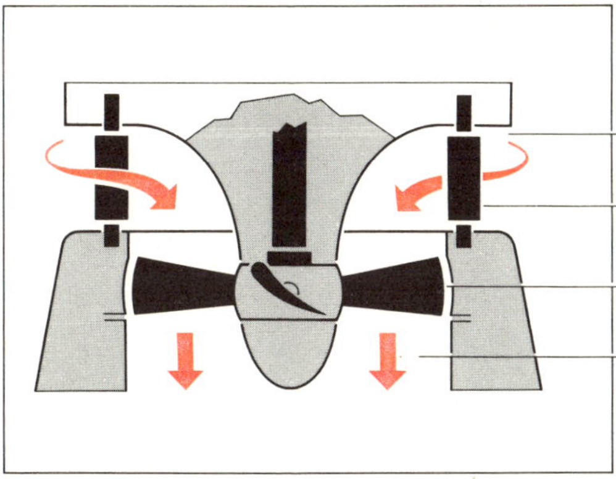

Abb. 3 Querschnitt durch eine Kaplan-Turbine

Kältemaschinen

Überall dort, wo Temperaturen unterhalb der Umgebungstemperatur benötigt werden, finden Kältemaschinen ihre Anwendung: in Kühlschränken, Gefriertruhen, Lagerhäusern, Klimaanlagen, Gasverflüssigungsanlagen, Eismaschinen usw.

Das Prinzip jeglicher *Kälteerzeugung,* die Aufnahme einer Wärmemenge (= Kälteleistung) bei einer unterhalb der Umgebung liegenden Temperatur und Abgabe dieser Wärmemenge an die „Umgebung" bei Umgebungstemperatur, ist gemäß dem zweiten Hauptsatz der Thermodynamik fortwährend nur unter Aufwendung von Arbeit mit Hilfe einer Kältemaschine möglich. Dieser Vorgang kann theoretisch mit niedrigstem Aufwand durch einen reversiblen linksläufigen Kreisprozeß, wie z. B. den linksläufigen Carnot-Prozeß (s. S. 66), realisiert werden. Für die Praxis sind jedoch die *Kaltdampfkreisprozesse,* die nach dem Kompressions- oder dem Absorptionsverfahren arbeiten, von größerer Bedeutung. Sie werden nicht nur in der Kältetechnik, sondern auch bei Wärmepumpen (s. S. 92) eingesetzt und deshalb hier näher beschrieben:

Die *Kompressionskältemaschine* (Abb. 1) besteht aus einem Verdampfer, einem Kondensator und einem zwischen beiden liegenden Expansionsventil sowie einem Verdichter (Kompressor), der durch einen Elektromotor oder eine Verbrennungskraftmaschine angetrieben wird. Das im Verdampfer durch Aufnahme von Wärme aus der zu kühlenden Umgebung in Dampfform überführte Arbeitsmedium (auch *Kältemittel* genannt) wird vom Kompressor aus dem Verdampfer angesaugt und unter Aufwendung mechanischer Energie verdichtet. Bei der Druckerhöhung erwärmt es sich und gelangt anschließend in den Kondensator. Dort gibt es bei der seinem Druck entsprechenden Kondensationstemperatur Wärme ab und wird verflüssigt. Nach der Entspannung (Druckverminderung) des Kondensates im Expansions- oder Drosselventil verdampft das Arbeitsmittel bei der dem erniedrigten Druck entsprechenden niedrigeren Temperatur erneut im Verdampfer und nimmt dabei wieder Wärme aus der Umgebung (= Kälteleistung) auf. Der Kompressor saugt es dann erneut an, und der Kreislauf wiederholt sich.

Bei der *Absorptionskältemaschine* (Abb. 2) erfolgt der Vorgang des Ansaugens und Komprimierens in einem zweiten Kreislauf, der einen Absorber und einen Austreiber sowie eine gleichzeitig zur Druckerhöhung dienende Pumpe enthält und in dem eine Lösung aus einem geeigneten Absorptionsmittel (Lösungsmittel) und dem Arbeitsmittel umgewälzt wird; die übrigen Komponenten im reinen Arbeitsmittelkreislauf sind ähnlich der Kompressionskältemaschine. Das Absorptionsmittel nimmt im Absorber das vom Verdampfer kommende Arbeitsmittel auf, wobei Absorptionswärme frei wird, die abgeführt werden muß. Die Lösungsmittelpumpe erhöht den Druck der mit dem Arbeitsmittel angereicherten Lösung auf den Druck im Austreiber. Dort wird durch Wärmezufuhr ein Teil des Arbeitsmediums aus der Lösung ausgetrieben und dem Kondensator zugeführt. Über Expansionsventil und Verdampfer strömt das Arbeitsmedium zurück in den Absorber, wo es von der an Arbeitsmittel armen Lösung erneut aufgenommen wird und der Kreislauf von vorn beginnt. Bei der Absorptionskältemaschine muß somit an zwei Stellen Wärme abgeführt werden, nämlich am Absorber und am Kondensator.

Die Absorptionskältemaschine hat den Vorteil weniger bewegter Teile. Ein Problem stellt jedoch die Auswahl geeigneter Stoffpaare dar, die als Arbeits- bzw. Absorptionsmittel eingesetzt werden können. Am bekanntesten sind die Kombinationen von Ammoniak und Wasser sowie von Wasser und Lithiumbromid. – Nachteilig gegenüber der Kompressionskältemaschine ist der höhere Investitionsaufwand des Absorbers. Deshalb haben sich Absorptionskältemaschinen nur in Anwendungsfällen mit kostengünstiger Heizenergie durchsetzen können.

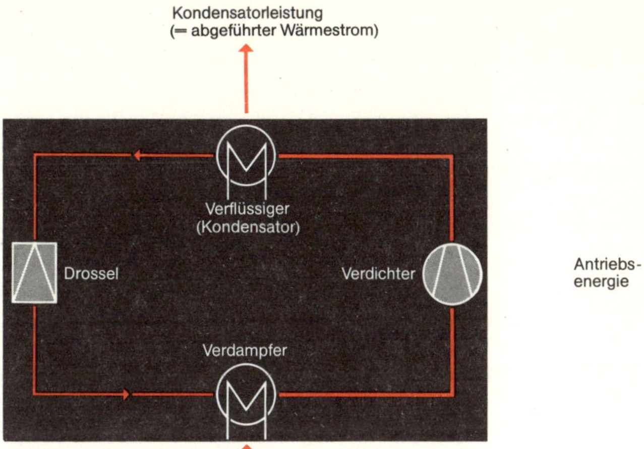

Abb. 1 Prinzipschaltbild einer Kompressionskältemaschine

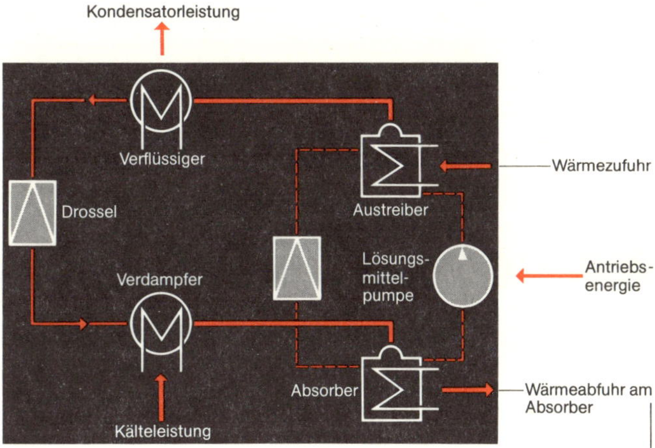

Abb. 2 Prinzipschaltbild einer Absorptionskältemaschine

Wärmepumpen

Eine Wärmepumpe ist eine maschinelle Anlage, die unter Aufwendung mechanischer Antriebsenergie einem auf relativ niedriger Temperatur befindlichen Wärmereservoir Wärmeenergie entzieht und einem andern, bereits eine höhere Temperatur aufweisenden Wärmespeicher (bzw. einem Wärmeaustauscher) zuführt, der damit weiter erwärmt wird. Es läßt sich auf diese Weise ein für die Gebäudeheizung oder zur Warmwasserbereitung ausreichend hohes Temperaturniveau erreichen. Weiter können auch industrielle Prozesse, z. B. Trocknung, Eindampfung und Wärmerückgewinnung, durch Wärmepumpen unterstützt werden. Als natürliche Wärmereservoire bzw. -quellen bieten sich das Wasser stehender oder fließender Gewässer (z. B. Grundwasser), der Erdboden und die Außenluft (Nutzung gespeicherter Sonnenenergie) sowie – über Sonnenkollektoren eingefangen – die Sonnenstrahlung an (s. S. 214). Im industriellen Bereich kann als künstliche Wärmequelle die Abwärme von Abgasen und Abwässern genutzt werden.

Wärmepumpen arbeiten nach den gleichen Prinzipien wie Kältemaschinen (s. S. 90). Für Heizzwecke hat derzeit praktisch nur die *Kompressionswärmepumpe* Bedeutung. Ihre Hauptbestandteile (Abb. 1) sind Verdampfer, Kompressor (Verdichter), Kondensator und Expansionsventil sowie ein Verbrennungs- oder Elektromotor zum Antrieb des Kompressors. Der *Verdampfer* befindet sich mit dem niedrigtemperierten Wärmereservoir W_0, das eine (in Kelvin gemessene) absolute Temperatur T_0 besitzt, im Wärmeaustausch. In ihm wird das flüssige Arbeitsmedium der Wärmepumpe, ein bereits bei niedrigen Temperaturen siedendes Kältemittel (z. B. Frigen), bei dieser Temperatur T_0 verdampft, wobei die benötigte Verdampfungswärme vom Wärmereservoir W_0 aufgebracht, ihm also entzogen wird. Der Kältemitteldampf wird nun vom *Kompressor* angesaugt und verdichtet, wodurch der Dampf auf ein erheblich höheres Temperaturniveau (Temperatur T) gebracht wird. Der komprimierte Dampf wird anschließend im *Kondensator* wieder verflüssigt. Die dabei freiwerdende Wärmeenergie (Kondensationswärme) wird an den höhertemperierten Wärmespeicher W abgegeben (z. B. über einen Wärmetauscher an den Warmwasserkreislauf einer Zentralheizung). Das kondensierte Arbeitsmedium selbst strömt sodann durch das *Expansionsventil*, entspannt sich dabei unter Abkühlung auf Temperaturen unterhalb T_0 und beginnt im Verdampfer den Kreisprozeß von neuem.

Bei der Wärmepumpe wird also im Unterschied zur Kältemaschine die im Kondensator abgegebene Wärmemenge nutzbar gemacht, während die im Verdampfer erzeugte Kälte meist ungenutzt bleibt. Die *Nutzwärme* setzt sich aus der von T_0 auf T gehobenen Wärme und dem Wärmeäquivalent der dazu (v. a. zum Betrieb des Kompressors und von Umwälzpumpen) aufgewendeten Arbeit zusammen. Sie ist in einer verlustlos arbeitenden Wärmepumpe um den als *Carnot-Leistungszahl* bezeichneten Faktor $\varepsilon_C = T/(T - T_0)$ größer als dieses Wärmeäquivalent. Da aber beim Betreiben einer Wärmepumpe Energie- bzw. Wärmeverluste nicht zu vermeiden sind, wird die Güte einer Wärmepumpe durch die reale *Leistungszahl* $\varepsilon = \varepsilon_C \cdot \eta$ gegeben, wobei η das Produkt aller Einzelwirkungsgrade der verschiedenen Anlagenteile ist. Sie besagt, wievielmal mehr Nutzwärme gewonnen werden kann, als bezahlte hochwertige Energie aufgewendet werden muß. Bei Beachtung aller Verluste ist die Leistungszahl einer elektromotorisch betriebenen Wärmepumpe $\varepsilon \approx 2{,}5 - 4$, d. h., bei gleichem Stromverbrauch kann man mit einer solchen Wärmepumpe bis zu dreimal soviel Wärme ins Haus bringen wie mit einer Elektroheizung.

Die Leistungsfähigkeit der Wärmepumpe hängt stark von der Temperaturdifferenz zwischen Wärmequelle und Nutzwärmeniveau ab. Bei tiefen Außentemperaturen und entsprechend hohen Heiztemperaturen wird die Leistungszahl klein. Durch die Kopplung der Wärmepumpe mit einem zweiten Wärmeerzeugungssystem, z. B. einem Heizkessel, zu einer *bivalenten Wärmepumpenanlage* ist es möglich, die Wärmepumpe an den wenigen sehr kalten Tagen zu entlasten (Abb. 2). Beim *Alternativbetrieb* deckt sie bis zu einer Außentemperatur von +3 °C den Wärmebedarf allein ab. Beim *Parallelbetrieb* bleibt sie auch unterhalb von +3 °C in Betrieb.

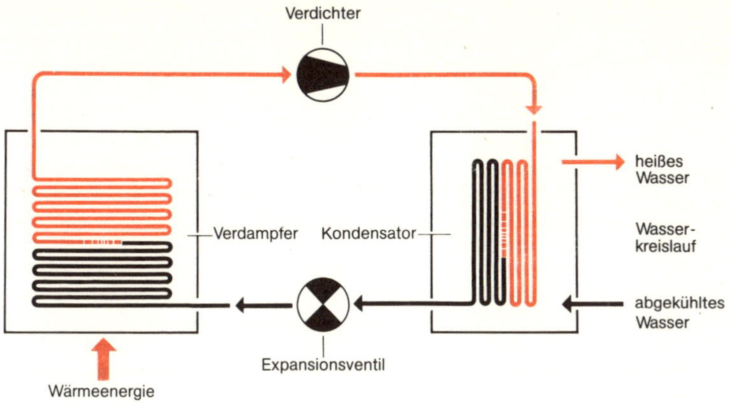

Abb. 1 Funktion der Wärmepumpe

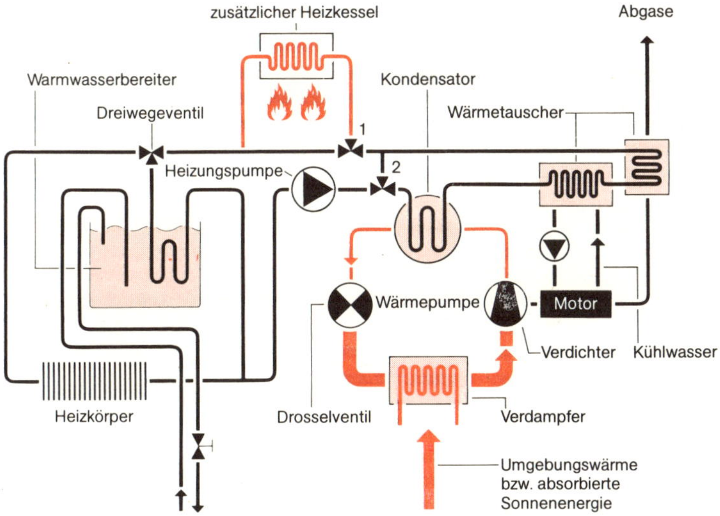

Abb. 2 Kreislaufschema einer bivalenten Wärmepumpenanlage; das Dreiwegeventil 1 ermöglicht Alternativbetrieb, das Ventil 2 Parallelbetrieb

Der Wärmetransformator

Um die bei vielen technischen Prozessen als Wärme mittleren Temperaturniveaus (z. B. 60 °C) anfallende Abwärme zu nutzen, wurde der Wärmetransformator entwikkelt. Er nutzt diese Wärme, indem er sie teilweise als Nutzwärme bei deutlich höherer Temperatur (z. B. 100 °C) abgibt und den verbleibenden Rest dann bei einer niedrigeren als der mittleren Temperatur an die (z. B. 20 °C warme) Umgebung abgibt.

Das Prinzip der Wärmetransformation läßt sich mit Hilfe von Absorptionsanlagen verwirklichen, die eine Abwandlung des Absorptionswärmepumpen- bzw. Kältemaschinenprozesses (s. S. 90) ausnutzen. Sie bestehen aus zwei Kreisläufen (Abb.): In dem einen Kreislauf strömt das reine Arbeitsmittel (Kältemittel), im zweiten ein Gemisch aus Arbeits- und Lösungsmitteln.

Das Arbeitsmittel (z. B. Ammoniak, NH_3, in Wasser als Salmiak, NH_4OH, gelöst) verdampft im Verdampfer durch Zufuhr der auf mittlerem Temperaturniveau befindlichen Abwärme. Im Absorber nimmt eine an Arbeitsmittel arme Lösung das Arbeitsmittel auf. Bei diesem Absorptionsvorgang erwärmt sich die Lösung auf ein deutlich über die Temperatur im Verdampfer liegendes Niveau. Im Absorber wird also die höhertemperierte Nutzwärme frei, und die nun mit Arbeitsmittel angereicherte starke Lösung strömt über ein Drosselventil zum sog. Austreiber. Das dort von der auf mittlerer Temperatur befindlichen Heizwärme aus der Lösung ausgetriebene (verdampfende) Arbeitsmittel strömt zum Kondensator. Die nun wieder an Arbeitsmittel ärmere Lösung wird mit einer Pumpe auf das höhere Druckniveau des Absorbers gebracht und kann dort wieder Arbeitsmittel bei höherer Temperatur absorbieren.

Das verdampfte reine Arbeitsmittel strömt aus dem Austreiber zum Kondensator, wo es entsprechend dem niedrigen Druck bei Umgebungstemperatur kondensiert. Das Kondensat wird nun über eine Pumpe auf den Druck im Verdampfer gebracht und kann dort erneut Wärme von mittlerem Temperaturniveau aufnehmen, so daß beide Kreisläufe geschlossen sind und der Prozeß von neuem beginnen kann. Zusätzlich zu dieser Heizwärme wird noch ein geringer Anteil Zusatzenergie zum Antrieb der Pumpen benötigt.

Der energetische Nutzen des Wärmetransformators kann mit Hilfe des *Wärmeverhältnisses,* definiert als Quotient aus der höhertemperierten Nutzwärme und der bei mittlerer Temperatur zugeführten Heizwärme, bewertet werden. Ein Wärmetransformator, der mit den im Beispiel vorliegenden Temperaturen arbeiten würde, könnte ein Wärmeverhältnis von ca. 0,2 erreichen, d. h., aus 100 Einheiten Abwärme von 60 °C könnten 20 Einheiten Nutzwärme von 100 °C gewonnen werden; 80 Einheiten Wärme müßten noch bei 20 °C an die Umgebung abgeführt werden.

Anwendungsmöglichkeiten für Wärmetransformatoren sind v. a. in der Abwärmenutzung bei industriellen Prozessen zu sehen, wo heute noch Abwärme ungenutzt an die Umgebung abgeführt wird. Mit Wärmetransformatoren könnte man einen Teil dieser Abwärme dem Prozeß bei höherer Temperatur wieder nutzbringend zuführen. Im Gegensatz zu Wärmepumpen benötigen Wärmetransformatoren nur geringe Mengen exergiereicher Hilfsenergie zum Antrieb der Pumpen. Außerdem könnten sie bei geeigneter Arbeitsstoffwahl auf Temperaturniveaus eingesetzt werden, die mit Wärmepumpen nur schwer zu realisieren sind.

Bis heute wurden Wärmetransformatoren jedoch nur im Labormaßstab erprobt und konnten in der Praxis noch keine Bedeutung erlangen. Das liegt v. a. an den hohen Investitionskosten, die für die Wärmeaustauscherapparate im Wärmetransformator erforderlich sind, so daß sich bei den heutigen ökonomischen Randbedingungen noch keine Wirtschaftlichkeit für derartige Apparaturen ergibt. Dieser Aspekt könnte sich jedoch bei weiterhin steigenden Energiepreisen ändern.

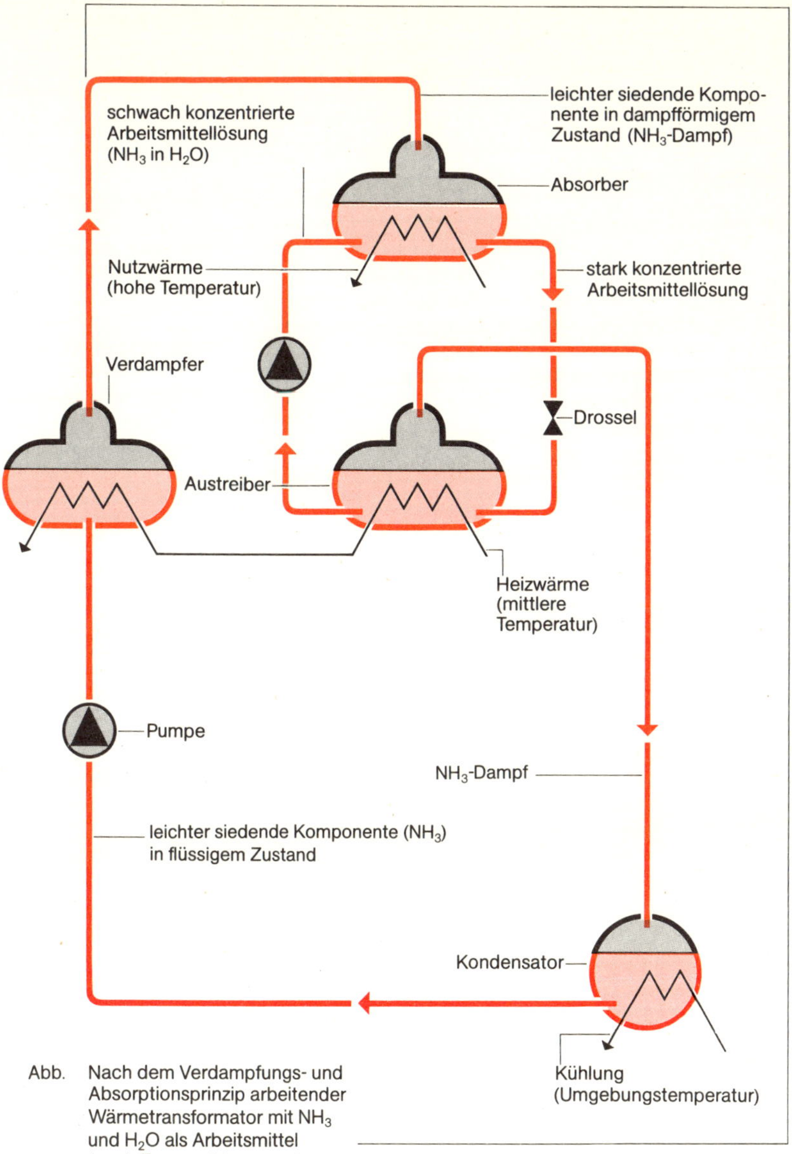

Abb. Nach dem Verdampfungs- und Absorptionsprinzip arbeitender Wärmetransformator mit NH_3 und H_2O als Arbeitsmittel (nach Franzen/Herrmann)

Energiewandler zur Erzeugung elektrischer Energie

In der Energietechnik übernehmen Energiewandler die wichtige Aufgabe, die von der Natur in Form fester, flüssiger oder gasförmiger Brennstoffe oder in Form von Sonnen-, Wasser- oder Windenergie zur Verfügung gestellten Primärenergien den Bedürfnissen des Menschen mit Hilfe technischer Verfahren nutzbar zu machen. Wegen ihrer direkten und universellen Einsetzbarkeit zur Erzeugung von Prozeß- und Raumwärme, Licht und mechanischer Kraft zählt *elektrische Energie* zu den edelsten Energieformen. Je nach der Zahl der im Umwandlungsprozeß von der Primär- zur elektrischen Energie zwischengeschalteten Energieumwandlungsstufen unterscheidet man dabei primäre, sekundäre und tertiäre Energiewandler (Abb.):

Primäre Energiewandler wandeln die ihnen zugeführte Primärenergie unmittelbar in elektrische Energie um. Bei *Brennstoffzellen* (s. S. 108) wird als Energiequelle die in geeigneten Brennstoffen, z. B. Waserstoff (H_2), Hydrazin (N_2H_4), Methanol (CH_3OH) und Ammoniak (NH_3), chemisch gebundene Energie genutzt. Zur Ingangsetzung des elektrochemischen Prozesses muß der Zelle als Oxidationsmittel Sauerstoff zugeführt werden. Im Gegensatz zu einer Batterie, wo die in den Elektroden gespeicherte Energie begrenzt ist, läuft dieser Prozeß so lange ab, wie beide Reaktionspartner der Brennstoffzelle kontinuierlich zugeführt werden.

Die *Energieumwandlung mit Solarzellen* hingegen beruht auf der internen Freisetzung von Ladungsträgerpaaren (negativ geladene Elektronen und positiv geladene Defektelektronen oder „Löcher“) in geeignet behandelten Halbleitern durch die hinreichend energiereichen Photonen einer einfallenden Licht- oder Infrarotstrahlung (s. S. 40). Wesentlich ist, daß das Halbleitermaterial (Silicium, Galliumarsenid) diese Energiequanten absorbiert, wobei ein als Sperrschicht wirkender p-n-Übergang eine Trennung der dabei erzeugten Ladungsträgerpaare bewirkt und damit zum Aufbau einer elektrischen Spannung führt.

Sekundäre Energiewandler überführen Wärme direkt in elektrische Energie. *Thermoelemente* nutzen dabei den physikalischen Effekt, daß bei Wärmezufuhr an der Verbindungsstelle zweier unterschiedlicher Leitermaterialien eine Ladungstrennung erfolgt, die beim Schließen eines Leiterkreises zu einem elektrischen Stromfluß führt (s. S. 106). In *thermionischen Energiewandlern* treten bei starkem Aufheizen der einen Elektrode (Kathode) Elektronen aus deren heißer Oberfläche aus (glühelektrische oder thermionische Emission) und wandern über eine Vakuumstrecke zu der kälteren Anode; dadurch wird eine elektrische Spannung zwischen den Elektroden aufgebaut. Beim Schließen eines äußeren Stromkreises gelangen die Elektronen über diesen zur Kathode zurück und geben dabei ihre zur Spannung proportionale Energie an einen im äußeren Stromkreis befindlichen Verbraucher ab.

Tertiäre Energiewandler benötigen bei der Umwandlung von Primärenergie in elektrische Energie drei Stufen: Durch Verbrennung fossiler Energieträger in einem Brennraum, durch Spaltung von Atomkernen in einem Kernreaktor oder durch Absorption von Strahlungsenergie der Sonne in einem Kollektor wird Wärme erzeugt. In den *konventionellen Wärmekraftmaschinen* (Dampfmaschine, Dampfturbine und Verbrennungsmotor) wird die zugeführte Wärme zunächst in mechanische Energie einer Drehbewegung umgewandelt, die in einer letzten Umwandlungsphase einen elektrische Energie liefernden Generator antreibt (s. S. 98). Durch die lange Umwandlungskette und technische Grenzen im thermodynamischen Prozeß ist hier allerdings der Wirkungsgrad begrenzt. Bei *magnetohydrodynamischen Energiewandlern* tritt ein auf hohe Temperaturen aufgeheiztes leitfähiges Medium (ionisierte Gase oder flüssige Metalle) mit hoher Geschwindigkeit aus der Brennkammerdüse aus und durchströmt nun ein magnetisches Feld, wodurch nach dem Prinzip der elektromagnetischen Induktion eine elektrische Spannung und damit elektrische Energie erzeugt wird (s. S. 104).

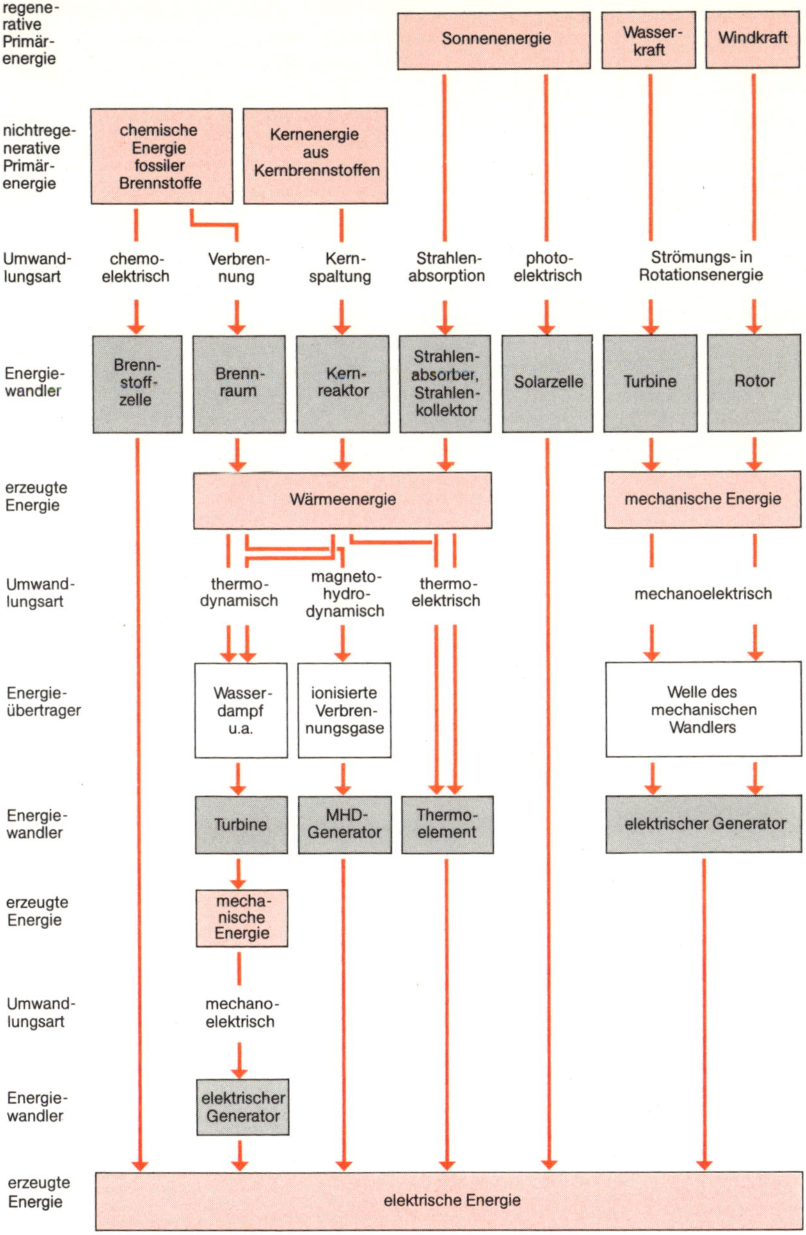

Abb. Wirkungsschema der Energiewandler in der Umwandlungskette von der Primärenergie zur elektrischen Energie

Elektrische Maschinen – Generatoren

Unabhängig von ihrer Größe werden „rotierende" elektrische Maschinen, in denen eine Anordnung elektrischer Leiter (Wicklungen) in einem Magnetfeld rotiert und dabei die mechanische Energie der Drehbewegung in elektrische Energie umgewandelt wird, als *elektrische Generatoren* oder *Dynamomaschinen* (in kleiner Ausführung auch kurz als *Dynamos)* bezeichnet. Ihre Wirkungsweise beruht auf dem Prinzip der *elektromagnetischen Induktion,* nach dem in einer durch ein Magnetfeld bewegten Leiterschleife eine elektrische Spannung induziert wird und ein elektrischer Strom fließt. Das bekannteste Beispiel für einen solchen Generator ist der Dynamo an einem Fahrrad.

Die elektrischen Generatoren gehören zusammen mit den Elektromotoren (s. S. 100) zur Gruppe der elektromechanischen Energiewandler. Bereits kurze Zeit nach der Entdeckung der Induktion durch Michael Faraday (1831) wurden die ersten einfachen *Gleichstromgeneratoren* in Form von Außenpolmaschinen (Abb. 1) entwikkelt: Zwischen paarweise innen auf einem feststehenden Hohlzylinder (*Ständer* oder *Stator*) befindlichen Magnetpolen rotiert ein als *Anker (Läufer)* bezeichnetes Maschinenteil, auf dem sich Leiterwicklungen (die sog. Anker- oder Läuferwicklungen) befinden. Durchfließt ein Gleichstrom die auf den Polpaaren angebrachten sog. Erregerwicklungen, so wird ein Magnetfeld aufgebaut, das den Anker durchsetzt und über den meist gußeisernen Ständer zu einem magnetischen Kreis geschlossen wird. Durch die von außen bewirkte Drehung des Ankers schneiden dessen Wicklungen die Magnetfeldlinien, wodurch in ihnen feldstärke- und drehzahlabhängige Wechselspannungen induziert werden. Diese sind, da die Ankerwicklungen das Magnetfeld an jedem Nord- und Südpol in entgegengesetzter Richtung durchlaufen, in den jeweils gerade dort befindlichen Wicklungen entgegengesetzt gepolt.

Den einzelnen Wicklungen sind auf einem Stromwender Lamellen zugeordnet, an denen über feststehende Schleifkontakte (Kohlebürsten) die gesamte Spannung aller im direkten Magnetfeld eines Pols liegenden Ankerwicklungen abgegriffen wird. Je zahlreicher und je dichter die Wicklungen auf dem Anker angeordnet sind (z. B. bei Ring- und Trommelankern), um so gleichmäßiger ist die abgegebene Spannung. – Gleichstromgeneratoren dienen z. B. als Lichtmaschinen zur Stromversorgung von Kraftfahrzeugen.

Der Vorteil der einfachen Transformierbarkeit von Wechselstrom und somit seiner Anpassungsfähigkeit an die jeweiligen Betriebsbedingungen führte ab 1885 zur Entwicklung leistungsfähiger *Wechselstrommaschinen,* die v. a. im mechanischen Aufbau viel einfacher sind, da die Abnahme der erzeugten elektrischen Energie über Stromwender und Kohlebürsten entfällt. Als Innenpolmaschine ausgeführte *Synchrongeneratoren* zur Erzeugung von Drehstrom enthalten im feststehenden Stator in Nuten liegende Leiterstäbe, die zu drei gleichen, räumlich versetzten und voneinander isolierten Phasenwicklungen zusammengeschaltet sind (Abb. 2). Auf dem Läufer (Rotor) ist zur Erzeugung eines Magnetfeldes eine Erregerwicklung aufgebracht, die von einer meist auf der gleichen Welle angeordneten Gleichstrom-Erregermaschine gespeist wird. Dreht sich nun der Läufer – durch eine Dampf- oder Wasserturbine angetrieben – mit konstanter Geschwindigkeit, so induziert das sich gleichfalls drehende Magnetfeld in den einzelnen Spulen des Stators zeitlich sinusförmige Spannungen. An den Klemmen der Drehstromwicklungen sind je nach Auslegung der Maschine Spannungen bis zu 27 000 V je Phase abgreifbar. Ihre Frequenz hängt dabei von der Drehzahl und der Anzahl der Polpaare des Läufers ab und beträgt in Europa 50 Hz, in USA 60 Hz.

Bei Antrieb durch Gas- und Dampfturbinen erreicht der Läufer so hohe Drehzahlen (3 000 U/min), daß er wegen der Fliehkräfte nicht mehr in Schenkelpolbauweise, sondern bei *Vollpolmaschinen mit Walzenläufer* als massiver Zylinder ausgeführt wird, mit Nuten in der Oberfläche zur Aufnahme der Erregerwicklung. Solche großen Drehstromgeneratoren mit elektrischen Leistungen bis zu 1 600 MVA werden als *Turbogeneratoren* bezeichnet.

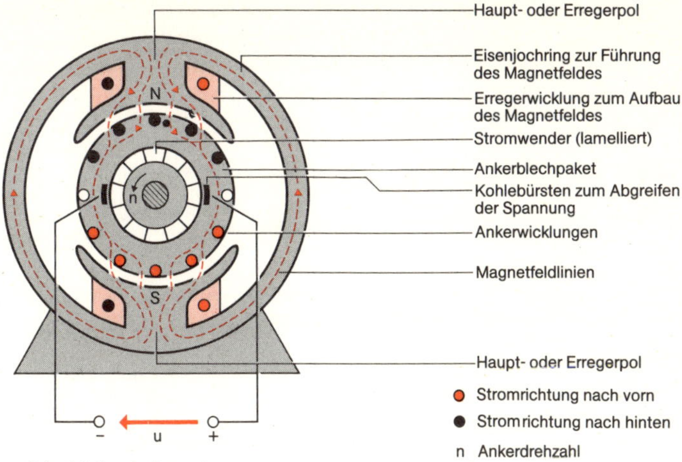

Abb. 1 Prinzipieller Aufbau eines Gleichstromgenerators

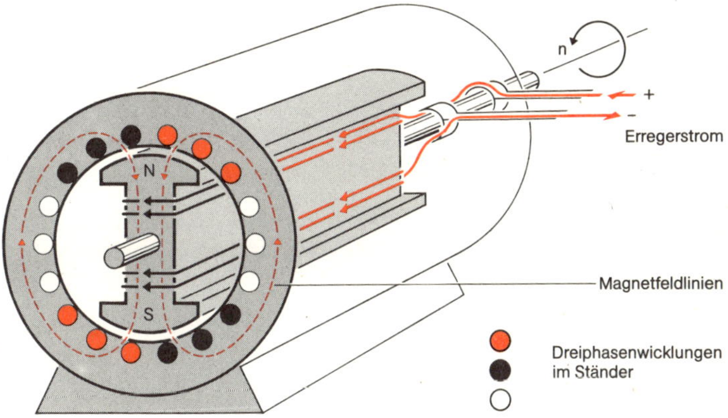

Abb. 2 Prinzipdarstellung eines zweipoligen Innenpolsynchrongenerators

Elektrische Maschinen – Elektromotoren

Maschinen, die elektrische Energie in mechanische Energie umwandeln, werden als Elektromotoren bezeichnet. Diese Maschinen unterscheiden sich in ihrem Aufbau grundsätzlich nicht von elektrischen Generatoren, die mechanische in elektrische Energie umwandeln (s. S. 98). Auch das physikalische Grundprinzip – bewegter elektrischer Leiter in einem Magnetfeld – ist das gleiche wie bei den Generatoren: Für Elektromotoren sind die Drehzahl n und das Drehmoment M als Funktion des Ankerstroms charakteristische Größen, für elektrische Generatoren ist die abgreifbare Spannung U charakteristisch.

Der am weitesten verbreitete Elektromotor ist die *Asynchronmaschine*. Im Bereich bis 1 kW, versehen mit einer einphasigen Ständerwicklung und Käfigläufer, dient er zum Antrieb von Büro- und Haushaltmaschinen (Anschluß 220 V). Motoren größerer Leistung werden mit Drehstrom versorgt und spielen aufgrund ihrer Betriebssicherheit und Wirtschaftlichkeit in der Industrie als Antriebsmaschinen eine große Rolle. Anzugsmoment, Drehmoment und Drehzahl dieser Maschinen sind in weiten Bereichen so variierbar, daß sie optimal den jeweiligen Betriebsbedingungen angepaßt werden können. Die bekanntesten Bauausführungen sind Asynchronmaschinen mit Schleifringläufer (Abb. 1) oder mit Kurzschlußläufer. Die Betriebsdrehzahl ist nach oben durch die Netzfrequenz, die Leistung durch die Polzahl und Kühlungsaufwand begrenzt.

Synchronmotoren haben im Gegensatz zu Synchrongeneratoren, die im Kraftwerksbereich zur Stromerzeugung eingesetzt werden, keine große Bedeutung erlangt. Sie werden verwendet, wenn eine unveränderliche Betriebsdrehzahl oder eine über die Netzfrequenz regulierbare Betriebsdrehzahl erwünscht ist (z. B. bei langsamlaufenden Kolbenverdichtern, bei Pumpen und Turbogebläsen). Als kleine Leistungseinheiten finden sie auch für Uhren und Phonogeräte Verwendung.

Ein ebenfalls großes Einsatzfeld decken die *Gleichstrommotoren* ab (Abb. 2): Kleine Leistungseinheiten, die mit Batterien versorgt werden können, sind v. a. in der Spielzeugindustrie, bei Uhren und optischen Geräten sowie in der Kraftfahrzeugtechnik gefragt. Die Industrie bevorzugt Gleichstrommotoren, wenn eine weitgehende wirtschaftliche Drehzahlsteuerung erforderlich ist (z. B. bei Werkzeugmaschinen, Förderanlagen, Walzstraßen und Nahverkehrsbahnen).

Gleichstrommaschinen werden als Reihen-, Neben- und Doppelschlußmotoren gebaut: *Reihenschlußmotoren* sind geeignet für Schwerlastanlauf (z. B. Fahrzeuge, Hebezeuge), dürfen jedoch nicht ohne Last betrieben werden, da sie sonst „durchgehen". *Nebenschlußmotoren* zeichnen sich durch eine relativ starre Drehzahl auch bei größeren Laständerungen aus, haben aber ein geringeres Anzugsmoment als die Reihenschlußmotoren. Zwischen diesen beiden Motortypen liegt der *Doppelschlußmotor* mit einer Nebenschlußwicklung zur Begrenzung der Leerlaufdrehzahl und einer Reihenschlußwicklung zur Erhöhung des Anzugsmoments.

Spezielle Elektromotoren sind der Bahnmotor, der Universalmotor und der Linearmotor: *Bahn-* und *Universalmotoren* sind veränderte Bauformen der Gleichstromreihenschlußmaschine. Da diese Motoren mit Wechsel- oder Drehstrom betrieben werden, ist der gesamte magnetische Kreis aus Dynamoblechen aufgebaut. Die Vorteile der Reihenschlußmaschine, hohes Anzugsmoment und hohe Drehzahlen, bleiben dabei erhalten.

Dem *Linearmotor*, einem umgebauten Asynchronmotor, wird insbesondere im Bereich neuer Transportsysteme eine große Zukunft eingeräumt. Im linearisierten Ständer wird das Drehfeld zum Wanderfeld, und die induzierten Sekundärströme in der Schiene (als Käfigläuferersatz) erzeugen eine geradlinig wirkende Kraft. Entscheidend ist, daß diese Zugkraft nicht durch die Haftreibung des Zuges beeinflußt wird, d. h., sie ist unabhängig von dem Gewicht des Fahrzeugs.

Abb. 1 Schematische Darstellung eines Drehstrom-Asynchronmotors mit Schleifringläufer; rechts Querschnitt durch sein Eisen (Blechpakete mit Nuten)

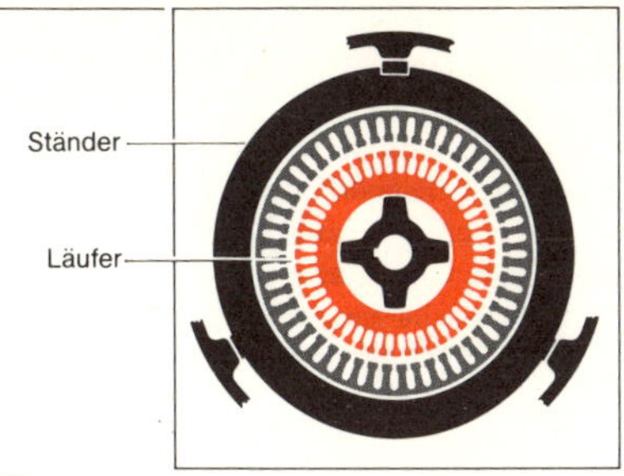

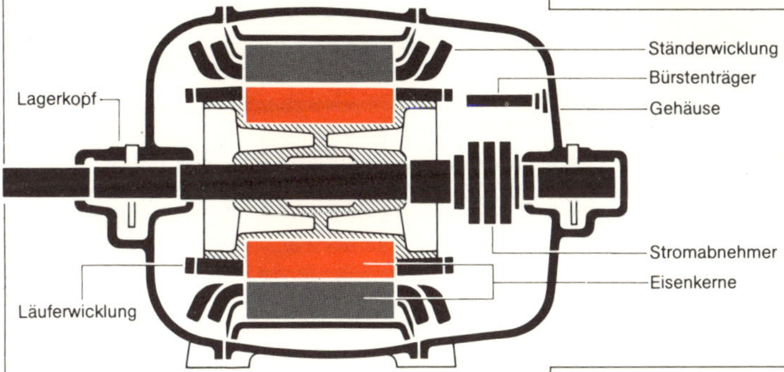

Abb. 2 Schematische Darstellung eines Gleichstrommotors; rechts Querschnitt durch sein Eisen

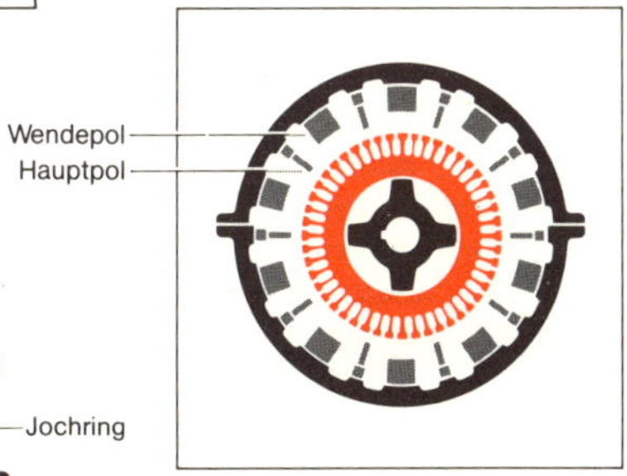

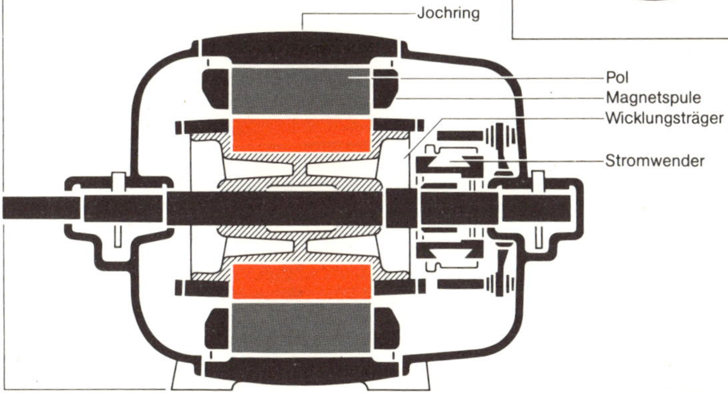

Elektrische Maschinen – Transformatoren

In vielen Bereichen der Elektrotechnik muß die in Form von Wechselströmen bestimmter Spannung und Stromstärke angebotene elektrische Energie in solche von Wechselströmen gleicher Frequenz, aber anderer Spannung und Stromstärke umgewandelt werden. Dies ist v. a. in der öffentlichen Stromversorgung erforderlich, wo in Kraftwerken elektrische Generatoren Elektroenergie mit Spannungswerten von 15–20 kV liefern, deren möglichst verlustfreie Fernübertragung über Freileitungen mit Spannungen von 110 kV und mehr erfolgt (s. S. 112) und die dann beim Verbraucher z. B. auf Spannungen von 380 V heruntertransformiert wird. Derartige Spannungswandlungen werden mit den als Transformatoren bezeichneten „ruhenden“ (d. h. keine bewegten Teile aufweisenden) elektrischen Maschinen erzielt. Ihr Wirkungsprinzip ist wie bei allen elektrischen Maschinen die elektromagnetische Induktion (s. S. 38). Da sie keine bewegten Stromleiter enthalten, können sie allerdings nur Wechselspannungen bzw. -ströme transformieren; denn Gleichspannungen bzw. -ströme ergeben keine strominduzierenden, sich zeitlich verändernden magnetischen Flüsse (es sei denn, sie werden mit Hilfe eines Zerhackers fortwährend unterbrochen).

Transformatoren bestehen im einfachsten Fall aus einer *Primär-* und einer *Sekundärwicklung* (beide aus Kupferdraht), die zumeist keine elektrische Verbindung miteinander haben (Ausnahme: Spartransformator) und auf den Schenkeln eines über Eisenjoche zu einem magnetischen Kreis geschlossenen *Eisenkerns* aufgebracht sind (Abb. 1). Fließt ein mit der Zeit (t) sich ändernder Strom der Stromstärke $I_1(t)$ durch die Primärwicklung mit der Spannung $U_1(t)$, so wird in dieser Spule ein Magnetfeld aufgebaut, das einen sich in gleicher Weise ändernden magnetischen Fluß Φ_1 über den geschlossenen magnetischen Kreis zur Folge hat. Dieser durchsetzt die Sekundärspule und erzeugt nach dem Induktionsgesetz $U = -N \cdot (\mathrm{d}\Phi/\mathrm{d}t)$ eine Spannung U_2, die an den Klemmen der Wicklung abgegriffen werden kann. Das Verhältnis der Spannungen $U_1 : U_2$ ist dabei gleich dem Windungszahlverhältnis $N_1 : N_2$. Durch entsprechende Wahl der Windungszahlen N_1 und N_2 kann jede beliebige Spannungstransformation erreicht werden.

Wird nun der Sekundärstromkreis über einen Verbraucher (Widerstand R_V) geschlossen, so fließt durch die Sekundärspule ein Strom der Stromstärke I_2, der seinerseits nach dem Induktionsgesetz einen magnetischen Fluß Φ_2 hervorruft. Dieser bewirkt über den magnetischen Kreis in der Spule 1 eine der Belastung R_V entsprechende Zunahme der Primärstromstärke I_1 und damit eine Änderung des primärseitigen Flusses Φ_1, der den ihn verursachenden sekundärseitigen Fluß Φ_2 gerade kompensiert. Für das Verhältnis der Stromstärken gilt dabei: $I_1 : I_2 = N_2 : N_1$.

Transformatoren weisen stets Verluste auf, weil sich die magnetischen Flüsse nicht ausschließlich über den Eisenkörper schließen (Auftreten von Streuflüssen Φ_{1s}, Φ_{2s}). Zusätzlich entstehen Verluste in Form von Wärme durch die in den Kupferwicklungen fließenden elektrischen Ströme sowie durch die im Eisenkörper von den sich ändernden magnetischen Flüssen erzeugten Wirbelströme (diese lassen sich allerdings stark vermindern, wenn der Eisenkörper nicht massiv, sondern aus schmalen, gegeneinander isolierten Eisenblechen ausgeführt wird).

Transformatoren werden nach Aufbau (Abb. 2), Arbeitsweise und Verwendung unterschieden. Zur Übertragung hoher elektrischer Leistungen werden in der Energietechnik *Leistungstransformatoren* eingesetzt, deren Wicklungen jeweils parallel zum primären und sekundären Wechselstromsystem geschaltet sind; bei ihnen erfolgt die Energieübertragung nur induktiv. – Bei *Spartransformatoren* wird die elektrische Leistung teils induktiv, teils leitend übertragen: Eine einzige Wicklung wird an der das gewünschte Windungszahlverhältnis gebenden Stelle angezapft. – In der Nachrichtentechnik werden Transformatoren (sog. *Übertrager*) vorzugsweise zur Leistungsanpassung eingesetzt; in der Meß-, Regelungs- und Steuerungstechnik hingegen haben sie als *Strom-* bzw. *Spannungswandler* die Aufgabe, hohe Spannungen und Ströme in leicht zu handhabende Spannungs- bzw. Stromwerte umzuwandeln.

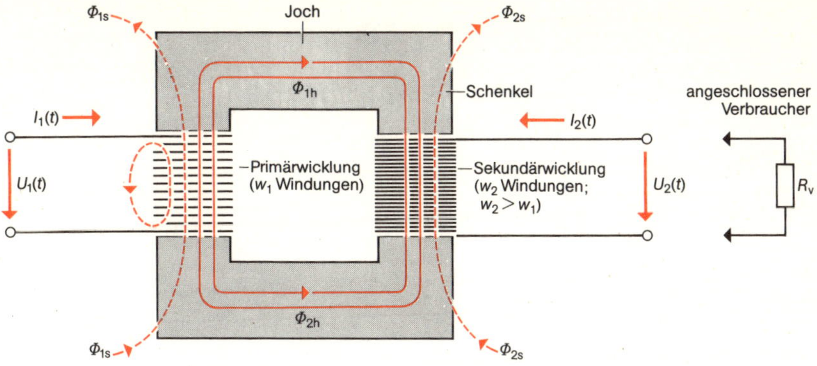

Φ_{1h}, Φ_{2h} magnetische Hauptflüsse (nur im Eisenkern verlaufend)
Φ_{1s}, Φ_{2s} magnetische Streuflüsse (auch außerhalb des Eisenkerns verlaufend)

Abb. 1 Aufbau und Funktionsweise eines einphasigen Transformators mit rechteckig geschlossenem Eisenkern; Primär- und Sekundärwicklung auf getrennten Schenkeln. Die in den Wicklungen fließenden elektrischen Wechselströme erzeugen entgegengesetzt gerichtete magnetische Flüsse Φ_1 und Φ_2

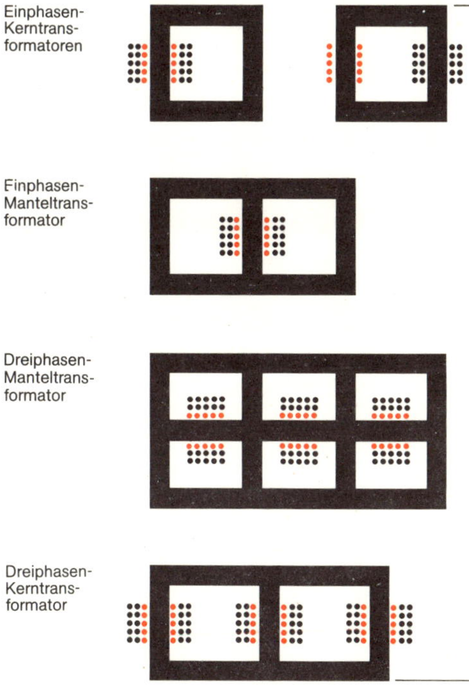

Abb. 2 Bauformen und Wicklungsanordnungen von Transformatoren, schematisch (● Primärwicklung, ● Sekundärwicklung)

Magnetohydrodynamische Energiewandler

Unter *Magnetohydrodynamik (MHD)* versteht man die Lehre von den physikalischen Phänomenen, die bei Strömung elektrisch leitfähiger Flüssigkeiten und Gase durch elektromagnetische Felder auftreten. Magnetohydrodynamische Generatoren *(MHD-Generatoren)* sind demnach Einrichtungen, in denen durch ein Magnetfeld strömende heiße, ionisierte (d. h. Ionen und Elektronen als Ladungsträger enthaltende) und dadurch elektrisch leitende Gase (Plasmen) elektrische Energie liefern.

Im Prinzip beruhen MHD-Generatoren wie die konventionellen stromerzeugenden Dynamos und Generatoren auf der Umwandlung von kinetischer Energie in elektrische Energie durch *elektrische Induktion:* Bewegt man einen elektrischen Leiter (z. B. einen Kupferdraht) quer zu den Feldlinien eines Magnetfeldes, so wird in ihm eine elektrische Spannung erzeugt. In einem geschlossenen Leitersystem fließt dann ein elektrischer Strom. Während aber in Dynamos und Generatoren die Kupferwicklungen des Ankers (Rotors) in einem Magnetfeld kreisen und in ihnen ein Strom bzw. eine Spannung induziert wird, haben MHD-Generatoren keine rotierenden mechanischen Teile. An Stelle eines festen Leiters treibt man sehr heiße, unter Druck stehende, durch Zusatz eines „Saatstoffs" (meist Kalium, dessen Atome thermisch leicht ionisierbar sind) elektrisch leitende Gase mit hoher Geschwindigkeit durch einen Kanal aus hochtemperaturbeständigen Isolatorwänden, in die parallel zu den Feldlinien eines starken Magnetfeldes (Flußdichte mindestens 4–5 Tesla) segmentierte Metallelektroden eingelassen sind. Die in einem solchen strömenden Gasplasma befindlichen Ladungsträger werden dann quer zur Magnetfeld- und zur Strömungsrichtung abgelenkt – die elektrisch negativ geladenen Elektronen nach der einen Seite, die positiv geladenen Ionen nach der anderen Seite – und zu den Elektroden getrieben. Es entsteht dadurch zwischen diesen Elektroden eine (im Leerlauf maximale) elektrische Spannung. Werden die Elektroden über einen äußeren Stromkreis geschlossen, so fließt ein elektrischer Strom quer durch das strömende Plasma und durch den im äußeren Stromkreis befindlichen Verbraucher (Abb. 1). Bei dieser *MHD-Umwandlung* von Wärme- bzw. Strömungsenergie in elektrische Energie kühlt sich die Gasströmung entsprechend ab, und es sinkt auch der Gasdruck.

Die seit etwa 1960 mit breiter internationaler Beteiligung betriebene Entwicklung von MHD-Generatoren hat sich nach 1970 in der UdSSR und in den USA schwerpunktmäßig auf die Entwicklung von *Verbrennungsgas-MHD-Generatoren* reduziert, denen ein konventionelles Dampfkraftwerk nachgeschaltet wird (Abb. 2). Dabei werden alternativ Kohle, Öl oder Gas mit bis zu 1 800 °C vorgewärmter Luft bzw. mit sauerstoffangereicherter Luft in einer Brennkammer bei Temperaturen bis zu 3 000 °C verbrannt. Die Flammengase verlassen die Kammer mit hoher Geschwindigkeit und werden in die MHD-Stufe des Verbrennungsgas-MHD-Kraftwerks geleitet, wo 20–25 % der zugeführten Energie in elektrische Energie umgewandelt werden. Beim Austritt aus dem MHD-Teil ist das Gas immer noch so heiß, daß es – eventuell nach einem Vorwärmen der Verbrennungsluft – wie in einem normalen Wärmekraftwerk über Wärmetauscher Wasserdampf erzeugen kann, der wiederum Turbinen und Generatoren antreibt. Auf diese Weise werden im konventionellen zweiten Teil des Kraftwerkes noch einmal ca. 30 % der zugeführten Energie in elektrischen Strom umgewandelt.

Der Wirkungsgrad eines Verbrennungs-MHD-Kraftwerks liegt dadurch bei über 50 %. Einerseits können damit die fossilen Brennstoffreserven gestreckt und das Abwärmeproblem reduziert werden, andererseits führt der Kaliumzusatz zum Flammengas zu einer einfachen Rauchgasentschwefelung durch Sulfatbildung.

Während in den USA keine kommerziellen kohlebefeuerten MHD-Großkraftwerke vor dem Jahr 2000 erwartet werden, sollen solche in der UdSSR ab 1990 gebaut werden. In beiden Ländern ist geplant, schon 1985 ölbefeuerte (USA) bzw. erdgasbefeuerte (UdSSR) MHD-Dampfkraftwerke mit 175–200 MW bzw. 500 MW elektrischer Leistung in Betrieb zu nehmen.

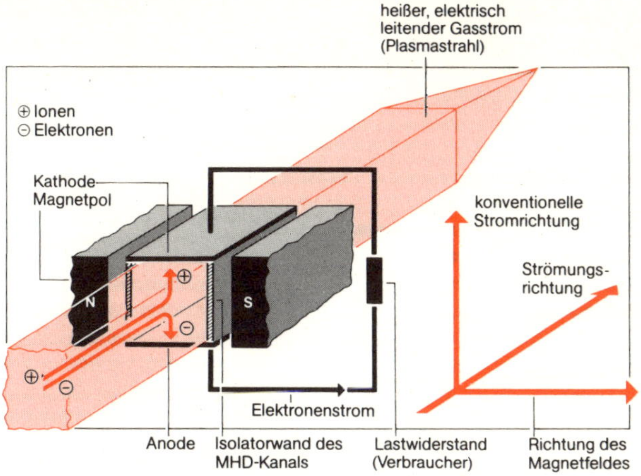

Abb. 1 Prinzip eines MHD-Generators: Im Plasmastrahl wird durch das Magnetfeld zwischen den beiden Magnetpolen (N und S) ein elektrischer Strom induziert, der über die Elektroden zum Verbraucher und zurück fließt

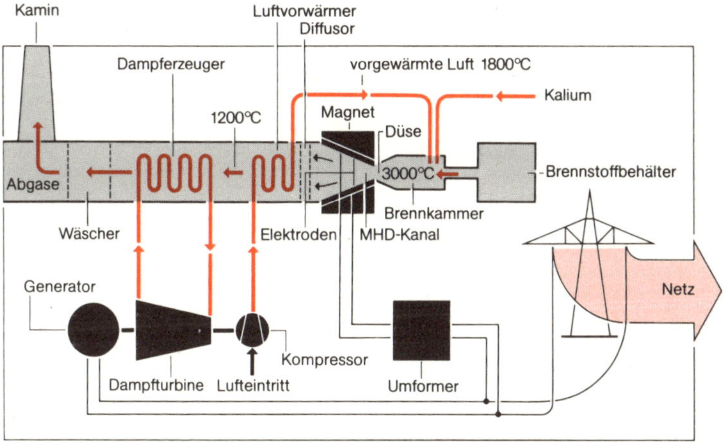

Abb. 2 Schema der Kombination eines Verbrennungsgas-MHD-Generators mit einem konventionellen Dampfkraftwerk

Thermoelektrische Energiewandler · Radionuklidbatterien

Bei der *thermoelektrischen Energieumwandlung* wird durch Ausnutzung eines bereits 1822 von Th. J. Seebeck entdeckten, heute nach ihm benannten festkörperphysikalischen Effekts Wärme direkt in elektrische Energie umgewandelt. Der *Seebeck-Effekt* besagt: Wird in einem aus zwei verschiedenen elektrischen Leitern erster Art (Metalle bzw. Halbleiter) bestehenden Stromkreis eine der beiden Kontaktstellen erwärmt, so entsteht bei offenem Stromkreis eine von der Materialzusammensetzung und -kombination sowie von der Temperatur abhängige elektrische Spannung (sog. *Thermospannung*); bei geschlossenem Stromkreis fließt ein elektrischer Strom, der sog. *Thermostrom.*

Dieser *thermoelektrische Effekt* beruht darauf, daß in solchen Elektronenleitern die sich quasi frei durch das Kristallgitter bewegenden Leitungselektronen von Stellen höherer Temperatur und Ladungsträgerdichte zu Stellen niedrigerer Temperatur und Dichte diffundieren, wobei sich entgegenwirkende elektrische Felder aufbauen. Die sich zwischen unterschiedlichen Materialien in ihrer Grenzfläche (Kontaktfläche) stets ausbildende Kontaktspannung ist folglich sowohl material- als auch temperaturabhängig. Haben daher im betrachteten Stromkreis beide Kontaktstellen unterschiedliche Temperaturen, so unterscheiden sich die zugehörigen Kontaktspannungen: Ihre Differenz ist die wirksam werdende Thermospannung.

Befinden sich die beiden Kontaktstellen, die unterschiedliche Temperaturen T_1 und T_2 haben, in einem geöffneten Stromkreis (Abb. 1), so kann mit einem Voltmeter an den freien Leiterenden eine zur Temperaturdifferenz $T_1 - T_2$ proportionale Thermospannung gemessen werden. Dieser Effekt wird schon seit langer Zeit in der Meßtechnik zu Temperturmessungen mittels *Thermoelementen* genutzt; dabei verwendet man je nach Temperaturbereich unterschiedliche Metallkombinationen: Kupfer/Konstantan bis 100 °C, Nickel/Chromnickel bis 1 000 °C, Iridium/Iridium-Rhenium bis 2 000 °C. Wegen der bei Metallen sehr niedrigen Thermospannung (einige mV) und des geringen Wirkungsgrades sind diese Thermoelemente zur Energieumwandlung im großen Maßstab nicht geeignet.

Mit der Entwicklung von Halbleitermaterialien, die Thermospannungen bis zu 0,5 V liefern, konnte die thermoelektrische Energieumwandlung erheblich verbessert werden. Optimal ausgelegte *Halbleiterthermoelemente* liefern mit Wirkungsgraden von 10% elektrische Leistungen von einigen Watt bei einer materialbedingten Temperaturobergrenze von etwa 1 000 °C. Als Halbleitermaterialien werden unterschiedlich mit Fremdatomen dotierte Verbindungen von Wismut, Antimon, Blei und Germanium mit Tellur und Selen sowie v. a. von Germanium mit Silicium verwendet.

Zur Erzielung höherer Spannungen werden in *thermoelektrischen Generatoren (Thermogeneratoren)* mehrere Thermoelemente elektrisch in Reihe, thermisch aber parallel geschaltet. Zur Erwärmung kann jede die erforderlichen Temperaturen liefernde Wärmequelle dienen. Gasbeheizte Thermogeneratoren z. B. nutzen die bei der Verbrennung von Butan oder Propan entwickelte Wärme, einige in unbemannten Raumflugkörpern und Satelliten eingesetzte Thermogeneratoren nutzen die Wärme kleiner Kernreaktoren.

In *Radionuklidbatterien* wird die beim Zerfall radioaktiver Nuklide (Radionuklide) freiwerdende Strahlungsenergie direkt oder über mehrere Stufen in elektrische Energie umgewandelt. Bei Verwendung von Thermoelementen wird die kinetische Energie der in der Strahlung befindlichen Teilchen bei deren Abbremsung durch die umgebende Materie in Wärme umgesetzt, die dann als Wärmequelle für die thermoelektrischen Energiewandler dient. Abb. 2 zeigt den inneren Aufbau einer solchen *thermoelektrischen Radionuklidbatterie,* die das vielverwendete Radionuklid Strontium 90 enthält. Thermoelektrische Radionuklidbatterien dienen heute vielerorts zur wartungsfreien Energieversorgung von automatischen Wetterstationen, Leuchtbojen, Tiefseemeßstationen u. a. sowie von Raumsonden, Nachrichten- und Wettersatelliten, in der Medizin auch von Herzschrittmachern; ihre elektrischen Leistungen erstrecken sich von einigen µW (bei Herzschrittmachern) bis zu einigen 100 W.

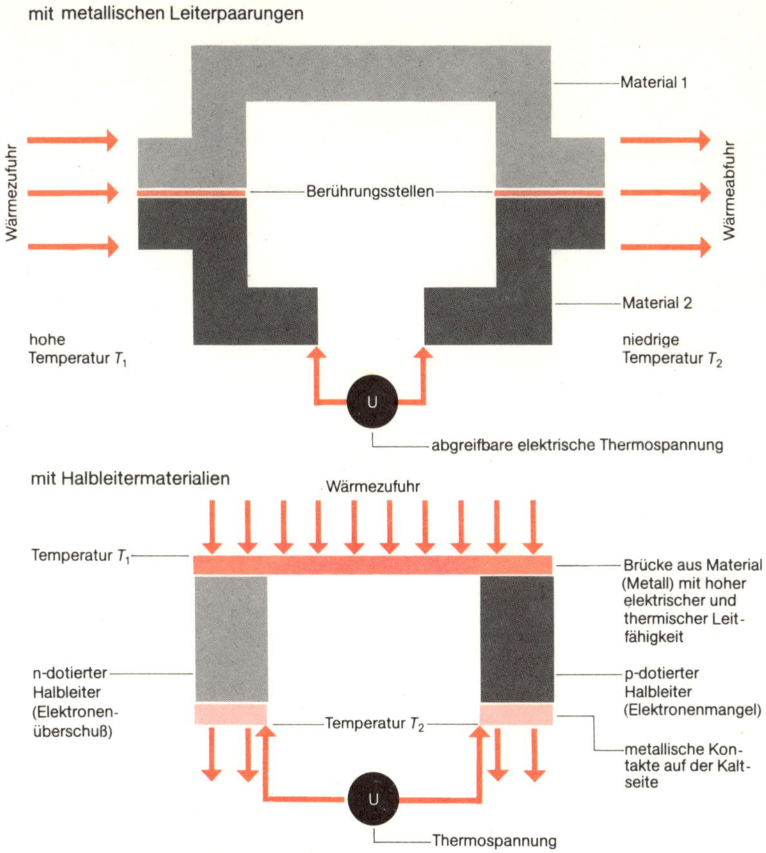

Abb. 1 Schematische Darstellung der thermoelektrischen Energieumwandlung

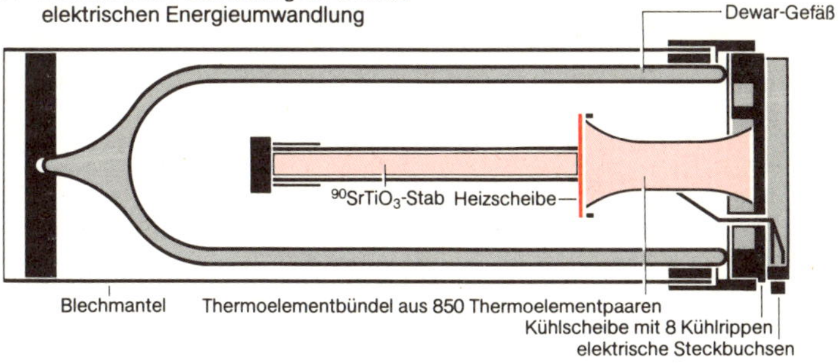

Abb. 2 Längsschnitt durch eine Radionuklidbatterie

Chemoelektrische Energiewandler – Brennstoffzellen

Bei der elektrochemischen Umwandlung kann ein Teil der chemisch gebundenen Energie direkt in elektrische Energie umgewandelt werden (s. S. 130). Die elektrischen Akkumulatoren bzw. Batterien sind ein Beispiel für die Nutzung solcher elektrochemischer Prozesse der Stromgewinnung. Die Zellen einer Batterie sind aber immer dann entladen (d. h., sie liefern keinen Strom mehr), wenn der in sie eingebrachte Vorrat an „Brennstoff" (gebundene chemische Energie) aufgebraucht ist. Führt man dagegen einer geeignet beschaffenen Zelle die benötigte chemische Energie laufend zu, so läßt sich auf diese Weise kontinuierlich elektrische Energie erzeugen. Man spricht in diesem Falle von einer *Brennstoffzelle.* Allerdings benutzt man in Brennstoffzellen als miteinander reagierende Stoffe andere „Brennstoffe" als in einer gewöhnlichen Batterie, nämlich das Stoffpaar Wasserstoff und Sauerstoff.

Den *Aufbau einer Brennstoffzelle* zeigt Abb. 1: Sie besteht z. B. aus zwei katalytisch wirksamen porösen Metall- oder metallbeschichteten Kohleelektroden, zwischen denen sich ein Elektrolyt befindet: bei *Niedertemperatur-* und *Mitteltemperatur-Brennstoffzellen* (Arbeitstemperatur zwischen 0 und 150 °C bzw. 150 und 250 °C) Phosphor- bzw. Schwefelsäure oder Kalilauge, bei *Hochtemperatur-Brennstoffzellen* (500 bis 1 100 °C) Salzschmelzen aus Alkalicarbonaten bzw. -chloriden oder sauerstoffionenleitende keramische Feststoffe (z. B. Zirkoniumoxid). Von außen wird unter Druck kontinuierlich Wasserstoff (H_2) oder wasserstoffreiches Gas an die sog. Brennstoffelektrode (Zellenanode), Sauerstoff (O_2) bzw. sauerstoffreiche Luft an die sog. Oxidatorelektrode (Zellenkathode) herangeführt. Die Wasserstoffmoleküle werden an der Anode in Wasserstoffionen (Protonen, H^+) und Elektronen (e^-) zerlegt: $2\,H_2 \rightarrow 4\,H^+ + 4\,e^-$; die Protonen strömen durch den Elektrolyten zur Kathode; die Elektronen laden die Anode negativ auf. Die Sauerstoffmoleküle werden an der Kathode durch Aufnahme von Elektronen in Sauerstoffionen (O^{2-}) zerlegt, wobei sich die Kathode positiv auflädt: $O_2 + 4\,e^- \rightarrow 2\,O^{2-}$. Es entsteht auf diese Weise zwischen den beiden Elektroden eine Spannung von etwa 1 Volt.

Verbindet man beide Elektroden über einen äußeren Stromkreis, in dem ein elektrischer Verbraucher (z. B. Glühlampe) liegt, so fließen die Elektronen über diesen von der Anode zur Kathode und leisten dabei elektrische Arbeit. An der Kathode verbinden sich die Wasserstoff- und Sauerstoffionen zu Wasser, das kontinuierlich aus dem Elektrolyten abgetrennt wird. Die Reaktionsenthalpie der Gesamtreaktion $2\,H_2 + O_2 \rightarrow 2\,H_2O$ liefert also die Energie quasi in Form von Pumpenergie, um den Stromfluß aufrechtzuerhalten.

Aus Aggregaten hintereinandergeschalteter Brennstoffzellen aufgebaute Stromerzeuger bzw. Kraftwerke (z. Z. sind Pilotanlagen mit elektrischen Leistungen bis 4,5 MW in Betrieb) enthalten neben einem den erzeugten Gleichstrom in Wechselstrom umwandelnden Stromwandler einen sog. *Brennstoffreformer,* in dem kohlenwasserstoffhaltige Brennstoffe (z. B. Heizöl, Erdgas), Methanol oder Ammoniak (für Hochtemperatur-Brennstoffzellen auch Kohle) bei hohen Temperaturen in wasserstoffreiche Gase überführt werden.

Der Wirkungsgrad der Stromerzeugung mit Brennstoffzellen (einschließlich der Brennstoffreformierung) liegt heute bei etwa 40 %, unabhängig von der Auslastung und der Größe der Anlagen. Lärm- und Abgasemissionen solcher besonders für eine verbrauchernahe Aufstellung geeigneten Anlagen sind geringer als bei konventionellen Kraftwerken.

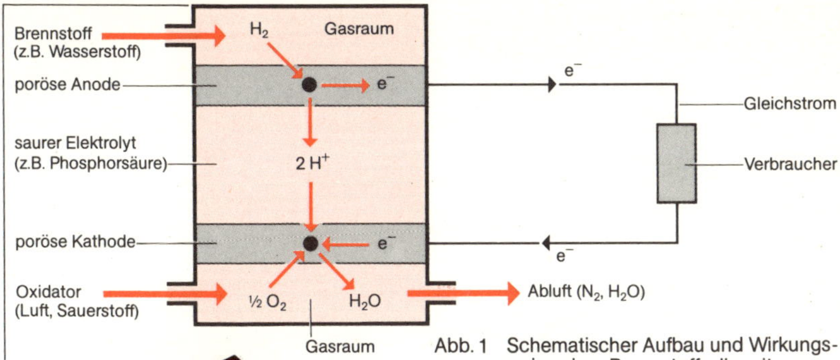

Abb. 1 Schematischer Aufbau und Wirkungsweise einer Brennstoffzelle mit saurem Elektrolyten

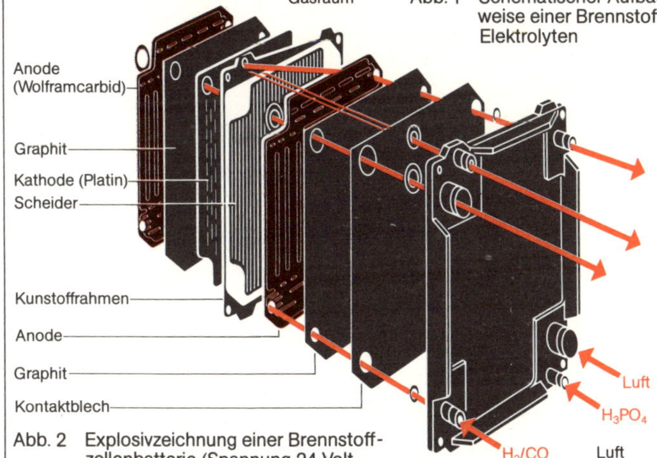

Abb. 2 Explosivzeichnung einer Brennstoffzellenbatterie (Spannung 24 Volt, mit etwa 40 Zellen)

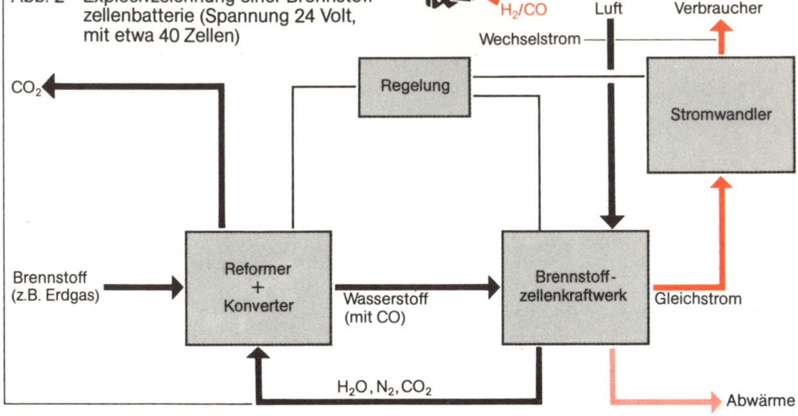

Abb. 3 Betriebsschema eines mit Erdgas und Luft beschickten Brennstoffzellenkraftwerks

Photovoltaische und photochemische Energiewandler

Eine unmittelbare Nutzung der Sonnenenergie ist (neben ihrer Umwandlung in Wärme) durch photovoltaische Energieumwandlung direkt in elektrische Energie oder durch photochemische Energieumwandlung in chemische Energie über die Erzeugung geeigneter chemischer Reaktionen und Brennstoffe möglich:

Bei den *photovoltaischen Energiewandlern* erfolgt die direkte Umwandlung von Sonnenenergie in Elektrizität mit Hilfe des licht- oder photoelektrischen Effekts (kurz: *Photoeffekt*) und dabei auftretender elektrischer Spannungen in Solarzellen (s. S. 218). Beim sog. *äußeren Photoeffekt* werden die in einem metallischen Festkörper bei Lichteinstrahlung infolge Absorption der eindringenden Lichtquanten (Photonen) freigesetzten Elektronen durch seine Oberfläche hindurch nach außen emittiert. Die Ausnutzung dieses Effekts geschieht mit sehr geringem Wirkungsgrad in Photozellen, bei denen außerdem eine zusätzliche Spannungsquelle für das Fließen eines elektrischen Stroms sorgen muß, so daß sie als Energiewandler zur direkten Erzeugung von elektrischer Energie aus Licht nicht brauchbar sind.

Sehr viel besser geeignet ist demgegenüber der *innere Photoeffekt* (mit Wirkungsgraden bis 30%), der an Halbleitermaterialien beobachtet wird, die für das Licht durchlässiger sind als Metalle, und der somit in der Tiefe des Materials stattfindet. Bei diesem wird im Halbleiterinneren von jedem absorbierten Photon ein Paar entgegengesetzt geladener Ladungsträger, nämlich ein Elektron und ein Defektelektron oder „Loch", freigesetzt und bei Vorhandensein eines inneren elektrischen Feldes voneinander getrennt (Abb. 1).

Ein solches inneres elektrisches Feld, das Bedingung für die Funktion einer den inneren Photoeffekt nutzenden Solarzelle ist, entsteht beim Kontakt zweier unterschiedlicher Halbleiter (sog. *Heterokontakt;* Abb. 2a) bzw. eines Halbleiters und eines Metalls (sog. *Schottky-Kontakt;* Abb. 2b) oder aber bei Verwendung eines einheitlichen Materials (v. a. Silicium), in das schichtweise unterschiedliche Fremdatome eingelagert („eindotiert") sind, so daß in der einen Schicht die negativen Elektronen (n-leitende Schicht), in der anderen die positiven Löcher (p-leitende Schicht) überwiegen und zwischen ihnen ein als Sperrschicht wirkender sog. *p-n-Übergang* besteht (sog. *Homokontakt;* Abb. 2c). Das in diesem bestehende elektrische Feld bewirkt, daß die dort durch Lichteinfall erzeugten Elektronen in die n-leitende Schicht, die zurückgelassenen „Löcher" dagegen in die p-leitende Schicht wandern. Werden beide Seiten des Kontaktes durch einen Leiter verbunden, so fließt durch diesen bei Lichteinfall ein nutzbarer elektrischer Strom (s. S. 38).

Photochemische Energiewandler machen sich das Wirkungsprinzip der in den grünen Pflanzen ablaufenden *Photosynthese* zunutze. Bei dieser natürlichen photochemischen Energieumwandlung erfolgt die Umwandlung von Licht in chemische Energie über photochemische Prozesse, bei denen durch Absorption eines Photons in einem Atom oder Molekül ein Elektron aus einem niedrigeren in ein höheres Energieniveau gehoben und durch diesen intramolekularen Prozeß sozusagen ein „Elektron-Loch-Paar" in der Atomhülle erzeugt wird, was die Bildung einer energiereichen chemischen Verbindung ermöglicht. Die Bilanzgleichung der Photosynthese, die in der Zelle der grünen (chlorophyllhaltigen) Pflanzen stattfindet, lautet:

$$6CO_2 + 6H_2O \xrightarrow{\text{Licht}} C_6H_{12}O_6 + 6O_2.$$

Hier sind die Freisetzung molekularen Sauerstoffs (O_2) und die Reduktion des Kohlendioxids (CO_2) zum Zucker ($C_6H_{12}O_6$), dem Energieträger für die Pflanze, miteinander gekoppelt.

Sowohl die lichtinduzierte Sauerstoffentwicklung als auch die Reduktion des Kohlendioxids lassen sich nun in künstlichen Systemen, eben den photochemischen Energiewandlern, nachvollziehen. Auch strebt man die Zerlegung von Wasser durch Licht (Photolyse) zur Erzeugung des Energieträgers Wasserstoff an. Leider liegen die auf diese Weise erreichten Wirkungsgrade derzeit nur in einer Größenordnung von 1%, so daß dieses Verfahren praktisch noch keine nennenswerte Bedeutung hat.

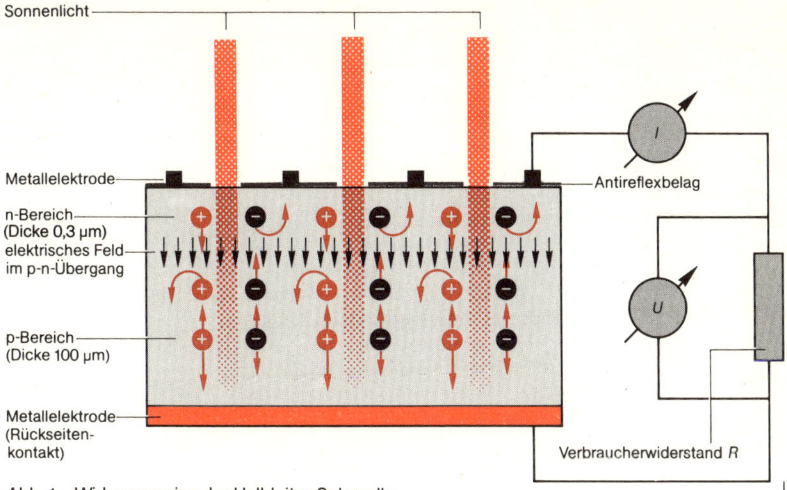

Abb. 1 Wirkungsweise der Halbleiter-Solarzelle

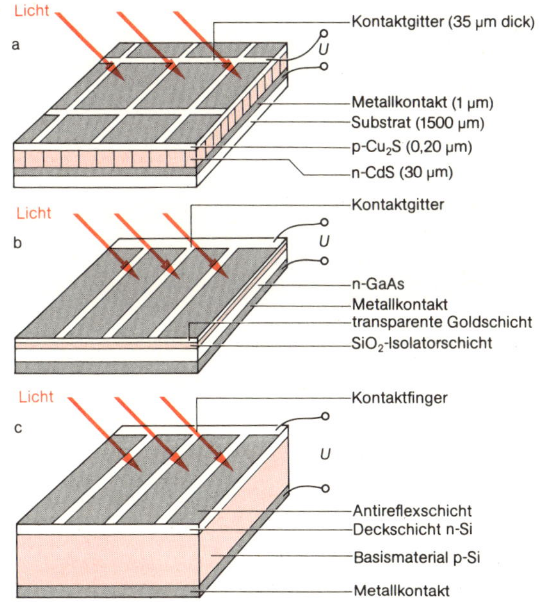

Abb. 2 Die drei wichtigsten Solarzellentypen:
a Cadmiumsulfid-Kupfersulfid-Dünnschichtzelle (0,03 mm dick);
b MIS-Dünnschichtzelle (0,001 mm dick);
c einkristalline Siliciumsolarzelle (0,3 mm dick)

Die Übertragung elektrischer Energie

Mit der Entwicklung leistungsfähiger Wechselstromgeneratoren (s. S. 98) setzte, nachdem erstmals 1891 ein 14-kV-Drehstrom über eine Strecke von 175 km Länge übertragen worden war, zu Beginn des 20. Jahrhunderts der Siegeszug des mit Hilfe von Transformatoren (s. S. 102) umspannbaren und daher bei sehr hohen Spannungen mit relativ geringen Verlusten übertragbaren *Wechselstroms* ein. Nach Einführung des *dreiphasigen Drehstroms* entstanden lokale Leitungsnetze, die als Bindeglied zwischen Kraftwerk und einer Vielzahl von Verbrauchern eine wirtschaftliche Stromverteilung zuließen.

Heutige *Drehstromübertragungsanlagen* sind ausgedehnte Verbund- und engmaschige Verteilnetze, in der BR Deutschland auf den Spannungsstufen 380 kV, 110 kV, 10 kV und 1 kV. Mit dem Prinzip der verbrauchsnahen Stromerzeugung entfallen bei der Übertragung von Elektrizität auch lange, zu Verlusten führende Leitungsstrecken (mittlere Übertragungsentfernung unterhalb 50 km).

Zur Verbindung von Ballungszentren und zum Anschluß von Großkraftwerken genügen in absehbarer Zeit sog. *Verbundleitungen*, die in der Bundesrepublik als 380-kV-Mehrfachfreileitung mit Übertragungsleistungen bis 4 · 1 300 MW den Versorgungskriterien zum Lastausgleich bei minimalen Trassenbedarf entsprechen.

In der Stärke und Richtung wechselnde Energieflüsse, Reservehaltung bei Betriebsstörungen (Blackouts), Bereithaltung von Netzkapazität für die Durchleitung an anderer Stelle benötigter Elektroenergie sowie Klima- und Konjunkturschwankungen kennzeichnen den Betrieb des *Verbundnetzes*. Die höchste Netzlast der öffentlichen Stromversorgung wurde mit 52,2 GW im Winter 1981 verzeichnet. Bei Einbeziehung der Eigenanlagen der Industrie und der Deutschen Bundesbahn beträgt die Jahreshöchstlast 61 GW. Seit Inbetriebnahme des westeuropäischen 400-kV-Verbundnetzes sind von Spanien bis Skandinavien die nationalen Versorgungsnetze bei einer Höchstlast von 200 GW zusammengeschaltet.

Für die Übertragung von elektrischer Energie bei sehr hohen Spannungen (400 kV und mehr) wird neuerdings auch *Gleichstrom* eingesetzt, den man durch Gleichrichtung von Drehstrom mit Hilfe von Gleichrichtern erhält. Die technischen Vorteile der *Hochspannungsgleichstromübertragung* (Abk. *HGÜ*) liegen im engräumigen Europa in der Übertragung mit Seekabeln und in der Netzgruppenkurzkupplung. Gleichstromfreileitungen sind erst über Entfernungen von 800–1 000 km wirtschaftlich. Die HGÜ spielt daher in außereuropäischen Ländern bei Übertragungsspannungen von ± 400 kV zur Erschließung billiger Wasserkräfte oder Kohlevorkommen eine wirtschaftliche Rolle. Die Weiterentwicklung von Drehstrom- und Gleichstromfernleitungen für Spannungen bis 1 200 kV, elektrische Leistungen bis 6,5 GW pro Freileitungsmast und für Transportdistanzen zwischen 1 000 und 2 500 km erfolgt überwiegend in den USA und in der UdSSR.

Die *Stromverteilung in der Bundesrepublik Deutschland* erfolgt dreistufig über Abspanntransformatoren; dabei sind in den Verteilernetzen im allgemeinen einheitlich Spannungen von 110 kV, 10 kV bzw. 1 kV abnehmbar. Mit dem Ringleitungsbau um Lastzentren des Stromverbrauchs übernimmt auch das 380-kV-Netz schrittweise Verteilungsfunktionen für Elektrizität. Den Einsatz von Kabeln oder von Freileitungen bestimmen in den Verdichtungsräumen äußere Umstände oder Gründe des Landschaftsschutzes. Demzufolge beträgt der *Verkabelungsgrad* der einzelnen Verteilungsebenen in der Bundesrepublik im Niederspannungsnetz 59 % (Gesamtkabellänge 374 705 km), im Mittelspannungsnetz 51 % (Gesamtkabellänge 172 377 km) und im 110-kV-Hochspannungsnetz 6,4 % (Gesamtkabellänge 3 008 km).

Technisch und wirtschaftlich stellen Kabelverbindungen keine Alternative zu Freileitungen dar: Die Kabelkosten in untergeordneten Netzen sind 3- bis 7mal aufwendiger als Freileitungsinvestitionen. Wassergekühlte *380-kV-Ölkabel* gelten dagegen als geeignete Übertragungsmittel der Hochstromtechnik, während *110-kV-Supraleiterkabel* (Arbeitsbereich unterhalb der Siedetemperatur 4 K des flüssigen Heliums) zur Stromeinspeisung bisher aus Kostengründen scheiterten.

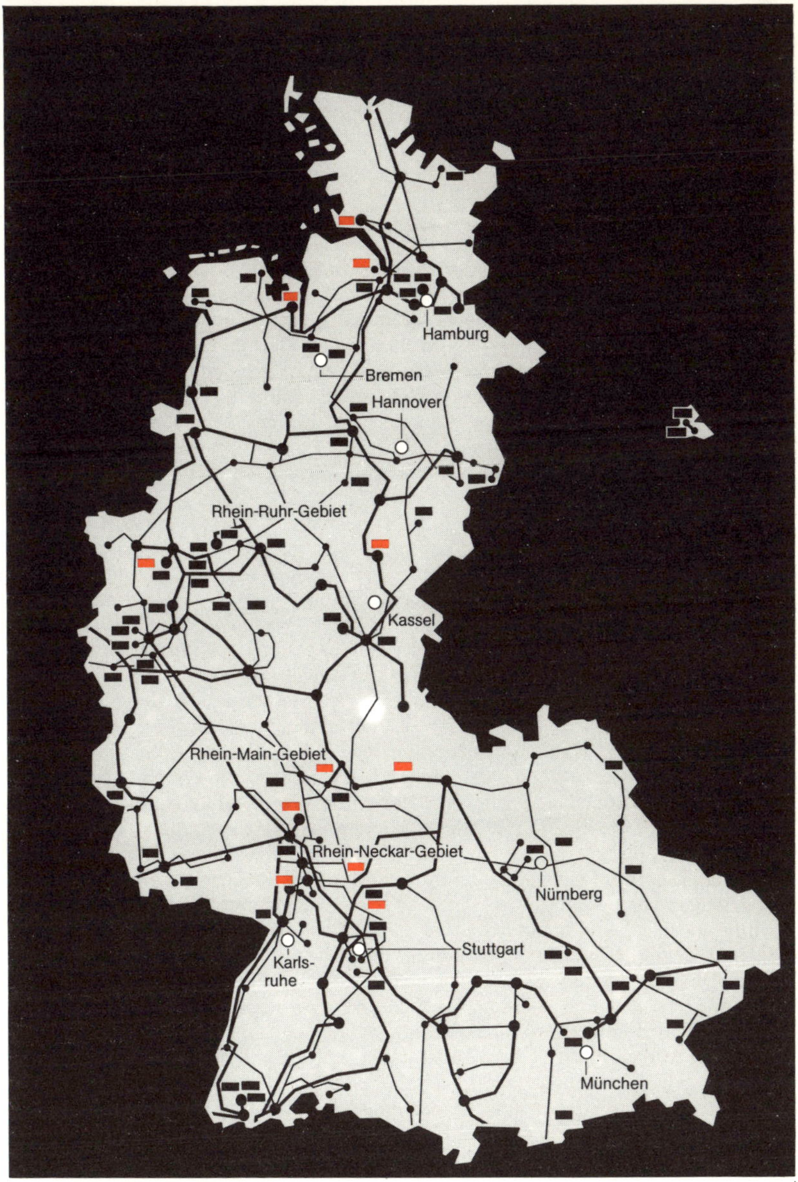

Abb. 380/220-kV-Freileitungsnetz und Großkraftwerke in der BR Deutschland

Kernkraftwerke
Kraftwerke
Umspannwerke

Die Übertragung nichtelektrischer Energie

Die Versorgung mit nichtelektrischen Energieträgern, insbesondere mit Erdgas, Erd- bzw. Heizöl und Kohle als den nutzbaren Trägern chemischer Energie sowie mit gespanntem Dampf als Träger von Wärmeenergie (Fernwärme), erfolgt entweder in Rohrleitungen (Erdgas, Heizöl, Fernwärme, neuerdings auch Kohle, zukünftig auch Wasserstoff) oder mit Kraftfahrzeugen, der Eisenbahn und mit Schiffen (Heizöl, verflüssigte Gase und Kohle).

Bei der *Erdgasversorgung der Bundesrepublik Deutschland* haben die Rohrleitungen des Verteilungsnetzes heute eine Länge von 135 000 km, die zehnmal größer ist als beim alten Kokereigas-Verteilungsnetz. Unter hohem Druck (16 bis 65 bar) erfolgt die Weiterleitung der importierten und (noch einen Anteil von 32% aufweisenden) heimischen Erdgase als sog. *Ferngas* durch ein System von 7 500 km Rohrlänge, in dem sich 28 Verdichteranlagen befinden (6 in Untertagespeichern, 4 für die Luft- und Inertgasbeimischung). Die deutsche *Megal-Leitung* (Länge 630 km, Rohrweite bis 1,2 m, Druck 80 bar, Kosten 1,2 Mrd. DM) ist gleichzeitig das Rückgrat des europäischen Erdgasverbundes. Für Lieferungen aus den Niederlanden und der Nordsee an europäische Verbrauchsschwerpunkte existieren Rohrleitungen von 700 km Länge, für Importe aus den Permafrostgebieten Westsibiriens sind solche von 5 500 km Länge (Rohrweiten bis 1,4 m, Druck 75 bar) im Bau. Zur Überseeverschiffung von Flüssigerdgas (LNG) verkehren LNG-Tanker bei Transportwegen bis 10 000 km (Japan).

Bei der Weiterverteilung durchläuft das Ferngas als *Ortsgas* die Hoch- und Mitteldrucknetze in Druckstufen bis zu 16 bar und das zum Endverbraucher führende Niederdrucknetz mit Drücken von 1,0–0,1 bar. Druckreduzierung und Betrieb deutscher Verteilungsnetze werden durch Datenverarbeitungsanlagen an besonderen Netzpunkten überwacht. Als emissionsärmster Energieträger kann Erdgas 50% des Wärmebedarfs in Verdichtungsräumen decken. Erweiterungen städtischer Ortsgasnetze sind zur Heizölsubstitution ohne große Investitionen bei mittleren Anschlußdichten möglich. Mitteldruckleitungen zur unmittelbaren Vollversorgung der Endverbraucher (über Hausdruckregler) sind dann den leistungsschwachen Niederdrucknetzen (Gesamtrohrlänge 80 000 km) überlegen.

Die *Heizölversorgung der Bundesrepublik Deutschland* ist ein typisches Beispiel einer großräumigen Flächenversorgung. Bei der Rohölversorgung inländischer Raffinerien dominiert die Pipeline als Transportmittel. Die Verteilung des in den Raffinerien erzeugten Heizöls erfolgt hauptsächlich mit herkömmlichen Transportmitteln über Binnenschiffe, Eisenbahn und Tanklastwagen im Flächenverkehr; denn in der Bundesrepublik sind die Raffinerien und Großtanklager systematisch über das ganze Bundesgebiet verteilt, und die Transportentfernung vom nächsten Raffineriestandort bis zum Endverbraucher beträgt maximal nur ca. 200 km. Großtanklager mit Speicherkapazitäten von 50 000 m^3 befinden sich in etwa 100 km Abstand von der Raffinerie; um sie herum in etwa 50 km Abstand liegen die Endverteillager.

Vom Raffinerieausstoß werden 50% zu den Großtanklagern transportiert, die anderen 50% werden meist über Tanklastwagen im Raffinerieumkreis oder über Produktleitungen bei Großabnehmern der Petrochemie, Kraftwerken u.a. abgesetzt. Die Weiterverteilung des Heizöls ab Großtanklager erfolgt auf dem Landweg direkt an Klein- und Großabnehmer (u.a. Heizwerke, Industrie) sowie an Endverteillager (Jahresumschlagsmengen bis zum 20fachen der Lagerkapazität von 500 m^3). Ab Endverteillager ergibt sich der letzte Verteilungsschritt an entfernte Endverbraucher in Haushalt, Kleinverbrauch und Gewerbe. Mit Tanklastwagen sind 2–3 Abnehmer belieferbar, bei größeren Einzelpartien kommen sechsachsige Tanklastzüge zum Einsatz. Insgesamt werden 40% des Heizöls über die Straße befördert.

Die Versorgung mit *Steinkohlenkoks* und *Kesselkohle in der BR Deutschland* steht als typisches Beispiel für eine Linienversorgung. Neben Direkttransporten zu Werken der Eisen- und Stahlindustrie und zu Kraftwerken erfolgt die Verteilung zur Be-

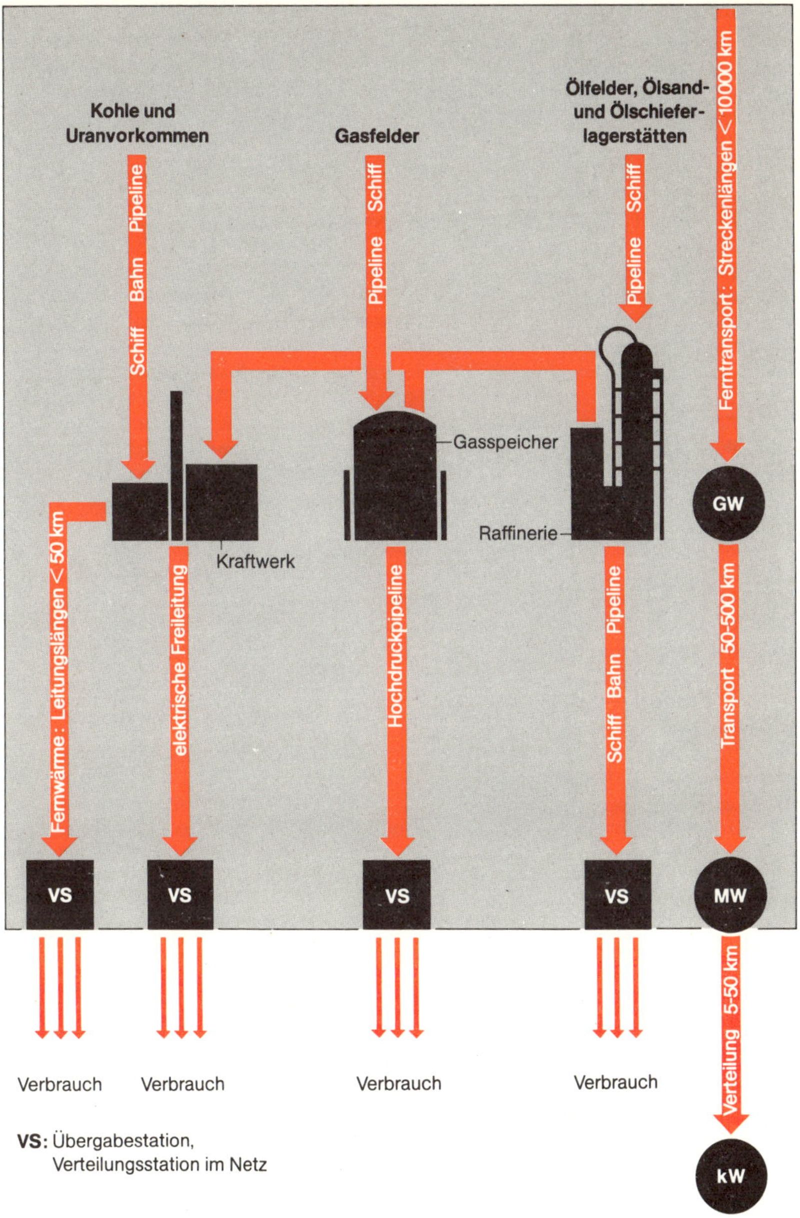

Abb. 1 Versorgungsalternativen heutiger Energiesysteme mit Übertragungsdistanzen und Leistungsbereichen (Quelle: Brennstoff-Wärme-Kraft 1981)

lieferung der Endabnehmer linienförmig von der Zeche auf dem Wasser-, Bahn- und/oder Landweg. Bedingt durch die Konkurrenz zum Heizöl, mußte ab 1965 das Transport- und Verteilungssystem fester Brennstoffe von einer Flächen- in eine Linienversorgung zurückgenommen werden. Lage und Entfernung des Nachfrageortes bestimmen das wirtschaftlichste Transportmittel. Die Endverteilung übernimmt der Einzelhandel mit Lastkraftwagen. Auf Wasserwegen werden in der Bundesrepublik 15% des Verbraucherbedarfs an Steinkohle befördert, auf dem Streckennetz der Deutschen Bundesbahn 50%.

Hydraulische Fernleitungen, in denen fein gekörnte Kohle in aufgeschlämmter Form von einer Trägerflüssigkeit (Wasser, Öl u.a.) transportiert wird (Slurry pipelines), gewinnen für Kohletransporte weltweit an Bedeutung. In Verdichtungsräumen sind wirtschaftliche *Kohlefernleitungen* ab Zeche bzw. ab Importhafen schwer realisierbar (in der Bundesrepublik müssen sie bei einer Trassenlänge von 350 km im Durchschnitt 130 Straßen und 10 Flüsse kreuzen). Mit der Verwendung von Methanol als Trägerflüssigkeit (statt Wasser) können sich Kohlefernleitungen dennoch zur Versorgung mehrerer Großabnehmer (Kohleveredlungs- und Kraftwerke) eignen.

Für den *Überseetransport* wachsender Kohlemengen sorgen leistungsfähigere Häfen und großräumige Selbstentladeschiffe. Die so abfließende Kesselkohle verlangt dementsprechend den Ausbau inländischer Transport- und Verteilungsstrukturen. Insgesamt werden die Transportkosten der Versorgungsketten eines künftigen Weltkohlehandels etwa 60% des gesamten Weltkohlepreises ausmachen.

Die Versorgung mit *Fernwärme* ist an Rohrleitungen gebunden, die im Unterschied zu den oben beschriebenen Energieversorgungssystemen ihren Energieträger maximal nur bis 50 km weit übertragen können. Als Trägermedium des Wärmetransports diente früher Dampf. Heute wird aus betriebstechnischen Gründen 70–130°C warmes Wasser in zweisträngigen isolierten Rohrleitungen (Wärmeverluste 10–12%) verpumpt, deren Durchmesser zwischen 25 und 700 mm liegen.

Die kostenintensiven *Fernwärmenetze* versorgen prinzipiell hochverdichtete Innen- und Trabantenstädte ab Anschlußdichten von 40 MW/km². Bei Rohrweiten um 80 mm wird die Netzausdehnung von 2 · 5 km² kaum überschritten. In der Bundesrepublik sind 500 Fernwärmenetze mit einer Trassenlänge von 6000 km in Betrieb. Mit Hilfe der öffentlichen Hand beträgt z.Z. die jährliche Netzausweitung 400 km, so daß der Anteil fernwärmeversorgter Wohnungen auf 7% gestiegen ist. Voraussetzung zur Wärmeausbindung aus abgelegenen Großkraftwerken ist der systematische Ausbau bestehender Fernwärmenetze (typisch etwa in Berlin, Hamburg, München, Mannheim und Flensburg).

Zur Nutzung von Industrie- und Kraftwerksabwärme kann die 28 km lange Fernwärmeschiene Niederrhein Signalwirkung erlangen. Bei unregelmäßig auftretendem Abwärmeangebot (Anschlußwert 425 MW) ergeben sich Betriebsfragen hinsichtlich Netzverbund und Wärmespeicherung. Generell ist die Auslastung neu gebauter Netze nur über viele Jahre schrittweise zu erreichen. Im Mittel betragen die Netzinvestitionen der deutschen Fernwärmewirtschaft 0,5–0,7 Mill. DM pro km Trassenlänge; künftige Leitungen zur Heranführung großer Wärmemengen aus Kernkraftwerken sind mit 2–4 Mill. DM/km aufwendiger.

Die Übertragung von *Wasserstoffgas* als Energieträger eines künftigen Versorgungskonzeptes (neben Kohle, Strom und Fernwärme) ist prinzipiell gelöst. Heutige Ferngasnetze sichern den Übergang in eine künftige Wasserstoffwirtschaft. Offene Fragen gibt es nur hinsichtlich der Werkstoffqualität der Gasrohre bei Wasserstoffdrücken ab 100 bar und hinsichtlich der Eignung leergeförderter Erdgas- und Ölfelder als Untertagespeicher. Bei Wasserstoffeinspeisung würden Erdgasleitungen in einer Größenordnung bis zu 85% ihrer Transportleistung ausgenutzt (gleicher Druckverlust erfordert die 3fache Verdichterleistung). Industrieerfahrungen mit Wasserstoffnetzen weisen auf eine wirtschaftliche Verteilung bei Leckraten unter 1% hin.

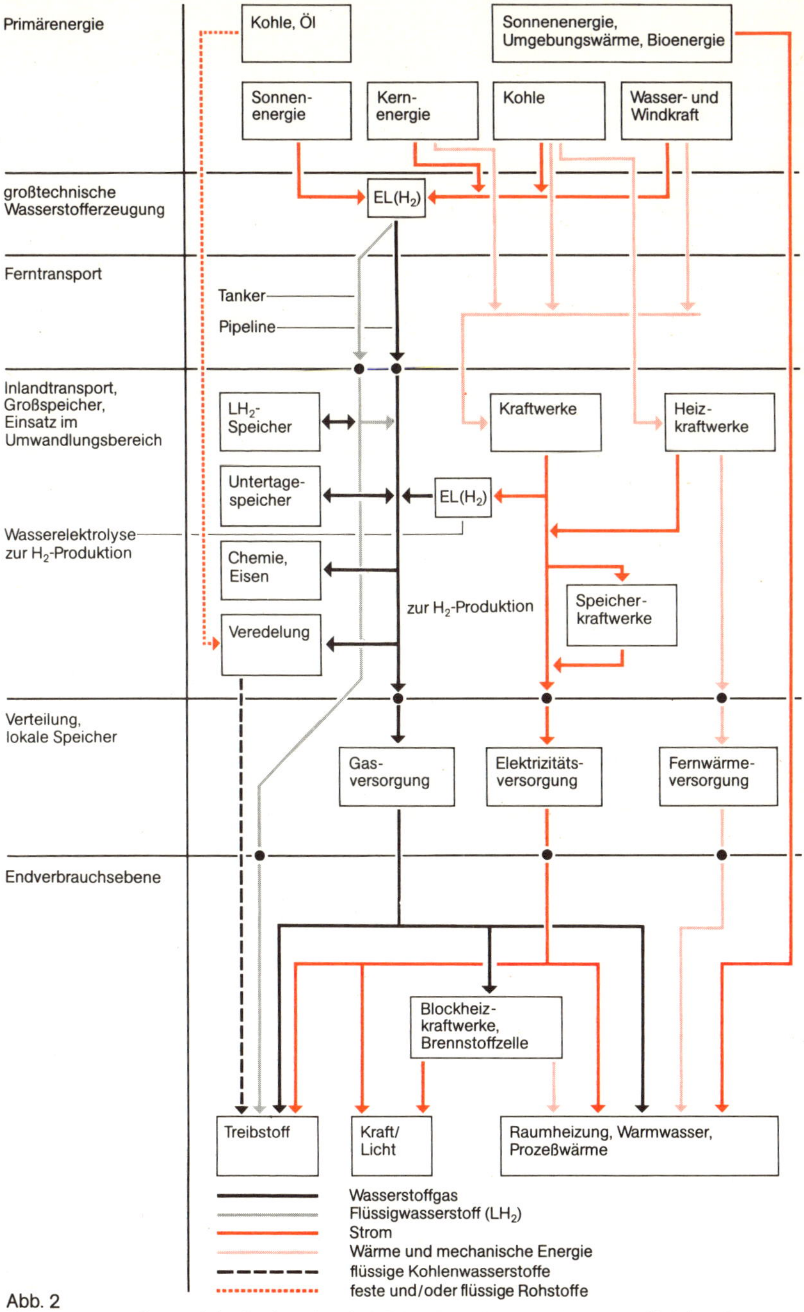

Abb. 2
Versorgungsstruktur auf der Basis wahrscheinlicher Energieträger (Wasserstoff, Kohle, Strom) im 21. Jahrhundert (nach DFVLR 1982)

Der Transport chemisch gebundener Energie

Wenn es gelingt, mit industriellen, insbesondere kerntechnischen Verfahrensprozessen bei Temperaturen bis 950 °C die Verflüssigung und Vergasung weitreichender Kohlevorkommen wirtschaftlich durchzuführen, können saubere Energieträger wie Methanol, Synthesegas und synthetische Kraftstoffe in großen Mengen erzeugt und in heutigen Energiesystemen gespeichert und verteilt werden. Mit der Entwicklung des *Hochtemperaturreaktors (HTR)* läßt sich auf diese Weise Verbrauchern, die Erdöl oder Erdgas zur Erzeugung von Strom, Prozeß- und Heizwärme sowie als Chemierohstoff einsetzen, nuklear erzeugte Wärme in Form von chemischer Energie über größere Strecken zu leiten und dadurch eine wesentliche Einsparung von Erdöl und Erdgas erreichen. Die Markteinführung eines derartig vielseitigen, umweltfreundlichen Alternativsystems zur Energiebereitstellung ergibt sich möglicherweise ab dem Jahr 2000.

In einem solchen *nuklearen Fernenergiesystem nach dem ADAM-EVA-Prinzip* eignen sich als Energieträger für die Übertragung nuklearer Hochtemperaturwärme die bekannten Gase Kohlenmonoxid (CO) und Wasserstoff (H_2), die als transportierbare Reaktionspartner hinreichende Energiedichten aufweisen. In der sog. *EVA-Anlage* (EVA = Abk. für *E*inzelrohr-*V*ersuchs*a*nlage) dient die HTR-Wärme zur *Methanspaltung:* Sie wird dort in chemische Energie umgewandelt, indem Methan (CH_4) mit Wasserdampf auf katalytischem Wege in ein Gemisch aus 1 Teil CO und 3 Teilen H_2 umgesetzt wird (s. S. 58).

Als sog. *Synthesegas* dient das abgekühlte *Spaltgas* ($CO + 3H_2$) der Kohlenwertstoffindustrie bei der Kohleveredelung. Für den Ferntransport chemisch eingebundener Wärme wird es in üblichen Gasverdichtern auf 65 bar komprimiert und auf „kaltem Wege" in den Hinleitungen eines zweisträngigen Rohrsystems (Kreislaufbetrieb) überwiegend Verbrauchsschwerpunkten zugeführt. Dort erfolgt in sog. *ADAM-Anlagen* (ADAM = Abk. für *A*nlage mit *d*rei *a*diabaten *M*ethanisierungsreaktoren) die *Methanisierung des Spaltgases,* wobei sich die nukleare Wärme unter Bildung von Methan und Wasserdampf katalytisch bei Gastemperaturen bis 600 °C zurückbildet. Das dabei entstehende *Methan* (synthetisches Erdgas) wird über den zweiten Strang des Transportnetzes zur EVA-Anlage zurückgedrückt und in Spaltöfen erneut „aufgeladen".

Am HTR-Standort sind bis 70% der Reaktorleistung in Fernenergie, der Rest in elektrische Energie umwandelbar. Die Wärmeversorgung im Kreislauf zwischen EVA- und ADAM-Anlagen verspricht ein breites Einsatzgebiet. Gegenüber der bei Einsatz von Leichtwasserreaktoren auf 50 km begrenzten Fernwärmeübertragung ergibt sich für mit HTR-Wärme aufgeladene Fernenergiesysteme ein weiträumiges Angebot zur Kraft-Wärme-Kopplung, industriellen Prozeßwärmeversorgung und außerdem – bei Entnahme von Synthesegas aus dem Rohrleitungssystem – zur Rohstoffbereitstellung für Chemieindustrien.

Die wirtschaftlichen Vorteile des Wärmetransports chemisch gebundener Energie liegen in der Verwendbarkeit nicht mehr wärmegedämmter Rohrleitungen und in der Mischversorgung vielfältiger Synthesegas- und Energieinteressenten bei hoher Benutzungsdauer des Transportnetzes. An EVA-Anlagen von 3000 MW thermischer Leistung sind maximal 20 ADAM-Anlagen anschließbar, die z. B. zehn Städten mit je 80000 Einwohnern Energie für ihre Fernwärmenetze zuliefern könnten.

Neben der Bereitstellung von Prozeßwärme bis zu 550 °C könnte das nukleare Fernenergiesystem im Verbund mit Heizkraft- und Heizwerken zunächst Heizöl einsparen und später über weitgehende Substitution fossiler Brennstoffe (z. B. Erdgas) zur fühlbaren Entlastung der Energiebilanz führen. Ausgebaute Fernenergienetze bieten aufgrund großer Rohrweiten zusätzlich Tagesspeicherungskapazitäten, die der Spitzenlastdeckung im Energiebereich genügen.

Entwicklungsarbeiten an den Forschungsanlagen EVA II (mehrrohrige Pilotanlage) und ADAM II (Kernforschungsanlage Jülich) verliefen erfolgreich; es wurden 80% der eingespeisten Leistung von 10,4 MW (für Heizwärme) wiedergewonnen.

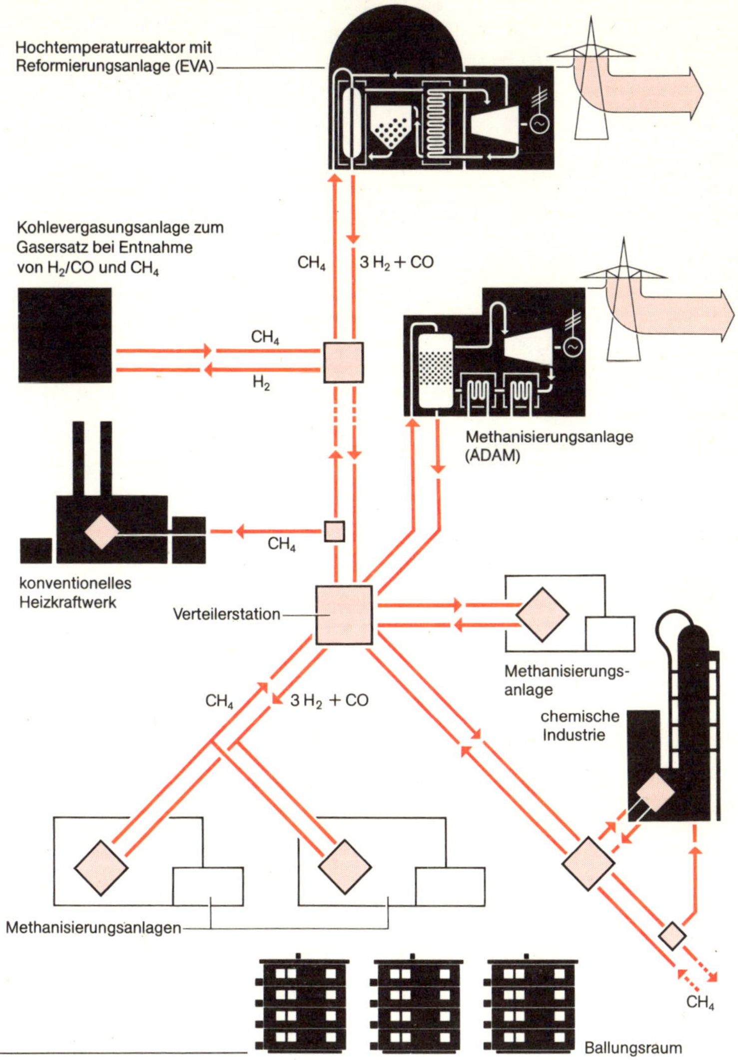

Abb. Kreislaufbetrieb nach dem ADAM-EVA-Prinzip zur Fernübertragung nuklear erzeugter Wärme in Form chemischer Energie

Mechanische Energiespeicherung

Mechanische Energiespeicher werden v. a. dann eingesetzt, wenn es sich bei der zu speichernden Energie um eine Energieform handelt, die ohne Umformung nicht speicherbar ist (z. B. elektrische Energie), bzw. wenn die Speicherzeiten kurz sind. Typische Beispiele dieser Speicherart sind Schwungmassen-, Pumpwasser- und Druckluftspeicher:

Der Gebrauch des *Schwungmassenspeichers* hat eine lange Tradition. Schon die ersten Töpferscheiben benutzten sein Prinzip: Eine Masse wird in Drehung versetzt und nimmt dadurch mechanische Energie in Form von Rotationsenergie auf. Die Größe der gespeicherten Energie ist dabei abhängig von der Umdrehungsgeschwindigkeit und von der Form des Drehkörpers. Besonders günstig sind *Schwungräder* oder *-ringe*. Da ihre massenbezogene spezifische Energiedichte gleich dem halben Quotienten aus Zugfestigkeit und Massendichte des verwendeten Materials ist, kann man heute mit Schwungringen, die aus sehr leichten und zugfesten, z. T. mit Graphit- bzw. Borfasern verstärkten Epoxid-, Glas-, Kevlar- oder Quarzfasern gewickelt sind, Speicherdichten von 100–300 Wh/kg erreichen.

Mit Schwungringen dieser Art ist bei hinreichender Größe in der Elektrizitätswirtschaft ein Abfangen (Puffern) von Verbrauchsspitzen erreichbar. Ihr Einbau in Kraftfahrzeuge ermöglicht ein regeneratives Bremsen: Die v. a. in Omnibussen beim Abbremsen anfallende hohe Bewegungsenergie wird von ihnen vorübergehend gespeichert und dient dann zur Wiederbeschleunigung des Fahrzeugs. Auch ihr erneuter Einsatz zum *Gyroantrieb von Bussen* wird diskutiert: Ein horizontal angeordnetes Schwungrad wird an den Ladestationen von einem auf gleicher Welle befindlichen Elektromotor in schnelle Rotation versetzt, um danach den im Fahrbetrieb als Generator arbeitenden Elektromotor anzutreiben, der den Strom für die Fahrmotoren eines solchen Gyrobusses liefert.

Der Schwungmassenspeicher wird heute v. a. dann eingesetzt, wenn der Zeitraum der Energieaufnahme bzw. -abgabe sehr kurz ist. So nimmt z. B. die Schwungscheibe einer Dampfmaschine (Abb. 1) beim Arbeitstakt Energie auf, um sie kurz darauf beim Ausschieben des Dampfes wieder abzugeben. Entsprechendes gilt für die Schwungscheibe von Kraftfahrzeugmotoren, die außerdem eine gleichmäßige Abgabe der Energie an die Räder bewirkt.

Der *Wasserpumpspeicher* ist ein v. a. in der Elektrizitätswirtschaft genutztes Beispiel der mechanischen Energiespeicherung. Er benötigt lediglich zwei Wasserbekken in möglichst unterschiedlichen Höhenlagen. Während der lastschwachen Nachtzeiten wird von Pumpen, die ein als Elektromotor arbeitender Generator antreibt, Wasser in das höher gelegene Becken gepumpt. Dadurch nimmt es potentielle Energie (Energie der Lage) auf. Zu Zeiten hohen Strombedarfs wird das Wasser bergab auf eine Turbine geleitet, die mit einem Zusatzgenerator gekoppelt ist, der Spitzenstrom erzeugt (Abb. 2). Nachteilig sind die relativ hohen Kosten, die Abhängigkeit von bestimmten Geländegegebenheiten und v. a. der Verlust von 25 % der ursprünglich eingesetzten Energie.

Eine weitere Variante der mechanischen Energiespeicherung ist der *Druckluftspeicher*. Ein bekanntes Beispiel ist der Druckluftbehälter beim Reifendruckprüfgerät. Ein neueres, großtechnisches Anwendungsbeispiel in der Kraftwerktechnik besteht darin, daß elektrische Überschußenergie zu Zeiten geringer Nachfrage genutzt wird, um Luft mit Hilfe von Verdichtern auf 40–100 bar zu verdichten und in große, unterirdische Räume (z. B. Salzkavernen) zu pressen (Abb. 3). Zur Erzeugung von Spitzenstrom wird die Luft direkt in die Brennkammern einer Gasturbine geleitet. Dadurch wird ihr Eigenenergiebedarf (⅔ der Turbinenleistung) eingespart und so ihre Ausgangsleistung erhöht. Verluste treten dadurch auf, daß sich die Luft beim Verdichten erwärmt und dann im Speicher abkühlt, wodurch ihr Druck allmählich abnimmt. Im Speicher sinkt also der Druck im Laufe der Zeit, wodurch das nutzbare Druckgefälle ebenfalls abnimmt. Um diese Verluste gering zu halten, ist es günstig, die Luft nur kurzzeitig zu speichern.

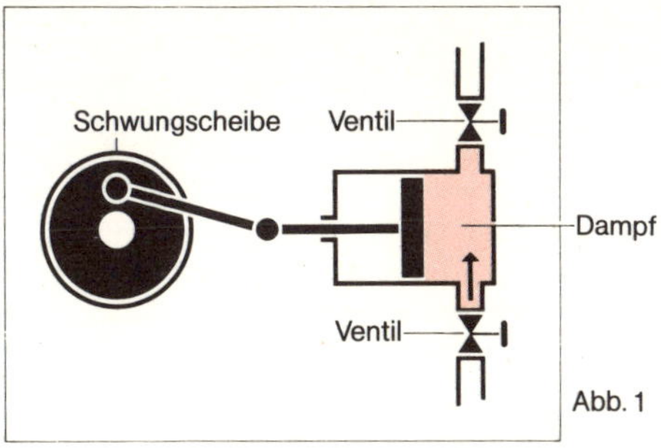

Abb. 1 Dampfmaschine mit Schwungmassenspeicher

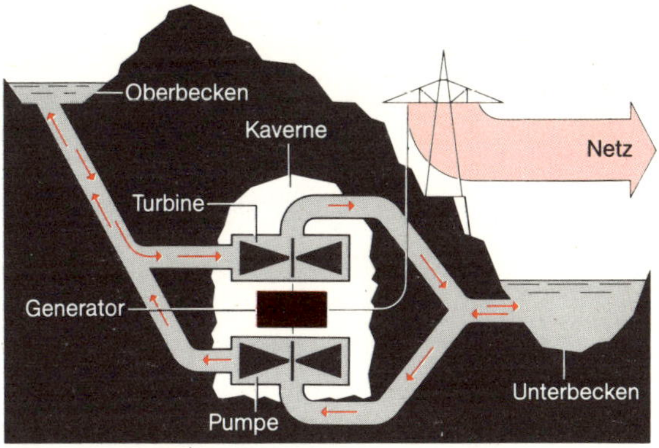

Abb. 2 Wasserpumpspeicheranlage (nach Kraftwerk Union AG)

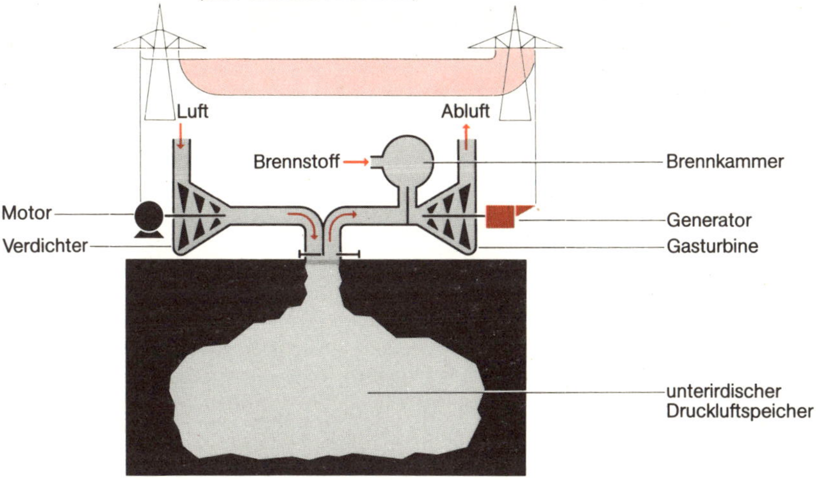

Abb. 3 Druckluftspeicheranlage (nach Kraftwerk Union AG)

Wärmespeicherung

Die Nachfrage nach Wärmeenergie als der am häufigsten benötigten Energieform wird durch den Lebens- und Arbeitsrhythmus des Menschen und durch die Jahreszeiten bzw. die Wetterverhältnisse bestimmt und schwankt daher sowohl kurz- als auch langzeitig. Auf der Erzeugerseite bei den Heizkraftwerken und Heizwerken sind Schwankungen durch Wartungs- und Reparaturarbeiten bedingt. Zum Ausgleich von Energieangebot und -nachfrage müssen daher *Wärmespeicher* eingesetzt werden (Abb. 1). Auch bei der Sonnenenergienutzung erfordert der jahres- und tageszeitliche Gang der Strahlungsintensität eine Speichermöglichkeit.

Man unterscheidet Kurzzeit- und Langzeitspeicher. *Kurzzeitspeicher* sind solche, die tageszeitliche Schwankungen ausgleichen *(Tagesspeicher),* z. B. den unterschiedlichen Tag- und Nachtbedarf und einen auftretenden Spitzenbedarf. *Wochenspeicher* sollen Schlechtwetterperioden oder Revisionszeiten der Heizwerke überbrücken. *Saisonale Speicher* gleichen die Verbrauchsschwankungen zwischen Sommer und Winter aus und sind insbesondere im Zusammenhang mit der Sonnenenergienutzung im Gespräch.

In einem Wärmespeicher nimmt ein Wärmeträger die Energie in unterschiedlicher, von seinem Aggregatzustand bzw. dessen Änderungen abhängiger Weise auf (Abb. 2). Im festen Zustand (Bereich 1) bewirkt die Energiezufuhr eine Temperaturerhöhung. Maßgebend für die Speicherung ist hier neben der Temperaturdifferenz die spezifische Wärme des Wärmeträgers im festen Zustand.. Im zweiten Bereich beginnt der Wärmeträger bei konstant bleibender Temperatur seinen Aggregatszustand von „fest" nach „flüssig" durch die Aufnahme von Schmelzwärme zu ändern. Weitere Wärme kann im dritten Bereich durch Temperaturerhöhung wie im ersten Bereich gespeichert werden. An seinem Siedepunkt (Bereich 4) verdampft der Wärmeträger unter Aufnahme seiner Verdampfungswärme. Im fünften Bereich kann schließlich wie im ersten und dritten Bereich durch Temperaturerhöhung weiter Wärme im nunmehr gasförmigen Wärmeträger gespeichert werden.

Aus Kosten- und Platzgründen ist man bemüht, mit geringen Wärmeträgermassen auszukommen und damit auch geringe Speichergrößen zu erreichen. Dazu muß die Wärmespeicherkapazität des Wärmeträgers, d. h. seine auf die Masse bzw. das Volumen bezogene Wärmeenergieaufnahme, möglichst groß sein.

Wärmespeicher lassen sich v. a. nach dem Wärmeträger, dem Speicherbehälter und der Art der Wärmespeicherung unterscheiden und im wesentlichen in folgende vier Gruppen einteilen: Heißwasserspeicher, Festkörperspeicher, Latentspeicher und Chemospeicher. Die Speicherung mit Hilfe des Wärmeträgers Wasser ist die einfachste und noch billigste Technik, Wärme zu speichern; jedoch sind dabei große Volumen erforderlich. *Heißwasserspeicher* teilt man nach ihren Speicherbehältern ein in Rohrnetzspeicher, Speicher mit konventionellen Behältern, Zylinder- und Kugelspeicher, Speicherseen und Aquiferspeicher.

Bei der *Rohrnetzspeicherung* werden die Transportleitungen eines Fernwärmnetzes als Speicher ausgenutzt, um Bedarfsspitzen auszupuffern. Eine Speicherwirkung wird durch Erhöhung der Vorlauf- und Rücklauftemperatur des Fernwärmenetzes erreicht. Diese Speicherart hat den Vorteil, daß kein zusätzlicher Aufwand für einen Speicherbehälter entsteht. Der Nachteil liegt in der geringen zur Verfügung stehenden Speicherkapazität und in den erhöhten Wärmeverlusten.

Seit langem erprobt sind die *Zylinder-* und *Kugelspeicher.* Sie bestehen meist aus Stahl unterschiedlicher Wandstärke und sind mit Isoliermaterialien gegen Wärmeverluste verkleidet. Kugelspeicher werden z. Z. mit Rauminhalten bis 5 000 m^3 ausgeführt. Zylindrische Stahlbehälter, die man sehr häufig als *Brauchwasserspeicher* (Inhalt unter 1 m^3) einsetzt, sind technisch realisierbar bis zu Rauminhalten von 100 000 m^3; bisher wurden allerdings nur Behälter bis 30 000 m^3 gebaut (Abb. 3); neben Stahl wird dabei Beton eingesetzt, der aber technische Nachteile aufweist.

Speicherseen sollen zur saisonalen Versorgung vieler Wohneinheiten in Größenordnungen von 5–6 Mill. m^3 Füllwasser realisierbar sein. Dazu werden Gruben aus-

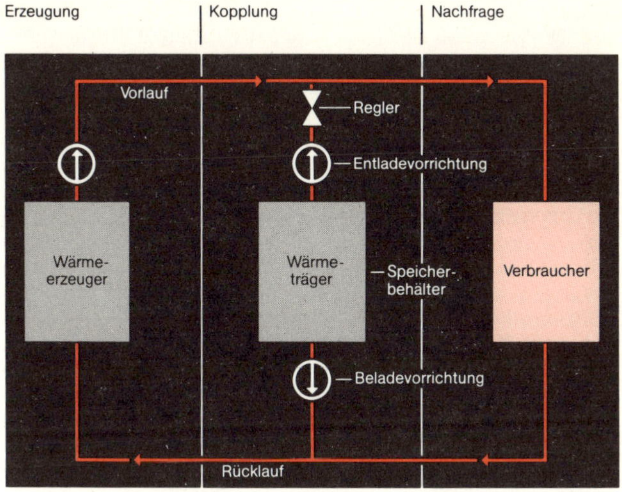

Abb. 1 Schematischer Aufbau eines energieverbrauchenden Systems mit Wärmespeicher (nach E. Sauer, KFA Jülich)

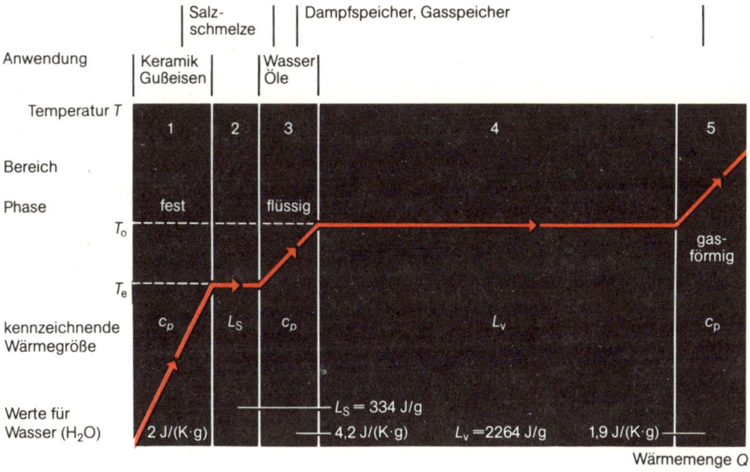

Abb. 2 Wärmespeicherformen bei verschiedenen Aggregatzuständen in einem Temperatur-Wärmemengen-Diagramm (nach E. Sauer, KFA Jülich); hierbei sind c_p die spezifische Wärmekapazität des Wärmespeichermittels bei konstantem Druck (p), L_S und L_V seine spezifische Schmelz- bzw. Verdampfungswärme

gehoben, die zur Abdichtung gegen Grundwasser mit Kunststoffolien ausgelegt werden. Die Decke des Speichers wird mit Folien und Schaumstoffplatten zur Wärmeisolierung versehen. Bei derartigen Speicherseen sind allerdings noch Dichtungs- und Grundwasserprobleme (Aufheizung des Grundwassers) zu lösen; außerdem sind sie im Vergleich mit Stahlbehältern noch zu kostenintensiv.

Bei *Aquiferspeichern* (Abb. 4) wird das Grundwasser zwischen zwei wasserundurchlässigen Erdschichten als Wärmeträger genutzt. Bei der „Beladung" mit Wärme wird durch ein Rohr heißes Wasser eingeführt und durch ein anderes kaltes Wasser abgesaugt. Die „Entladung" erfolgt umgekehrt. Diese Art der Speicherung verspricht sehr kostengünstig zu werden. Es bestehen aber noch Probleme bei der Be- und Entladung und mit Grundwasserströmungen. Weiterhin sind die Auswirkungen des heißen Wassers auf das Erdreich nicht geklärt. Neben den natürlichen werden auch künstliche Aquiferspeicher untersucht.

Außer Wasser können auch Feststoffe (z. B. Erde, Sand, Ton, Lehm, Kies, Natursteine, Bauziegel) als Wärmespeichermittel genutzt werden. Um ausreichende Wärmespeicherkapazitäten mit solchen *Feststoff-* oder *Festkörperspeichern* zu erhalten, werden jedoch große Speichervolumen benötigt, da die Wärmekapazität von Mineralstoffen geringer ist als die von Wasser. Man kann als Speicher entweder das Erdreich direkt als Wärmeträger verwenden oder aber die Feststoffe in ausgehobene Gruben oder Betonbunker einbringen. Die Wärmezu- und -abfuhr erfolgt durch Wärmeleitung und Konvektion (s. S. 60); bei Wasser als Wärmeüberträger werden Rohrschlangen verlegt. Bei grobkörnigen Materialien (z. B. bei Schotterspeichern) wird der Speicher beim Beladen von heißer Luft durchströmt.

Eine besondere Art des Festkörperspeichers ist der *Nachtstromspeicherofen*. Hier wird ein z. B. aus Schamottegestein bestehender Speicherkern über Widerstandsheizdrähte in den Schwachlastzeiten der Stromerzeugung zu Niedrigtarifen bis zu einer Temperatur von 650 °C aufgeheizt. Die Wärmeabgabe am Tag wird durch einen Ventilator erreicht, der die Raumluft durch den heißen Speicher preßt.

Hohe Speicherkapazitäten besitzen die *Latentwärmespeicher*, die außerdem bei konstanten Betriebstemperaturen arbeiten. Sie beruhen darauf, daß ihr Speichermedium bei Änderungen seines Aggregatzustandes (z. B. beim Schmelzen), ohne seine Temperatur zu ändern, größere Wärmemengen – nämlich die zugehörige Umwandlungswärme (z. B. Schmelzwärme) – aufnimmt und diese dann „latent" in ihm gespeicherte Wärme bei der Umkehrung des Prozesses, also z. B. beim Gefrieren bzw. Kristallisieren, wieder freisetzt. Zur Zeit befinden sich fast nur das Schmelzen von Eis ausnutzende Latentwärmespeicher auf dem Markt, die zusammen mit einer Wärmepumpe betrieben werden.

Als Speichermedien können auch niedrig schmelzende Salze (Hydrate), z. B. Glaubersalz ($Na_2SO_4 \cdot 10\,H_2O$) und Kaliumfluoridtetrahydrat ($KF \cdot 4\,H_2O$), sowie zur Aufnahme von Hochtemperaturwärme eutektische Stoffe dienen. Bei den in der Entwicklung befindlichen sog. *Hybridspeichern* (Abb. 5) wird z. B. Glaubersalz, das in Kunststoffkugeln eingeschweißt ist, von einem Wärmeüberträgermedium umflutet. Die Be- und Entladung mit Wärme erfolgt über Wärmetauscher.

Die *chemische Speicherung* von Wärmeenergie erfolgt durch Nutzung reversibler chemischer Reaktionen (s. S. 126) oder gleichzeitig ablaufender chemischer und physikalischer Vorgänge: Bei den *Kieselgel-* und *Zeolithspeichern* (z. Zt. noch im Laborstadium) macht man sich die Tatsache zunutze, daß sowohl Kieselgel als auch Zeolith in den Hohlräumen ihrer Kristallgitter Wasserdampf zu adsorbieren (d. h. einzulagern) vermögen. Läßt man z. B. durch einen trockenen Zeolithbehälter feuchte Luft strömen, so schlägt sich Wasser im Kristallgitter nieder. Dabei wird Kondensations- und Adsorptionswärme frei, und die trockene, warme Luft entströmt dem Behälter. Im umgekehrten Fall wird der Speicher mit heißer, sehr trockener Luft regeneriert, d. h. „ausgetrocknet".

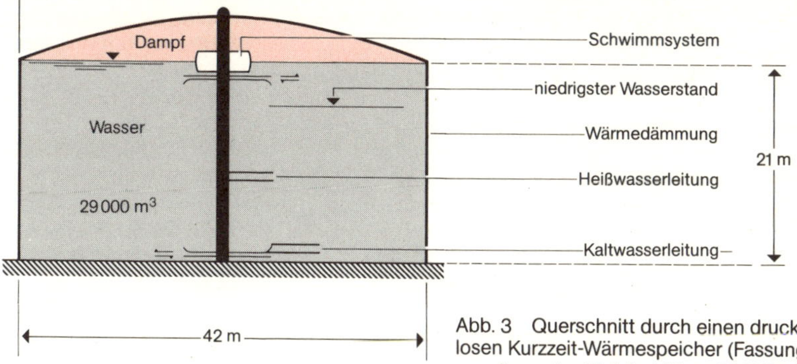

Abb. 3 Querschnitt durch einen drucklosen Kurzzeit-Wärmespeicher (Fassungsvermögen des Stahlbehälters 29000 m^3); nach W. Prinz

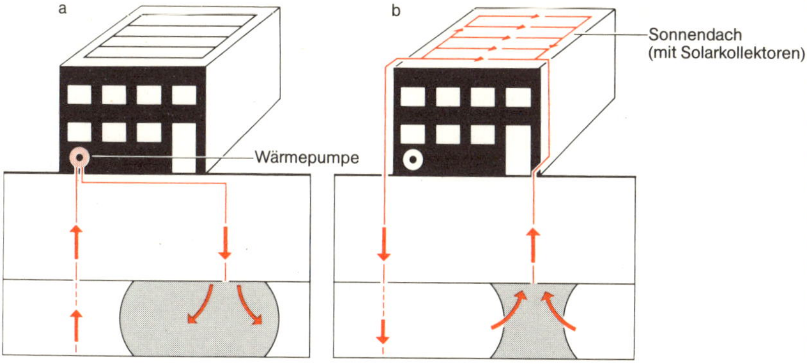

Abb. 4 Prinzipbild eines Aquiferspeichers in Verbindung mit Sonnenenergienutzung: Betrieb mit Wärmepumpe (a) oder mit Solarkollektoren (b); nach P. Iris

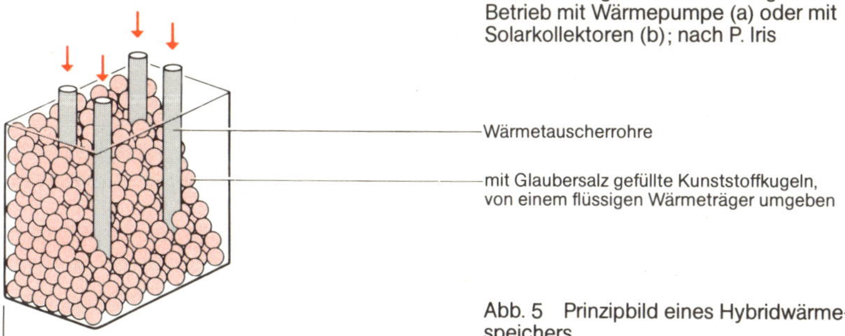

Abb. 5 Prinzipbild eines Hybridwärmespeichers
(nach Erno Raumfahrttechnik GmbH)

Chemische Energiespeicherung

In chemischen Verbindungen ist durch die Zusammenbindung von Atomen zu Molekülen Energie in Form von chemischer Bindungsenergie gespeichert; die Menge der gespeicherten Energie ist abhängig von der Bindungsart und der Anzahl der beteiligten Atome. Chemische Speicher sind z. B. alle fossilen Brennstoffe (Kohle, Erdöl und Erdgas) und die durch chemische Umformung aus diesen gewonnenen Produkte.

Die bei der Verbrennung z. B. von Kohle freigesetzte Wärme ist gleich der Differenz der Bindungsenergien von Ausgangsmaterial und Oxidationsprodukten (Abgase, Asche). Ein Maß dafür ist der *Brenn-* bzw. *Heizwert* des Brennstoffs, d. h. die pro Masseneinheit (kg) oder Stoffmengeneinheit (mol), bei gasförmigen Brennstoffen pro Normvolumen gespeicherte Energie (= Reaktionsenthalpie). Diese spezifische oder molare Energiedichte ist bei fossilen Brennstoffen im allgemeinen sehr hoch (30 MJ/kg bei Koks, 45 MJ/kg bei Heizöl). Daher sind die fossilen Brennstoffe ideale Energiespeicher.

Um nicht nur auf fossile Brennstoffe angewiesen zu sein, versucht man Energiespeicherung über den Aufbau bzw. die Umwandlung von geeigneten chemischen Verbindungen z. B. mit Hilfe von Solar- oder Kernenergie durchzuführen. Dazu werden geeignete reversible (d. h. umkehrbare) chemische Reaktionen gewählt, bei denen in der Hinreaktion unter Energiezufuhr leicht speicherbare oder transportierbare Stoffe entstehen (während in der Rückreaktion wieder die Ausgangsprodukte gebildet werden) und die bei der Hinreaktion zugeführte Energie freigesetzt wird (Abb. 1). So werden z. B. in der Reaktion (1), $CH_4 + H_2O \rightarrow 3\,H_2 + CO$, in einem Reaktor Methan und Wasserdampf unter Zufuhr von Wärme aufgespalten. Das sich dabei bildende, aus Wasserstoff und Kohlenmonoxid bestehende Synthesegas kann gespeichert werden. Eine sofortige Rückreaktion ist nicht zu befürchten, da hierzu geeignete Druck- und Temperaturbedingungen herrschen müssen bzw. ein Katalysator (Reaktionsbeschleuniger) einzusetzen ist. Will man die gespeicherte Energie abrufen, so läuft nach Herbeiführung der eben genannten Voraussetzungen die Rückreaktion (2) ab: $3\,H_2 + CO \rightarrow CH_4 + H_2O$. Unter Wärmeabgabe entstehen die Ausgangsprodukte von Reaktion (1). Die Reaktionen (1) und (2) sind z. B. Grundlage für das System „nukleare Fernenergie“ (s. S. 182).

Es gibt eine Vielzahl reversibler Reaktionen, so daß an Hand einiger Kriterien, v. a. der zugehörigen spezifischen Energiedichte, ihre Eignung für thermochemische Kreisprozesse zur Energiespeicherung festgestellt werden muß. Eine große Energiedichte kann durch eine hohe Reaktionsenthalpie, d. h. eine hohe Differenz der Bindungsenergien von Ausgangsstoffen und Produkten, oder aber durch Verwendung von Feststoffen mit hoher Massendichte erzielt werden (Abb. 2). Weiter werden hohe Reaktionsgeschwindigkeiten und einfache Speichermöglichkeiten gefordert, um den apparativen Aufwand klein halten zu können, sowie ein billiges Speichermaterial.

Thermochemische Kreisprozesse des oben beschriebenen Reaktionstyps erfordern im allgemeinen hohe Temperaturen (z. B. die Methanspaltung etwa 900 °C). Um auch Speicherung bei niedrigeren Temperaturen zu erreichen, werden Versuche zur sog. *Heterogenverdampfung* unternommen. Hierbei entweicht aus einem zweikomponentigen festen oder flüssigen Stoffsystem die eine Komponente bei Erhitzung. Sie wird gespeichert und kann später wieder zugeführt werden, wobei latente Wärme frei wird. Geeignete Stoffsysteme sind z. B. Ammoniak in Metallchloriden oder Wasserstoff in Metallen.

Auch bei chemischen Speichern treten Verluste auf: Wärme geht bei den Umwandlungsprozessen verloren; außerdem laufen die Reaktionen nicht vollständig ab. Im Gegensatz zu Wärmespeichern, bei denen ständig Verluste durch Wärmeleitung, Konvektion und Strahlung auftreten, geht aber während der Speicherdauer im chemischen Speicher keine Energie verloren. Chemische Speicher eignen sich also besonders für lange Speicherperioden.

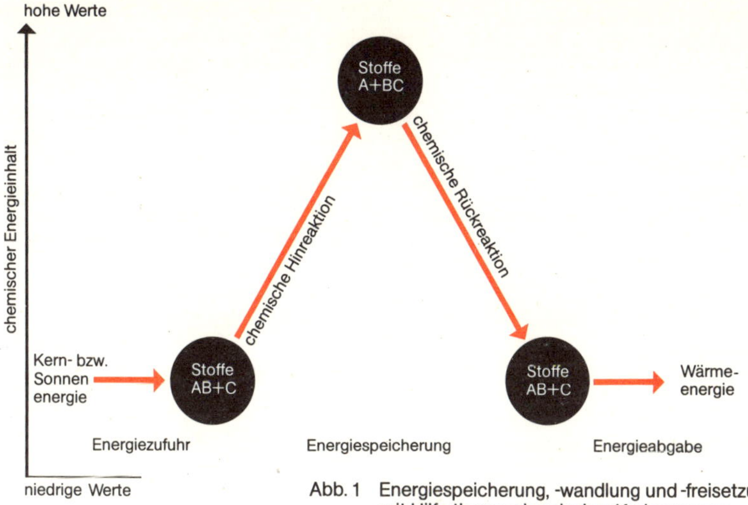

Abb. 1 Energiespeicherung, -wandlung und -freisetzung mit Hilfe thermochemischer Kreisprozesse

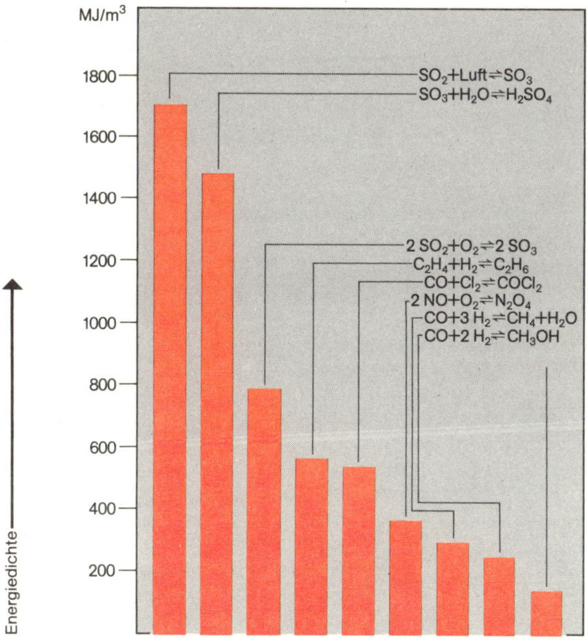

Abb. 2 Blockdiagrammdarstellung der Energiedichten (in MJ/m^3) einiger zur Wärmespeicherung verwendbarer reversibler chemischer Reaktionen

Wasserstoff als Energieträger · Wasserstofftechnologie

Wasserstoff könnte wegen seiner guten Nutzungseigenschaften bei ausreichendem und genügend billigem Angebot die Energieversorgung der Industrie, der gewerblichen Kleinverbraucher, der Haushalte und des Verkehrs weitgehend übernehmen (sog. *Wasserstoffwirtschaft*). Die direkte Nutzung von Wasserstoff erfolgt über den Weg der Verbrennung, wobei die freigesetzte Wärme Heizfunktionen übernehmen oder in mechanische Energie umgewandelt werden kann, die dann ihrerseits z. B. zum Antrieb von Transportmitteln dient. In den Hydrierverfahren, d. h. bei der Anlagerung von Wasserstoff an Kohlenstoff, wurde für Wasserstoff eine indirekte Nutzungsmöglichkeit erschlossen. Fossile Energieträger (z. B. Kohle, schweres Heizöl) können auf diesem Wege in Endenergieträger (z. B. Benzin) umgewandelt werden. Entscheidend für eine Wasserstoffwirtschaft ist die Beantwortung der Frage, wie und in welchem Umfang Wasserstoff bereitgestellt werden kann und ob seine Wettbewerbsfähigkeit gegenüber den zu ersetzenden Energieträgern garantiert ist.

Wasserstoff läßt sich aus dem auf der Erde in ausreichendem Maße vorhandenen Wasser (H_2O) gewinnen. Es muß dazu nur die in den Wassermolekülen vorliegende chemische Bindung zwischen den Wasserstoff- und Sauerstoffatomen unter Zuführung der Bindungsenergie von 118 kJ/mol aufgebrochen werden. Am zweckmäßigsten geschieht dies mit Verfahren, für die als Energiequelle zukünftig die nuklearen und regenerativen Energieträger eingesetzt werden können.

Gegenwärtig erfolgt die Wasserstofferzeugung durch die *chemische Reaktion von Kohlenstoff mit Wasserdampf* (s. S. 148), bei der außerdem Kohlenmonoxid entsteht. Die hierfür notwendige Prozeßenergie wird durch eine Teilverbrennung (etwa 40 %) der eingesetzten fossilen Energieträger aufgebracht. Durch den Einsatz von nuklearer Energie, die in Hochtemperaturreaktoren erzeugt wird, kann dieser Betrag eingespart werden.

Die *thermische Zersetzung (Spaltung) von Wasser* erfordert Prozeßtemperaturen von über 2 000 °C, die z. Z. materialtechnisch nicht beherrscht werden. Eine Senkung der Spalttemperatur ist bei Anwesenheit gewisser *Reaktanten* möglich, die zunächst den entstehenden Wasserstoff und Sauerstoff binden, um beide Stoffe in der nächsten Prozeßstufe bei Wärmezufuhr wieder abzugeben (Abb. 1). Die Reaktanten werden zur Ausgangsstufe zurückgeführt, und der Zyklus beginnt von neuem. Diese Art der Wasserspaltung ist ein *thermochemischer Kreisprozeß*. Als Wärmequelle kann der Hochtemperaturreaktor dienen; denkbar erscheint auch, Sonnenwärme in den Prozeß einzukoppeln. Zur Zeit laufen Forschungsprogramme in aller Welt, in denen geeignete Reaktantenkombinationen gesucht werden.

Wasser läßt sich auch mit Hilfe der *Elektrolyse* durch Zufuhr elektrischer Energie spalten. Dazu wird es in Elektrolysezellen (Abb. 2) gefüllt, die durch bipolare Elektroden (anodenseitig vernickelte Eisenbleche) voneinander getrennt sind, und zur besseren Stromleitung wird eine in Ionen dissozierende Substanz (Elektrolyt) zugegeben. Bei Anlegen einer die Zersetzungsspannung des Wassers von 1,23 V übersteigenden elektrischen Spannung werden an der Kathode aus den Wassermolekülen positiv geladene Wasserstoffionen (H^+) und negativ geladene Hydroxylionen (OH^-) gebildet: $H_2O \rightarrow H^+ + OH^-$. Die Wasserstoffionen nehmen dort Elektronen (e) auf und entladen sich unter Bildung von Wasserstoffmolekülen: $2\,H^+ + 2e \rightarrow H_2$. Die Hydroxylionen wandern zur Anode, wo aus ihnen durch Elektronenabgabe Sauerstoffmoleküle entstehen: $4\,OH^- \rightarrow O_2 + 2H_2O + 4e$. Ein poröses, den Stromtransport gestattendes Diaphragma (meist aus Asbest) verhindert in jeder Zelle die Vermischung des entstehenden Wasserstoffs mit dem entstehenden Sauerstoff zu Knallgas.

Die gegenwärtig betriebenen Elektrolyseeinrichtungen haben einen spezifischen Energieverbrauch von etwa 4,5 kWh pro Kubikmeter entwickelten Wasserstoff (d. h. einen Wirkungsgrad von etwa 60 %) und eine stündliche Produktionsrate von 1 m^3 H_2 pro m^2 Elektrodenfläche. Diskutiert wird derzeit die elektrolytische Wasserstoffgewinnung mit der photovoltaisch in riesigen Solarzellenanlagen z. B. in der Sahara erzeugten elektrischen Energie (s. S. 220).

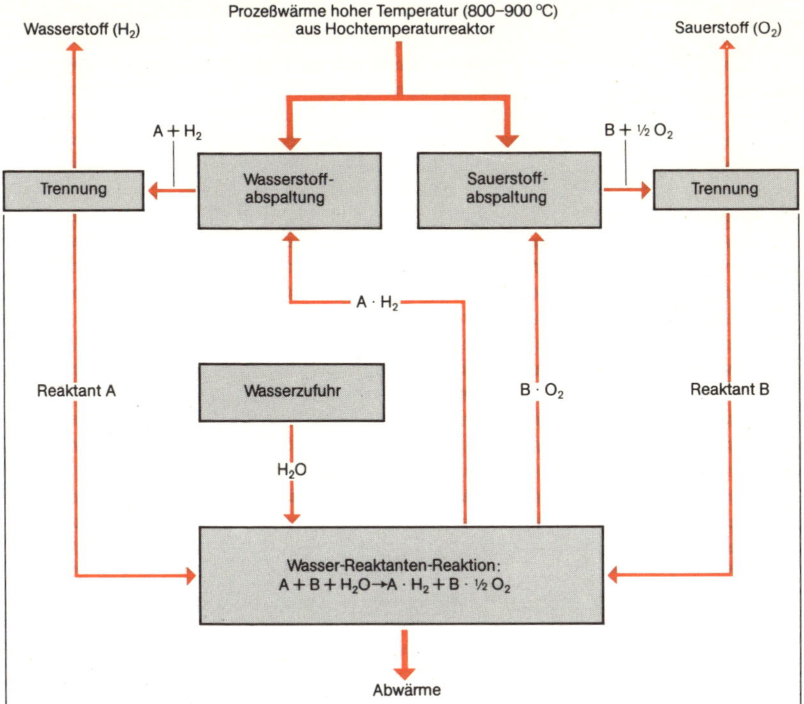

Abb. 1 Schema eines thermochemischen Kreisprozesses der Wasserzerlegung

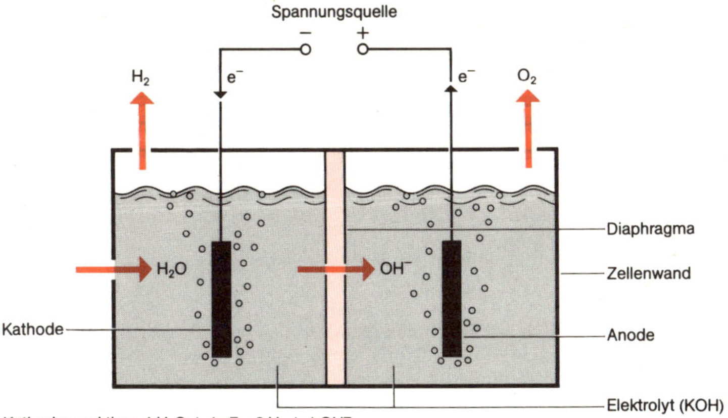

Kathodenreaktion: $4\,H_2O + 4\,e^- \rightarrow 2\,H_2 + 4\,OH^-$
Anodenreaktion: $4\,OH^- \rightarrow O_2 + 2\,H_2O + 4\,e^-$

Bruttoreaktion: $2\,H_2O + \text{Strom} \rightarrow 2\,H_2 + O_2$

Abb. 2 Schematischer Aufbau einer Wasserelektrolysezelle

Elektrochemische Energiespeicherung

Elektrische Energie kann als solche nicht unmittelbar gespeichert werden (abgesehen von kleinen Mengen in Kondensatoren). Sie muß zuvor in eine speicherbare andere Energieform überführt werden. Bei der *elektrochemischen Energiespeicherung* geschieht dies durch Umwandlung stoffgebundener chemischer Energie mit Hilfe elektrochemischer Reaktionen, die in ionenleitenden Stoffen (Elektrolytlösungen, Salzschmelzen, feste Ionenleiter u. a.) bzw. an deren Grenzflächen zu Elektronen liefernden und abführenden Elektroden in z. T. umkehrbarer Weise ablaufen und dabei eine elektrische Spannung zwischen den Elektroden erzeugen. Werden die Elektroden über einen äußeren Stromkreis leitend verbunden, so fließt so lange ein Strom über den Außenkreis, bis die Reaktionen beendet sind.

Bei *elektrochemischen Energiespeichern* unterscheidet man zwei Arten: *Elektrochemische Primärelemente* oder *-batterien* wandeln einen Teil der in geeigneten chemischen Verbindungen gespeicherten chemischen Energie durch stetig ablaufende elektrochemische Reaktionen in elektrische Energie um. Sind diese Reaktionen abgelaufen, hat das Primärelement seine Funktion als Energiequelle erfüllt und wird weggeworfen. Bei *elektrochemischen Sekundärelementen* oder *-batterien* können die elektrochemischen Reaktionen nach Bedarf umgekehrt werden: Sind die spannungs- und stromliefernden Entladereaktionen zum Stillstand gekommen, wird an die Batterieklemmen eine so gepolte elektrische Spannung gelegt, daß durch die Batterie ein Strom in entgegengesetzter Richtung als beim Entladevorgang fließt und eine Umkehrung der elektrochemischen Reaktionen bewirkt.

Die als *Trockenbatterien* ausgeführten Primärelemente bestehen aus zwei Elektroden unterschiedlichen Materials (meist Kohle und Zink), zwischen denen sich die mit einem Verdickungsmittel (Stärkebrei, Methylzellulose u. a.) pastenartig eingedickte und fixierte Elektrolytlösung befindet (Abb. 1). Die elektrische Spannung von 1 bis 1,5 V entsteht, weil Kationen aus einer Elektrode in Lösung gehen (sie lädt sich dabei negativ auf) oder sich aus der Lösung auf der anderen Elektrode niederschlagen und sie positiv aufladen. Die bis zu 20 Stunden verfügbare elektrische Leistung ist allerdings nur gering (bis zu 10 W).

Die bekannteste Sekundärbatterie ist der *Bleiakkumulator (Bleisammler),* bei dem paarweise angeordnete Plattenelektroden – Kathode im aufgeladenen Zustand aus Blei (Pb), Anode aus Bleioxid (PbO_2) – in verdünnte Schwefelsäure (H_2SO_4) als Elektrolyten eintauchen (Abb. 2). Beim Entladen werden beide Platten in Bleisulfat ($PbSO_4$) umgewandelt, wobei Wasser gebildet wird. Im Gegensatz zu Primärbatterien werden die Elektroden durch Stromfluß nicht aufgebraucht, sondern nur chemisch verändert. Diese Veränderung läßt sich beim Aufladen des Akkus wieder rückgängig machen. Die im Bleiakku ablaufenden chemischen Reaktionen beschreibt in zusammengefaßter Weise die folgende Reaktionsgleichung:

$$PbO_2 + 2\,H_2SO_4 + Pb \underset{\text{Laden}}{\overset{\text{Entladen}}{\rightleftarrows}} PbSO_4 + 2\,H_2O + PbSO_4$$

Jedes Plattenpaar bildet eine etwa 1,8–2 V Spannung liefernde Zelle.

Für die Verwendung von Batterien in *Elektroautos* müssen die in Amperestunden (Ah) angegebenen Ladungskapazitäten und die gewichtsbezogenen, in Wh/kg angegebenen spezifischen Energiedichten erheblich höher werden, wenn der Elektroantrieb eine entscheidende Rolle spielen soll (Abb. 4). Bereits im Handel erhältlich sind Nickel-Cadmium- und Silber-Zink-Batterien, die eine drei- bzw. achtfach höhere Energiedichte als Bleisammler aufweisen. Bei den *Hochtemperaturbatterien,* die mit einem festen Elektrolyten und flüssigen Elektroden bei Temperaturen von 250 bis 400 °C arbeiten, erwartet man von der *Natrium-Schwefel-Batterie* mit 420 Wh/kg etwa die zehnfache Energiedichte. Bei ihr dient flüssiges Natrium als Anode, ein etwa 0,7 mm dünner, für Natriumionen durchlässiger keramischer Festkörper aus Aluminium- und etwas Natriumoxid als Elektrolyt und flüssiger, in poröse Kohle adsorbierter Schwefel als Kathode. Ein nichtrostender Stahlbehälter mit thermischer Isolierung bildet den äußeren Abschluß (Abb. 3).

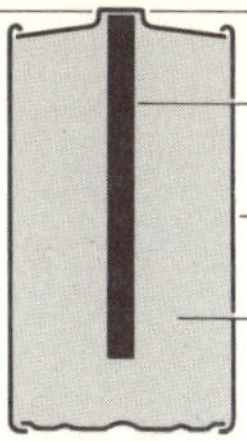

Abb. 1 Trockenbatterie

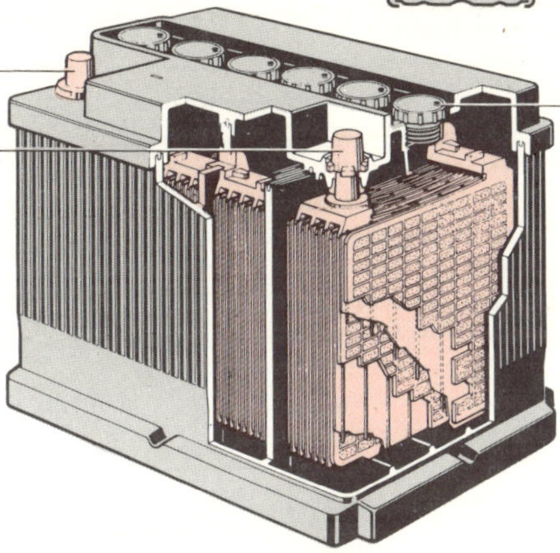

Abb. 2 Bleiakkumulator mit abwechselnd positiven und negativen Plattenelektroden

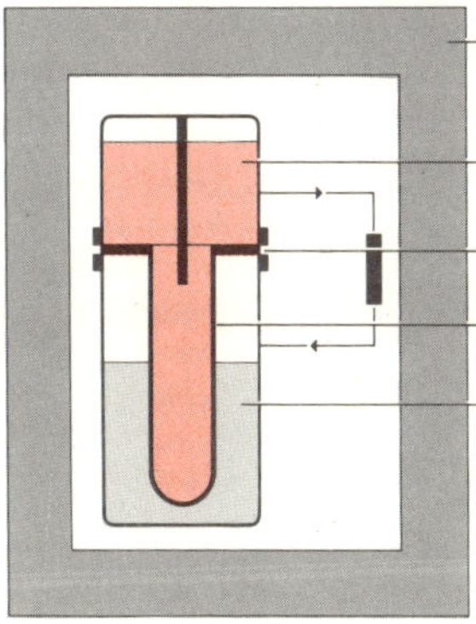

Abb. 3 Natrium-Schwefel-Batterie (Betriebstemperatur etwa 300 °C)

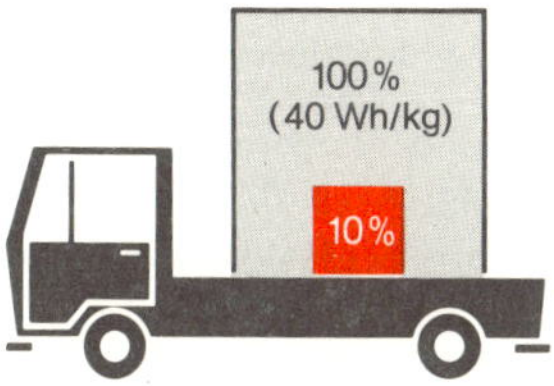

Abb. 4 Die Gewichtseinsparung durch Verwendung leistungsfähiger Batterien (z.B. Natrium-Schwefel-Batterien) beim Elektroantrieb von Fahrzeugen für den Stadtverkehr (Fahrstrecken bis 80 km)

Elektrische Energiespeicherung

Die Speicherung elektrischer Energie ist nur in begrenztem Umfang möglich. *Mittelbare Elektrizitätsspeicher* überführen mit Energiewandlern elektrische Energie in eine gut speicherbare andere Energieform und wandeln diese dann bei Bedarf wieder zurück (Abb. 1). Zu diesen Speichern zählen u. a. die elektrochemischen Speicher (s. S. 130) und die mit chemischen (z. B. Wasserstoffspeicher; s. S. 128) oder mechanischen Speichern (s. S. 120) arbeitenden Systeme. Bei *direkter elektrischer Energiespeicherung* unterscheidet man kapazitive Speicher, die elektrische Ladung und die mit dieser verknüpfte elektrische Feldenergie speichern (z. B. Kondensatoren), und induktive Speicher, in denen elektrische Ströme und die mit diesen verbundene magnetische Feldenergie gespeichert wird (z. B. Spulen):

Kapazitive Energiespeicher: Das Fassungsvermögen eines elektrisch leitenden Körpers für elektrische Ladung wird durch die als seine elektrische Kapazität bezeichnete physikalische Größe $C = Q/V$ gekennzeichnet (Q die auf seiner Oberfläche gespeicherte Ladungsmenge, V das von dieser erzeugte elektrische Potential). Ein elektrischer Speicher, dessen Kapazität von geometrisch vorgebbaren Größen abhängt, ist der *Kondensator.* Er besteht im Prinzip aus zwei mit metallischen Zuleitungen versehenen, durch ein Dielektrikum (z. B. Glimmer, imprägniertes Papier, Kunststoff, Keramik, auch Luft) voneinander isolierten flächenhaften metallischen Leitern (z. B. Metallplatten bei einem *Plattenkondensator;* Abb. 2). Legt man durch Verbinden mit den Polen einer Gleichstromquelle eine Gleichspannung U zwischen den getrennten Leitern an, so werden auf sie jeweils entgegengesetzt gleich große elektrische Ladungsmengen vom Betrage $Q = CU$ gebracht und in dem zwischen ihnen aufgebauten elektrischen Feld die elektrische Energie $E_{el} = \frac{1}{2} C \cdot U^2$ gespeichert.

Wie gering die in Kondensatoren speicherbare Energie ist, zeigt ein Vergleich ihrer bei Hochleistungskondensatoren etwa 10^6 J/m^3 betragenden *Energiedichte* (= gespeicherte Energiemenge pro Volumeneinheit) mit der anderer Speichersysteme. Ein Kondensator von der Größe eines 10-Liter-Benzinkanisters speichert nur etwa 10 000 J elektrische Energie, während in 10 Liter Benzin etwa $320 \cdot 10^6$ J chemische Energie gespeichert sind.

Die Anwendungsmöglichkeiten des Kondensators liegen bislang nicht im Bereich der großtechnischen Energiespeicherung, sondern dort, wo kurzzeitig sehr hohe elektrische Leistungen benötigt werden, z. B. in der Kernfusionsforschung (s. S. 198 f.). Man schaltet dazu sehr viele Kondensatoren elektrisch parallel zu *Kondensatorbatterien* zusammen. Besondere Schaltungstechniken sorgen für die gleichzeitige Entladung aller Kondensatoren über Schaltfunkenstrecken, so daß derartige *Stoßgeneratoren* die gesamte gespeicherte Energie in sehr kurzer Zeit ($\leqq$ 1 ms) einem „Verbraucher" (Widerstand, Spule) zuführen können. Hat eine in 1 ms entladbare Kondensatorbatterie eine Speicherfähigkeit von 10 MJ (= 10 MWs), so beträgt die Durchschnittsleistung während dieser Millisekunde 10 GW; das entspricht etwa der Leistung von 8 Kernkraftwerken des Typs Biblis B (je 1,3 GW).

Induktive Energiespeicher: Bewegte elektrische Ladungen haben stets ein magnetisches Feld um sich. Wird eine aus einem Draht gewickelte *Spule* (s. S. 25) von einem elektrischen Strom der Stromstärke I durchflossen, so speichert sie die magnetische Energie $E_m = \frac{1}{2} L \cdot I^2$. Ihre Induktivität L ist dabei von der Spulenlänge s, der Spulenquerschnittsfläche A und der Windungszahl N abhängig. Bei ringförmigen Spulen ohne Streufeld (Abb. 3) gilt: $L = \mu N^2 \cdot A/s$, wobei die Permeabilität μ die magnetischen Eigenschaften der im Spuleninneren befindlichen Materie kennzeichnet.

Unterbricht man den Stromfluß, so wird zwischen den Enden der Spule eine Spannung U induziert, die man auf einen Verbraucher schalten kann. Dieser bezieht nun elektrische Energie auf Kosten der Energie des Magnetfeldes, das sich dabei abbaut. Die spezifische Speicherfähigkeit von Spulen aus supraleitenden Drähten liegt heute in der Größenordnung von 100 MWs/m^3, also etwa 100fach höher als die eines Hochleistungskondensators. Die technische Beherrschung des supraleitenden Zustands bereitet allerdings noch große Schwierigkeiten.

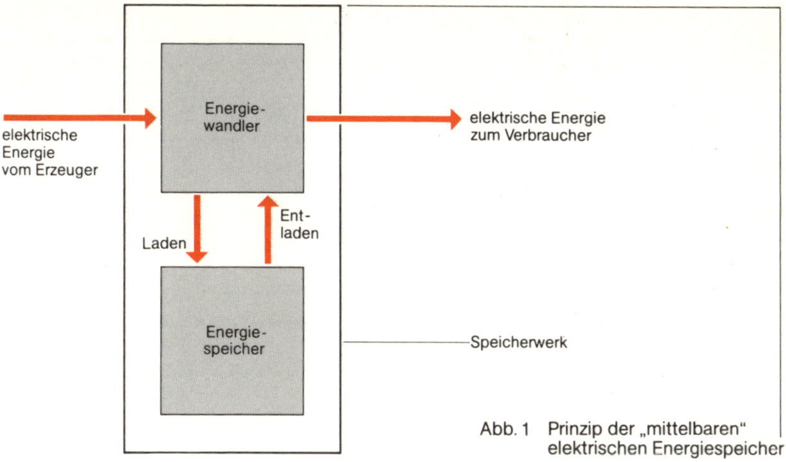

Abb. 1 Prinzip der „mittelbaren“ elektrischen Energiespeicher

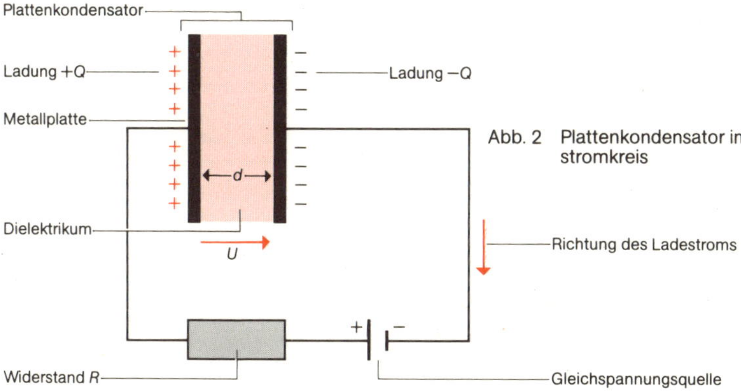

Abb. 2 Plattenkondensator im Ladestromkreis

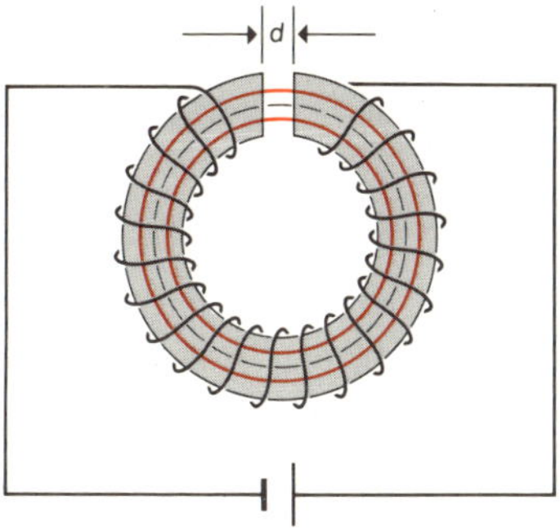

Abb. 3 Ringspule mit Eisenkern und dünnem Luftspalt (Dicke d)

Kohle als Energie- und Rohstoffquelle

Kohle liegt nach grober Einteilung als *Braun-* und *Steinkohle* vor und hat entsprechend eine braune bzw. schwarze Farbe. Sie besteht im wesentlichen aus den Elementen Kohlenstoff, Wasserstoff, Stickstoff und Schwefel und enthält in wechselnden Mengen Wasser und Mineralien. Da Kohle aus Pflanzen entstanden ist (s. S. 136), die Sonnenenergie aufgenommen haben, ist in ihr diese Energie in chemischer Form gespeichert, die mit geeigneten Verfahren nutzbar gemacht werden kann. Dazu wird der Primärenergieträger Kohle direkt zur Wärmegewinnung verbrannt oder zunächst in Sekundärenergieträger umgewandelt: z. B. Koks, Briketts, Strom, Gas oder Flüssigprodukte (Abb. 1). Diese Energieträger werden schließlich in Endenergie überführt, die zur Erzeugung von Raum- oder Prozeßwärme sowie von Licht oder für mechanische, elektrotechnische und chemische Zwecke eingesetzt wird.

Am Anfang der Kohlenutzung stand allein die Erzeugung von Wärme durch Verbrennen, die hauptsächlich für Schmiedezwecke genutzt wurde. Der industrielle Einsatz der Kohle begann im 18. Jahrhundert, als es gelang, für Verhüttungsprozesse geeigneten Steinkohlenkoks zu erzeugen. Die Entwicklung von Dampfmaschinen erweiterte nicht nur den Absatzmarkt für Kohle, sondern leitete auch eine stürmische industrielle Entwicklung ein. Menschliche Arbeitskraft konnte durch mit Kohle als Brennstoff betriebene Maschinen ersetzt werden. Nicht nur im Industriebereich wurden Kohle und aus ihr gewonnene Sekundärenergieträger eingesetzt, sondern auch im Verkehrswesen (Dampfschiffahrt, Eisenbahn) und in den privaten Haushalten zur Erzeugung von Wärme.

Die gegenwärtig wichtigsten Verwendungsgebiete für Kohle sind die Strom- und Wärmeerzeugung sowie die Koksgewinnung. Während die Brikettherstellung wegen der sinkenden Nachfrage zurückgeht, wird erwartet, daß der Absatz von Produkten der Kohlevergasung und Kohleverflüssigung, die den Produkten der Erdöl- und Erdgasverarbeitung vergleichbar sind, wegen der Verteuerung des Erdöls und Erdgases zunimmt. Die bei diesen Verfahren gewonnenen Erzeugnisse werden nicht nur als Energieträger benötigt, sondern wie verschiedene Produkte des Verkokungsprozesses (neben Koks und Kokereigas auch Teer, Peche, aliphatische und aromatische Kohlenwasserstoffe) auch als Rohstoffe für die chemische Industrie (insbesondere Paraffine, Olefine, Benzol, Phenole, Kresole, Naphthalin; Abb. 2).

Da die Zusammensetzung der Kohle von Lagerstätte zu Lagerstätte, ja sogar innerhalb des gleichen Flözes schwankt, wurden in fast allen kohlefördernden Ländern Klassifikationssysteme für die Bewertung und Beurteilung der *technologischen Eigenschaften der Kohle* entwickelt. Wichtige Merkmale sind danach der Inkohlungsgrad, der Wassergehalt, der Gehalt an flüchtigen Bestandteilen (gasförmige Zersetzungsprodukte, die beim Erhitzen der Kohle entweichen), der Brennwert der lufttrockenen und aschefreien Kohle, der Aschegehalt sowie das Kokungsvermögen. Im folgenden sind einige Qualitätsmerkmale bei bestimmter Verwendung aufgeführt:

Verkokung: Neben optimalen Verkokungseigenschaften, die in mehreren Untersuchungen bestimmt werden, werden eine definierte Kornverteilung, ein Wassergehalt unter 10% sowie geringe Asche- und Schwefelwerte gefordert.

Verstromung: Bestimmte Anforderungen werden gestellt an den Gehalt an flüchtigen Bestandteilen, die Kohlehärte (wegen der Auslegung der Kohlemühlen), die Körnung sowie das Ascheschmelzverhalten (wegen der Kesselauslegung) und den Gehalt an Schwefel und an Spurenelementen (aus Umweltschutzaspekten).

Vergasung: Flüchtige Bestandteile, Asche, Backneigung und Reaktivität bestimmen die Kohleeignung.

Verflüssigung: Inkohlungsgrad, Sauerstoff- und Kohlenstoffgehalt sind die wichtigsten Kenngrößen.

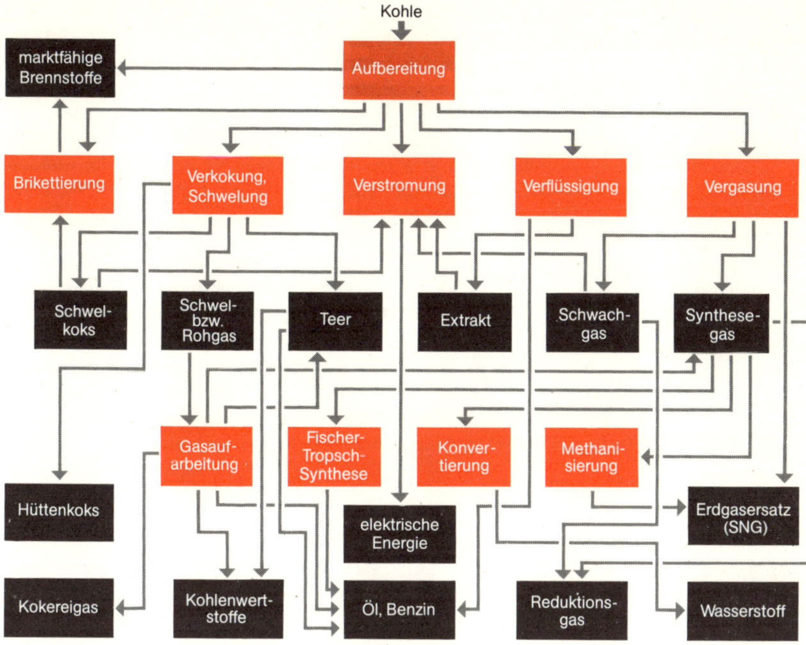

Abb. 1 Kohleveredelungsverfahren und ihre Produkte

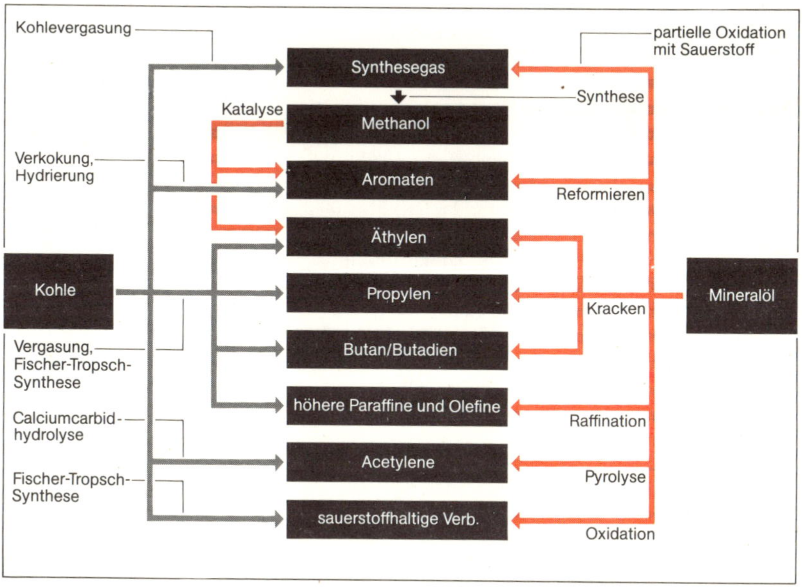

Abb. 2 Gewinnung von Chemierohstoffen aus Kohle oder Mineralöl

Die Entstehung von Kohle · Kohlevorkommen

Kohle entsteht in erdgeschichtlich sehr langen Zeiträumen aus pflanzlichen Ablagerungen, und zwar unter zwei Voraussetzungen: Es müssen tropische oder zumindest feuchtwarme Klimabedingungen mit üppigem Pflanzenwuchs herrschen, und die absterbenden Pflanzen müssen vom Luftsauerstoff getrennt sein und dadurch nicht vollständig verwesen können.

Zwar gibt es Kohle, deren Ursprung bis ins Unterdevon und Präkambrium zurückreicht; diese Kohle ist jedoch nicht von wirtschaftlichem Interesse. Erst die weiterentwickelten Pflanzen ab dem Karbon, also Bärlappgewächse, Schachtelhalme, Farne und Kordaiten, bildeten die Grundlagen bedeutender Kohlelagerstätten. Etwa 40% der Kohlereserven entstammen dem Karbon und Perm. Jura und Kreide waren weitere Zeiträume, in denen sich umfangreiche Steinkohlelagerstätten ausbildeten.

Die Braunkohle entstammt im allgemeinen der erdgeschichtlichen Neuzeit, dem Tertiär, und ist damit deutlich jüngeren Datums. Eine bekannte Ausnahme sind Braunkohlelager in der Nähe Moskaus, deren Ursprung im Karbon liegt.

Entstehungsorte von Kohlelagerstätten waren ausgedehnte Wald- und Riedmoore mit hohem Grundwasserspiegel. Damit die abgestorbenen Pflanzen nicht unter Einfluß des Luftsauerstoffs verwesten, mußte der Untergrund absinken, und zwar so langsam, daß auf der aus dem Wasser ragenden Schicht noch eine üppige Vegetation möglich war.

Klima, Vegetation und Erdbewegungen erfüllten über die langen Zeiträume hinweg nicht gleichbleibend die Voraussetzungen für eine Kohlebildung (Moorgebiete ertranken, trockneten aus und entstanden neu). Das abgestorbene Pflanzenmaterial wurde wiederholt von Meeres- oder Landablagerungen bedeckt. Entsprechend der zeitlichen Dauer dieser Perioden kam es zu unterschiedlichen Schichtdicken von Kohle und Bergen (Gestein). In der Pflanzenschicht liefen durch teilweise Oxidation und Einwirken von Mikroorganismen unter Einbeziehung verschiedener im Pflanzenmaterial enthaltener Elemente Reaktionen ab, die zu einer Vermoderung und schließlich Vertorfung führten.

Dieser Vorgang ist das Anfangsstadium der *Kohlebildung (Inkohlung)*, die durch zwei Abschnitte gekennzeichnet ist: Braunkohlebildung (biochemische Inkohlungsphase) und Steinkohlebildung (geochemische Inkohlungsphase). Die *Braunkohlebildung* setzt in den untersten Schichten der Moor- und Torflager ein. Der Übergang von dieser ersten Inkohlungsstufe zur *Steinkohlebildung* erfolgt nicht abrupt, sondern vollzieht sich fließend, indem die biochemischen Reaktionen von geochemischen überlagert werden. Da letztere temperaturabhängig sind, müssen die Flöze (Kohleschichten) in große Teufen (Tiefen) absinken und in Bereiche höherer Erdwärme gelangen.

Die Verteilung und Ausbreitung kohleführender Schichten auf der Erde und die Größe der *Kohlelagerstätten* sind gut bekannt; das Zahlenmaterial über die weltweit ausbringbaren Reserven ist relativ zuverlässig. Die Gesamtsumme der in Form von Kohle verfügbaren Energie beträgt $2 \cdot 10^{22}$ J. Die *Kohlevorräte* bestehen zu 70% aus Steinkohle und zu 30% aus Braunkohle. Die wichtigsten kohlefördernden Gebiete mit ihren Reserven zeigt die folgende Tabelle:

Land bzw. Region	Steinkohlereserven		Braunkohlereserven	
	EJ	Mrd. t SKE	EJ	Mrd. t SKE
Nordamerika	3000	102	2400	81
UdSSR	3000	102	1800	61
China	2900	98	-	-
Westeuropa	2020	69	308	10,5
Polen	800	27	100	3,6
Australien	744	25	319	10,9
Südafrika	740	25	-	-

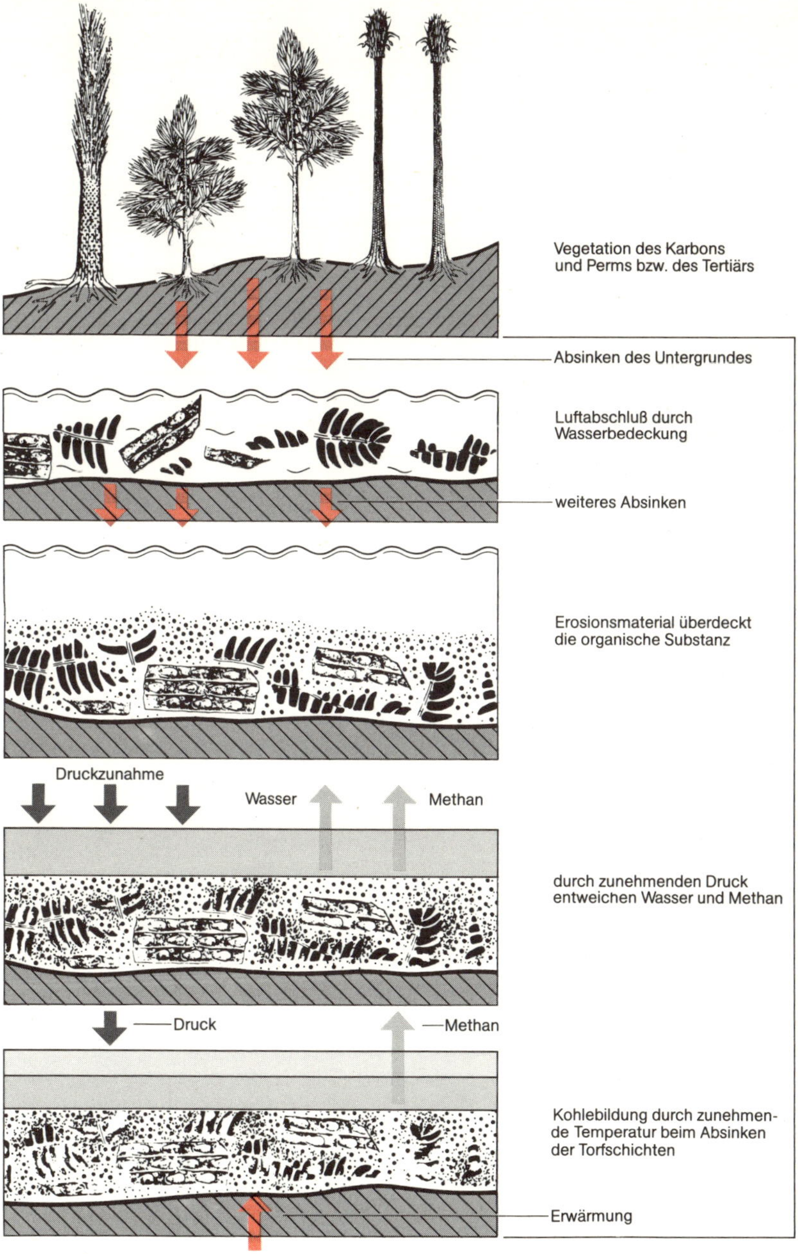

Abb. Die Entstehung von Kohle

Braunkohle, Steinkohle · Kohleförderung

Die weltweite Kohleförderung betrug 1981 rund $3{,}8 \cdot 10^9$ t; davon waren $0{,}98 \cdot 10^9$ t Braunkohle und $2{,}8 \cdot 10^9$ t Steinkohle. Die Gewinnung erfolgte bei der Braunkohle zu 65% und bei der Steinkohle zu 18% im Tagebau; die restlichen Mengen wurden im Untertagebau gewonnen.

Der Einsatz der unterschiedlichen Abbaumethoden wird im wesentlichen von den jeweils vorherrschenden geologischen Lagerstättenverhältnissen bestimmt, d.h., wenn die Kohle dicht unter der Erdoberfläche liegt, wird im Tagebauverfahren gefördert, andernfalls erfolgt die Gewinnung im Untertagebau:

Die im *Tagebau* eingesetzten Verfahren arbeiten kontinuierlich oder diskontinuierlich. Bei den *kontinuierlichen Verfahren* erfolgt das Lösen, Laden und Transportieren von Abraum (Sand, Steine u.a.) oder Kohle in einem Arbeitsgang (Abb. 1). Als Beispiel sei der deutsche Braunkohlebergbau angeführt, in dem Schaufelradbagger mit Tagesleistungen von bis zu 240000 m^3 die Kohle gewinnen und auf Transportbänder aufgeben, über die die Kohle direkt ins Kraftwerk, die Brikettfabrik oder dgl. geliefert wird. Wenn das die Lagerstätte umgebende Gestein sehr hart und fest ist (wie häufig bei Steinkohlelagerstätten), erfolgt die Gewinnung mit *diskontinuierlichen Verfahren*. Das Lösen, Verladen und Transportieren läuft hier in verschiedenen Arbeitsgängen ab. Eingesetzt werden dazu Planierraupen, Scraper, Bagger und Lkws.

Im *Untertagebau* wird die Kohlelagerstätte durch söhlige (waagrecht) oder einfallende Strecken und durch senkrechte Schächte von über Tage aus zugänglich gemacht. Die Strecken und Schächte dienen der Kohle-, Personen- und Materialförderung sowie der Bewetterung des Grubenfeldes (Versorgung mit Frischluft, Absaugen der Gase u.a.; Abb. 2).

Die Untertageabbauverfahren unterscheidet man nach Merkmalen wie Verhiebart, Verhiebrichtung, Abbauführung und Abbaurichtung; die wichtigsten sind der Örterbau, der Schrägbau und der Strebbau; bei in geringer Teufe (Tiefe) anstehenden, flachgelagerten Flözen (Kohleschichten) mit einer Mächtigkeit (Schichtdicke) ab 1,5 m hat sich der *Örterbau* (*Pfeilerbau;* Abbau in kammerartigen Abbauräumen) bewährt. Die Arbeitsvorgänge sind hier weitgehend mechanisiert, und der maschinelle Einsatz ermöglicht hohe Leistungen. Da das Deckgebirge durch Stehenlassen von *Kohlefesten* (Kohlewände, Kohlepfeiler) abgestützt wird, werden Lagerstättenverluste von 50–70% hingenommen.

Bei ungünstigeren Lagerstättenbedingungen, größeren Teufen und Flözen mit geringerer Mächtigkeit sind fast ausschließlich Abbauverfahren mit langfrontartiger Bauweise üblich: der *Schrägbau* bei steilem oder stark geneigtem Einfallen und der *Strebbau* (Abbau in einem bis über 300 m langen sog. Streb) bei flacherer Lagerung (bis etwa 40 °C). Die Gewinnung im Schrägbau bietet nur begrenzte Möglichkeiten zur Mechanisierung und ist deshalb stark zurückgegangen. Im Strebbau wird dagegen die Kohle fast ausschließlich mechanisch gewonnen, d.h. z.B. mit Kohlehobeln gelöst und mit Kettenkratzern und Förderbändern transportiert. Das *Hangende* (Deckgebirge) wird nur im Bereich des Kohlenstoßes abgestützt.

Wegen des hohen Grades der Technisierung, der in der Tagebautechnik inzwischen erreicht ist, werden für die nächsten Jahre keine wesentlichen Neuerungen erwartet. Auch scheint mit 600 m die äußerste Tiefengrenze erreicht zu sein. Der Untertagebau bietet dagegen noch viele Möglichkeiten für technische Neuerungen und Rationalisierungsmaßnahmen. Erhebliche Schwierigkeiten bereiten bei zunehmender Teufe allerdings die Beherrschung des Gebirgsdrucks, die Wasserführung, die steigenden Temperaturen (je 100 m etwa 3 °C) und schließlich die Wetterführung. Wegen dieser Probleme gelten Teufen zwischen 1500 und 1600 m Tiefe zunächst noch als äußerste Fördergrenzen.

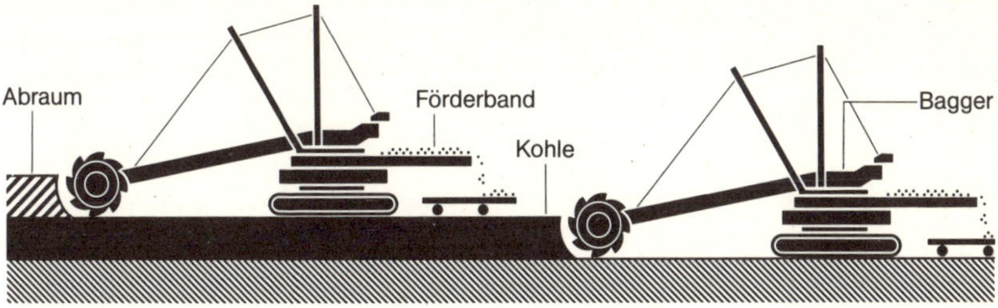

Abb. 1 Tagebau mit kontinuierlich arbeitenden Gewinnungsgeräten (Schaufelradbagger und Förderbänder)

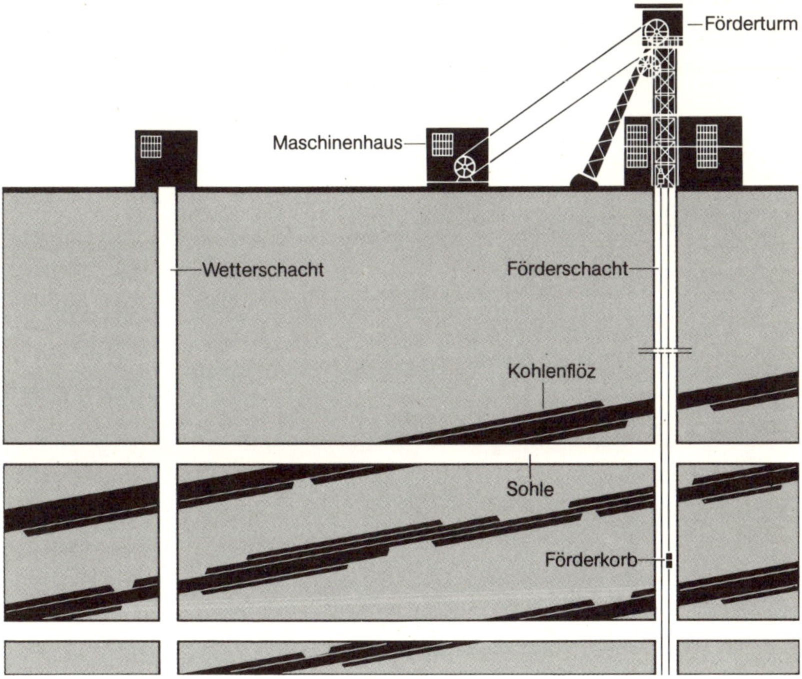

Abb. 2 Untertagebau-Schachtanlage

Kohlekraftwerke – von der Kohle zum Strom

Die chemisch gebundene Energie der Kohle kann in Kohlekraftwerken in elektrische Energie umgewandelt werden. Zu diesem Zweck wird die Kohle verbrannt, und mit der sich entwickelnden Wärmeenergie wird Wasserdampf erzeugt. Danach findet mit Hilfe einer Dampfturbine die Umwandlung von Wärmeenergie in mechanische Energie statt, die zum Antrieb eines stromerzeugenden Generators genutzt wird.

Die wesentlichen Komponenten eines derartigen Kraftwerks (Abb. 1) sind: die Kohlebeschickungseinrichtungen, die Dampfkesselanlage, der maschinentechnische Teil und die Einrichtungen zur Abgas- und Abwärmeabfuhr. Die dem Kraftwerk per Bahn, Schiff oder Bandanlage zugeführte Kohle wird in *Kohlebunkern* gespeichert, ehe sie zur der Verfeuerung in die *Kesselbunker* gebracht wird. Von den Kesselbunkern aus wird sie bei Rostfeuerung unmittelbar auf die *Feuerungsroste* gegeben; bei Staubfeuerung wird sie zunächst in einer Mühle zu Staub gemahlen und dann mit vorgewärmter Luft über Brenner in den Feuerraum geblasen.

Die bei der Verbrennung der Kohle entstehenden heißen *Rauchgase* erzeugen im Dampfkessel aus vorgewärmtem Speisewasser *Sattdampf,* der in einem Überhitzer auf eine Temperatur von 500–650 °C und einen Druck von 90–120 bar gebracht wird, sodann die *Dampfturbine* durchströmt und expandiert. Dabei wird seine Wärmeenergie in kinetische Energie umgesetzt, die den Läufer der Turbine und gleichzeitig den an die Turbinenwelle angekoppelten *Rotor des Generators* in Rotation versetzt. Der von einer ebenfalls angekoppelten Erregermaschine erzeugte *Gleichstrom* induziert in diesem Rotor ein magnetisches Drehfeld, das in den Ständerwicklungen des Generators einen *Wechselstrom* (meist Drehstrom von 6000 oder 10000 Volt Spannung) erzeugt. Die elektrische Energie wird über einen Transformator in das elektrische Verbundnetz eingespeist.

Der aus der Dampfturbine austretende, auf weniger als 0,1 bar entspannte Dampf wird in einem Kondensator durch Kühlung wieder verflüssigt; dabei wird die latent in ihm steckende *Verdampfungswärme* wieder frei. Über Wärmetauscher wird sie von einem Kühlkreislauf abgeführt, in dem Wasser aus einem Fluß oder See zur Kondensatorkühlung benutzt (offener Kreislauf) oder das erwärmte Kühlwasser in Kühltürmen abgekühlt wird (geschlossener Kreislauf). Der *verflüssigte Dampf* wird dem Kessel wieder als *Speisewasser* zugeführt. Die Rauchgase verlassen nach Reinigung in Staubfiltern die Anlage über einen Schornstein.

Moderne Kraftwerke weisen Anlagenwirkungsgrade von 35–38 % auf. Die Frischdampftemperatur beträgt dabei 540 °C. Höhere Temperaturen würden zwar eine Verbesserung des *Wirkungsgrades* herbeiführen, was allerdings nur mit Hilfe teurer austenitischer Stähle möglich wäre. In der Vergangenheit wurden einige Anlagen mit Frischdampftemperaturen von 650 °C gebaut. Der dadurch gesenkte Kohleverbrauch rechtfertigte aus ökonomischen Gründen jedoch nicht den Kapitalaufwand für den Einsatz der teuren Stähle.

Eine Verbesserung des Gesamtwirkungsgrades bis 42 %, die nicht mit einer Steigerung der spezifischen Anlagekosten verbunden ist, kann durch den Einsatz von *Gas-Dampf-Turbinenanlagen* erfolgen: Gas wird unter Zugabe von komprimierter Luft in einer Brennkammer verbrannt. Die heißen Brenngase (800–900 °C) werden einer Gasturbine zugeführt, in der die Umsetzung von Wärmeenergie in mechanische Energie stattfindet. Der angekoppelte Generator erzeugt elektrische Energie. Die 450–500 °C heißen Abgase hinter der Gasturbine werden in einem kohlebefeuerten Dampferzeuger genutzt. Entsprechend den Verbrennungsverhältnissen (Luft-Gas-Verhältnis) ist der Sauerstoffgehalt der Abgase ausreichend, um nachfolgend die Kohle zu verbrennen. Die weitere Umsetzung von Wärmeenergie in elektrische Energie geschieht ähnlich wie bei einem konventionellen Kraftwerk.

Konventionelle Kraftwerke erzeugen je nach Blockgröße bis zu 700 MW elektrische Energie. Sie können zusammengeschaltet werden, so daß Kraftwerke mit einer elektrischen Leistung bis 4000 MW entstehen. Da die einzelnen Blöcke autark arbei-

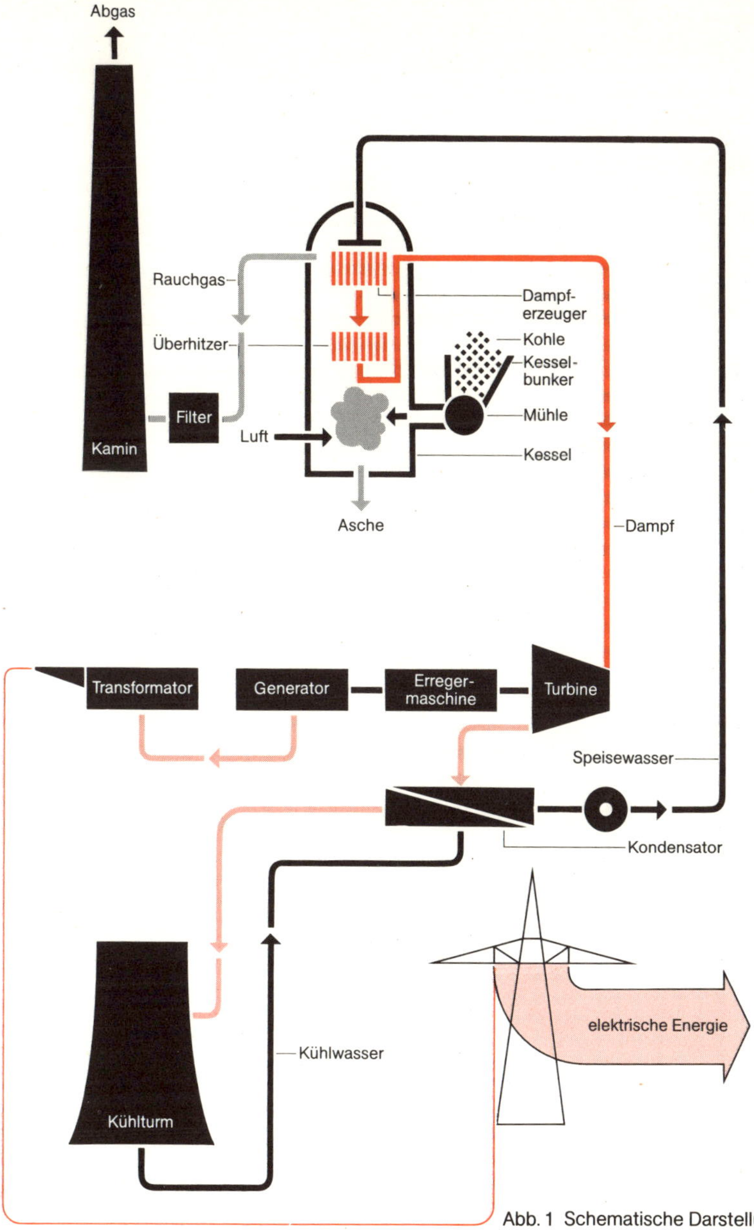

Abb. 1 Schematische Darstellung eines Kohlekraftwerks

ten, können entsprechend dem jeweiligen Leistungsbedarf ganze Blöcke abgeschaltet werden.

In Erfüllung der gesetzlichen Auflagen zum Umweltschutz werden die in den *Rauchgasen* enthaltenen *Schadstoffe* (z. B. Ruß, Staub, Schwefeldioxid) durch Rückhaltevorrichtungen reduziert, deren Energieverbrauch aber je nach Anlagentyp und Kohlebeschaffenheit den Wirkungsgrad um 5–10% verringert. Durch eine teilweise oder vollständige *Vergasung der Kohle* (s. S. 148) ist es möglich, den Schwefel aus der Kohle zu entfernen, und zwar auf eine Weise, die es erlaubt, den Schwefel elementar zu gewinnen. Elementarer *Schwefel* hat vielfältige Einsatzmöglichkeiten in der Chemie. Wird die Kohle teilvergast (ca. 40% Kohleumsatz), so muß der Schwefel in Form von *Schwefelwasserstoff* (H_2S) aus dem Gas entfernt werden. Der Rückstand der teilvergasten Kohle ist *Koks,* der zusammen mit dem Gas als Brennstoff für die Gas-Dampf-Turbinenanlage dient. Durch entsprechende Abwärmenutzung sind Gesamtwirkungsgrade bei der Stromerzeugung bis zu 42% möglich.

Eine weitere interessante Möglichkeit, aus Kohle Strom zu erzeugen, erschließt sich durch die Entwicklung der *Wirbelschichtverbrennung* (Abb. 3): Kohle wird zusammen mit Kalkstein über dem Anströmboden von eingeblasener Verbrennungsluft im Schwebezustand gehalten. Die Kohle verbrennt in diesem Zustand bei ca. 900 °C; der in der Kohle enthaltene Schwefel verbindet sich dabei mit Kalkstein zu Gips. Die eingetauchten Wärmetauschrohre in der Wirbelschicht führen einen Teil der Wärmeenergie in Form von Dampf zur Stromerzeugung ab; der andere Teil der Wärmeenergie bleibt in den Rauchgasen, die nach der Reinigung eine Gasturbine antreiben.

Die Anlagenkonzeption gleicht der von Kombiprozessen. Es sind dabei Wirkungsgrade bei der Umwandlung von Kohle in elektrische Energie von 42–43% zu erwarten. Voraussetzung ist allerdings, daß die Staubabscheidung aus den Rauchgasen bei Temperaturen von ca. 850 °C gelingt. Weltweite Forschungsaktivitäten auf diesem Gebiet lassen eine technisch-ökonomische Lösung möglich erscheinen. Ein weiteres hervorzuhebendes Merkmal ist die relativ niedrige Verbrennungstemperatur (900 °C) und die damit verbundene geringe NO_x-Bildung.

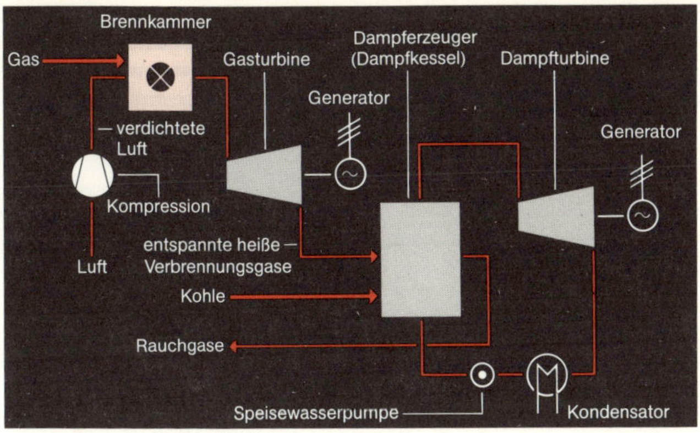

Abb. 2 Schema einer Gas-Dampfturbinenanlage

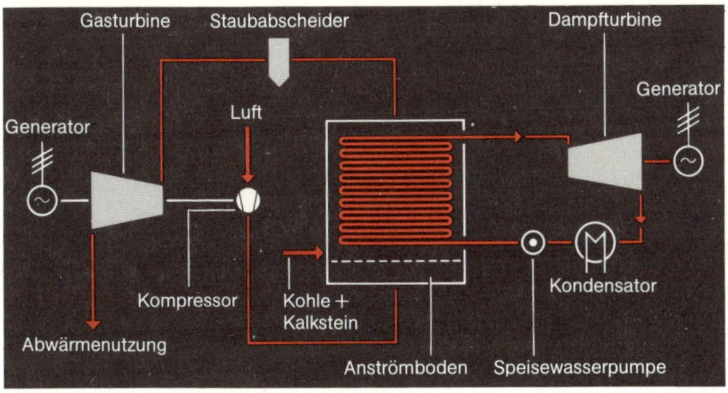

Abb. 3 Schaltbild einer Anlage mit druckbefeuerter Wirbelschichtverbrennung und nachgeschalteter Gasturbine zur Ausnutzung der heißen Rauchgase

Kraft-Wärme-Kopplung und Fernwärme

Bei der thermischen Kraft- bzw. Stromerzeugung (s. S. 140) wird Wärmeenergie in kinetische bzw. elektrische Energie umgewandelt. Hierbei bleibt zwangsläufig ein nicht unbeträchtlicher Anteil der Wärmeenergie (auf niedrigem Temperaturniveau) ungenutzt, da Wärme auf niedrigem Temperaturniveau nur noch wenig Arbeitsfähigkeit (Exergie, s. S. 54) besitzt.

Insbesondere geht beim *Dampfkraftprozeß* die Kondensationswärme (s. S. 84) verloren, die an den Kühlkreislauf des Kraftwerks abgegeben wird. Besteht nun ein Bedarf an Wärme zum Heizen, Trocknen oder dgl., d. h. ein Bedarf an Energie nicht im Sinne von mechanischer Arbeit, so kann man hierzu die Restwärme aus dem Dampfkraftprozeß mit heranziehen. Wird eine Anlage mit diesen beiden Produktionszielen, Abgabe von Arbeitsenergie und Wärmeenergie, betrieben, so spricht man von *Kraft-Wärme-Kopplung*. Entsprechend den Haupteinsatzbereichen unterscheidet man zwischen industrieller Kraft-Wärme-Kopplung und Kraft-Wärme-Kopplung bei der Fernwärmeversorgung.

Die Auskopplung von Wärme kann prinzipiell auf zwei Wegen geschehen: Im ersten Fall hebt man den Druck am Turbinenende über den Atmosphärendruck an und führt den dort austretenden Dampf dem Netz zu, an das die Wärmeverbraucher angeschlossen sind *(Gegendruckverfahren);* hier sind Wärme- und Stromproduktion proportional. Man wendet das Gegendruckverfahren hauptsächlich für die industrielle Kraft-Wärme-Kopplung an; denn hier fallen häufig Strombedarf und Wärmebedarf produktionsbedingt zeitgleich an. Im zweiten Fall entnimmt man der Turbine bei verschiedenen Druck- und Temperaturstufen Dampf zur Wärmeabgabe (*Entnahmekondensation;* Abb. 1). Hier ist eine teilweise Entkopplung von Strom- und Wärmeproduktion möglich.

In der *Fernwärmewirtschaft* wählt man meist den zweiten Weg, da hier im allgemeinen Wärme- und Strombedarf keinen zeitgleichen Verlauf haben. Da in beiden Fällen der entnommene Dampf noch Arbeitsfähigkeit besitzt, die von der Turbine nicht mehr genutzt werden kann, führt die Wärmeentnahme zu einer Verringerung der Stromproduktion (Stromeinbuße). Dem steht aber ein zusätzlicher Wärmegewinn gegenüber, da die sonst an die Umgebung abgegebene Kondensationswärme mitgenutzt wird. Der Wärmegewinn ist größer als die Stromeinbuße, so daß in etwa eine Verdopplung des Anlagenwirkungsgrades erzielt werden kann. So kann z. B. die Kraft-Wärme-Kopplung ca. 25% Energie einsparen im Vergleich zur dezentralen Wärmeversorgung und ungekoppelten Stromerzeugung (Abb. 2). Darüber hinaus trägt sie zur Umweltentlastung bei.

Da bei der Fernwärme eine Vielzahl räumlich voneinander getrennter Wärmeverbraucher von einer zentralen Einheit versorgt werden müssen, müssen zusätzlich zur Zentrale ein Verteilungsnetz (Rohrleitungsnetz für Heiß- bzw. Warmwasserhin- und Kaltwasserrücktransport) und Übergabeanlagen beim Verbraucher eingerichtet werden. Die Kostenintensität dieser Einrichtungen erlaubt die Realisierung der Fernwärmeversorgung nur bei hohen Verbraucherdichten. Neben dem hier geschilderten Dampfkraftprozeß eignen sich auch andere Kraftprozesse wie der der Gasturbine oder der Motorenkraftprozeß (Blockheizkraftwerke) für die Kraft-Wärme-Kopplung. Dort wird im allgemeinen die Abgaswärme genutzt. Zu beachten ist, daß die Kraft-Wärme-Kopplung beim Dampfkreisprozeß keine reine „Abwärme"nutzung ist, da sie mit Verlust an Arbeitsfähigkeit verbunden ist. Abwärmenutzung ist andererseits auch ohne Kraft-Wärme-Kopplung möglich. So kann man z. B. versuchen, die in der Koksproduktion beim Abkühlen des Kokses (Löschen) freiwerdende „arbeitsunfähige" Abwärme in ein Fernwärmenetz einzuspeisen.

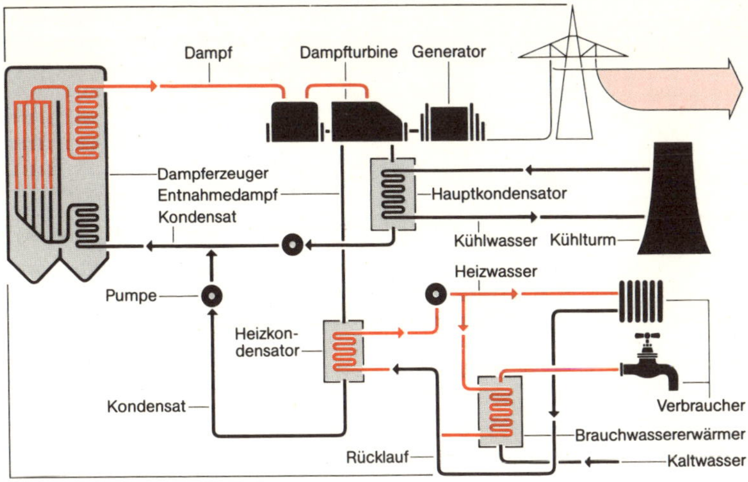

Abb. 1 Prinzip der Fernwärmeversorgung bei Kraft-Wärme-Kopplung (Heizkraftwerk mit Entnahmekondensation)

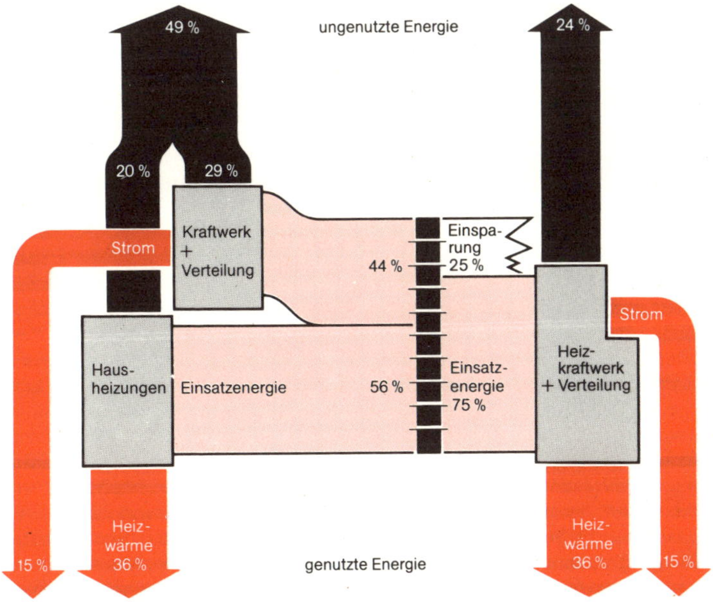

Abb. 2 Getrennte Strom- und dezentrale Wärmeversorgung im energetischen Vergleich zur Kraft-Wärme-Kopplung

Kohleveredelung – Kohleverflüssigung

Die vorauszusehende Verknappung des Rohöls macht es notwendig, für flüssige Brennstoffe und Chemierohstoffe alternative Rohstoffe zu entwickeln. Als Quelle für diese Rohstoffe bietet sich Kohle an. Die Umwandlung von Kohle in flüssige Produkte ist ein unter erhöhten Temperaturen und Drücken durchgeführter Prozeß, bei dem die Zielprodukte reicher an Wasserstoff, aber ärmer an anderen Elementen sind als die Einsatzkohle.

Abb. 1 zeigt ein Blockschema der *Kohleverflüssigung (Kohlehydrierung)*, Abb. 2 die wichtigsten Anlagenteile einer *Hydrieranlage:* Die Kohle und der Katalysator werden zerkleinert, gemahlen und getrocknet und nach Durchmischung *(Anmaischung)* mit aus dem Prozeß zurückgeführtem Schweröl der Hydrierung zugeführt, bei der Wasserstoff an die Kohle angelagert wird. Als Produkte der Kohlehydrierung fallen Öle und Gase an. Der Rückstand wird in einer Vakuumdestillation aufgearbeitet. Hierbei anfallende Feststoffe und ein gewisser Anteil von Flüssigkeiten werden abgezogen und aufgearbeitet. Der als Schweröl zurückgewonnene Anteil wird zur Anmaischung der Kohle in den Prozeß zurückgeführt. In der *Gasaufarbeitungsanlage* werden die Gase, die im Prozeß entstehen, auch das Kreislaufgas, von unerwünschten Bestandteilen befreit. Die erzeugten Öle werden in einer atmosphärischen Destillation in Benzin, Mittelöl und Schweröl getrennt.

Ältere, schon im Zweiten Weltkrieg angewandte Verfahren sind die *Fischer-Tropsch-Synthese* (Kohle wird zunächst in Synthesegas und dieses bei Temperaturen bis 340 °C und Drücken bis 27 bar mit Katalysatoren in leichtere und schwerere Kohlenwasserstoffe umgewandelt) und das *Bergius-Pier-Verfahren* (eine kombinierte Sumpfphasen- und Gasphasenhydrierung, bei der zunächst Mittelöl und daraus Benzin gewonnen wird).

Andere heute bedeutsame Kohlehydrierverfahren arbeiten bei Drücken zwischen 145 und 300 bar und Temperaturen von etwa 400 bis 480 °C:

Das sog. *EDS-Verfahren* ist ein weiterentwickeltes Extraktionsverfahren, bei dem der Wasserstoff sowohl in molekularer Form als auch an das Anmaischöl angelagert auf die Kohle übertragen wird. Der Wasserstoffverbrauch liegt hier mit 3,5 % relativ niedrig. Die erzielten Produkte bestehen im wesentlichen aus schweren Ölen.

Die in den sog. *SRC-Verfahren* zum Einsatz kommende Kohle besitzt einen relativ hohen Gehalt an *Pyrit*, dem eine katalytische Wirkung zugesprochen wird und der den Zusatz eines Fremdkatalysators erübrigt. Durch die Zurückführung eines Teils des Hydrierrückstandes wird eine Anreicherung von Pyrit in dem Hydrierprozeß erreicht, wodurch eine vermehrte Umwandlung der Kohle in flüssige Produkte möglich ist. Bei diesem Verfahren werden Heizöle für Kraftwerke sowie Chemierohstoffe erzeugt.

Bei dem sog. *H-Coal-Verfahren* wird ein hochwertiger Katalysator (Kobalt/Molybdän) in den Reaktor eingegeben. Der Kohlebrei und der Hydrierwasserstoff werden von unten durch den Reaktor gepumpt. Nach erfolgter Reaktion verlassen die anfallenden Produkte (unterschiedliche Destillate) den Reaktor am Reaktorkopf; der Katalysator verbleibt im Reaktionsraum und wird kontinuierlich ausgetauscht.

Die wichtigsten Verfahrensverbesserungen der deutschen Technologie in der Weiterentwicklung des Bergius-Pier-Verfahrens stellen die Verwendung von Schweröl als Anmaischöl, die destillative Abtrennung der Feststoffe und Asphaltene und die Wasserstofferzeugung aus dem Rückstand dar.

Aus wirtschaftlichen Gründen ist mit einem großtechnischen Ausbau der direkten Verflüssigung weltweit nicht zu rechnen. In der Bundesrepublik Deutschland wird in zwei Demonstrationsanlagen an der Weiterentwicklung der deutschen Technologie gearbeitet.

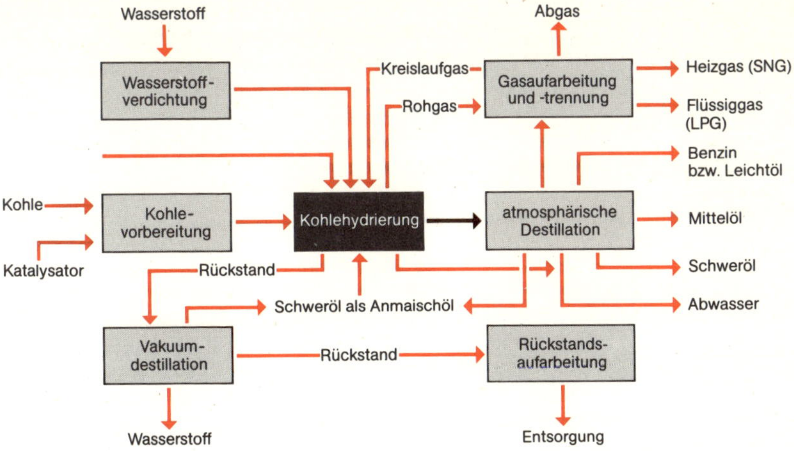

Abb. 1 Blockschema der Kohleverflüssigung (nach Hosang und Schmedeshagen)

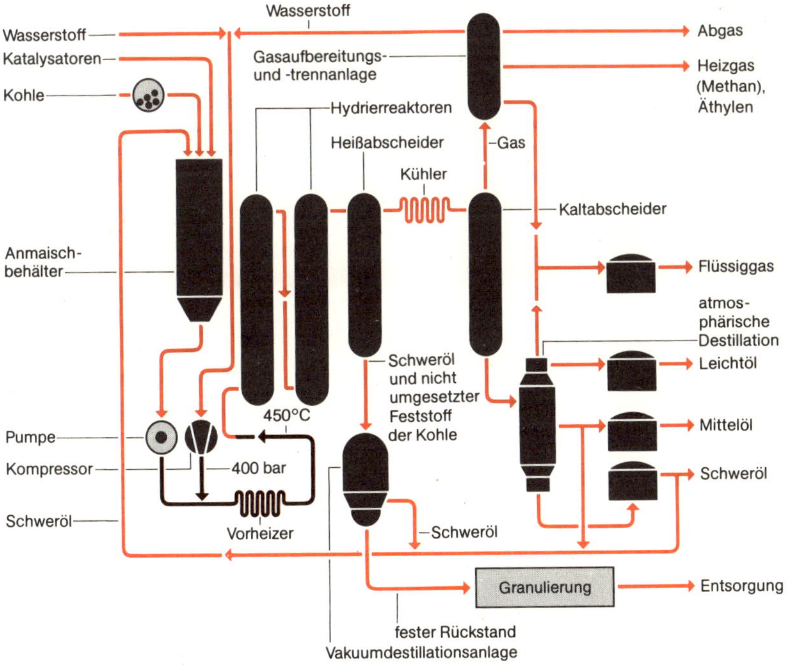

Abb. 2 Schema der Versuchsanlage „Kohlenöl" der Bergbau-Forschung GmbH, Essen

Kohleveredelung – Kohlevergasung

Unter Kohlevergasung versteht man die Umsetzung von Steinkohle oder Braunkohle bei Temperaturen oberhalb 700 °C zu Gasgemischen. Als Vergasungsmittel werden Luft, Sauerstoff, Wasserdampf und Wasserstoff sowie Mischungen dieser Komponenten angewandt. Die durch den Vergasungsprozeß entstehenden Rohgase enthalten hauptsächlich Kohlenmonoxid, Kohlendioxid, Wasserstoff, Methan und Wasserdampf. Gereinigt und aufbereitet finden sie Verwendung als Brenngas für Industrie und Kraftwerke, als Synthesegas für die Ammoniak-, Methanol- und die Fischer-Tropsch-Synthese sowie für die Wasserstofferzeugung und Erzreduktion, schließlich als Stadtgas bzw. Erdgasaustauschgas (SNG) für die öffentliche Versorgung.

Abb. 1 zeigt im Querschnitt übliche *Vergasungsreaktoren (Gasgeneratoren),* Abb. 2 die einzelnen Teile einer *Vergasungsanlage:* In einem Aufbereitungsschritt wird die Kohle gemahlen, getrocknet und gesiebt. Das in den Vergasungsreaktoren entstehende *Rohgas* wird entstaubt und gekühlt. Unverbrauchter Kohlenstoff und durch die Kühlung entstehender Abhitzedampf werden in den Prozeß zurückgeführt. Die Asche wird aus den Reaktoren abgezogen, ausgeschleust und auf eine Deponie verbracht. Das Rohgas wird gereinigt, aufbereitet und als *Nutzgas* seinem Verwendungszweck zugeführt.

Nach der Art der Wärmeübertragung unterscheidet man die *allothermen Verfahren* (Wärme zur Erzielung der Betriebstemperatur wird von außen, z. B. in naher Zukunft von Hochtemperaturreaktoren, geliefert) und *autotherme Verfahren* (Wärme wird durch die Verbrennung eines Teils des Einsatzbrennstoffs gewonnen). Nach der Art der Zuführung der „Reaktionspartner“ werden *Gegenstrom-* und *Gleichstromverfahren* unterschieden, die ihrerseits je nach dem verwendeten Reaktortyp in Festbett-, Wirbelbett- und Flugstromverfahren eingeteilt werden:

Die *Festbettvergasung* (Abb. 1 a) wird nach dem Gegenstromprinzip durchgeführt, d. h., dem von oben aufgegebenen Brennstoff strömt das durch den Ascheaustragrest zugeführte Vergasungsmittel entgegen. Nachteilig ist dabei der hohe Dampfbedarf, der zu entsprechend hohen Anteilen an wäßrigem Gaskondensat im Rohgas führt. Die Vergaserleistungen liegen bei Einsatz von Steinkohle und einem Betriebsdruck von 30 bar bei 55 000 m^3 Rohgas in der Stunde. Insgesamt wurden bisher weltweit 165 Festbettvergaser installiert.

Das *Wirbelschichtprinzip* (s. S. 72) hat sich überall in den sog. *Winkler-Vergasern* bewährt (Abb. 1 b). Diese werden drucklos betrieben und weisen Vergaserleistungen bis zu 60 000 m^3/h auf. Im Vergleich zum Festbettvergaser liegen hier die Methangehalte im Rohgas im allgemeinen unter 2 %.

Die Kohlevergasung nach dem *Flugstromprinzip* hat sich großtechnisch in 56 sog. *Koppers-Totzek-Vergasungsanlagen* bewährt, die ausnahmslos Synthesegas für die Ammoniak- und Methanolsynthese erzeugen. Die Vergaserleistungen liegen hier bei rund 50 000 m^3 Rohgas pro Stunde. Nach demselben Verfahren arbeitet auch die *Texaco-Kohlevergasung,* bei der die Kohle nicht staubförmig, sondern als Aufschlämmung in Wasser in den Reaktor eingespeist wird. Nachteilig an der Texaco-Kohlevergasung ist der hohe Wärmebedarf für die Verdampfung der großen Wassermengen. Die Vergaserleistungen liegen bei 80 000 m^3 Synthesegas in der Stunde.

Weltweit werden in Vergasungsanlagen jährlich rund 100 Mrd. m^3 Rohgas erzeugt. In der Bundesrepublik Deutschland wird die Kohlevergasung zur Zeit großtechnisch nicht betrieben, es wird jedoch in Versuchsanlagen an der Weiterentwicklung verschiedener Verfahren gearbeitet.

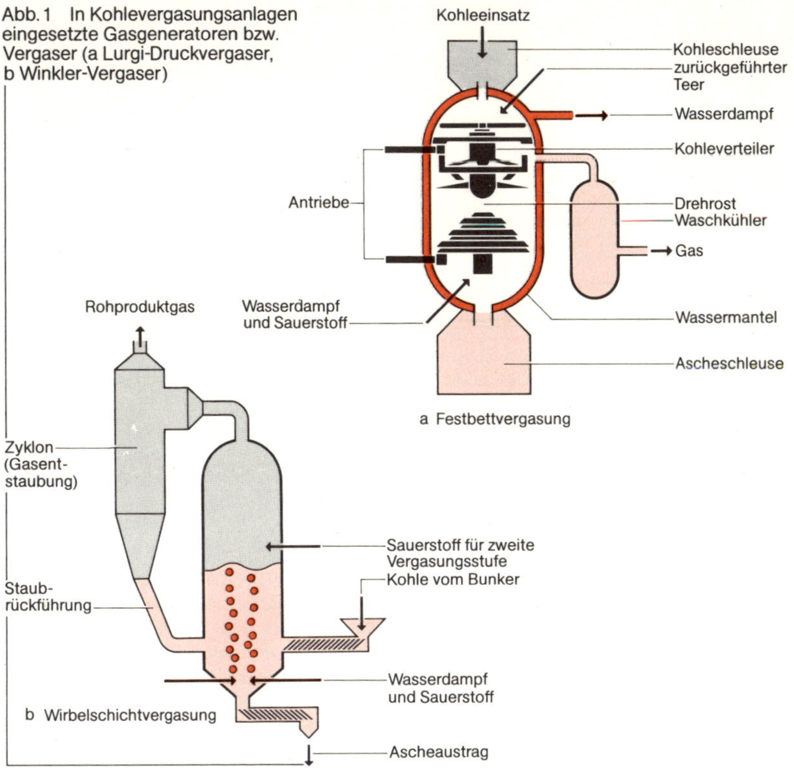

Abb. 1 In Kohlevergasungsanlagen eingesetzte Gasgeneratoren bzw. Vergaser (a Lurgi-Druckvergaser, b Winkler-Vergaser)

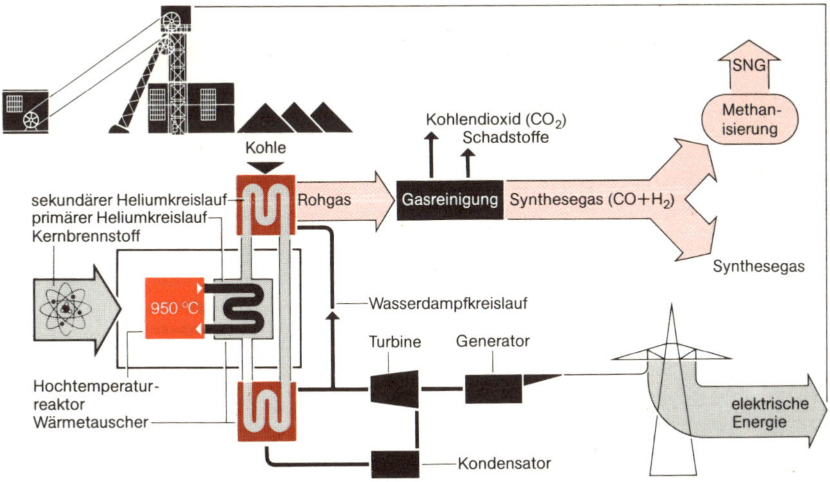

Abb. 2 Kohlevergasung mit der in einem Hochtemperaturreaktor erzeugten Wärme (nach KWU)

Erdöl als Energie- und Rohstoffquelle

Schon im 15. Jahrhundert war in Europa Marco Polos Bericht von „Seen absonderlichen Öls“ im persischen Tiefland bekannt geworden. Über die Verwendbarkeit sagte Marco Polo: „Man kann es weder kochen noch genießen, aber es brennt“. Noch im Jahre 1806 kam ein russisches Wissenschaftlergremium, das im Auftrag des Zaren Erdöl analysieren sollte, zu folgendem vernichtendem Urteil: „Das Erdöl ist eine nutzlose Absonderung der Erde. Es ist der Natur nach eine schmutzige, klebrige Flüssigkeit, die stinkt, und kann in keiner Weise verwendet werden.“ Die Bedeutung des Erdöls als Energie- und Rohstoffquelle war jedoch in anderen Kulturen schon im Altertum bekannt. In Ägypten wurden mit Erdöl Wagenräder geschmiert, Insekten vernichtet und Leichen einbalsamiert. In China diente es als Brennstoff.

Erdöl besteht aus einem Gemisch von Kohlenwasserstoffen, die unterschiedliche Siedepunkte aufweisen. Für den technischen Gebrauch als Energie- und Rohstoffquelle muß das angelieferte Rohöl so aufgearbeitet werden, daß die Produkte bestimmten physikalischen und chemischen Anforderungen hinsichtlich Siedebereich, Dampfdruck, Oktanzahl, Viskosität, Schwefelgehalt u. a. genügen. Diese *Aufbereitung des Rohöls* wird in einer Raffinerie vorgenommen, wobei zunächst in Destillationseinrichtungen die Zerlegung des Rohöls in einzelne Fraktionen (Schnitte) mit bestimmtem Siedebereich erfolgt.

Den niedrigsten Siedebereich haben die im Erdöl gelösten, normalerweise gasförmigen *Kohlenwasserstoffe*. Sie werden gesammelt einer Gasaufbereitung zugeführt, wo zuerst die C_3- und C_4-Fraktionen (ihre Moleküle enthalten drei bzw. vier Kohlenstoffatome; z. B. Propan und Butan) unter Druck verflüssigt werden. Dieses *Flüssiggas* wird als Heizgas und Chemierohstoff genutzt. Das restliche *Raffineriegas*, ein Gemisch aus Methan, Äthan und Wasserstoff, wird zu Heizzwecken verwendet.

1981 wurden in der Bundesrepublik Deutschland 2,4 Mill. t Flüssiggas mit einem Energieinhalt von 120 PJ produziert, von denen ein Viertel von der Energiewirtschaft (Ortsgaswerke, Raffinerien) verbraucht wurde. Die chemische Industrie verbrauchte 15% als petrochemische Einsatzstoffe. Die restlichen 60% entfielen auf Industrie, Verkehr, Haushalte und Kleinverbraucher. Der größte Teil des Raffineriegases (3,5 Mill. t, entsprechend 170 PJ) wurde in den Raffinerien wieder verbraucht.

Das in der Raffinerie anfallende *Rohbenzin* wird entweder als Rohstoff für die chemische Industrie genutzt (es lieferte 1981 in der Bundesrepublik mehr als 300 PJ an Endenergie) oder in einer Reformanlage zu hochklopffestem Motorenbenzin umgewandelt. Der größte Teil der in einer Raffinerie erzeugten *Benzine* wird aber durch *Kracken*, d. h. durch Spaltung der großen Kohlenwasserstoffmoleküle höhersiedender Fraktionen in Konversionsanlagen, gewonnen. Der Raffinerieausstoß an *Motorenbenzin* lag 1981 in der Bundesrepublik bei 18,8 Mill. t (Beitrag zur Endenergie 990 PJ), der an Flugbenzin, leichtem und schwerem Flugturbinenkraftstoff bei 1,4 Mill. t (Endenergieverbrauch 110 PJ).

Der von *Mitteldestillaten* getragene Anteil von 2 120 PJ am Endenergieverbrauch verteilte sich 1981 in der Bundesrepublik zu 26,9% auf *Dieselkraftstoff* (570 PJ) und zu 73,1% auf *leichtes Heizöl* (1 550 PJ). Dieselkraftstoff findet dabei neben dem Verbrauch im Straßenverkehr Abnehmer im Schienenverkehr (für Diesellokomotiven) und bei der Küsten- und Binnenschiffahrt.

Ein Teil der *höhersiedenden Fraktionen* wird zu Schmieröl, Paraffin, Chemikalien, Salben und Poliermitteln verarbeitet, ein anderer wird, mit schweren Rückständen vermischt, als *schweres Heizöl* genutzt. Das schwere Heizöl verwendet man in der Hochseeschiffahrt zum Befeuern der Schiffsdampfkessel, in der Industrie zum Heizen und zur Prozeßwärmeerzeugung sowie in nicht unbedeutenden Mengen bei der Stromerzeugung in Heizölkraftwerken.

Der verbleibende schwere Rückstand findet außer zur Zumischung zum schweren Heizöl als destilliertes Bitumen für Isolierungen und Bedachungen sowie im Straßen- und Wasserbau Verwendung.

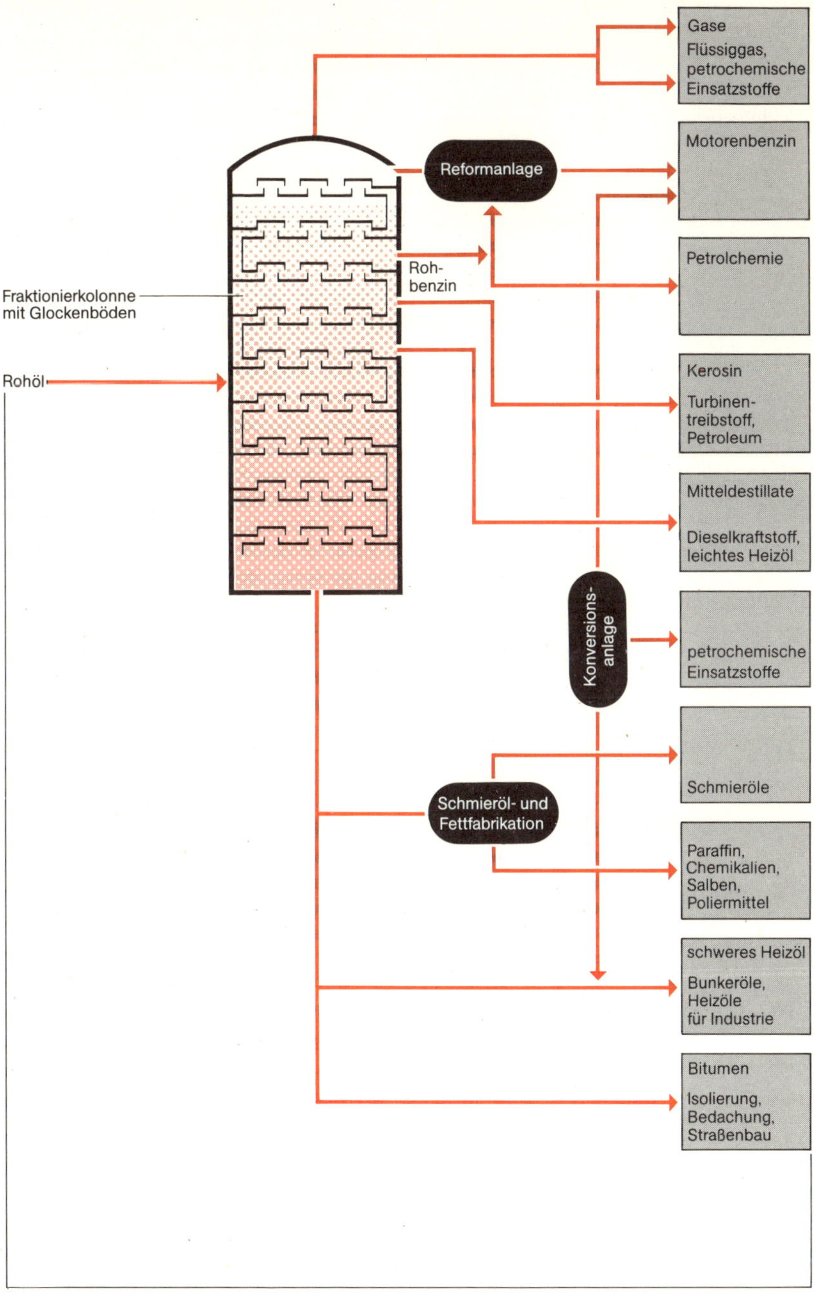

Abb. Erdölprodukte und ihre Verwendung; nach Deutsche Shell AG

Die Entstehung von Erdöl · Erdölvorkommen

Seit im Jahre 1859 Colonel Drake am Oil Creek in Pennsylvania (USA) die erste ergiebige Bohrung nach Öl niederbrachte, hat die Bedeutung des *Erdöls* als Energieträger und Rohstoff für die chemische Industrie ständig zugenommen. Erdöl ist ein Gemisch aus unterschiedlichen Kohlenwasserstoffen, d. h. aus Verbindungen von Kohlenstoff und Wasserstoff. Von untergeordneter Bedeutung sind solche Verbindungen, in die zusätzlich Stickstoff- bzw. Schwefelatome eingebaut sind.

Erdöl entsteht aus den organischen Resten von Meereslebewesen (Bakterien, Plankton) und eingeschwemmten Resten von Landpflanzen, die zusammen mit feinkörnigen mineralischen Komponenten (Ton, Kalk) am Meeresboden abgelagert werden. Das abgelagerte organische Material besteht aus teilweise löslichen Verbindungen von Kohlenstoff, Wasserstoff, Stickstoff, Schwefel und Sauerstoff. Unter günstigen Bedingungen entgehen größeren Mengen organischen Materials der Zersetzung durch Sauerstoff (Oxidation). Dieses organische Material wird im Sediment von Mikroorganismen (anaerobe Bakterien) umgewandelt. Dabei wird den Verbindungen ein Teil des Sauerstoffs entzogen (Reduktion), und die anfangs löslichen Verbindungen schließen sich zu höhermolekularen unlöslichen zusammen (Polykondensation).

Schon nach der Ablagerung von wenigen hundert Metern neuen Sediments über einer Schicht mit organischem Material entsteht aus den Resten von Bakterien, Plankton und eingeschwemmten Landpflanzen sog. *Kerogen,* eine unlösliche hochmolekulare Substanz, die den Ausgangsstoff für die Bildung von Erdöl und Erdgas bildet. Bei weiterer Absenkung des Meeresbodens und Ablagerung von immer neuen Sedimenten gerät die das Kerogen enthaltende Schicht – *Erdölmuttergestein* genannt – in Bereiche mit höheren Temperaturen (über 50–70 °C). Die Temperaturerhöhung verursacht den „thermischen Abbau“ des hochmolekularen Kerogens, d. h., aus dessen Molekülen werden kleinere Moleküle einfacher flüssiger oder gasförmiger Kohlenwasserstoffe abgespalten, und die Kohlenwasserstoffe des Erdöls und des Erdgases entstehen.

Die abgespaltenen Kohlenwasserstoffverbindungen verlassen das tonige oder kalkige, engporige Erdölmuttergestein *(primäre Migration)* und wandern im wassergefüllten Porenraum von überlagernden grobporigen (porösen) und leitfähigen (permeablen) Speichergesteinen durch Auftrieb nach oben, bis sie von einer kuppelförmig gelagerten engporigen Deckschicht (z. B. Salz oder Ton) am weiteren Aufstieg gehindert werden. In einer solchen *Erdölfalle* sammelt sich das Erdöl. Es wird in der Regel von einer Gaskappe nach oben und von Porenwasser nach unten abgegrenzt. Auftrieb und Ansammlung von Erdöl in einer Falle werden *sekundäre Migration* bzw. *Akkumulation* genannt.

Die *Suche nach Erdöl* beschränkte sich in der Vergangenheit auf die Suche nach geologischen Strukturen, die als Erdölfallen in Frage kommen (poröse Speichergesteine, überlagert von undurchlässigen Deckschichten). In neuerer Zeit ist neben die Frage nach dem Vorhandensein von Erdölfallen die Frage nach möglichen Muttergesteinen, deren Absenkungs- und Temperaturgeschichte und nach den Migrationswegen getreten.

Erdölvorkommen sind überall dort zu erwarten, wo in der Vergangenheit – vor Millionen von Jahren – Meere in den beschriebenen Ablagerungsbedingungen vorhanden waren und eine nachfolgende Absenkung der Sedimente stattfand. Solche Gebiete befinden sich zum Teil auf dem Festland (rund 40 % des Festlandes ist aus Meeresbecken entstanden) und zum Teil auf dem Schelf.

Die unter den jetzigen Bedingungen wirtschaftlich förderbare Erdölmenge entspricht einer *Erdölreserve* von $36 \cdot 10^{21}$ J oder 123 Mrd. t SKE.

Abb. 1 Ablagerung des Erdölmuttergesteins

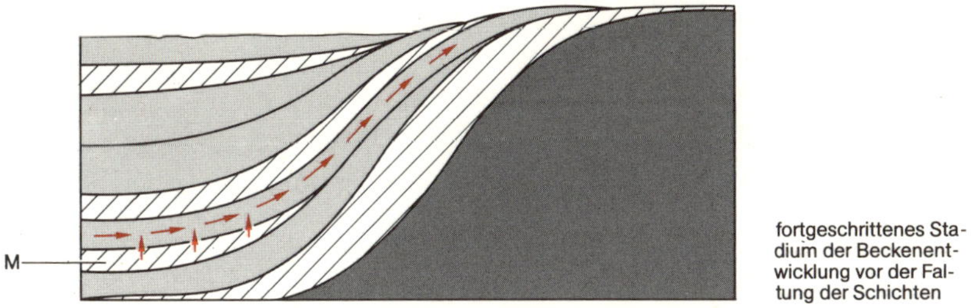

Abb. 2 Erdölbildung, primäre und sekundäre Migration

Abb. 3 Erdölbildung, primäre und sekundäre Migration, Akkumulation

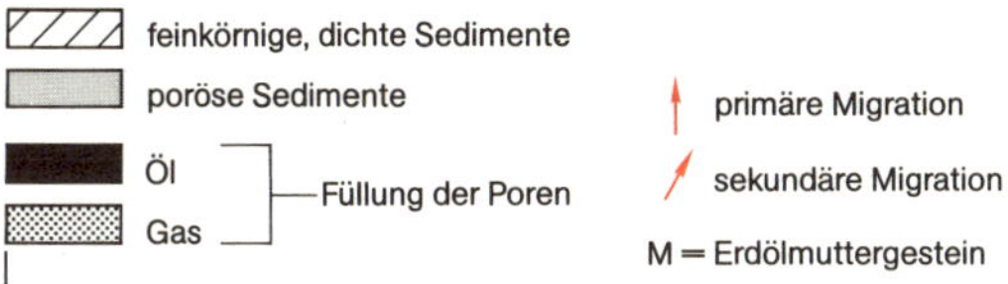

Erdölförderung und Erdöltransport

Die Suche nach Erdöl vollzieht sich in mehreren Schritten. Nach der Auswertung von Satellitenfotos und Luftbildern des untersuchten Gebiets erfolgen die systematische geologische Kartierung sowie die Entnahme und Analyse von Gesteinsproben. Mit geophysikalischen Methoden werden die Art und die Lage der Gesteinsschichten im Untergrund ermittelt.

Wenn die Voruntersuchungen eine erfolgversprechende Struktur im Untergrund erwarten lassen, kann eine erste *Suchbohrung* niedergebracht werden. Die Wahrscheinlichkeit, mit einer Suchbohrung ein Erdöl- oder Erdgasfeld zu finden, dessen Ausbeutung sich lohnt, liegt bei etwa 1%, d.h., 99 von hundert Bohrungen sind erfolglos.

Das *Bohrgerät* arbeitet nach dem Prinzip des Lots: Das aus vielen Elementen zusammengesetzte Gestänge hängt am Bohrturm. Am unteren Ende des Gestänges befindet sich die sog. Schwerstange mit dem Bohrmeißel. Das Gewicht der Schwerstange drückt den Bohrmeißel gegen das Gestein; das Gestänge überträgt nur die im Bohrturm erzeugte Drehung auf den Meißel. Bei einer Druckübertragung über das oft kilometerlange Gestänge würde sich dieses verbiegen und sich stark abnutzen oder sogar brechen. Wird es dagegen nur auf Zug belastet, wird das Gestänge durch sein Eigengewicht zu einer vertikalen Geraden gespannt.

Abweichungen von der Senkrechten können bei einer Bohrung zum Beispiel durch steil einfallende harte Gesteinsschichten oder Klüfte verursacht werden. Die moderne Bohrtechnik kann jedoch solche Abweichungen verhindern, andererseits bietet sie auch die Möglichkeit, durch absichtlich herbeigeführte Abweichungen von der Senkrechten von einer Bohrstelle aus unterschiedliche Punkte im Untergrund genau zu treffen (Abb. 1a).

Das vom Bohrmeißel zermahlene Gestein wird von der ständig ins Bohrloch gepumpten Spülflüssigkeit an die Erdoberfläche gebracht und fortlaufend analysiert. Das *Bohrloch* wird in mehreren Abschnitten durch Stahlrohre vor dem Einsturz geschützt. Wie bei einem Teleskop schieben sich die Teilstücke der Verrohrung ins Bohrloch, nach unten immer enger werdend (Abb. 1b).

Beim Anbohren eines Erdölfeldes quillt das Öl im Idealfall von selbst an die Oberfläche. Dies geschieht dann, wenn die unter dem Öl lagernde Grundwasserschicht unter Druck steht (Abb. 2a), wenn Gas im Öl gelöst ist oder wenn sich über dem Öl eine Gaskappe befindet (Abb. 2b), die für den notwendigen Druck sorgt. Beim Aufschließen eines Ölfeldes versucht man, den natürlichen Druck so lange wie möglich aufrechtzuerhalten. Ist der Druck zu schwach, müssen Förderpumpen das Öl an die Oberfläche schaffen. Diese einfache Form der Erdölförderung wird *Primärförderung* genannt; sie erlaubt nur eine Ausbeute von 10 bis 30% des im Ölfeld vorhandenen Öls.

Um die Ausbeute zu steigern, hat man Methoden entwickelt, die als *Sekundärförderung* bezeichnet werden: Man preßt zum Beispiel durch geeignete Bohrlöcher Wasser unter die Ölschicht (Abb. 3). Durch Sekundärförderung läßt sich bei optimalen Bedingungen die Hälfte des Erdöls an die Erdoberfläche bringen. Neuere Methoden – *Tertiärförderung* genannt – versuchen, das dickflüssige Öl durch Zugabe von Heißdampf oder Chemikalien dünnflüssig zu machen und so die Ausbeute zu steigern.

Der *Transport* des Rohöls zu den Raffinerien erfolgt über Rohrleitungen *(Pipelines)* und mit *Tankern.* Eigens für den Seetransport von Rohöl wurden zwei neue Schiffstypen entwickelt: der VLCC (Abk. von engl. *V*ery *l*arge *c*rude *c*arrier) mit Tragfähigkeiten zwischen 160000 und 320000t und der *ULCC* (Abk. von engl. *U*ltra *l*arge *c*rude *c*arrier) mit Tragfähigkeiten von über 320000 Tonnen. Die Welttankerflotte hatte im Jahre 1981 mit 3351 Schiffen eine Kapazität von 320236000 Tonnen. Die Rohölfernleitungen erreichen Längen bis zu 5000 Kilometern und Jahreskapazitäten bis zu 100 Millionen Tonnen.

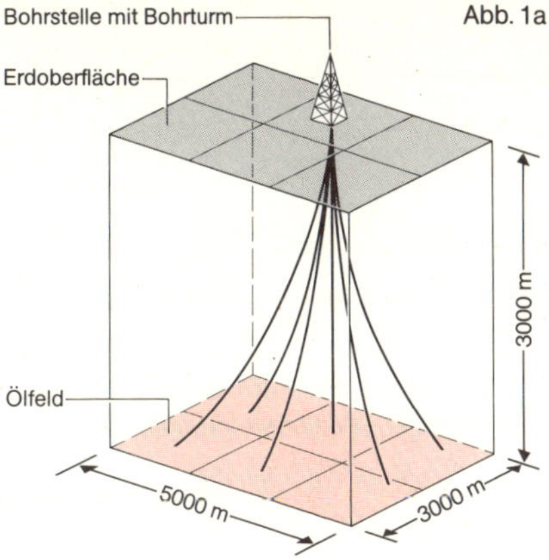

Abb. 1a Moderne Bohrtechnik erlaubt es, von einem Punkt der Erdoberfläche aus verschiedene Punkte im Untergrund zu erreichen

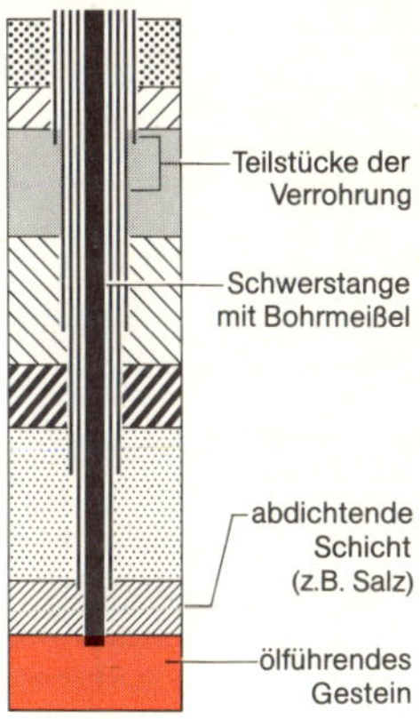

Abb. 1b Verrohrung des Bohrlochs

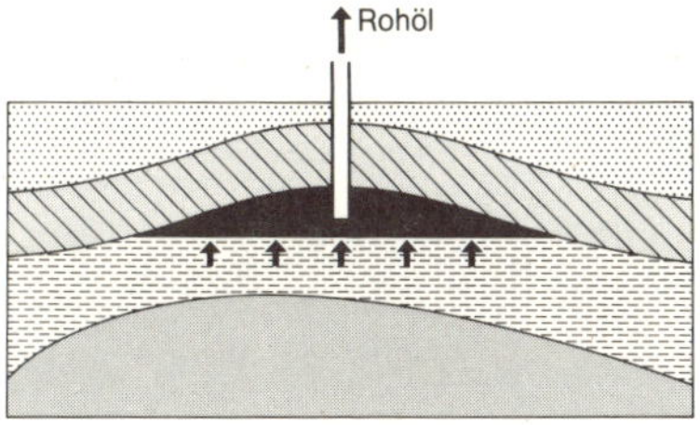

Abb. 2a Unter Druck stehendes Grundwasser läßt das Erdöl nach oben steigen

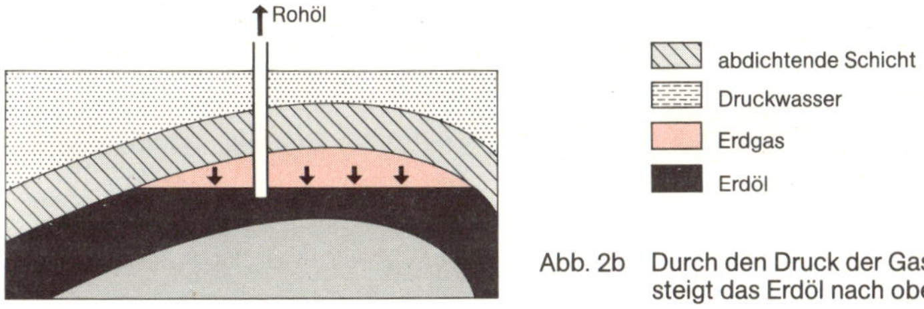

Abb. 2b Durch den Druck der Gaskappe steigt das Erdöl nach oben

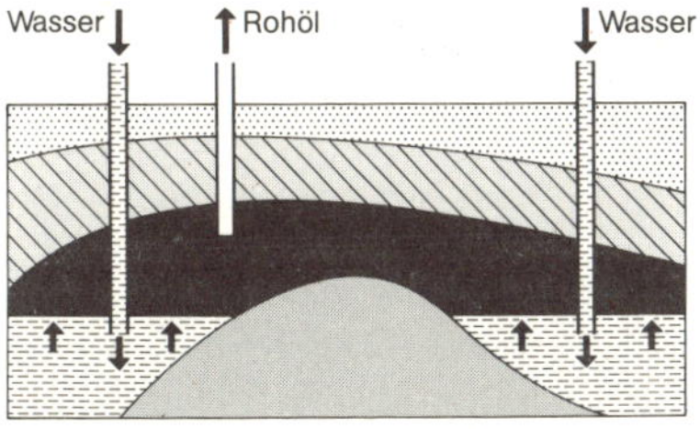

Abb. 3 Sekundärförderung: Wasser wird unter die Ölschicht gepreßt

Erdölverarbeitung · Erdölprodukte

Das geförderte Erdöl muß, um den vielfältigen physikalischen und chemischen Anforderungen in der Energie- und Rohstoffwirtschaft hinsichtlich Siedebereich, Dampfdruck, Oktanzahl, Viskosität, Schwefelgehalt u. ä. zu genügen, aufbereitet werden. *Rohöl* besteht im wesentlichen aus 82–87 Gewichts-% Kohlenstoff und 10 bis 15 Gewichts-% Wasserstoff. Schwefel kann bis zu 6 Gewichts-% im Erdöl enthalten sein. Stickstoff, Sauerstoff oder Metalle (z. B. Vanadium, Nickel) sind nur in geringen Mengen (weniger als 1%) vorhanden. Kohlenstoff und Wasserstoff bilden Kohlenwasserstoffverbindungen, deren Molekülstrukturen geradkettig oder ringförmig sein können (Abb. 1).

Da die geradkettigen (paraffinischen) Kohlenwasserstoffe teilweise entgegengesetzte physikalische und chemische Eigenschaften gegenüber den ringförmigen (Naphthene, Aromaten) aufweisen, werden naphthenische und paraffinische Rohölsorten unterschieden. *Naphthenische Rohöle* eignen sich bevorzugt für die Herstellung von Fahrbenzin und Aromaten, während aus den *paraffinischen Rohölen* leicht Dieselkraftstoff von guter Qualität und petrochemische Rohstoffe (z. B. Äthylen, Propylen) zu gewinnen sind.

Die *Aufbereitung des Rohöls* erfolgt in der *Raffinerie*. Hierbei werden die unterschiedliche Molekülgröße der Kohlenwasserstoffe im Rohöl und deren thermisches Verhalten genutzt. Die Benzinfraktion enthält z. B. Kohlenwasserstoffe mit 5 bis 10 Kohlenstoffatomen, die bis 200 °C vom flüssigen in den gasförmigen Zustand übergehen. Mit steigenden Temperaturen gehen die höhermolekularen Kohlenwasserstoffe in den dampfförmigen Zustand über.

Diese Art der Rohölzerlegung in einzelne Fraktionen (Schnitte) wird mit Hilfe der *fraktionierten Destillation* durchgeführt. Dazu wird das Rohöl in Röhrenöfen auf etwa 350 °C erhitzt, so daß alle Kohlenwasserstoffe mit einem Siedepunkt unterhalb 350 °C dampfförmig vorliegen. Das Flüssigkeit-Dampf-Gemisch wird in eine bei Atmosphärendruck arbeitende *Fraktionierkolonne* eingegeben (Abb. 2), in der sich sog. *Glockenböden* befinden, deren Innenflächen von den aufsteigenden Dämpfen angeströmt werden. Da die Temperatur in der Kolonne von unten nach oben abnimmt, können die Dämpfe fraktioniert nach ihren Siedebereichen auf den Glockenböden kondensieren und in flüssigem Zustand abgezogen werden: ganz unten der bei über 350 °C siedende *Heiz-* und *Schmierölrückstand,* darüber das sog. *Gasöl* (Siedebereich 240–350 °C), dann die bei 180–240 °C siedende *Petroleumfraktion* (Kerosin, Leuchtöl), darüber die zwischen 40 und 180 °C siedenden *Benzinfraktionen* (Leicht-, Mittel- und Schwerbenzin).

Die in der Raffinerie anfallenden Gase werden gesammelt und einer *Gasaufbereitung* zugeführt, wo zuerst die C_3- und C_4-Fraktionen unter Druck verflüssigt werden. Dieses *Flüssiggas* wird als Heizgas, Kraftstoff und Chemierohstoff genutzt. Das restliche *Raffineriegas,* ein Gemisch aus Methan, Äthan und Wasserstoff, wird für Heizzwecke verwendet.

Sämtliche anfallenden Destillate sind erst nach Raffination und Aufbereitung einsatzfähig. In einem sog. *Hydrotreater* werden durch katalytische Umsetzung mit Wasserstoff bei 350 °C die in den Destillaten noch enthaltenen Schwefelverbindungen in Form von Schwefelwasserstoff entfernt, der in einer *Claus-Anlage* in elementaren Schwefel umgewandelt wird. Der benötigte Wasserstoff kann z. B. der *Reformieranlage (Platformer)* entnommen werden, in der Schwerbenzin bei etwa 500 °C an Edelmetallkatalysatoren (z. B. Platin) in hochklopffeste *Fahrbenzine* überführt wird: Aus abgesättigten geradkettigen und ringförmigen Kohlenwasserstoffen entstehen ungesättigte ringförmige Kohlenwasserstoffe (Aromatisierung) oder verzweigte aliphatische Kohlenwasserstoffe, z. B. Isoparaffine.

Raffinerien, die nach der in Abb. 2 dargestellten Konzeption arbeiten, haben nur eng begrenzte Möglichkeiten, die Produktausbeute zu verändern. Sie können nur diejenigen Fraktionen gewinnen, die von der Natur vorgegeben sind. Eine erhöhte Benzinausbeute z. B. ist nur zu erreichen, wenn die Siedegrenze von 180 °C auf

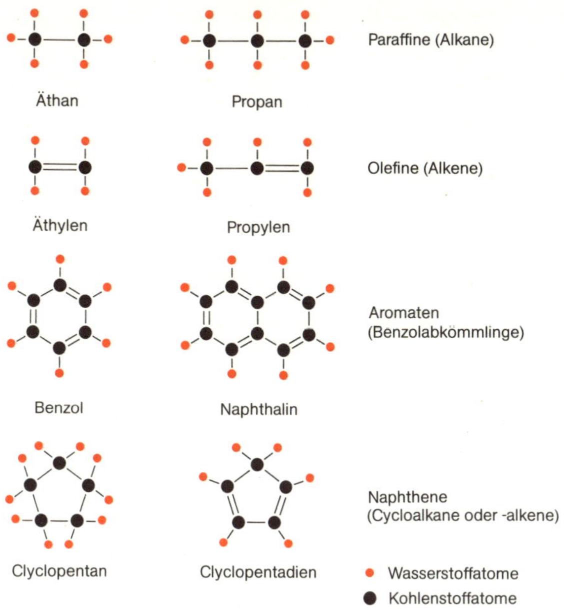

Abb. 1 Molekülstruktur einiger im Rohöl enthaltener geradkettiger aliphatischer und ringförmiger aromatischer Kohlenwasserstoffe

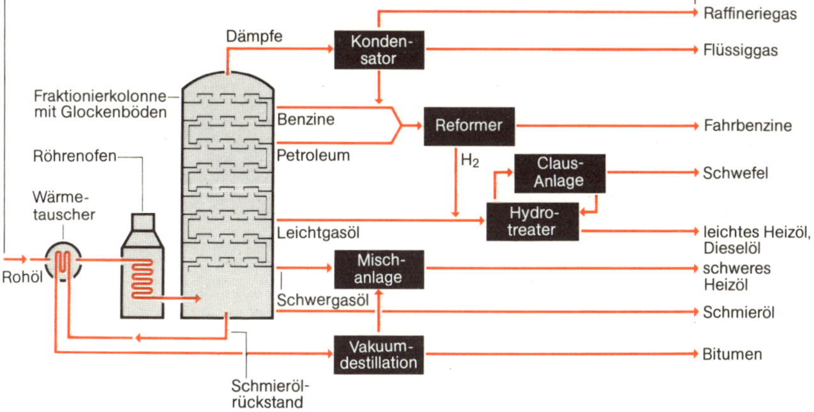

Abb. 2 Wirkungsweise einer Fraktionierkolonne mit Glockenböden und die wesentlichen Verfahrensschritte einer Raffinerie

210 °C erhöht wird oder wenn eine Rohölsorte verwendet wird, die einen größeren Benzinanteil aufweist. Da weltweit die Nachfrage nach benzinreichen Rohölen groß ist, muß für eine derartige Rohölsorte ein höherer Preis gezahlt werden.

Das z. Zt. in Raffinerien verarbeitete Rohöl enthält durchschnittlich 15% Benzin, 35% *Mitteldestillate* (leichtes Heizöl, Dieselkraftstoff) und 45% schweres Heizöl. Der Verbrauch an schwerem Heizöl liegt aber weit unter 20% des gesamten Mineralölverbrauchs, während der Verbrauch an anderen Mineralölprodukten weit höher ist als ihr Rohölanteil.

Um der Nachfrage gerecht zu werden, muß man das nicht vermarktbare *schwere Heizöl* in „leichte" Produkte (Benzin, Heizöl L) konvertieren. Dies wird durch den Einsatz von *Krackanlagen* (von engl. to crack = zerbrechen, spalten) ermöglicht, die die großen Kohlenwasserstoffmoleküle des schweren Heizöls in kleinere umwandeln. Je nach dem Krackvorgang werden prinzipiell drei Anlagentypen unterschieden: thermische, katalytische und Hydrokracker:

Beim *thermischen Kracker* werden Destillationsrückstände auf 450–500 °C erhitzt, so daß die Molekülketten der Kohlenwasserstoffe in gasförmige und flüssige Spaltprodukte zerbrechen. Bei einer „scharfen" Fahrweise fällt Koks an (der Kracker trägt dann die Bezeichnung *Coker*). Eine „milde" Fahrweise senkt die Viskosität der Destillationsrückstände, damit die Fließfähigkeit erhöht wird; eine solche Anlage wird *Visbreaker* genannt. Die Oktanzahl der in thermischen Krackern anfallenden Benzinmengen ist gering. Um die heute benötigte Oktanzahl für Vergaserkraftstoffe zu erreichen, muß man das Benzin in Platformern mit Hilfe von Katalysatoren veredeln.

Ein gezielter Spaltvorgang (maximale Ausbeute an Fahrbenzin) wird in *katalytischen Krackern* vorgenommen. Während des Krackvorgangs (bei 500 °C) kommt es bei einem Teil des eingesetzten Gutes zu einer Wasserstoffverarmung. Es bilden sich hochmolekulare Verbindungen, die sich schließlich in Form von Koks auf den Katalysatoren ablagern und zu deren Desaktivierung führen. Die Katalysatoraktivität wird durch das Abbrennen des Kokses bei einer Temperatur von maximal 600 °C wiederhergestellt. Der regenerierte Katalysator wird dem Krackeinsatz zugemischt und dem Reaktor zugeführt (Abb. 3). Es kann allerdings kein schwerer Destillatrückstand eingesetzt werden, da metallische und asphaltenische Verbindungen ebenfalls den Katalysator desaktivieren.

Der unter atmosphärischem Druck entstehende Rückstand wird in einer *Vakuumdestillation* zerlegt. Bei der Vakuumdestillation werden bei den unter geringen Drükken erniedrigten Siedetemperaturen auch solche Fraktionen gewonnen, die unter Atmosphärendruck eine Siedetemperatur bis 550 °C besitzen. Das anfallende *Vakuumgasöl* dient als Einsatzmaterial in katalytischen Krackanlagen und zur Herstellung von Schmiermitteln. Der Rückstand findet als Mischkomponente von schwerem Heizöl, als destilliertes Bitumen im Straßen- und Wasserbau sowie in verschiedenen industriellen Bereichen Verwendung.

Die Zuführung von Wasserstoff während des katalytischen Krackvorgangs verhindert die Koksbildung, da der Wasserstoff sich mit dem Kohlenstoff zu leichten Kohlenwasserstoffmolekülen verbindet. Bei diesem sog. *Hydrokrackvorgang* wird das Vakuumdestillat vollständig in Mitteldestillat bzw. Benzin umgewandelt. Eine mögliche Anordnung der Konversionsverfahren innerhalb einer Raffinerie ist in Abb. 4 dargestellt.

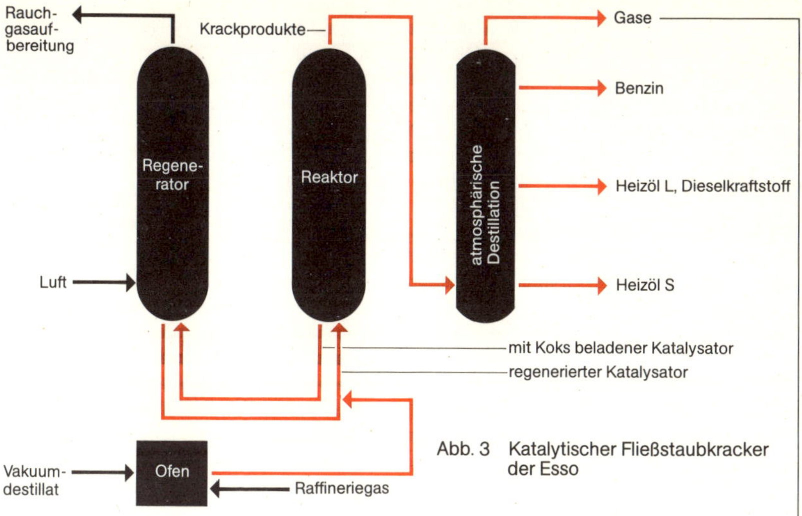

Abb. 3 Katalytischer Fließstaubkracker der Esso

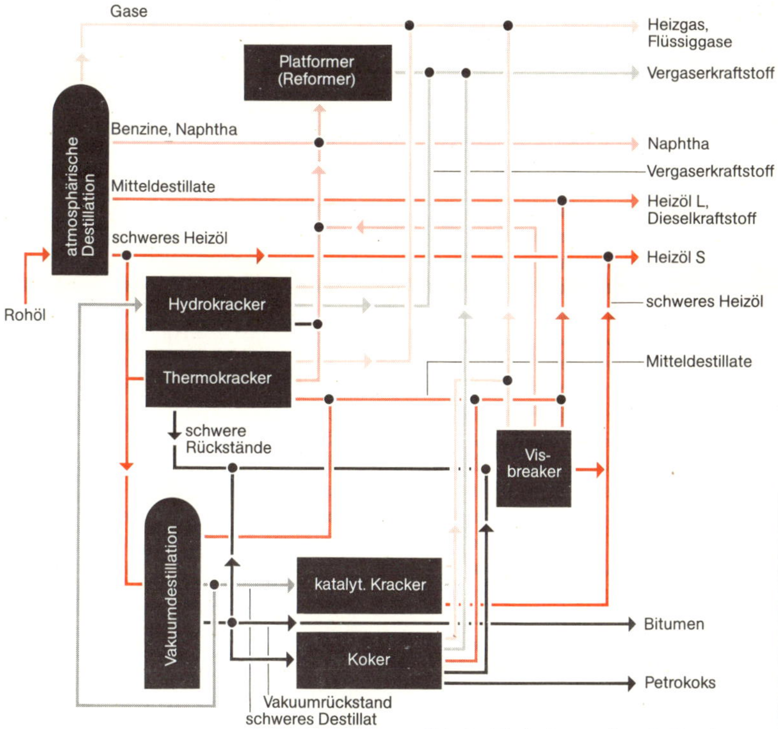

Abb. 4 Fließschema einer Raffinerie mit Konversionseinrichtungen

Erdgas als Energieträger und Rohstoff

Elementare Kohlenstoff- und Kohlenstoff-Wasserstoff-Verbindungen aus fossilen Kohle-, Erdöl- und Erdgaslagerstätten deckten im Jahre 1981 den Primärenergiebedarf der Bundesrepublik Deutschland in Höhe von 10,964 EJ zu ca. 92%. Erdgas, der Hauptvertreter der natürlichen gasförmigen Brennstoffe (Abb. 1), hatte daran einen Anteil von ca. 16%.

Erdgase sind Gemische von Methan (bis 95%) und anderen gesättigten Kohlenwasserstoffen (z. B. Äthan, Propan, Butan und Pentan); daneben enthalten sie z. T. noch Kohlendioxid, Stickstoff und Schwefelwasserstoff sowie Wasser und Helium. Bei entsprechenden Druck- und Temperaturbedingungen sind sie in den flüssigen Zustand überführbar (*Flüssigerdgas;* engl. liquid natural gas, Abk.: *LNG*). *Synthetisches Erdgas (Ersatzgas)* mit den Brenneigenschaften von Erdgas (engl. synthetic natural gas, Abk.: *SNG*) wird zukünftig natürliches Erdgas ersetzen; es soll mit der Wärme von Hochtemperaturreaktoren erzeugt werden.

Aufgrund ihrer Zusammensetzung und der dadurch gegebenen verbrennungstechnischen Vorteile (v. a. gute Regelbarkeit, schadstoffarme Verbrennung) sind Erdgase besonders umweltfreundliche Qualitätsbrennstoffe. Als solche finden sie zunehmend Verwendung als Energieträger in Haushalten (zum Heizen und Kochen) und im gewerblichen Kleinverbrauch (Raumwärme und Prozeßwärme). 1981 hatten beide Sektoren einen Anteil am Erdgas-Primärenergieverbrauch von 35%. Expansiv ist der Erdgaseinsatz für die Prozeßwärmebereitstellung in der Industrie (38%), während zur Stromerzeugung gut 10% weniger als einige Jahre zuvor verwendet wurden (insgesamt 19%).

Erdgas wird vorrangig zur Beheizung von Kesseln mit atmosphärischen Brennern (Naturzugbrenner) und mit Gebläsebrennern (Luftzuführung durch ein Gebläse) verbrannt. Die Nutzung von Erdgas in Kompressions- und Absorptionswärmepumpen befindet sich derzeit noch in der Markteinführungsphase (s. S. 92). Der schadstoffarme Verbrennungsprozeß des Erdgases ermöglicht es zudem, in neuentwickelten Brennwertkesseln die im Wasserdampf der Abgase gebundene latente Wärme durch Kondensation der Abgase zu nutzen und die fühlbare Wärme (s. S. 58) der Abgase stark zu reduzieren.

Für die öffentliche Gasversorgung spielt die Beschaffenheit der *Brenngase* aus technischen und wirtschaftlichen Gründen eine wichtige Rolle. Die Brenngase werden daher entsprechend ihrer Zusammensetzung sog. *Gasfamilien* zugeordnet (Tab.). In der Vergangenheit wurden die meisten Gasversorgungsgebiete von der ersten auf die zweite Gasfamilie umgestellt. Zunächst löste das in Deutschland und in den Niederlanden geförderte Erdgas das Stadt- und Ferngas ab. Die Versorgung wird sich aber von 80% Erdgas (und 20% Erdgas H) im Jahre 1979 aufgrund bestehender Lieferverträge auf etwa 30% Erdgas L (und 70% Erdgas H) nach 1990 verschieben. Noch später ist mit dem Einsatz der durch Methanisierung auf Erdgasqualität gebrachten Ersatzgase zu rechnen.

Der nichtenergetische Einsatz von *Erdgas als Rohstoff* ist auf die chemische Industrie begrenzt. Innerhalb der Gesamtversorgung der Chemie mit Energierohstoffen hat Erdgas etwa einen Anteil von 16%. Weitaus überwiegende Bedeutung hat die Erzeugung von vornehmlich aus CO und H_2 bestehenden Synthesegasen. So werden heute etwa 45% der Synthesegase aus Erdgas erzeugt. Die *Synthesegase* bilden ihrerseits die Grundlage für:

die Synthese von Ammoniak, dessen größter Anteil in die Düngemittelfabrikation geht, das aber auch der Erzeugung von Kunststoffen und Harzen dient;

die Synthese von Methanol, aus dem Aldehyde und Ester (für die Kunststoff- und Lösungsmittelherstellung) gewonnen werden;

die Erzeugung von Wasserstoff für das hydrierende Kracken von Schwerölen und Rückstandsölen bzw. für andere Hydrierprozesse;

die Aldehyd- und Alkoholerzeugung über die Oxosynthese.

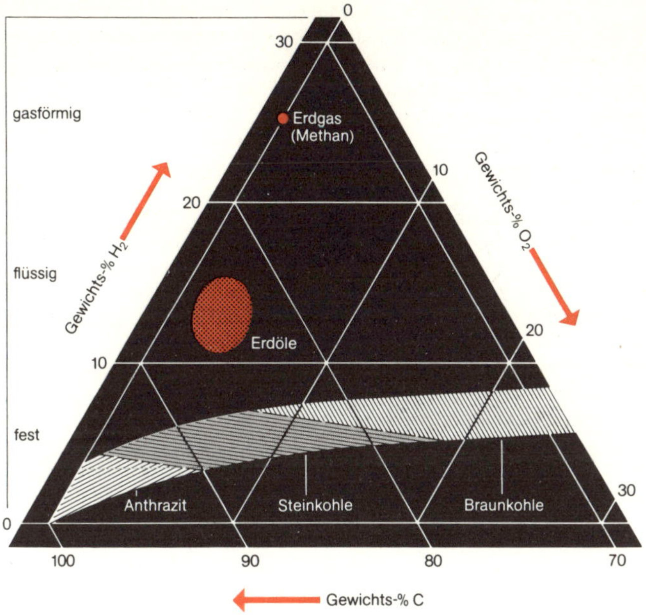

Abb. Zusammensetzung der natürlichen Brennstoffe (nach H. Bachl)

Gasfamilie	Symbol	Gasart	Gruppe
1	**S**	Stadt- und Ferngas	A: Stadtgas B: Kokereigas (Ferngas)
2	**N**	Naturgas	L: Erdgas } und deren H: Erdölgas } Austauschgase
3	**F**	Flüssiggas	– Propan, Butan – Propan/Butan-Gemische

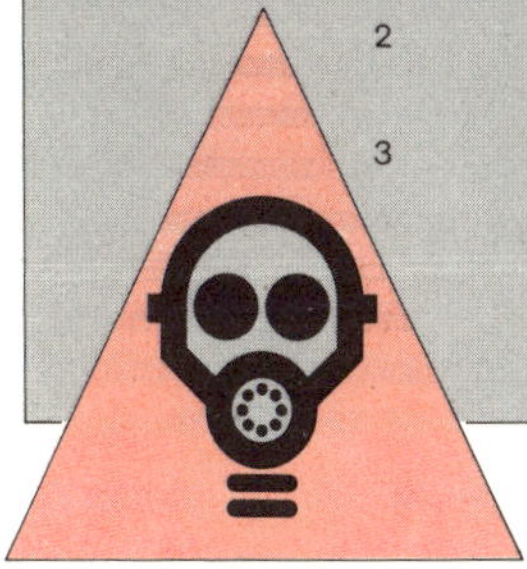

Tab. Klassifikation der verschiedenen Brenngase

Die Entstehung von Erdgas · Erdgasvorkommen

Als *Erdgase* werden die gasförmigen brennbaren Kohlenwasserstoffe bezeichnet, die genetisch und auch im Hinblick auf die Lagerstättenbildung oft enge Beziehungen zu den Erdölen haben (s. S. 152). Nach dem heutigen Stand der Erkenntnisse sind viele Erdgase dadurch entstanden, daß die Erdöle in ihren Mutter- und Speichergesteinen thermisch und durch Druck beansprucht und in Methan und andere Gase zerlegt wurden. Die *gasförmigen Kohlenwasserstoffe* enthalten meist noch Kohlendioxid, Stickstoff, Schwefelwasserstoff und Beimengungen von Edelgasen. Man unterscheidet dabei, je nach ihrer Entstehung, *trockene Gase,* die fast nur aus Methan bestehen, *nasse Gase,* die höhere Kohlenwasserstoffe (Äthan, Propan u. a.) enthalten, sowie *saure Gase* mit Beimengungen von Schwefelwasserstoff.

Es gibt auch Erdgasvorkommen, deren Entstehung nicht an die Ölbildung gebunden war. Oft entstanden *Erdgaslagerstätten* durch fortschreitende Inkohlung von Kohleschichten. Auch in der Nähe von Ölschiefervorkommen haben sich Erdgaslagerstätten gebildet. Die geologischen Typen von Erdöl- und Erdgaslagerstätten sind in der Abb. dargestellt. Ihre Entstehungsgeschichte, Größe und Gestalt können sehr unterschiedlich sein. Teils sind sie das Ergebnis tektonischer Bewegungen in der Erdkruste, wodurch Schichtaufwölbungen, Schrägstellungen, Verwerfungen, Salzaufbrüche und Überlagerungen verursacht wurden, teils sind sie auch durch besondere Bedingungen bei der Ablagerung der Schichten entstanden.

Bis heute ist die Identifikation von Kohlenwasserstoffen in den Fangstrukturen und Speichergesteinen durch geologische und geophysikalische Methoden noch nicht mit ausreichender Sicherheit möglich. Zum Nachweis der wirtschaftlichen Nutzbarkeit einer Gasansammlung ist noch immer die teure und risikoreiche Bohrung erforderlich, die heute bis auf mehr als 7 000 m Teufe vorgebracht werden kann.

Bei den *Erdgasvorräten* unterscheidet man:

Mögliche Vorräte: Darin sind alle Naturgase (Erdgase und Erdölgase) enthalten, die auf der Erde vorhanden sein können. Sie werden aufgrund von geologischen, geophysikalischen und geochemischen Daten geschätzt.

Wahrscheinliche Vorräte: Sie umfassen alle Gasmengen, die durch Aufschlußbohrungen bereits nachgewiesen sind. Es wird angenommen, daß sie beim heutigen Stand der Technik mindestens zur Hälfte wirtschaftlich nutzbar sind.

Reserven: Sie können beim heutigen Stand der Technik mit Sicherheit gefördert werden.

Die Verteilung der *Welterdgasreserven* auf die einzelnen Regionen ist aus der Tab. zu ersehen. Die Erdgasreserven haben sich in den letzten 10 Jahren stark erhöht. Durch die Neuentdeckung riesiger Erdgasfelder besonders in Westsibirien hat dabei die UdSSR ihre führende Stellung ausgebaut. Aber auch im Mittleren Osten sind die Erdgasreserven größer als zunächst vermutet. Der Zuwachs der Erdgasreserven in diesen beiden Regionen ist allerdings weniger auf Neufunde als auf die Höherbewertung bekannter Lagerstätten und die stärkere Berücksichtigung von Erdölgasen zurückzuführen. Nur in Afrika und Nordamerika nahmen die Erdgasreserven in den letzten Jahren ab. Westeuropa konnte durch weitere Neuentdeckungen in der Nordsee seine Stellung auf dem internationalen Gasmarkt festigen.

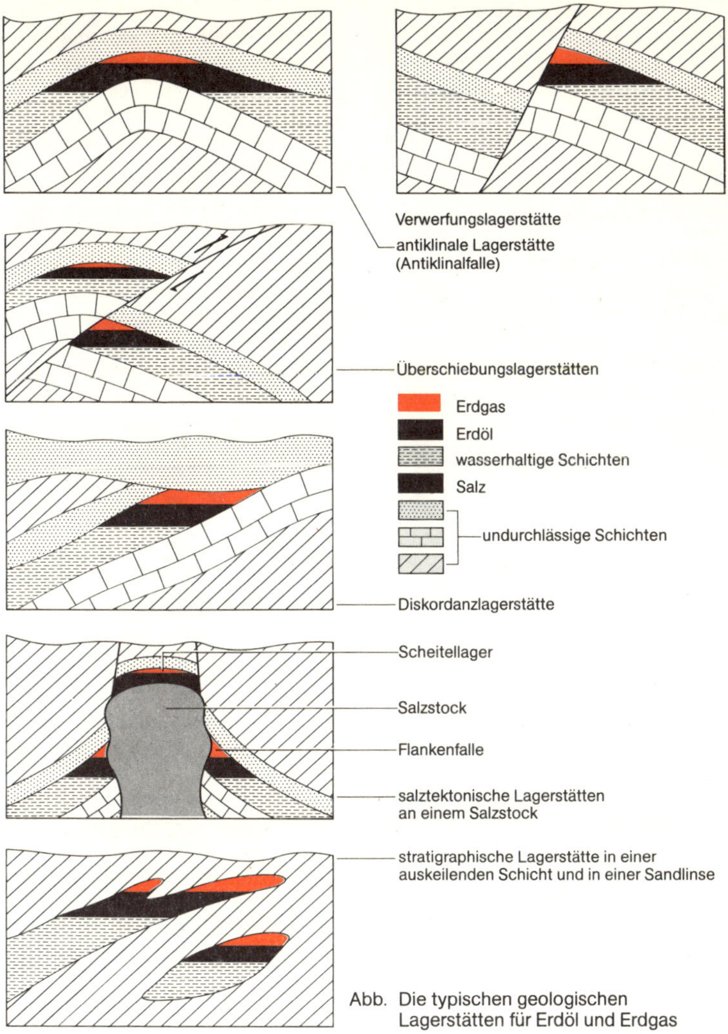

Abb. Die typischen geologischen Lagerstätten für Erdöl und Erdgas

	Erdgasreserven (10^9 m^3)	(%)
Westeuropa	4263	5,2
Ferner Osten	3610	4,3
Naher Osten	21579	26,2
Afrika	5990	7,3
Nord- und Südamerika	13138	15,9
kommunistische Länder (fast ausschließlich UdSSR)	33810	41,1
Welt insgesamt	82390	100,0

Tab. Die regionalen Erdgasreserven 1982 (nach: Wärme Gas international, 1982)

Erdgasförderung • Erdgastransport • Erdgasspeicherung

Erdgas hat nicht nur Bedeutung als Energieträger, sondern auch in steigendem Maße als Rohstoff für die chemische Industrie. Da die Energie- und Rohstoffverbraucher nur selten in der Nähe der Erdgasvorkommen liegen, wurden in nahezu allen bedeutenden Industrieregionen der Welt weitverzweigte *Pipelinenetze* gebaut, die durch Verbundbetrieb nicht nur zum Transport des Erdgases, sondern auch zum Ausgleich von kurzzeitigen Bedarfsschwankungen dienen. Das in die Pipelines eingespeiste Erdgas muß bestimmte Qualitätsnormen erfüllen.

Sofern das im Feld anfallende *Rohgas* nicht direkt verwendet werden kann, muß durch Erdgasaufbereitung geeignetes *Reingas* hergestellt werden. In Abb. 1 ist ein Grundschema der *Erdgasaufbereitung* dargestellt: Das in den einzelnen Sonden eines Feldes mit Drücken bis zu 400 bar anstehende Erdgas wird in den Feldanlagen zunächst von Wasser und anderen Kondensaten getrennt, die bei der Entspannung auf den Druck der Sammelleitungen anfallen. Dieser Druck liegt bei etwa 100 bar, so daß einerseits bei abfallendem Sondendruck noch eingespeist werden kann, andererseits aber auch ein genügend hoher Pipelinedruck (ca. 70 bar) sichergestellt ist. Trokkene schwefelfreie Gase (s. S. 162) werden von den Feldanlagen direkt in das Verteilernetz eingespeist.

Mit Hilfe von *Verdichtern* (vorzugsweise Kreiselverdichter) wird Erdgas schon über große Entfernungen transportiert. Seit 1977 strömt Erdgas z. B. aus dem Ekofisk-Erdgasfeld im norwegischen Teil der Nordsee über eine 440 km lange Unterwasserpipeline nach Emden. Die UdSSR baut eine Pipeline, durch die westsibirisches Erdgas über mehrere tausend Kilometer nach Westeuropa transportiert werden soll.

Aber auch der Transport von Erdgas in flüssigem Zustand mit Spezialtankschiffen *(LNG-Tanker)* aus Ländern mit bisher kaum genutzten Vorkommen gewinnt an Bedeutung. Durch *Verflüssigung des Erdgases* bei −161 °C wird sein Volumen auf 1/600 reduziert und damit der Transport in LNG-Tankern (heutiges Ladevermögen 130 000 m^3) ökonomisch sinnvoll. Vorbedingung für Flüssiggastransporte (Abb. 2) ist der Bau einer Verflüssigungsanlage im Produzentenland. Solche Transporte sind heute bereits zwischen Alaska und Japan und zwischen Algerien und den USA (Entfernung jeweils 6 000 km) üblich. In der Bundesrepublik ist ein Terminal in Wilhelmshaven geplant.

Da der Raumwärmebedarf zunehmend durch Erdgas gedeckt wird, müssen zur Aufrechterhaltung einer möglichst konstanten Erdgasförderung die Sommerüberschußlieferungen gespeichert werden. Bei den unterirdischen *Erdgasspeichern* für Erdgas wird zwischen Porenspeichern und Kavernenspeichern unterschieden. Die *Porenspeicher*, ausgebeutete Gas- oder Ölfelder bzw. wasserführende Gesteinslagen (Aquiferen), können aus Stabilitätsgründen größere Gasmengen aufnehmen als *Kavernenspeicher* (ausgelaugte Hohlräume in Salzstrukturen oder bergmännisch angelegte Hohlräume).

Obertägige Anlagen von Untergrundspeichern sind weitgehend identisch mit den obertägigen Produktionseinrichtungen eines Erdgasfeldes. Zusätzlich sind immer Kompressoranlagen zum Einpressen des Gases in den Speicher und in einigen Fällen auch zur Gasentnahme aus dem Speicher (Einpressen in die Pipeline bei niedrigem Speicherdruck) erforderlich.

Die kontinuierlich anfallenden *Umweltbelastungen* (z. B. Schadstoffemissionen beim Verbrennungsprozeß; s. S. 288) sind beim Erdgas geringer als bei anderen Primärenergieträgern. Dagegen muß das Katastrophenrisiko als größer eingeschätzt werden (z. B. Schiffsunfall eines LNG-Tankers oder Gasexplosion beim Endverbrauch).

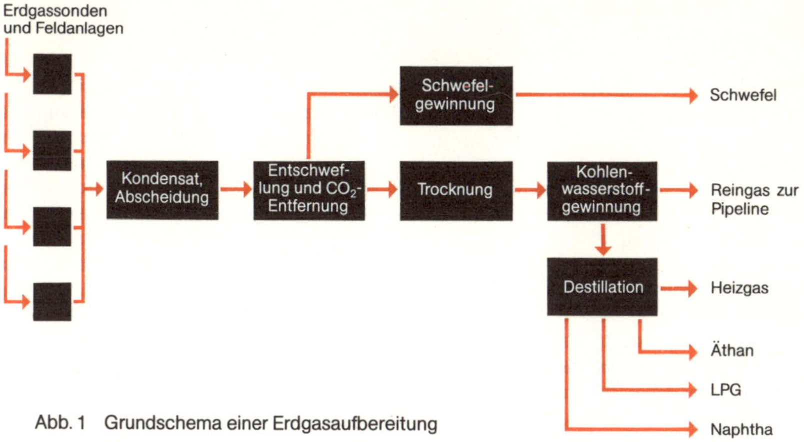

Abb. 1 Grundschema einer Erdgasaufbereitung

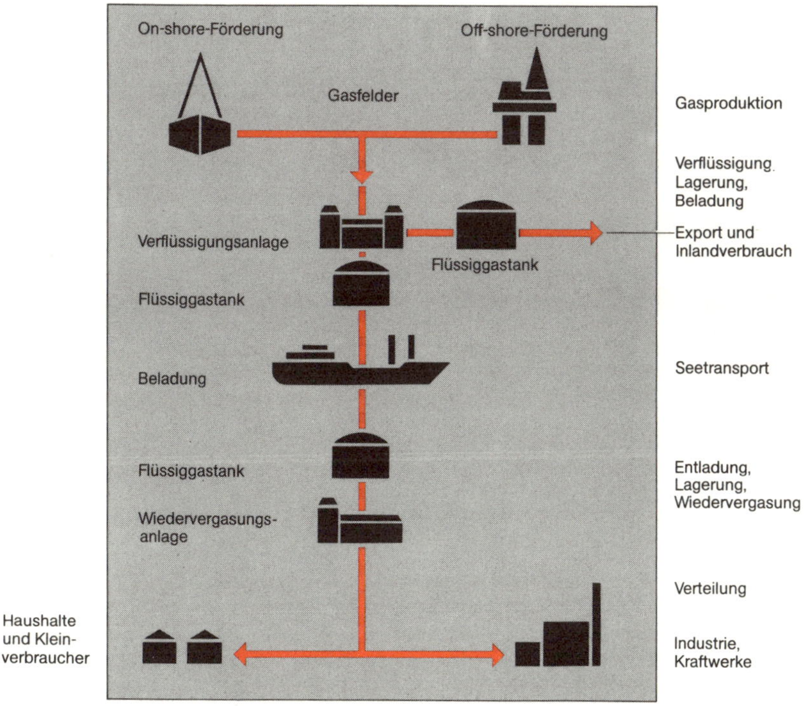

Abb. 2 Die Flüssiggas-Transportkette

Erdgasverarbeitung · Erdgasprodukte

Zu einem großen Teil wird das in den Erdgasfeldern geförderte und vorbehandelte Erdgas der chemischen Industrie zur Weiterverarbeitung zugeleitet. Die dort üblichen Verfahren zur Herstellung von *Synthesegas* (z. B. Wasserstoff-Kohlenoxid-Gemische) aus Erdgas sind in Abb. 1 dargestellt.

Bei der *thermischen Spaltung* wird das methanreiche Erdgas mit oder ohne Katalysator zerlegt. Dazu wird es mit Dampf vermischt und in feuerfest ausgemauerten Erhitzern diskontinuierlich auf Temperaturen bis 1 500 °C aufgeheizt. Die Erhitzer werden durch Verbrennung von minderwertigem Gas auf diese hohen Temperaturen gebracht. Wegen der diskontinuierlichen Betriebsweise werden solche Anlagen heute nicht mehr gebaut.

In *Dampfreformieranlagen* werden Synthesegase (z. B. zur Ammoniaksynthese) mit Hilfe von Katalysatoren (Nickel auf keramischen Trägern) aus Erdgas und anderen Kohlenwasserstoffgasen (z. B. Raffinerieabgase und Flüssiggase) hergestellt.

Ein kontinuierlicher Prozeß zur Synthesegaserzeugung ist die *partielle Oxidation,* die mit oder ohne Katalysator erfolgen kann. Der dazu benötigte Sauerstoff wird durch Zerlegung atmosphärischer Luft erzeugt. Erdgas und Sauerstoff werden in Erhitzern (getrennt) bis auf ca. 240 °C aufgeheizt und dann, mit Dampf vermischt, in einer Verbrennungskammer zur Reaktion gebracht. Bei der chemischen Reaktion entsteht Wärme, so daß die Reaktionsgase eine Temperatur von über 1 000 °C erreichen. Sie werden zur Dampferzeugung durch einen Abhitzekessel geleitet.

Im nebenstehenden Blockschema (Abb. 2) ist die *Ammoniaksynthese* dargestellt. Die angedeuteten Verfahrensschritte können sowohl in der Reihenfolge als auch in der Art des Prozesses variieren. Das klassische Verfahren der Ammoniaksynthese, das Hochdruckverfahren nach F. Haber und C. Bosch *(Haber-Bosch-Verfahren),* hat sich in seinen Grundprinzipien seit 1913 nicht geändert. Synthesegas zur Herstellung von Ammoniak wird entweder durch Dampfreformieren oder durch partielle Oxidation gewonnen. Der Stickstoffbedarf für die Ammoniaksynthese kann durch Luftzerlegung oder aber (bei der partiellen Verbrennung) aus der Verbrennungsluft gedeckt werden; für die Wahl der Stickstoffzugabe sind wirtschaftliche Gesichtspunkte ausschlaggebend.

Auch *Wasserstoff* mit seinem großen Anwendungsbereich in der Technik wird aus Erdgas gewonnen. Das entsprechende Synthesegas entsteht bei der Erdgasspaltung mit Hilfe von Wasserdampf. Dieser Prozeß ist nur bei schwefelfreiem Einsatzgas kontinuierlich durchführbar, so daß bei schwefelhaltigen Gasen eine Entschwefelungsanlage vorgeschaltet werden muß.

Ein wichtiger Prozeß zur Herstellung von Produkten aus Erdgas ist die *Fischer-Tropsch-Synthese.* Bei Drücken von 20 bis 30 bar und bei einer Temperatur von 240 °C werden dabei aus dem Synthesegas mit den Komponenten Wasserstoff und Kohlenoxid im Festbett u. a. Auto- und Flugbenzin, Dieselöl, Lösungsmittel, Weich-, Tafel- und Hartparaffine hergestellt (s. S. 146).

Auch das Edelgas *Helium,* das wie alle Edelgase chemisch indifferent ist und deshalb mit anderen Elementen unter natürlichen Bedingungen keine Verbindung eingeht, wird aus Erdgas gewonnen. Um Wirtschaftlichkeit zu gewährleisten, muß allerdings das zur Heliumgewinnung eingesetzte Erdgas mindestens 2 Vol.-% Helium enthalten. Solches Erdgas ist v. a. in den USA vorhanden.

Seit 1940 wird schließlich auch *Acetylen* durch Spaltung von Erdgas gewonnen. Dies ist nach verschiedenen Verfahren bei Temperaturen von ca. 1 500 °C möglich. Acetylen bildet eine Basis zur Herstellung von Kunststoffen, Kautschuk, Lösungs- und Frostschutzmitteln.

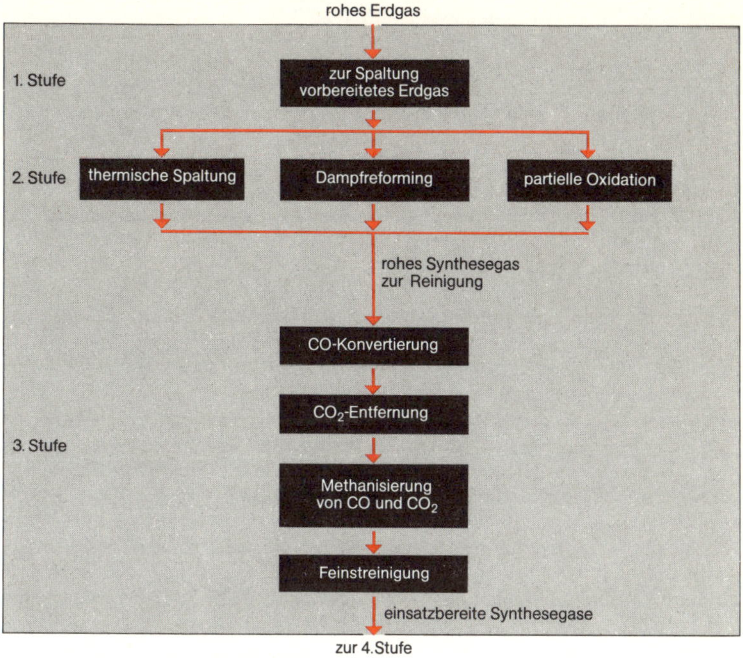

Abb. 1 Schema der Verarbeitung von Erdgasen zu Synthesegasen

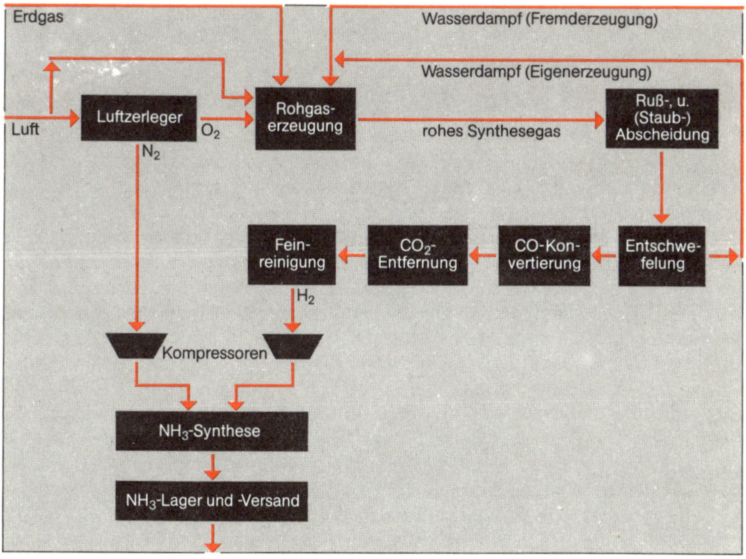

Abb. 2 Schema einer Ammoniaksynthese aus Erdgas

Kernenergie durch Kernspaltung

Die in Kernreaktoren durch Kernspaltung erfolgende Kernenergiegewinnung beruht auf einer als *Neutroneneinfang* bezeichneten Kernreaktion von Atomkernen der als Kernbrennstoffe verwendeten Elemente Uran und Plutonium, insbesondere auf dem Einfang thermischer Neutronen durch Atomkerne der Nuklide U 233, U 235, Pu 239 und Pu 241. *Thermische Neutronen* sind dabei langsame Neutronen, deren kinetische Energie etwa gleich der mittleren thermischen Energie der Wärmebewegung ist, die die Atome in der umgebenden Materie ausführen. Wird ein solches thermisches Neutron z. B. von einem Kern des Uranisotops U 235 eingefangen, so entsteht ein instabiler U-236-Kern, der nach sehr kurzer Zeit in einem Kernspaltungsprozeß in zwei meist ungleich große Kernbruchstücke und zwei bis drei Neutronen zerfällt (Abb. 1).

Die Kernbruchstücke *(Kernfragmente)* sind meist instabile mittelschwere Atomkerne v. a. mit Massenzahlen um 95 und 135, wobei Atomkerne aller Elemente bzw. Nuklide zwischen Zink (Ordnungszahl $Z = 30$) und Therbium ($Z = 65$) vorkommen. Sie gehen nach einer Reihe von Kernumwandlungen, bei denen radioaktive Strahlung emittiert wird, in einem durch ihre Halbwertszeiten bestimmten Zeitraum in einen stabilen Atomkern über und sind dann nicht mehr radioaktiv. Die Kernfragmente und ihre Folgekerne werden in ihrer Gesamtheit als *Spaltprodukte* bezeichnet.

Wichtiger für die Kernreaktortechnik sind jedoch die bei den Kernspaltungsprozessen mit hoher kinetischer Energie freiwerdenden *Spaltneutronen.* Sie bewirken entweder sofort Kernspaltungen (sog. Schnellspaltungen) oder erst nach Abbremsen auf thermische Energie. Diese *thermischen Spaltungen* sind die weitaus häufigeren Reaktionen in sog. thermischen Kernreaktoren. Das Abbremsen eines Neutrons (im wesentlichen durch Streuung an den Atomkernen der Moderatorsubstanz; s. S. 170) und sein Einfang durch einen thermisch spaltbaren Kern muß in Leichtwasserreaktoren (s. S. 172 f.) nach spätestens 10^{-4} s erfolgt sein; andernfalls ist es für die Auslösung einer thermischen Spaltung im Kernreaktor nicht mehr verfügbar. Geht man davon aus, daß jedes Spaltneutron eine neue Kernspaltung verursacht und dabei jeweils drei Spaltneutronen frei werden, so erzeugen diese im nächsten Schritt neun Spaltneutronen, diese wiederum 27 Spaltneutronen usw. Diesen Vorgang, der sich in Millisekunden lawinenartig ausweitet, wenn genügend Spaltmaterial vorhanden ist, nennt man *Kernkettenreaktion* (Abb. 2). Sie läuft explosionsartig bei der Zündung einer Atombombe ab.

Ein kontinuierlicher Energiefluß wird in Kernreaktoren mit einer geeignet strukturierten und dimensionierten Anordnung von gerade soviel Spaltstoff erreicht, daß – durch Absorberstäbe reguliert – nur noch jeweils eines von drei entstehenden Spaltneutronen eine neue Spaltung verursacht und insgesamt eine *kontrollierte Kettenreaktion* abläuft. Die übrigen Neutronen werden entweder von den Atomkernen des Absorber- bzw. Strukturmaterials des Reaktors oder von den allmählich entstehenden Spaltprodukten eingefangen und sind dann für die Kernenergiegewinnung verloren, oder sie werden von den thermisch nicht spaltbaren Atomkernen des Uranisotops U 238 eingefangen und lösen einen Brutprozeß aus, bei dem thermisch spaltbare Plutoniumisotope erzeugt werden (s. S. 184).

Die bei der Kernspaltung freiwerdende Energie von rund 200 MeV je Einzelprozeß ist zunächst in Form kinetischer Energie an die Kernfragmente und Spaltneutronen gebunden, die diese Energie durch Stoßreaktionen an die Nachbaratome abgeben und die Umgebung aufheizen. Die so entstehende Wärmeenergie dient v. a. zur Erzeugung von Wasserdampf, der seinerseits stromliefernde Turbogeneratoren antreibt. Während beim Verbrennen von 1 kg Steinkohle nur eine Energie von rund 8,1 kWh frei wird, liefert die Spaltung von 1 kg Uran 235 rund 21 Mio kWh Energie, d. h., die Energieausbeute bei Kernspaltungsprozessen ist millionenfach größer als bei chemischen Reaktionen, die bei der konventionellen Energiegewinnung aus fossilen Brennstoffen genutzt werden.

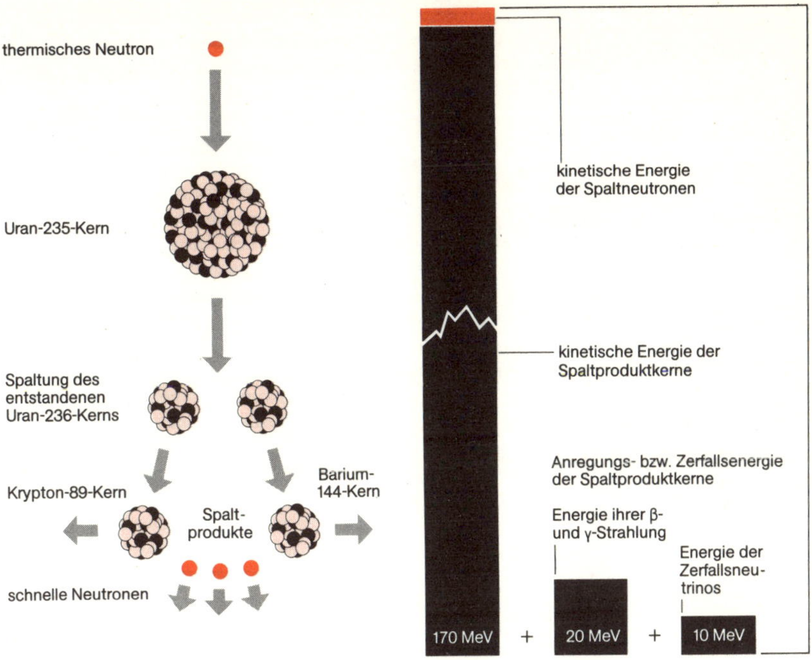

Abb. 1 Die Kernspaltung eines Uran-235-Kerns durch ein thermisches Neutron; rechts die Verteilung der freiwerdenden Kernenergie auf die Spaltneutronen und die Kernfragmente

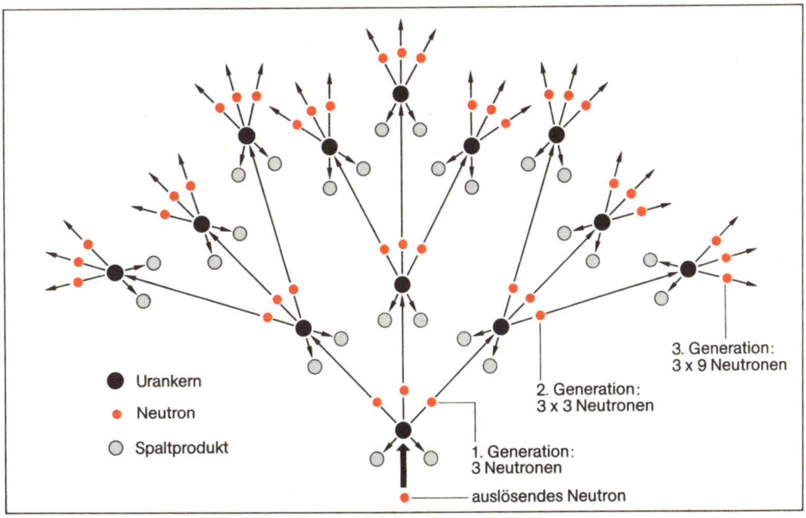

Abb. 2 Die Ingangsetzung einer unkontrolliert ablaufenden Kettenreaktion

Kernreaktoren – Aufbau und Typen

Ein *Kernkraftwerk* unterscheidet sich von einem fossil befeuerten Kraftwerk im wesentlichen durch die Art der Wärmeerzeugung, also durch den Kernreaktor und das dazugehörige Kühlsystem anstelle der konventionellen Feuerungsanlage (s. S. 140).

In einem *Reaktor mit schnellem Neutronenspektrum* werden die bei der Spaltung entstehenden Neutronen (mittlere Energie 2 MeV) nur wenig moderiert (d. h. abgebremst), bevor sie neue Spaltungen bewirken. – *Thermische Reaktoren* dagegen enthalten als sog. Moderator ein Material mit kleinem Atomgewicht, das die Spaltneutronen auf eine niedrigere, „thermische" Energie (etwa 0,025 eV) abbremst. Die Wahrscheinlichkeit, daß ein Neutron beim Zusammenstoß mit einem Spaltstoffatom eine Spaltung bewirkt, ist bei niedrigen Energien viel größer als bei hohen. Der nukleare Brennstoff *(Kernbrennstoff)* besteht aus einer Mischung aus Spaltstoff und Brutstoff. Aus letzterem können nach Neutroneneinfang neue spaltbare Nuklide entstehen (Konversion und Brüten; s. S. 184). – Als *Anreicherung* bezeichnet man den Anteil von Spaltstoff im Brennstoff, insbesondere die Konzentration des Uranisotops U 235 in uranhaltigen Kernbrennstoffen. In Natururan beträgt dieser Anteil 0,7 %, in angereichertem Uran für den Leichtwasserreaktor etwa 3 %.

Der *Reaktorkern* (*Core;* Abb. 1) enthält die Brennelemente, in denen der Brennstoff enthalten ist, ferner den Moderator, einen Teil des Kühlsystems und Kontrollstäbe (Steuerstäbe). Das das Core umschließende *Reaktordruckgefäß* (Abb. 2) ist durch dicke Betonwände abgeschirmt. Charakteristisch für die Auslegung ist die *spezifische Wärmeerzeugung* oder *Leistungsdichte;* damit wird die durch Spaltungen erzeugte thermische Energie im Reaktorkern, dividiert durch sein Volumen, bezeichnet. Mit höher werdender Leistungsdichte wird der Reaktor kompakter; gleichzeitig werden höhere Anforderungen an die Kühlung und die Sicherheitseinrichtungen gestellt.

Die bei der Kernspaltung freiwerdende Energie führt zu einer Erwärmung des Brennstoffs. Dieser ist durch eine Umhüllung *(Cladding),* in der Regel ein Metallrohr, vom Kühlmittel getrennt. Damit werden einerseits radioaktive Substanzen, die als Spaltprodukte bei der Kernspaltung entstehen, vom Kühlkreislauf ferngehalten, andererseits wird der Brennstoff in einer geometrischen Anordnung gehalten, die eine gute Wärmeabfuhr sicherstellt.

Im stationären Zustand findet in jeder Zeiteinheit die gleiche Zahl von Spaltungen statt, und die Wärmeproduktion bzw. Leistung ist konstant. Die hierfür erforderliche *kritische Bedingung* besagt, daß bei der Kernkettenreaktion die Zahl der verbrauchten Neutronen gleich der Zahl der neu bei der Spaltung entstehenden ist. Wenn das Verhältnis der entstandenen zu den verbrauchten Neutronen größer als eins ist, vermehren sich die Neutronen im Reaktor, und die Spaltungen nehmen zu; der Reaktor ist dann *überkritisch.* Damit der Reaktor gerade kritisch bleibt, werden überschüssige Neutronen in Kontrollstäben *(Steuerstäben)* absorbiert. Diese sind beweglich und können zur Steuerung der Kettenreaktion sowie zum An- und Abschalten des Reaktors aus- und eingefahren werden.

Mit der Zeit verbraucht sich der Spaltstoff. Es sammeln sich in den Brennelementen neutronenabsorbierende Spaltprodukte an. Haben diese Spaltstoffe einen bestimmten Anteil erreicht, kann der Reaktor nicht länger kritisch gehalten werden. Alte Brennelemente werden mit einer Beladevorrichtung gegen neue ausgetauscht. Die im Laufe der Einsatzzeit eines Brennelements erzeugte thermische Energie wird mit *Abbrand* bezeichnet und in Megawatt-Tagen pro Tonne Brennstoff angegeben.

Die Merkmale der verschiedenen Reaktortypen werden im wesentlichen durch die Wahl von Moderator und Kühlmittel bestimmt. Insbesondere legt das Kühlmittel die maximale Temperatur im Primärkreis fest und damit auch die obere Temperatur des Arbeitsmediums im Sekundärkreis.

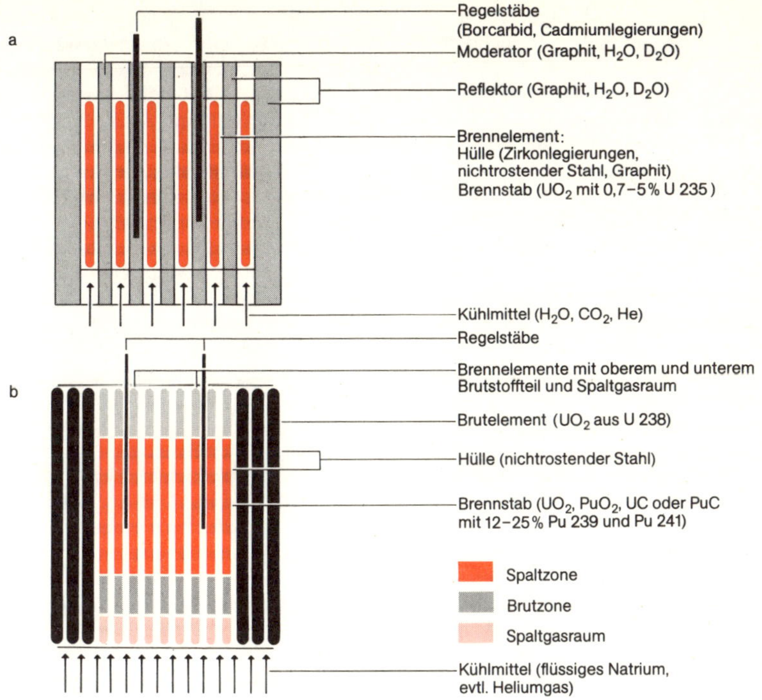

Abb. 1 Prinzipieller Aufbau des Reaktorkerns: thermischer Kernreaktor (a), schneller Brutreaktor (b)

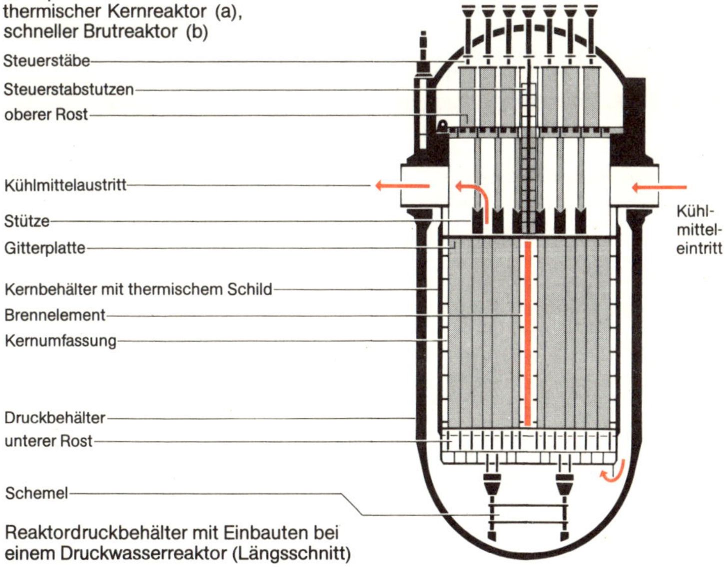

Abb. 2 Reaktordruckbehälter mit Einbauten bei einem Druckwasserreaktor (Längsschnitt)

Leichtwasserreaktoren

Im Leichtwasserreaktor *(LWR)* dient normales Wasser (H_2O) zugleich als Moderator und als Kühlmittel. Je nachdem, ob ein Sieden im Reaktorkern erfolgt oder durch hohen Druck verhindert wird, unterscheidet man zwischen *Siedewasserreaktor (SWR)* und *Druckwasserreaktor (DWR)*. Die Entwicklung der Leichtwasserreaktoren geht auf die Arbeiten für das amerikanische U-Boot-Programm zwischen 1950 und 1960 zurück, die zum Bau der ersten Leistungsreaktoren in den USA, der Kernkraftwerke Shippingport (elektrische Leistung 60 MW) und Dresden (210 MW), führten. Auch das erste in der BR Deutschland gebaute Kernkraftwerk Kahl (15 MW) im Jahre 1961 war mit einem Leichtwasserreaktor vom Typ SWR ausgestattet.

Der *Kernbrennstoff* besteht aus angereichertem Uran mit einem U 235-Anteil von 2,5% (SWR) bzw. 3,2% (DWR), das in der chemischen Form von Urandioxid (UO_2) zu kleinen Tabletten verarbeitet und in Brennstoffhüllrohre aus Zirkonlegierung eingefüllt wird (Abb. 1). Die *Brennstäbe* (gefüllte Brennstoffhüllrohre) besitzen einen Durchmesser von 10–12 mm und je nach Reaktorgröße eine Länge von über 3 m. Mehrere Brennstäbe werden in einer regelmäßigen Anordnung zu einem *Brennelement* zusammenmontiert.

In einem DWR-Brennelement sind einige Brennstabplätze durch Absorberstäbe besetzt, die mit der Kontrollstabführung verbunden sind. Beim SWR besteht der Kontrollstab aus kreuzförmig angeordneten Absorberplatten, die zwischen vier Brennelementen geführt werden. Die Brennelemente sind im Reaktordruckbehälter senkrecht angeordnet. Das Kühlwasser strömt zwischen den Brennstäben von unten nach oben. Verschiedene Einbauten dienen zur Strömungsführung und Fixierung der Brennelemente.

Nach Druckabbau und Entfernen des oberen Teils des Reaktordruckbehälters können mit der Belademaschine die Brennelemente ausgewechselt werden. Etwa einmal pro Jahr wird je nach Typ ein Drittel bis ein Viertel der Brennelemente ausgetauscht. Aus wirtschaftlichen Gründen wird eine möglichst hohe Energieausbeute aus dem eingesetzten Brennstoff angestrebt. Der Abbrand erreicht 33 000 MWd/t beim DWR und 25 000 MWd/t beim SWR.

Im DWR steht das Kühlwasser unter so hohem Druck (etwa 160 bar), daß in der Spaltzone kein Sieden stattfindet. Dabei erwärmt sich das Wasser von etwa 280 °C auf etwa 320 °C. Die gute Kühlfähigkeit des Wassers ermöglicht eine kompakte Bauweise des Reaktorkerns mit einer Leistungsdichte von rund 90 MW/m^3. Über Kühlmittelleitungen strömt das heiße Wasser zu den Dampferzeugern und wird dann von den Hauptkühlmittelpumpen zurück zum Reaktordruckbehälter gefördert (Abb. 2). Das *Primärkühlsystem eines Leistungsreaktors* besteht aus zwei bis vier parallel geschalteten Kreisläufen *(Loops)* mit Dampferzeugern und Pumpen. Der Druck im Gesamtsystem wird durch einen an einen der heißen Stränge angeschlossenen *Druckhalter* konstant gehalten. Dieser für hohen Druck ausgelegte Behälter ist teilweise mit heißem Wasser gefüllt, über dem ein Dampfpolster steht. Durch eine Heizung und eine Einsprühvorrichtung kann der Druck erhöht bzw. erniedrigt werden.

Im SWR liegt der Druck des Kühlwassers niedriger (60 bis 70 bar), so daß im oberen Teil des Reaktorkerns ein Sieden des Kühlwassers stattfindet. An der Oberkante der Brennelemente beträgt der mittlere Dampfanteil rund 75 Volumen-%. Aus kühltechnischen Gründen ist die Leistungsdichte (50 MW/m^3) im SWR geringer als im DWR; und bei gleicher Gesamtleistung ist das Reaktorvolumen entsprechend größer. Das mitgeführte Wasser wird in Wasserabscheidern und Dampftrocknern entfernt, die im oberen Teil des Reaktordruckbehälters angeordnet sind. Durch diese zusätzlichen Einbauten ist der Druckbehälter im SWR höher als im DWR; z. B. besitzt er bei einer elektrischen Leistung von 1 300 MW beim SWR eine Höhe von 22 m, beim DWR eine Höhe von 13 m. – Der getrocknete Sattdampf wird im SWR direkt über Kühlmittelleitungen zur Turbine geführt. Das abgeschiedene Wasser wird zusammen mit dem zurückgeführten Speisewasser mit Hilfe von internen Pumpen im Reaktordruckbehälter umgewälzt (Abb. 4).

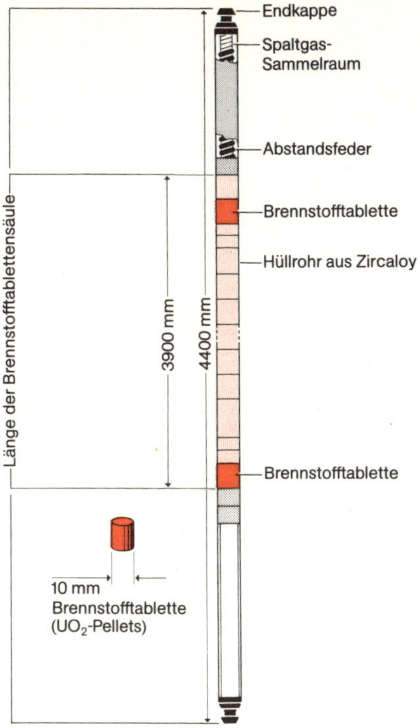

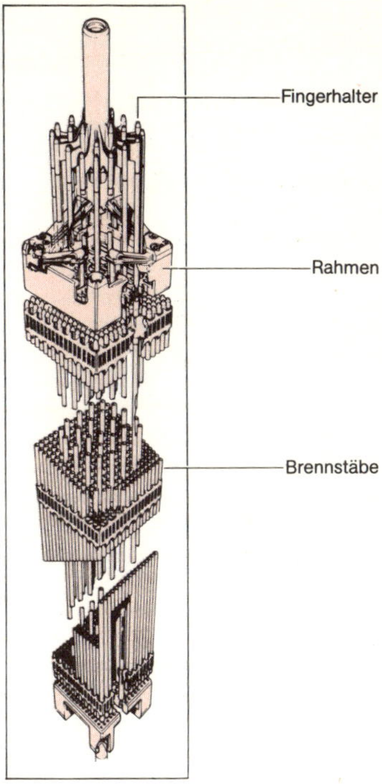

Abb. 1 Aufbau des Brennelements eines Druckwasserreaktors; links Schnitt durch einen Brennstab

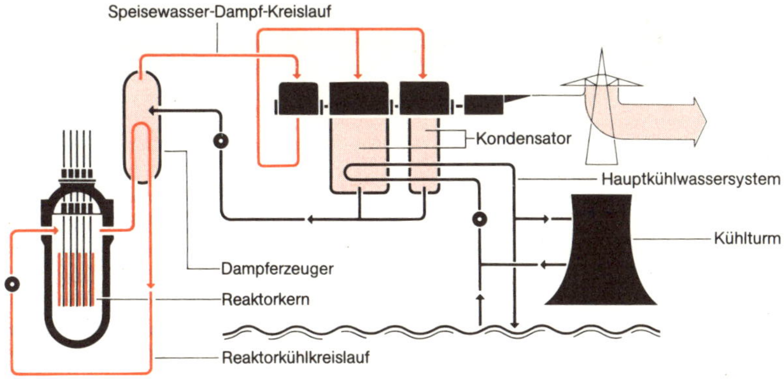

Abb. 2 Schematische Darstellung eines Kernkraftwerks mit Druckwasserreaktor

In beiden LWR-Typen wird die Turbine mit *Sattdampf* angetrieben. Bei der Entspannung kondensiert ein Teil des Dampfes zu Wasser, was bei größeren Mengen zu Schäden an der Turbine führen kann. Deshalb wird der Dampf mit Hilfe von Wasserabscheidern und Zwischenüberhitzern zwischen Hochdruckteil und Niederdruckteil der Turbine getrocknet. Der angeschlossene Generator wird bei den Kernkraftwerken der 1300-MW-Klasse mit einer Drehzahl von 25 Umdrehungen pro Sekunde betrieben. Die Gesamtlänge der Turbogenerator-Gruppe beträgt knapp 60 m.

Der Abdampf von der Turbine wird im Kondensator bei Unterdruck zu Wasser niedergeschlagen. Je nach Kühlverhältnissen liegt der Druck zwischen 0,04 bar (Frischwasserkühlung) und 0,08 bar (Naßkühlturm). Die Ausführung mit Kühlturm ist teuer und bewirkt einen schlechteren thermischen Wirkungsgrad; jedoch sind in der BR Deutschland kaum noch Standorte mit Frischwasserkühlung für neue Großkraftwerke vorhanden.

Im allgemeinen liegt der *Wirkungsgrad* der LWR zwischen 0,32 und 0,34 so daß etwa $^2/_3$ der im Reaktorkern erzeugten thermischen Leistung als *Abwärme* abgeführt werden muß (s. S. 286).

Die *Sicherheitssysteme* sind so ausgelegt, daß alle mit einer nicht zu vernachlässigenden Wahrscheinlichkeit auftretenden Störfälle, insbes. Reaktivitätsstörfälle, d. h. Abweichungen des Reaktors vom kritischen Zustand, und Kühlmittelverlust-Störfälle, beherrscht werden. Der Reaktorkern ist so konstruiert, daß eine explosionsartige Neutronenvermehrung mit der zugehörigen Freisetzung von Spaltungsenergie nicht auftreten kann. Die physikalischen Eigenschaften von Brennstoff und Moderator bedingen, daß bei einem Temperaturanstieg bzw. einem Verdampfen von Wasser der Reaktorkern unterkritisch wird und die Leistung sehr schnell abnimmt. Außerdem wird ein Reaktor bei Überschreitung bestimmter Meßwerte automatisch durch Einfahren der Absorberstäbe abgeschaltet.

Bei *Leckagen* oder Leitungsbruch im Primärkühlsystem sinkt der Druck, und im Reaktordruckbehälter setzt eine Verdampfung ein. Damit reicht die Kühlung zur Abfuhr der Nachwärme nicht länger aus, so daß die Hüllrohre durch Überhitzung beschädigt werden können. Bei größeren Leckagen strömt *Notkühlwasser* aus Druckspeichern in die Kühlmittelleitungen und in den Reaktordruckbehälter; Notkühlpumpen fördern zusätzliches Kühlmittel aus einem Wasservorrat. Durch eine Kreislaufschaltung kann der Notkühlbetrieb über mehrere Tage aufrechterhalten werden. Die Auslegungsstörfälle (besonders schwerwiegend: ein Bruch der Hauptkühlmittelleitung, früher *größter anzunehmender Unfall,* abgekürzt *GAU,* genannt) müssen beherrscht werden, ohne daß in der Umgebung eine Gefährdung durch unzulässig hohe Radioaktivität auftritt.

Ein Sicherheitsbehälter aus Stahl *(Containment)* umgibt den Reaktordruckbehälter, das Brennelementlagerbecken und den gesamten Primärkreislauf. Beim DWR ist der Sicherheitsbehälter so ausgelegt, daß er dem Druckaufbau standhält, der durch Ausströmen und Verdampfen des gesamten Wasserinhalts im Primärkreis entstehen könnte *(Volldruck-Containment).* Mit dem direkten Kreislauf im SWR ist eine solche Auslegung nicht möglich; der Druckabbau nach einem Kühlmittelverlust-Störfall erfolgt deshalb durch Kondensieren des Dampfes in einem Wasservorrat im Sicherheitsbehälter *(Naß-Containment).* Ein zweiter Behälter aus Beton umgibt den Sicherheitsbehälter und bietet zusätzlich Schutz gegen Einwirkungen von außen (z. B. Flugzeugabsturz, Gasexplosion).

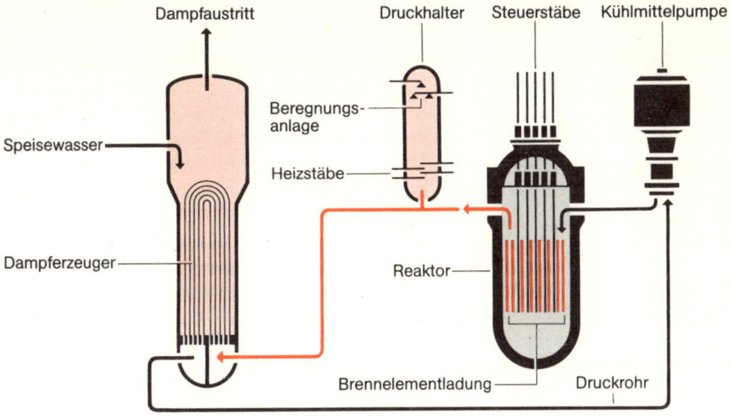

Abb. 3 Primärkreislauf eines modernen Druckwasserreaktors im Längsschnitt

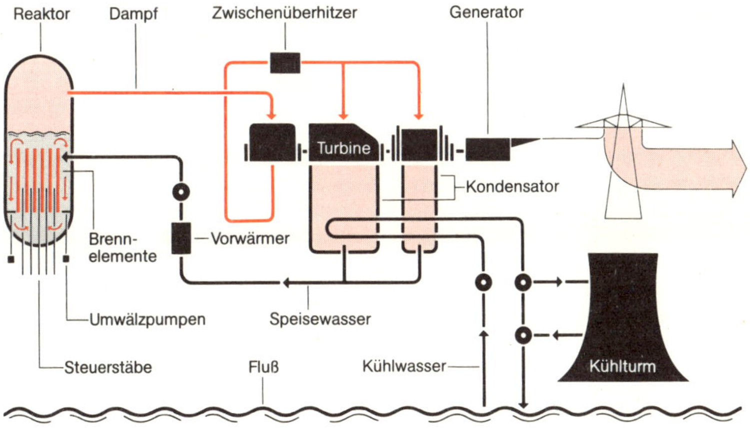

Abb. 4 Schematische Darstellung eines Kernkraftwerks mit Siedewasserreaktor

Schwerwasserreaktoren

Im Schwerwasserreaktor (engl. *h*eavy *w*ater *r*eactor, abgekürzt: *HWR*) werden die Neutronen durch Stöße mit dem Wasserstoffisotop Deuterium (Massenzahl 2) abgebremst. Wegen der geringen Neutronenabsorption des als Moderator verwendeten *schweren Wassers* (D_2O) wird kein so hoher Spaltstoffanteil benötigt. Deshalb kann der Schwerwasserreaktor mit natürlichem Uran (0,7 % U-235-Anteil) betrieben werden. Allerdings muß das Moderatorvolumen größer sein. Die Leistungsdichte im Reaktorkern beträgt nur etwa 20 % von der des Leichtwasserreaktors.

Die zwei wichtigsten Typen von Schwerwasserreaktoren verwenden D_2O sowohl für die Moderation als auch für die Kühlung. Im Reaktortank ist der Moderator durch Rohre vom Kühlmittel getrennt. In den Kühlkanälen befinden sich die Brennelemente, die bei hohem Druck gekühlt werden müssen, um ein Sieden des Kühlmittels zu vermeiden. Die beiden Reaktortypen unterscheiden sich hauptsächlich in der Aufnahme der Druckkräfte: Der in Kanada entwickelte *Kanadische Deuterium-Uran-Reaktor* (abgekürzt: *CANDU*) besitzt druckführende Rohre in einem drucklosen Moderatortank *(Druckröhrenreaktor)*. In der BR Deutschland wurde der *Druckkesselreaktor* (Prototyp ist der *Mehrzweck-Forschungsreaktor MZFR* in Karlsruhe) entwickelt, der ähnlich wie der Druckwasserreaktor mit einem Reaktordruckbehälter ausgerüstet ist, dessen vertikale Kühlkanäle jedoch nur der Strömungsführung dienen. Moderator und Kühlmittel stehen beide unter gleich hohem Druck. Nach diesem Prinzip wurde ein Kernkraftwerk mit 340 MW in Atucha in Argentinien gebaut. Ein weiteres mit 745 MW ist in Bau.

Der Aufbau eines Druckröhrenreaktors vom Typ CANDU mit einer elektrischen Leistung von 638 MW wird in Abb. 1 gezeigt. Die Druckrohre mit einem Innendurchmesser von 10 cm liegen horizontal und sind an ihren Enden mit den Stirnwänden des liegenden zylindrischen Moderatortanks verbunden. Das etwa 0,5 m lange Brennelement besteht aus einem Bündel von 37 Brennstäben. In jedem Kühlkanal sind 12 Brennelemente aneinandergereiht. Kontrollstäbe werden in getrennten Rohren geführt, die vertikal zwischen den Kühlkanälen angeordnet sind. Zusätzlich kann Bor als neutronenabsorbierender Stoff dem Moderator beigemischt werden. Zur Verbesserung der Abbremseigenschaften wird das schwere Wasser im Moderatortank durch eine externe Kühlung auf einer niedrigeren Temperatur gehalten als das schwere Wasser im Kühlkanal.

In einem *Natururanreaktor* ist die Überschußreaktivität (größere Reaktivität, als zur Erreichung des kritischen Zustands erforderlich ist) sehr gering und das Intervall zwischen den Brennelementwechseln kurz. Daher erfolgt der Wechsel während des Betriebs. Über fernbediente Wechselmaschinen werden neue Elemente an einer Seite eingeschoben und alte an der anderen herausgenommen. Um eine gleichmäßige Leistungsverteilung im Reaktor zu erreichen, wird in benachbarten Kanälen frischer Brennstoff abwechselnd von links nach rechts und von rechts nach links zugeführt. Im gleichen Sinne ist die Strömungsrichtung des Kühlmittels angeordnet.

Das Primärkühlsystem besteht aus zwei Doppelschleifen mit je zwei Dampferzeugern und zwei Hauptkühlmittelpumpen sowie einem gemeinsamen Druckhalter (Abb. 2). Von jedem Kühlkanal führt eine Rohrleitung zu einem Kühlmittelsammler. Wegen der gegenläufig geschalteten Strömungsführung im Reaktor wird an jeder Stirnseite sowohl ein heißer als auch ein kalter Sammler benötigt. Auf der Sekundärseite des Dampferzeugers entsteht normaler Wasserdampf. Der Sekundärkreis mit Sattdampfturbine, Kondensator, Speisewasserpumpe und mehrstufiger Vorwärmung ist ähnlich aufgebaut wie im Druckwasserreaktor. Der Wirkungsgrad des Schwerwasserreaktors vom Typ CANDU liegt bei 29 %.

Der HWR eignet sich besonders für Länder mit einem kleinen Kernenergieprogramm, da er mit Natururan betrieben werden kann. Es besteht keine Notwendigkeit, angereichertes Uran zu importieren oder teure Anreicherungsanlagen zu bauen.

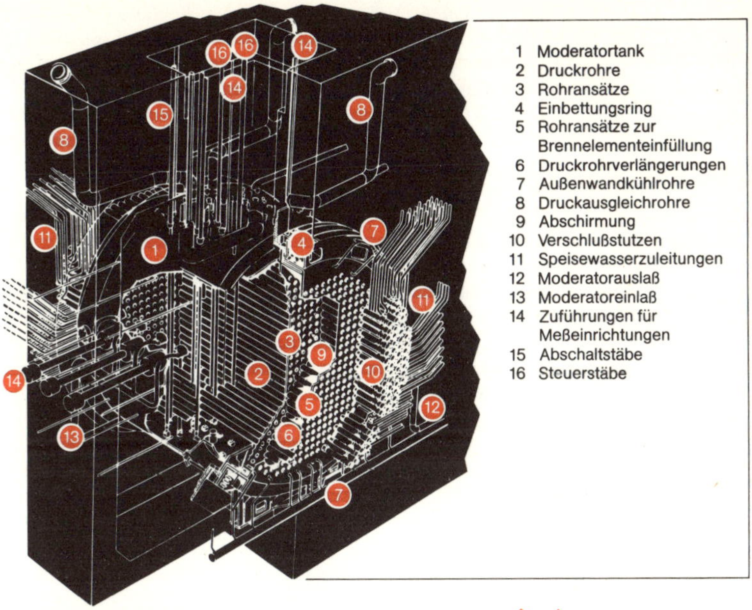

Abb. 1 Aufbau eines Schwerwasser-Druckröhrenreaktors kanadischer Bauart (Candu-Reaktor)

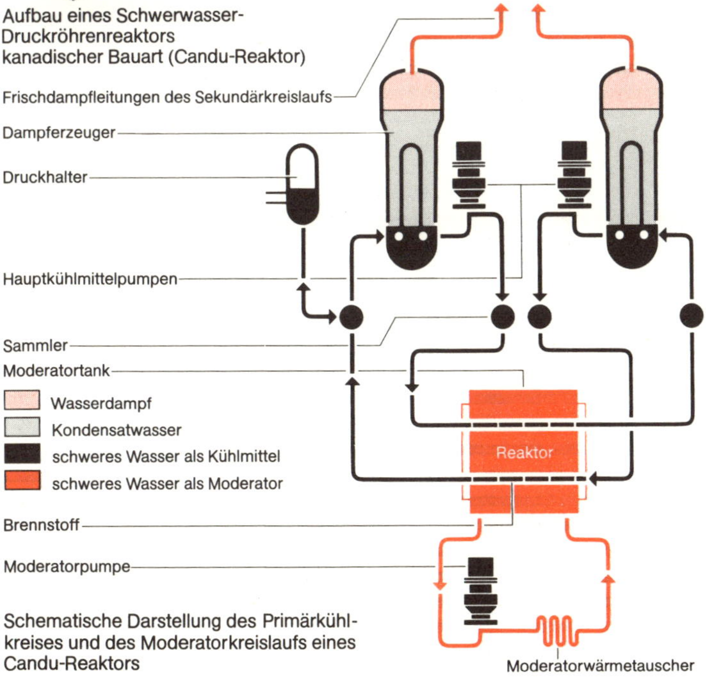

Abb. 2 Schematische Darstellung des Primärkühlkreises und des Moderatorkreislaufs eines Candu-Reaktors

Gasgekühlte Reaktoren

Zur *Kühlung der Brennelemente* in Kernreaktoren eignen sich auch Gase wie Kohlendioxid (CO_2) und Edelgase. Die Vorteile gegenüber Wasser bzw. schwerem Wasser sind u. a.: keine Phasenänderung des Kühlmediums und hohe Temperaturen im Reaktorkern. Mit CO_2 als Kühlmittel wird eine Heißgastemperatur von 650 °C erreicht. Für noch höhere Temperaturen wird das Edelgas Helium verwendet (s. S. 180). Die hohen Gastemperaturen ermöglichen die Erzeugung eines *Frischdampfes* mit hohem Druck und hoher Temperatur. Folglich ist der Wirkungsgrad im Dampfprozeß hoch. Nachteilig sind jedoch die geringere Wärmekapazität der Gase gegenüber Flüssigkeiten und der hohe Energiebedarf der Umwälzgebläse.

Da die Gase wegen ihrer geringen Dichte nur einen vernachlässigbaren moderierenden Effekt auf die Neutronen haben, ist in einem gasgekühlten thermischen Reaktor ein zusätzlicher Moderator, in der Regel *Graphit*, erforderlich. Die ersten Kernkraftwerke waren graphitmoderiert und wurden mit Kohlendioxid gekühlt *(Gas-Graphit-Reaktor*, abgekürzt: *GGR)*.

Das erste Kernkraftwerk der Welt, *Calder Hall*, wurde 1956 in Großbritannien in Betrieb genommen und hat seitdem störungsfrei Strom produziert. Das Kraftwerk ist mit vier gleichen Reaktoranlagen ausgestattet mit je 225 MW thermischer bzw. 41,5 MW elektrischer Leistung (Abb. 1). Der Reaktorkern besteht aus Graphitblöcken mit vertikalen Bohrungen, die als Kühlkanäle von etwa 10 cm Durchmesser ausgelegt sind. In jeder Bohrung befindet sich ein dünnerer Brennelementstab, der von CO_2 gekühlt wird. Da bei Inbetriebnahme dieses Reaktors angereichertes Uran nicht kommerziell verfügbar war, diente als Brennstoff Natururan in metallischer Form. Das Material der Brennstoffumhüllung, das möglichst wenig Neutronen absorbieren soll, ist aus einer speziellen, nichtoxidierenden Magnesiumlegierung *(Magnox)* hergestellt, die dieser Reaktorlinie den Namen gegeben hat *(Magnox-Reaktoren)*. Die aus dem eingesetzten Brennstoff der Magnox-Reaktoren erzielbare Energieausbeute ist wie in allen Natururanreaktoren gering. Der Abbrand beträgt nur 4000 MWd/t. Kohlenstoff (Massenzahl 12) ist kein so effektiver Moderator wie Wasserstoff (Massenzahl 1), so daß ein höherer Moderatoranteil im Reaktorkern erforderlich ist. Zusammen mit der geringen Kühlfähigkeit des Gases folgt, daß der Reaktorkern ein großes Volumen besitzen muß. Die Leistungsdichte im Reaktorkern beträgt nur 0,5 MW/m^3. Der Schmelzpunkt des Hüllmaterials erlaubt eine Gastemperatur von maximal 410 °C. In Calder Hall beträgt sie z. B. 340 °C. Damit kann Frischdampf von nur 310 °C erzeugt werden. Trotz eines komplizierten Zweidrucksystems mit Hoch- und Niederdruckdampf erreicht der Nettowirkungsgrad dieses ersten Kernkraftwerks der Welt nur 18 %.

Der Magnox-Reaktor war die Basis des britischen Kernenergieprogramms. Insgesamt wurden von 1956 bis 1971 in Großbritannien 28 Reaktoren gebaut. Die Einheitsleistung dieses Reaktortyps wurde schrittweise von 41 MW auf 590 MW gesteigert und der Wirkungsgrad auf 34 % verbessert. Auch in Frankreich setzte die Kernenergienutzung mit dem Bau einer Serie von Reaktoren des Typs GGR ein. Heute wird diese Reaktorlinie nicht mehr weiterverfolgt.

In Großbritannien wird seit 1972 eine fortgeschrittene Version, der *AGR* (Abk. für *a*dvanced *g*ascooled *r*eactor) gebaut (Abb. 2). Der Brennstoff besteht bei diesem Reaktortyp aus angereichertem Uran mit 1,6 % bis 2,5 % U 235 und erreicht einen Abbrand von 18 000 MWd/t. Das Material des Hüllrohrs ist aus Stahl, die Heißgastemperatur beträgt 650 °C. Damit erreicht der AGR einen Nettowirkungsgrad von 41 %. Der gesamte Primärkreis mit Reaktor, Dampferzeuger und Gebläse ist in einem großen Druckbehälter aus vorgespanntem Beton untergebracht. Diese sog. integrierte Bauweise trennt den aktiven Teil von den übrigen, konventionellen Teilen des Kernkraftwerks.

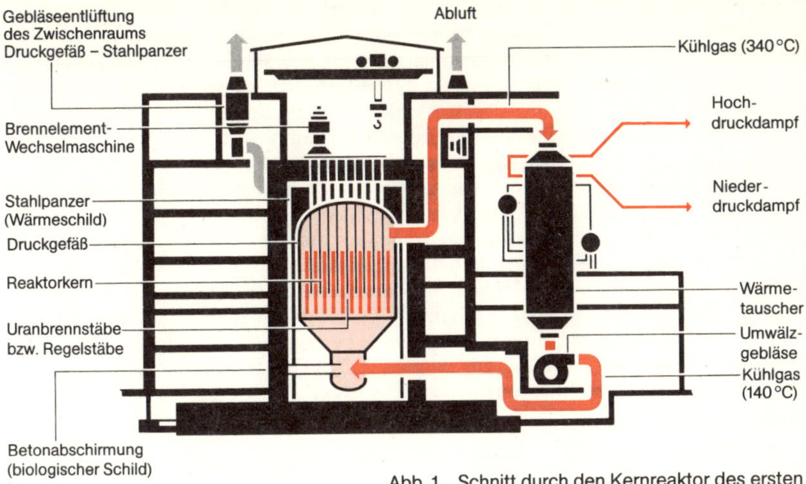

Abb. 1 Schnitt durch den Kernreaktor des ersten Kernkraftwerks der Welt in Calder Hall

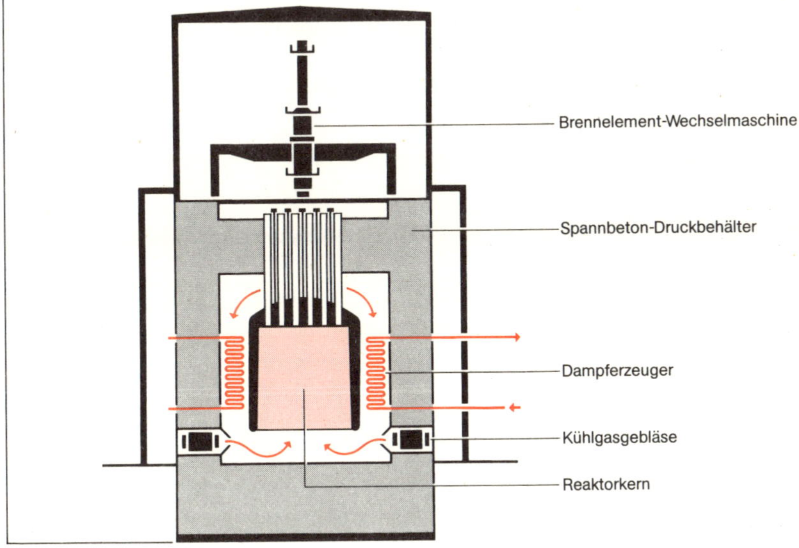

Abb. 2 Schematische Darstellung eines fortgeschrittenen gasgekühlten Reaktors

Hochtemperaturreaktoren

Die Hochtemperaturreaktoren *(HTR)* gehören zur Gruppe der graphitmoderierten, gasgekühlten Reaktoren. Der Brennstoff befindet sich bei diesem Reaktortyp in einem aus Graphit aufgebauten Brennelement. Der Reaktorkern enthält keine neutronenabsorbierenden metallischen Strukturmaterialien. Graphit ist formbeständig bis zu einer Temperatur von 3 750 °C (Sublimationspunkt). Als Kühlmittel wird das chemisch inerte (d. h. reaktionsträge) Edelgas Helium verwendet. Dadurch können beim Betrieb des Reaktors sehr hohe Temperaturen erreicht werden. Die zulässige Betriebstemperatur wird meist nicht durch das Brennelement, sondern durch die Werkstoffe der Primärkreiskomponenten (z. B. den Wärmetauscher) begrenzt. Dadurch, daß wenige unerwünschte Neutronenabsorptionen im Reaktorkern stattfinden, können die für die Aufrechterhaltung der Kettenreaktion nicht erforderlichen Neutronen zum Erbrüten von neuem Spaltstoff genutzt werden. Als Brennstoff dient angereichertes Uran oder eine Mischung aus Thorium und hochangereichertem Uran (93% U 235). Der Natururanbedarf ist geringer als im Leichtwasserreaktor (s. S. 172). Außerdem kann der aus dem Brutstoff Thorium entstehende Spaltstoff U 233 durch Wiederaufarbeitung gewonnen werden.

In der BR Deutschland ist seit 1968 das Versuchskraftwerk *AVR* (Abk. für: *A*rbeitsgemeinschaft-*V*ersuchs-*R*eaktor) mit 15 MW elektrischer Leistung in Betrieb. Ein Prototypkraftwerk mit 300 MW (*T*horium-*H*och*t*emperatur*r*eaktor, abgekürzt: *THTR*) ist zur Zeit bei Hamm in Westfalen im Bau.

Charakteristisch für alle diese Hochtemperaturreaktoren ist der *Brennstoffaufbau mit beschichteten Partikeln* (engl. coated particles): Der Brennstoff in Form von UO_2, UC oder ThO_2 wird zu kleinen Körnern geformt (Durchmesser 0,5–0,7 mm) und mit Kohlenstoff umhüllt. Diese aus mehreren Schichten bestehende Umhüllung widersteht dem sich während der Bestrahlung aufbauenden Innendruck und verhindert das Austreten von Spaltprodukten. Mehrere tausend Partikel werden mit Graphitpulver vermischt und zu 6 cm großen Brennelementkugeln gepreßt (Abb. 1).

Das Core des THTR in Hamm ist aus Graphit- und Kohlensteinblöcken zu einem Hohlzylinder mit trichterförmigem Boden aufgebaut und mit Brennelementkugeln gefüllt (rund 675 000). Es werden kontinuierlich Kugeln durch ein zentrales Rohr im Boden abgezogen und durch Öffnungen in der Reflektordecke frische zugegeben. Somit wandern die Brennelemente im Laufe eines halben Jahres von oben nach unten durch das Core. Im THTR ist ein Mehrfachdurchlauf vorgesehen; die Brennelemente erreichen einen Abbrand von 100 000 MWd/t. Für Lastregelung und Abschalten werden Absorberstäbe in den Reaktorkern und in den Seitenreflektor eingefahren.

Der Primärkreis des THTR ist in integrierter Bauweise in einem Spannbetonbehälter untergebracht (Abb. 2). Bei einem Druck von 40 bar strömt *Helium* von oben nach unten durch den Reaktorkern und wird auf 750 °C erwärmt. Nachdem es sich in den Dampferzeugern auf 250 °C abgekühlt hat, wird es mit Hilfe der Kühlgasgebläse wieder in den Sammelraum oberhalb des Kerns gedrückt. Der Frischdampf mit 530 °C und 178 bar wird durch Leitungen aus dem Spannbetonbehälter zur Turbine im Maschinenhaus geführt. Der mit einer Zwischenüberhitzung gestaltete Kraftwerksprozeß ermöglicht einen Nettowirkungsgrad von 39%, wobei die Abwärme über einen Trockenkühlturm (s. S. 286) an die Luft abgegeben wird.

Sicherheitstechnisch ist der THTR durch eine geringe Leistungsdichte (6 MW/m^3), eine hohe Temperaturbeständigkeit der Reaktormaterialien sowie durch die große Wärmekapazität des verwendeten Graphits gekennzeichnet. Der Hochtemperaturreaktor kann nicht nur zur Stromerzeugung eingesetzt werden. Die bei hoher Temperatur verfügbare Wärme kann auch als Prozeßwärme (z. B. bei der Kohlevergasung) genutzt werden.

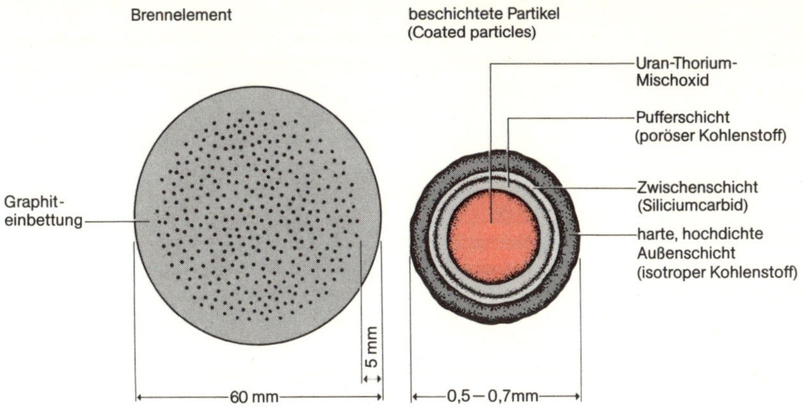

Abb. 1 Aufbau eines kugelförmigen Brennelements für Hochtemperaturreaktoren; rechts Querschnitt durch ein darin enthaltenes Coated particle

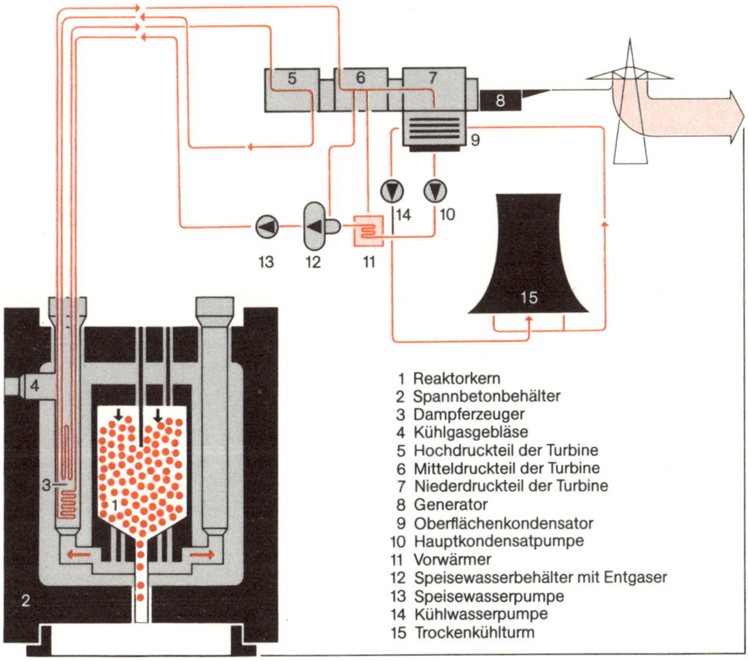

Abb. 2 Schematische Darstellung des bei Hamm-Uentrop in Westfalen im Bau befindlichen Kernkraftwerks mit dem Hochtemperaturreaktor THTR-300

Nukleare Prozeß- und Fernwärme
Nukleare Fernenergie

Kernkraftwerke können ebenso wie Kohlekraftwerke durch *Kraft-Wärme-Kopplung* (s. S. 144) Fernwärme bereitstellen. Besonderheiten ergeben sich aus der Größe dieser Anlagen und ihren verbraucherfernen Standorten. Aus einem Reaktor mit einer elektrischen Leistung von 1 300 MW können über 1 500 MW Wärme ausgekoppelt werden. Dies würde ausreichen, um etwa ein halbe Million Menschen mit Wärme (sog. *nukleare Fernwärme*) zu versorgen. Die benötigten großen *Fernwärmenetze* sind allerdings allenfalls in Ballungsräumen (z. B. Ruhrgebiet) denkbar; zur Zeit sind sie noch nicht vorhanden. Da Reaktoren fern von dicht besiedelten Gebieten gebaut werden, sind zudem lange Heißwassertransportleitungen erforderlich. Aus diesen Gründen wird erwogen, für die Fernwärmeversorgung kleine Reaktoren (elektrische Leistung um 200 MW) anzubieten, die aufgrund ihrer Sicherheitseigenschaften (z. B. passive Notkühlsysteme) ballungsnah gebaut und an die Größe bestehender Fernwärmenetze angepaßt werden können.

Der Hochtemperaturreaktor (s. S. 180) bietet die Möglichkeit, Wärme mit einer Temperatur bis 950 °C für Produktionsprozesse auszukoppeln. Man spricht hier im Unterschied zur nuklearen Fernwärme von *nuklearer Prozeßwärme*. Zur Zeit werden insbesonders bei der Kohlevergasung (s. S. 148) Einsatzmöglichkeiten gesehen. Dabei werden zwei Verfahren mit unterschiedlichen Methoden der Wärmeeinkopplung verfolgt:

Bei der *Wasserdampfvergasung* von Kohle (s. S. 149) wird die von einem primären, mit Heliumgas arbeitenden Kühlmittelkreislauf aufgenommene Reaktorwärme über Wärmetauscher an einen zweiten Heliumkreislauf übertragen. Das etwa 900 °C heiße *Helium* dieses Kreislaufs gibt seine Wärme über tauchsiederartige Wärmetauscher an ein Wirbelbett aus Kohlenstaub und Wasserdampf ab. Es bildet sich dort ein CO/H_2-Gemisch *(Synthesegas)*, das in einer weiteren Stufe in das als Erdgasersatz (SNG, Abk. für engl. *S*ubstituted *n*atural *g*as) verwendbare *Methan* umgewandelt werden kann. Für die Kohlevergasung wird nur die obere Temperaturspanne des Heliums genutzt. Seine Restwärme gibt das Helium über einen zweiten Wärmetauscher zur Produktion von Dampf ab, der im Vergasungsprozeß und zur Stromerzeugung genutzt wird.

Bei der *hydrierenden Kohlevergasung* (Abb. 1) wird die Heliumwärme über einen als Wärmetauscher dienenden Röhrenspaltofen in ein Reaktionsbett übertragen. Dort dient die Wärme dazu, Methan mit Wasserdampf katalytisch in ein Synthesegas zu spalten. Mit dem Wasserstoff aus diesem Synthesegas wird Kohle in der Vergasungsanlage zu Methan umgewandelt, das teils als Erdgasersatz, teils als Einsatz für den Röhrenspaltofen dient. Auch hier werden mit der verbleibenden Heliumwärme Dampf und Strom erzeugt.

Die Anwendung der nuklearen Prozeßwärme ist aber nicht nur auf die Kohlevergasung beschränkt. Auch in chemische Kreisprozesse zur Wasserstofferzeugung (s. S. 128) kann sie eingekoppelt werden.

Eine weitere Anwendungsmöglichkeit (Abb. 2) stellt die *nukleare Fernenergie* dar (s. S. 118): Im Röhrenspaltofen wird mittels der vom Helium übertragenen Reaktorwärme Methan zu Synthesegas gespalten. Dabei wird ein Teil der Heliumwärme latent in Form chemischer Energie im Synthesegas gespeichert. Man kann nun dieses Gas kalt, d. h. ohne Wärmeverluste, zu einer z. B. in einem Heizwerk stehenden Methanisierungsanlage transportieren und dort in Methan zurückverwandeln, wobei die gespeicherte chemische Energie wieder freigesetzt wird und zur Wärmeerzeugung dienen kann. Das dort gebildete Methan kann im Kreislauf zum Röhrenspaltofen zurückgeführt werden. Gegenüber dem Heißwassertransport zu Fernwärmenetzen sind dann weit größere Transportentfernungen überbrückbar. Das Verfahren ist ohne Methanisierungsanlage auch zur Erdgasspaltung bzw. mit Methanisierung, aber ohne Methanrückleitung zur Aufladung des Erdgases mit Energie einsetzbar.

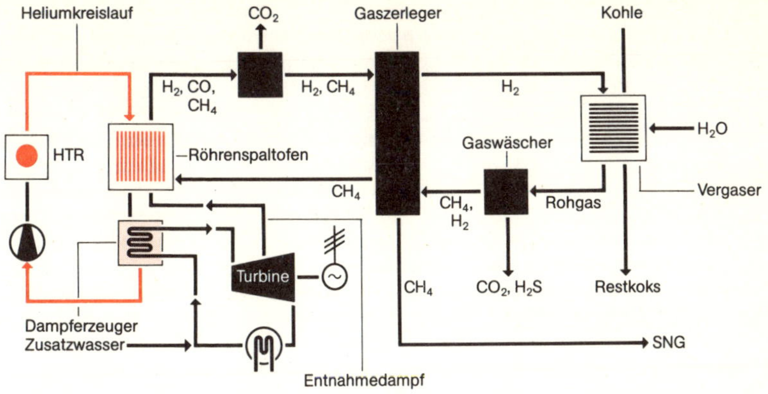

Abb. 1 Fließschema der hydrierenden Kohlevergasung mit der nuklearen Prozeßwärme eines Hochtemperaturreaktors (HTR) bei Abgabe von Methan als Erdgasersatz (SNG) und gleichzeitiger Stromerzeugung

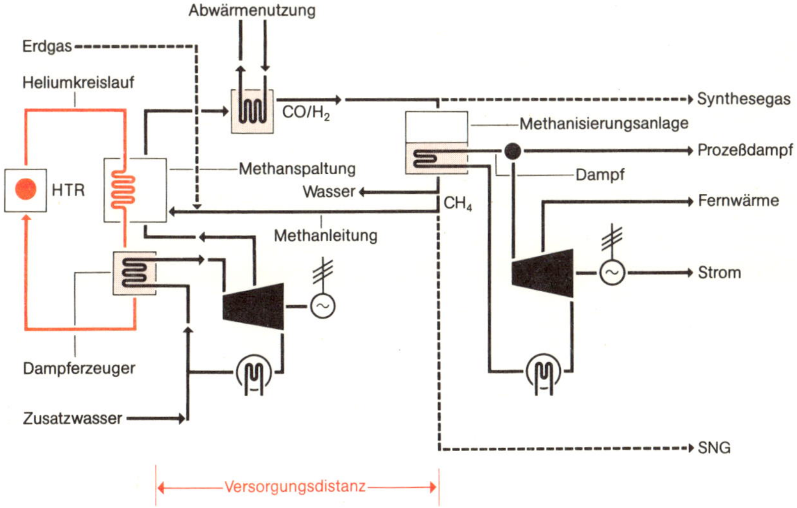

Abb. 2 Fließschema der nuklearen Fernenergieversorgung bei geschlossenem Kreislauf bzw. bei halboffenem System mit Zufuhr von Erdgas und mit Abgabe von Methan (SNG) und Synthesegas (---)

Schnelle Brüter

Die bei der Spaltung eines schweren Atomkerns entstehende Zahl von Neutronen ist höher, wenn die Spaltung durch ein schnelles Neutron ausgelöst wird. Die mittlere Neutronenzahl (Anzahl der freigesetzten Neutronen) pro Absorption eines Neutrons beträgt z. B. für Uran 235 bei einer thermischen Spaltung 2,07, bei einer Spaltung mit schnellen Neutronen 2,39 und bei Plutonium 239 sogar 2,97. Die für die Aufrechterhaltung der Kettenreaktion nicht benötigten Neutronen werden von U 238 eingefangen, das sich in Pu 239 umwandelt. Die Erzeugung von neuem Plutonium kann so ergiebig sein, daß mehr Plutonium erzeugt als verbraucht wird. Dieser Vorgang wird *Brüten* genannt. Als *Brutrate* bezeichnet man den Quotienten aus erzeugtem und verbrauchtem Spaltstoff. In kommerziellen Leistungsreaktoren liegt die Brutrate zwischen 1,0 und 1,3.

Damit sich ein Neutronenspektrum mit im wesentlichen schnellen, also hochenergetischen Neutronen einstellt, dürfen im Reaktorkern keine neutronenbremsenden Materialien vorhanden sein. Außer Brennstoff mit den erforderlichen Hüllrohr- und Strukturmaterialien enthält das Core nur *Kühlmittel*. Auch das Kühlmittel soll möglichst wenig moderieren. Als besonders geeignet hat sich das Alkalimetall Natrium (Massenzahl 23) erwiesen, das oberhalb 98 °C flüssig ist und erst bei fast 900 °C verdampft. Nachteilig ist die nahezu explosionsartige Reaktion von Natrium mit Luft oder Wasser.

Aus reaktorphysikalischen und wirtschaftlichen Gründen müssen die Brennelemente sehr kompakt angeordnet sein; daher liegt die Leistungsdichte im Reaktorkern im Bereich von 200 bis 600 MW/m^3. Die Übertragung der großen Wärmemengen an das Kühlmittel erfordert eine große Wärmeübertragungsfläche. Der Brennstoff wird auf viele dünne Brennstäbe (Durchmesser 5 bis 6 mm) verteilt. Der *Reaktorkern (Core)* ist in zwei Zonen eingeteilt: die innere Spaltzone mit etwa 20% Plutonium und 80% Uran und die äußere, axiale und radiale (Brutmantel) aus Uran.

Die Entwicklung dieser Reaktorlinie *(schnelle Brüter, schnelle Brutreaktoren)* führte weltweit zum Bau mehrerer Versuchsreaktoren bzw. Demonstrationskraftwerke (PFR, 250 MW, in Großbritannien; Phenix, 250 MW, und der im Bau befindliche Super-Phenix, 1 200 MW, in Frankreich; BN 350 und BN 600 in der UdSSR). In der BR Deutschland befindet sich nach dem erfolgreichen Betrieb der Versuchsanlage *KNK* (Abk. für: *k*ompakte *n*atriumgekühlte *K*ernenergieanlage) in Karlsruhe das Prototypkraftwerk *SNR* 300 (Abk. für: *s*chneller *n*atriumgekühlter *R*eaktor) bei Kalkar am Niederrhein im Bau (Abb. 1). In diesem Kraftwerk ist der Reaktorkern in einen doppelwandigen Reaktortank eingebaut, an den sich die drei parallelen Kühlschleifen des Primärsystems anschließen. Das Kühlsystem ist nahezu drucklos, so daß bei einem Kühlmittelverluststörfall kein Druckabfall entsteht (der z. B. bei Wasser zur Verdampfung und Freilegung der Brennelemente führen könnte).

Neben dieser sog. *Loop-Bauweise* des SNR wird in Frankreich und Großbritannien die *Pool-Bauweise* entwickelt (Abb. 2): In einem großen, mit Natrium gefüllten Tank *(Pool)* befinden sich außer dem Reaktorkern auch die Wärmetauscher und Pumpen. Bei Störungen der Wärmeabfuhr steht hier eine große Wärmekapazität zur Aufnahme der Nachzerfallswärme zur Verfügung.

Wie in allen schnellen Brutreaktoren ist auch im SNR zwischen den Primär-Natrium-Kühlkreis und den Wasser/Dampf-Kreislauf ein Sekundär-Natrium-Kühlkreis geschaltet. Dieser dient als Puffer zwischen dem aktiven Primärnatrium und dem Wasser und soll verhindern, daß sich mögliche Natrium-Wasser-Reaktionen auf den Reaktor auswirken. Die hohe Temperatur des Natriums ermöglicht die Erzeugung von Frischdampf von 495 °C bei 160 bar. Der Nettowirkungsgrad des SNR-Kraftwerks beträgt 38%.

Brutreaktoren benötigen bei Inbetriebnahme außer Uran den Kernbrennstoff Plutonium, der z. B. aus der Wiederaufarbeitung des thermischen Reaktorbrennstoffs gewonnen werden kann. Der Brutgewinn des Brüters erfolgt in einem geschlossenen Brennstoffkreislauf (s. S. 188 und 196).

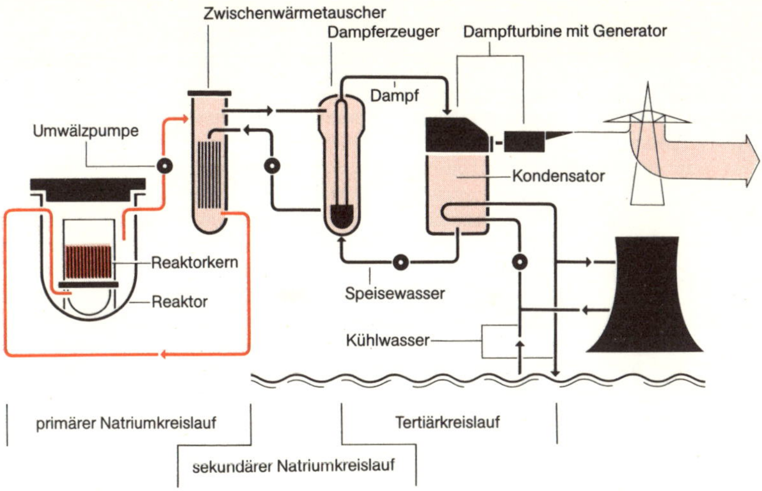

Abb. 1 Schaltschema des Kernkraftwerks Kalkar

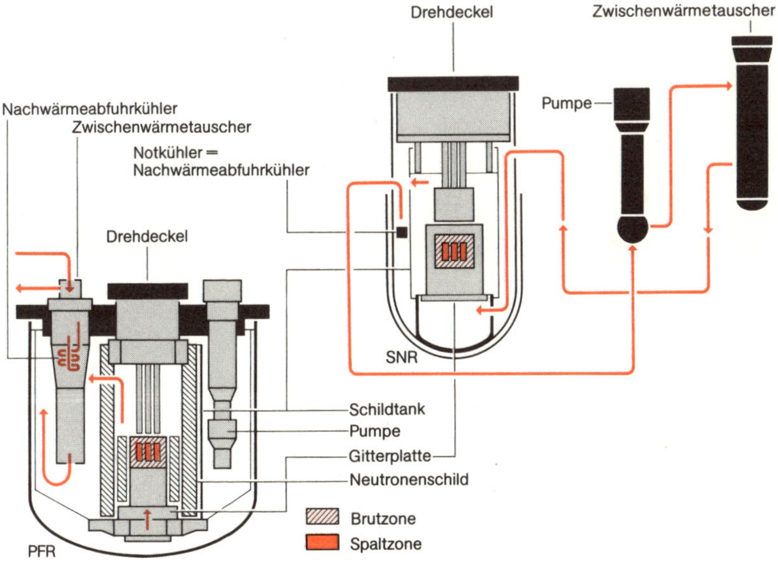

Abb. 2 Schematische Darstellung der Primärkreisanordnung von Schnellbrüterkraftwerken, links Pooltyp, rechts Looptyp

Die Sicherheit von Kernkraftwerken

Das bei der Kerntechnik vorhandene hohe Gefährdungspotential beruht auf der radioaktiven Strahlung der Kernspaltungsprodukte. Ein Entweichen dieser Spaltprodukte aus kerntechnischen Anlagen in nennenswertem Umfang muß deshalb unter allen Umständen verhindert werden. Dies wird in Kernreaktoren mit großer Sicherheit durch die Errichtung von mehreren unabhängig voneinander funktionierenden Systemen von Barrieren (Schutzhüllen) verhindert.

Die erste Barriere bilden z. B. bei Leicht- und Schwerwasserreaktoren die aus der Zirkoniumlegierung Zircaloy gefertigten *Brennstabhüllen.* In diesen werden die – überwiegend im Brennstoff gebundenenen – radioaktiven Spaltprodukte festgehalten. Die zweite Barriere stellt der sog. *Reaktordruckbehälter* dar, ein äußerst stabiles Stahlgefäß, das den Reaktorkern und den zugehörigen Kühlmittelkreislauf einschließt und hohen Belastungen durch Druck, Temperatur und radioaktive Strahlung standhält. Er ist seinerseits von einem doppelwandigen *Sicherheitsbehälter (Containment)* umgeben, der notfalls druckdicht verschlossen werden kann (dritte Barriere) und ebenfalls hohen mechanischen und thermischen Belastungen von innen sowie – wegen der stabilen Betonaußenwand – auch von außen (z. B. Flugzeugabsturz u. a.) standhält. Dieses Sicherheitsgebäude umschließt außerdem den Reaktorkühlmittelkreislauf samt Dampferzeuger und die verschiedenen Hilfssysteme und -aggregate. Seine Aufgabe ist es, bei Störfällen, die mit Freisetzung von radioaktiven Stoffen verbunden sind, deren Austritt in die Umgebung zu verhindern (Abb. 1).

Darüber hinaus fordert man, daß selbst ein – in Sicherheitsanalysen hypothetisch angenommener – Störfall sicher beherrscht werden müsse, bei dem durch Fehlfunktion oder Versagen der Ausrüstung, durch menschlichen Irrtum oder durch Fehlverhalten sowie durch äußere Umstände (z. B. Flugzeugabsturz, Sabotage, Erdbeben) eine der vier Hauptkühlmittelleitungen vollständig bricht und das im Primärkühlkreislauf befindliche Kühlmittel im schlimmsten Fall vollständig durch dieses Leck entweicht.

Bei diesem wegen seiner eventuellen Folgen – Durchschmelzen des Reaktorkerns *(Kernschmelzen)* infolge völligen Ausfalls der Reaktorkühlung – „größten anzunehmendenden Unfall" *(GAU)* würde automatisch im Reaktorkern die Kernkettenreaktion durch *Schnellabschaltung* (Einschießen der neutronenabsorbierenden Steuerstäbe) sofort unterbrochen und die vier voneinander unabhängigen *Notkühlsysteme* eingeschaltet. Sie bewirken die Notkühlung der Brennelemente sowie die Abfuhr der durch den radioaktiven Zerfall der Spaltprodukte verursachten *Nachwärme* (diese beträgt z. Z. der Abschaltung etwa 5–7% der gesamten thermischen Reaktorleistung) und verhindern eine Überhitzung des Reaktorkerns. Dabei wird aus Vorratsbehältern Kühlwasser von oben und von unten an den Reaktorkern gebracht.

Diese *Notkühlung* soll verhindern, daß eine Überhitzung des Reaktorkerns eintritt, die bei völlig fehlender Wärmeabfuhr bereits nach ca. 1. Stunde zum Schmelzen der Brennstäbe und damit zur Freisetzung erheblicher Mengen an radioaktiven Spaltprodukten aus dem Reaktorkern führen würde. Sie muß so rasch und wirksam erfolgen, daß sich keine wärmeisolierende, die Wärmeabfuhr verhindernde Dampfschicht zwischen der heißen Oberfläche der Brennstäbe und dem Notkühlwasser bildet. Durch mehrfache „redundante" Auslegung wichtiger Anlagenteile und Sicherheitseinrichtungen erreicht man, daß die Auswirkungen von Störfällen begrenzt bleiben und daß die Sicherheitseinrichtungen auch bei eintretenden Folgestörungen einwandfrei funktionieren.

Das trotz aller Sicherheitsvorkehrungen verbleibende „Restrisiko" wurde in den USA in der *Rasmussen-Studie,* in der Bundesrepublik in der *Deutschen Risikostudie* abgeschätzt (Abb. 2). Das Risiko bei der friedlichen Nutzung der Kernenergie ist demnach im Vergleich zu anderen Gefahrenrisiken relativ gering (Abb. 3 und 4).

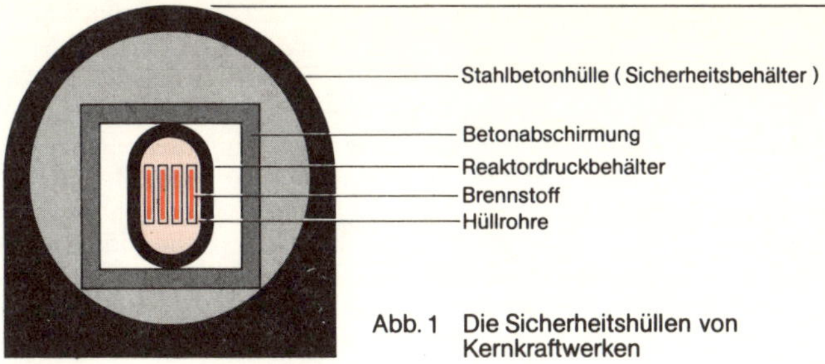

Abb. 1 Die Sicherheitshüllen von Kernkraftwerken

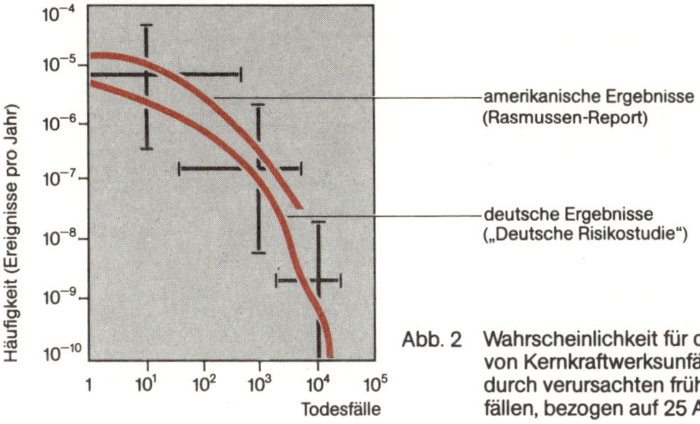

Abb. 2 Wahrscheinlichkeit für das Eintreten von Kernkraftwerksunfällen mit dadurch verursachten frühen Todesfällen, bezogen auf 25 Anlagen

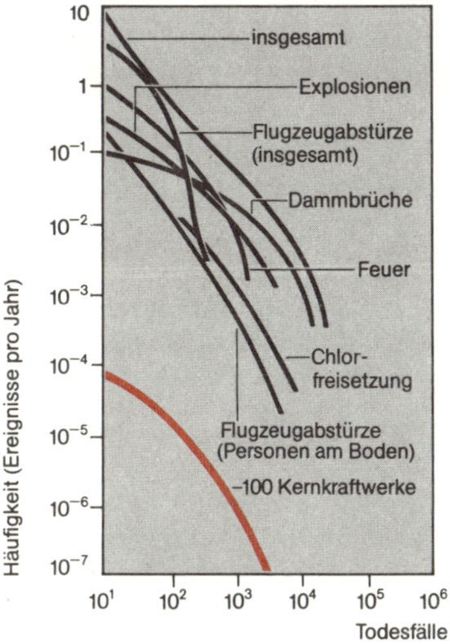

Abb. 3 Das Risiko der Kernenergie im Vergleich zu anderen Zivilisationsrisiken

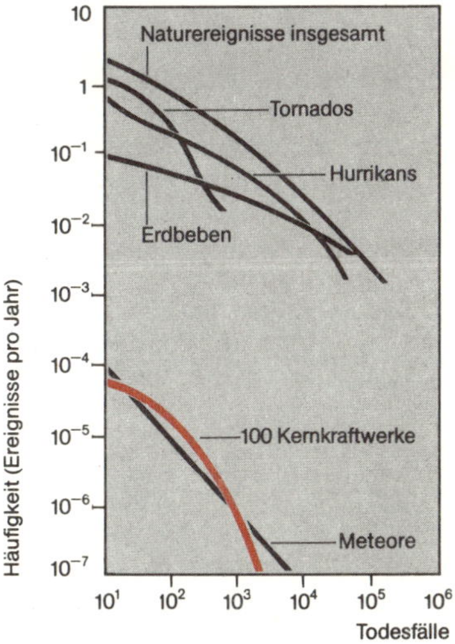

Abb. 4 Das Risiko der Kernenergie im Vergleich zu natürlichen Risiken

Der nukleare Brennstoffkreislauf

Die verschiedenen Verfahrensstufen bei der Versorgung von Kernreaktoren mit Kernbrennstoffen und bei der Entsorgung bilden den nuklearen Brennstoffkreislauf. Dazu gehören die Gewinnung und Aufbereitung des Uranerzes, die Anreicherung des Urans, die Brennelementfertigung und der Einsatz der Brennelemente in einem Reaktor sowie die Zwischenlagerung und die Wiederaufarbeitung der abgebrannten Brennelemente, die Refabrikation der Brennstoffe zu neuen Brennelementen und die Abfallbeseitigung (Abb. 1).

Die *Urangewinnung* und *-aufbereitung* kann mit dem Stein- und Braunkohlebergbau verglichen werden. Besondere Maßnahmen gegen Schutz vor Strahlung müssen normalerweise nicht ergriffen werden, weil die Uranerzkonzentration im Boden meist gering ist. In der *chemischen Aufbereitung* wird dem Gestein das Uran entzogen (Laugung) und zu U_3O_8 aufoxidiert. Dieses als Pulver anfallende Uranerzkonzentrat wird aufgrund seiner gelblichen Farbe als *Yellow cake* bezeichnet. Dieser Yellow cake wird in Stahlfässern zur Konversionsanlage gebracht und dort in das gasförmige *Uranhexafluorid* (UF_6) umgewandelt, das in Gasflaschen zur Anreicherungsanlage transportiert wird.

Da Leichtwasserreaktoren (s. S. 172) auf etwa 3 % angereichertes Uran benötigen, muß das Natururan, das nur zu 0,7 % das thermisch spaltbare Isotop U 235 enthält, auf diese Konzentration angereichert werden. Da Isotope ein und desselben Elements sich chemisch gleich verhalten (sie haben gleiche Protonen- und Elektronenzahl), müssen die Anreicherungsverfahren physikalische Unterschiede der Bestandteile des Natururans, z. B. den Massenunterschied zwischen U 235 und U 238, ausnutzen. Für die Anreicherung werden heute v. a. zwei Verfahren angewendet: das Gasdiffusionsverfahren und das Gaszentrifugenverfahren:

Das *Gasdiffusionsverfahren* beruht auf dem physikalischen Phänomen, daß die Diffusionsgeschwindigkeit des leichteren Isotops größer ist als die des schwereren Isotops. In einer sog. *Kaskade* trennt eine poröse Membran eine Kammer höheren Drucks, durch die das zu trennende Isotopengemisch strömt, von einer Kammer niederen Drucks. Durch die höhere Diffusionsgeschwindigkeit des leichteren Isotops erhält man auf der Niederdruckseite eine leichte Konzentrationserhöhung gegenüber dem Ausgangsgemisch. Da der Trennungseffekt sehr klein ist, muß das jeweils angereicherte Gemisch mehrere tausend hintereinandergeschaltete Kaskaden durchlaufen, ehe die gewünschte Konzentration erreicht wird.

Beim *Gaszentrifugenverfahren* wird die Massendifferenz der zu trennenden Isotope ausgenutzt, indem man diese in ein schnell rotierendes System einspeist (Zentrifuge), wobei die dann wirkenden Zentrifugalkräfte die schwereren Isotope stärker nach außen ziehen als die leichteren, die sich verstärkt in der Nähe der Drehachse konzentrieren. Bereits nach rund 10 Trennschritten ist der gewünschte Anreicherungsgrad erreicht.

Als „Abfallprodukt" der Anreicherung bleibt *abgereichertes Uran* mit einer 0,2prozentigen Uran-235-Konzentration *(Tails assay)* übrig, das z. B. in Brutreaktoren als Brutstoff weiterverwendet werden kann (s. S. 184). Insgesamt ergeben 5,5 t Natururan etwa eine Tonne auf 3 % angereichertes Uran.

Nach der Anreicherung muß das angereicherte Uranhexafluorid zu Pulver zurückverwandelt (rekonvertriert) werden (Abb. 2). Dieses Pulver wird zu Brennstofftabletten gepreßt, die in Brennstäbe eingefüllt werden. Die Brennstäbe werden dann, zu Brennelementen zusammengefügt, zum Kernkraftwerk transportiert und dort zur Energiegewinnung eingesetzt.

Nach einer Einsatzzeit von drei bis vier Jahren im Reaktor werden die „abgebrannten" Brennelemente etwa ein Jahr beim Reaktor zwischengelagert, damit die Radioaktivität der kurzlebigen Spaltprodukte abklingen kann. Danach werden sie in das Vorratslager der Wiederaufarbeitungsanlage transportiert, in denen sie noch weitere zwei bis vier Jahre lagern, ehe sie wiederaufgearbeitet werden (s. S. 196).

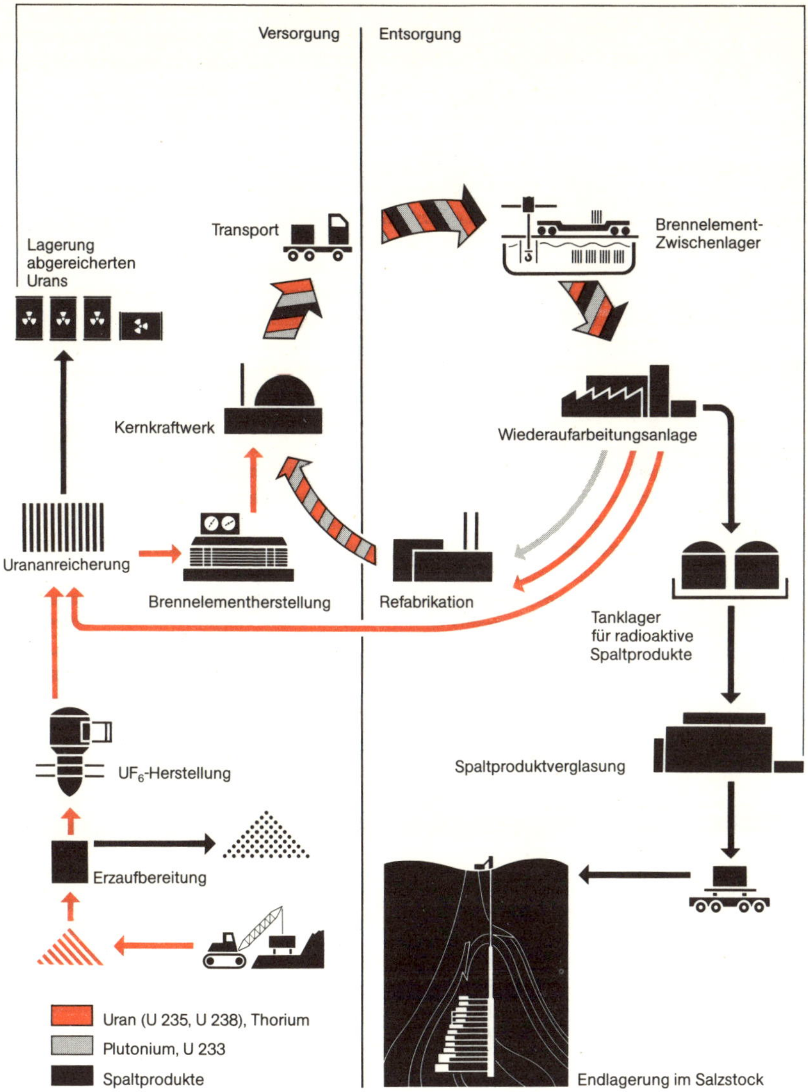

Abb. 1 Kernenergie und Brennstoffkreislauf

Die abgebrannten Brennelemente enthalten noch rund 95 % des anfangs eingesetzten Kernbrennstoffs. Zur Aufarbeitung und Wiedergewinnung des noch vorhandenen Brennstoffs müssen die Brennelemente zunächst in kleine Stücke zersägt und die Hülsen und der Brennstoff durch Auslaugung mit Salpetersäure voneinander getrennt werden. Danach werden in weiteren chemischen Trennverfahren die beim Einsatz im Reaktor erzeugten Spaltprodukte vom Brennstoff getrennt, und der Brennstoff wird in Uran- und Plutoniumnitratlösungen separiert. Während die Spaltprodukte die eigentlichen Abfallprodukte der Kernspaltung darstellen, können Uran und Plutonium als Brennstoffe für den Reaktor wiederverwendet werden.

Dazu werden die als Nitrate anfallenden Kernbrennstoffe in Oxidpulver umgewandelt und zu *Mischoxidpellets* verpreßt, oder das *Urandioxid* wird zunächst wieder angereichert und dann zu *Urandioxidpellets* weiterverarbeitet. Sowohl der Mischoxid- als auch der Uranbrennstoff können in Brennelementen z. B. genau in den Reaktor wiedereingesetzt werden, aus dem sie ein paar Jahre vorher als abgebrannte Brennelemente entladen wurden. Dabei muß man den verbrauchten Brennstoff und die Verarbeitungsverluste im Brennstoffkreislauf durch frischen Brennstoff ersetzen.

Durch die Wiedergewinnung des noch nicht verbrauchten Brennstoffs in der Wiederaufarbeitung und die Rückführung des Brennstoffs in den Reaktor ist der Brennstoffkreislauf geschlossen; die Brennstoffverluste werden von außen ergänzt, und die Abfälle werden nach der Wiederaufarbeitung aus dem Brennstoffkreislauf ausgekoppelt.

Als *Abfälle* der Kerntechnik fallen im wesentlichen die Brennelementhülsen, Abgase mit den radioaktiven Komponenten Jod und Krypton, tritiumhaltiges Abwasser, die hochradioaktive Spaltproduktlösung und die mittelradioaktiven Konzentrate aus verschiedenen Reinigungsschritten an. Alle diese Abfälle werden entsprechend ihrem *Gefährdungsgrad* (= Radioaktivität und Wärmeentwicklung) für eine Endlagerung behandelt, verfestigt und so in Stahlfässern gelagert, daß eine Umweltbeeinträchtigung durch diese Abfallstoffe weitgehend ausgeschlossen werden kann (s. auch S. 192). Es ist geplant, daß diese Abfallstoffe in einem Endlager (z. B. ein geeigneter Salzstock) eingelagert werden. Erste Erfahrungen mit der *Endlagerung* schwach- und mittelaktiver Abfälle konnten im *Salzbergwerk Asse,* etwa 20 km südöstlich von Braunschweig, gesammelt werden. Mit der Endlagerung hochradioaktiver Abfälle liegen bisher keine Erfahrungen vor.

Für die Stillegung und den Abriß von kerntechnischen Anlagen ist eine Einlagerung der aktivierten Strukturmaterialien in einer ausgebeuteten Erzgrube vorgesehen. In der BR Deutschland werden hier durch die bevorstehende Beseitigung der stillgelegten Kernkraftwerke Niederaichbach, Gundremmingen und Lingen erste Erfahrungen gesammelt werden können.

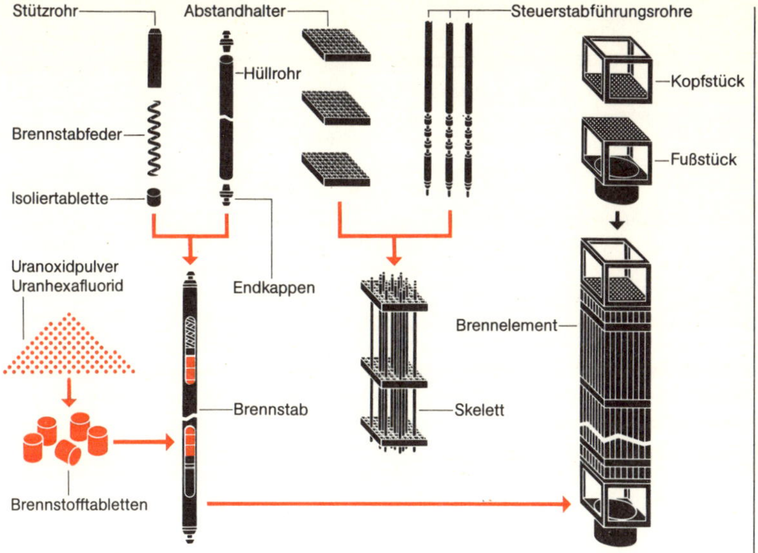

Abb. 2 Die Verarbeitung des Kernbrennstoffs Uran zu Brennelementen für Leichtwasserreaktoren

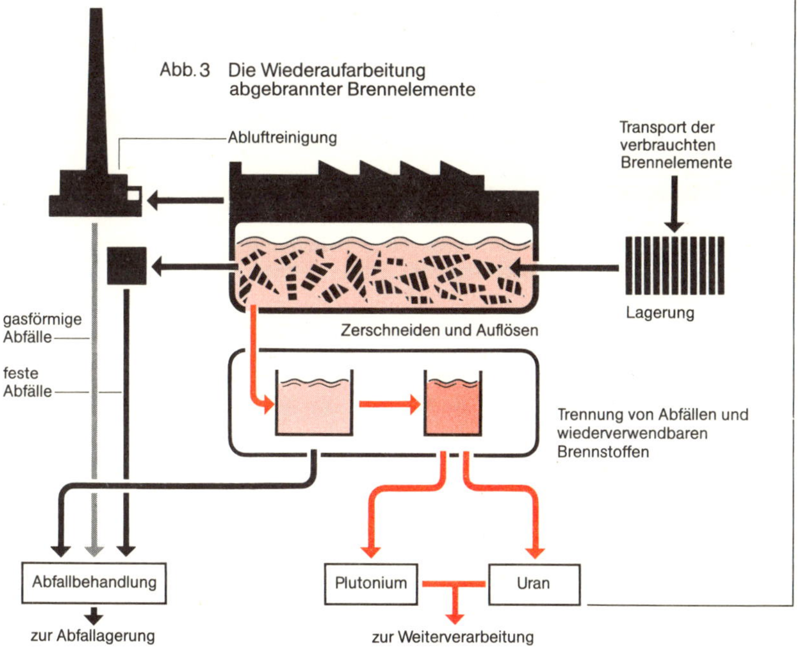

Abb. 3 Die Wiederaufarbeitung abgebrannter Brennelemente

Die Entsorgung von Kernkraftwerken · Atommüll

Die Entsorgung von Kernkraftwerken umfaßt die Behandlung und Verwertung der abgebrannten Brennelemente sowie die Sicherstellung, Beseitigung und Endlagerung der entstehenden radioaktiven Abfallprodukte. Im weiteren Sinne zählt auch die Beseitigung stillgelegter Kernkraftwerke zur nuklearen Entsorgung.

Die erste Station einer vollständigen *Entsorgungskette* beginnt mit dem Herausnehmen *abgebrannter Brennelemente* aus dem Reaktor. Durch den Prozeß der Kernspaltung nimmt der Gehalt an spaltbarem Uran 235 in den einzelnen Brennelementen nach und nach ab. Gleichzeitig entstehen Spaltprodukte, die so viele Neutronen einfangen, daß die Aufrechterhaltung der Kettenreaktion nicht mehr gewährleistet ist. Die verbrauchten Brennelemente werden deshalb mit einer *Brennelementwechselmaschine* aus dem Reaktorkern herausgenommen und in einem Wasserbecken *(Abklingbecken)* das sich im Containment des Kernkraftwerks befindet, abgesetzt. In einem Zeitraum von etwa einem Jahr zerfallen die Spaltprodukte mit kürzerer Halbwertzeit. Dadurch klingt die gesamte Radioaktivität des Brennelements auf wenige Prozent ab. Danach werden die Brennelemente aus dem Abklingbecken genommen, in unfallsichere Transportbehälter verladen und zur nächsten Station der Entsorgungskette transportiert.

Bei der *direkten Endlagerung* werden die Brennelemente in geeigneter Weise eingeschlossen und direkt in ein Endlager gebracht. Bei der Wiederaufarbeitung werden die Brennelemente aus dem Kernkraftwerk in ein *Zwischenlager* gebracht, das z. B. direkt auf dem Gelände der Wiederaufarbeitungsanlage steht, aber in jedem Fall räumlich getrennt vom Kraftwerk ist. Hier lagert man die Brennelemente mehrere Jahre lang unter geeigneten Bedingungen (Kühlung), damit die Radioaktivität weiter abklingt und die Brennelemente leichter zu bearbeiten sind. In der nachfolgenden *Wiederaufarbeitung* (s. S. 196) werden die Brennelemente zersägt, auf chemischem Wege mit Hilfe von Säuren aufgelöst und so schließlich in ihre drei Hauptbestandteile zerlegt: Uran, Plutonium sowie gasförmige, feste und flüssige Spaltprodukte.

Das nicht abgebrannte *Uran* und das entstandene *Plutonium* können als Bestandteile neuer Brennelemente wiederverwendet werden. Das Uran wird einer erneuten Anreicherung zugeführt, das Plutonium wird mit Uran gemischt und direkt zu neuen Brennelementen verarbeitet (sog. *Mischoxid-Brennelemente*).

Die gasförmigen, festen und flüssigen radioaktiven Spaltprodukte werden jeweils speziellen Verfahren unterworfen *(Konditionierung)* und in andere Materialien (z. B. Bitumen oder Glas) eingebunden. Dadurch wird die Endlagerung dieser nicht mehr verwendbaren Spaltprodukte ermöglicht (Abb. 1). Nach der Art des Abfalls erfolgt die Konditionierung durch Zerkleinern, Pressen, Veraschen, Entwässern und Trocknen oder aber durch Abtrennen nicht aktiver Bestandteile.

Die *schwachaktiven Abfälle* (Papier, Lösungsrückstände, Filter, Schrott usw.) werden in Fässer gefüllt, die bei Bedarf nochmals mit einer Zementschicht als mechanischem Schutz umgeben werden. *Mittelaktive Abfälle* wie Apparateteile, Brennelementhülsen und ausgediente Anlagenteile aus der Wiederaufarbeitung werden zum Schutz gegen Auslaugung in Beton oder Bitumen eingebunden; für organische Abfälle dieser Kategorie ist Kunststoff ein geeignetes Trägermaterial. *Hochaktive Abfälle* werden in einem Ofen mit Glas verschmolzen; die Glaskörper werden anschließend nochmals mit Edelstahlzylindern umgeben.

Für ein Kernkraftwerk mit einer Leistung von 1 300 MW (z. B. ein Block des Kraftwerks Biblis) fallen jährlich etwa 100 m^3 konditionierte mittelaktive Abfälle und zwischen 4 und 7 m^3 hochaktive Glasblöcke an. In der BR Deutschland plant man, die Endlagerung radioaktiver Abfälle *(Atommüll)* in zu Salzdomen aufgefalteten Steinsalzlagerstätten (Salzstöcke) vorzunehmen (Abb. 2). Als Argumente dafür werden die Eigenschaften eines *Salzstocks* angeführt: Das Anlegen großer Hohlräume ohne besondere Ausbaumaßnahmen, wie es etwa beim Kohlebergbau erforderlich ist, ist bei

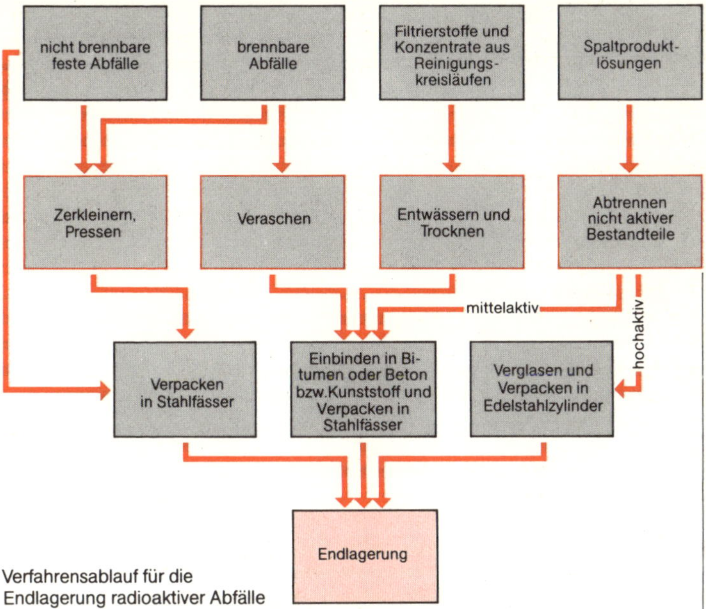

Abb. 1 Verfahrensablauf für die Endlagerung radioaktiver Abfälle

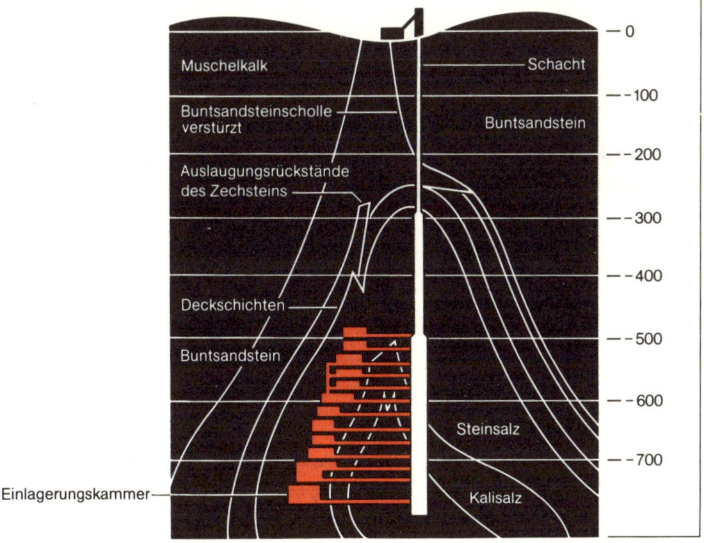

Abb. 2 Schnitt durch das Salzbergwerk Asse

Salz ohne Einsturzgefahr möglich. Salzgestein zeigt außerdem ein plastisches Verhalten. Auftretende Risse und auch künstlich angelegte Zugänge schließen sich selbst; Einsturzgefahren oder Wassereinbrüche können dadurch weitgehend ausgeschlossen werden. Da die norddeutschen Salzstöcke seit Millionen von Jahren keine nennenswerte Verbindung mehr zum Grundwasser hatten und Salz ebenfalls fast gasdicht ist, wie die vor Millionen Jahren eingeschlossenen Kohlendioxidblasen, die heute noch vorhanden sind, zeigen, scheint ein Salzstock der geeignete Ort zu sein, um die Abfälle für immer von der Umwelt fernzuhalten.

Schwach- und mittelaktive Abfälle werden in einem Abschirmbehälter bis zur Beschickungskammer transportiert und dort aus dem Abschirmbehälter heraus in eine Lagerkammer im Salzstock hinabgelassen (Abb. 3). Die Vorgänge in der Kammer können sowohl über eine Fernsehanlage als auch über ein in die Strahlenschutzmauer eingelassenes Bleiglasfenster kontrolliert werden. Hochaktive Abfälle werden in Zylindern übereinander in Bohrschächte eingeführt, die mit einem Salzpfropf verschlossen werden.

Die beschriebenenen Stationen der Entsorgung sind noch keineswegs alle realisiert. Die direkte Endlagerung befindet sich weltweit noch im Stadium der Forschung und Entwicklung. Eine geeignete technische Lösung, die Brennelemente so einzuschließen, daß alle sicherheitstechnischen Anforderungen über Jahrhunderte erfüllt sind, ist noch nicht gefunden. Für die Wiederaufarbeitung, die aus wirtschaftlichen Erwägungen und aus der Sicht einer optimalen Urannutzung bisher favorisiert wurde, wurde Ende der siebziger Jahre ein *integriertes Entsorgungszentrum* in Gorleben vorgeschlagen, das jedoch an politischen Vorbehalten scheiterte. Dieses integrierte Entsorgungszentrum wäre mit einem Zwischenlager, einer Wiederaufarbeitungsanlage, einer Anlage für die Brennelementherstellung und mit einem Endlager ausgerüstet gewesen. Die Vorteile einer integrierten Entsorgungsanlage (Abb. 4) bestehen v. a. darin, daß aufwendige, mit besonderen Sicherheitsrisiken verbundene Transporte entfallen und die Sicherung des spaltbaren Materials einfacher ist.

Derzeit verfolgen die Energieversorgungsunternehmen das Ziel, statt des integrierten Entsorgungszentrums eine oder mehrere kleinere Wiederaufarbeitungsanlagen an verschiedenenen Standorten zu bauen. Der Salzstock in Gorleben wird durch Probebohrungen und Analysen auf seine Eignung für die Einlagerung hochaktiver Abfälle hin untersucht. Endgültige Ergebnisse werden für die Mitte der achtziger Jahre erwartet.

Schwach- und mittelaktive Abfälle wurden seit Ende der sechziger Jahre im ehemaligen Kalibergwerk Asse probeweise eingelagert. Sperrige, schwachaktive Abfälle, wie sie z. B. beim Abriß alter Kernkraftwerke anfallen, sollen in der ehemaligen Eisenerzgrube Konrad bei Salzgitter-Bredenstedt angelagert werden. Eine betriebsfähige Endlagerstätte für hochaktive Abfälle existierte 1982 weltweit noch nicht. Die Länder mit größerer und längerer Kernenergienutzung als die Bundesrepublik (z. B. die USA und Frankreich) haben bezüglich der Erschließung der Endlagerung keinen Vorsprung. Da Endlager mit und ohne Wiederaufarbeitung benötigt werden, kommt der Erschließung von Endlagern höchste Priorität zu.

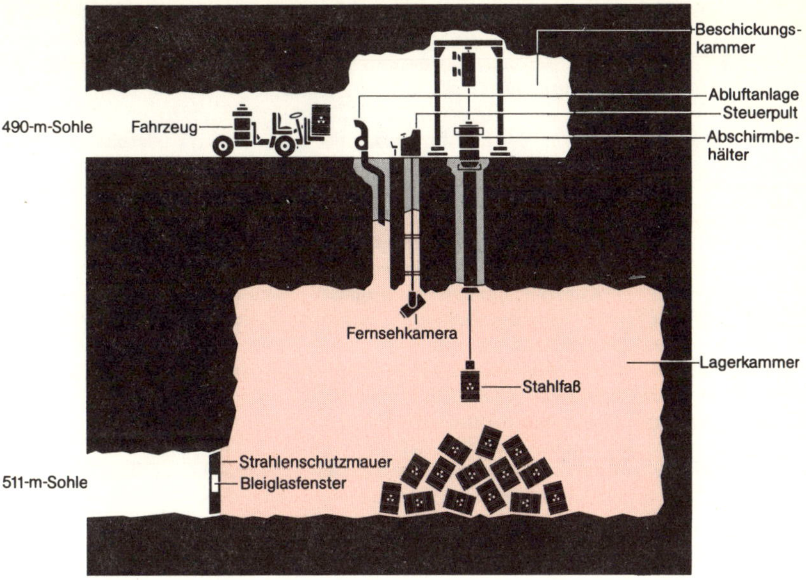

Abb. 3 Schema der Einlagerung mittelaktiver Abfälle im Salzbergwerk Asse

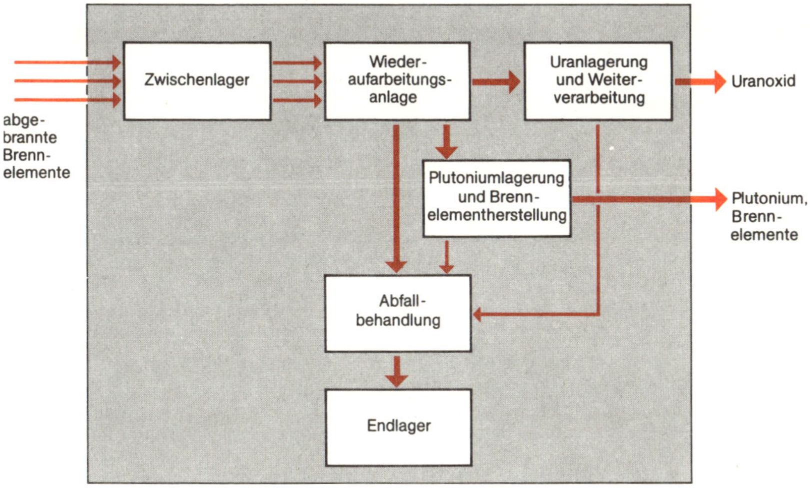

Abb. 4 Schema eines integrierten Entsorgungszentrums

Die Wiederaufarbeitung von Kernbrennstoffen

Abgebrannte Brennelemente enthalten neben den beiden Uranisotopen U 235 und U 238 auch Plutonium (in Form eines Gemisches aus mehreren Plutoniumisotopen) und verschiedene Spaltprodukte. Es ist nun Aufgabe der *Wiederaufarbeitung,* den Spaltstoff Uran, den Brutstoff Plutonium und die radioaktiven Abfallstoffe durch geeignete mechanische und chemische Behandlungsschritte zu trennen. Hohe Anforderungen werden dabei an die Abtrennung der Spalt- und Aktivierungsprodukte von den Brenn- und Brutstoffen gestellt. Die Wiederaufarbeitung erfolgt wegen der z. T. hohen und langlebigen Radioaktivität einiger Spalt- und Aktivierungsprodukte in *heißen Zellen;* das sind Zellen mit dicken Stahl- und Betonabschirmungen, in die nur indirekt über Manipulatoren eingegriffen werden kann. Die heißen Zellen befinden sich ihrerseits in einem gegen Flugzeugabsturz, Erdbeben und chemische Explosionen gesicherten Komplex einer *Wiederaufarbeitungsanlage.*

Den Ablauf bei der Wiederaufarbeitung zeigt Abb. 1. Die Brennelemente werden aus dem Lagerbecken entnommen und in der ersten Zelle zersägt oder mit einer Schere zerkleinert. Die Stücke fallen im zweiten Verfahrensschritt in einen Behälter mit heißer Salpetersäure, die Uran, Plutonium und die anderen Produkte aus den Brennelementhüllen aus Zircaloy (spezielle Zirkonlegierung) herauslöst. Dabei werden die freiwerdenden gasförmigen und leichtflüchtigen Spaltprodukte abgezogen. Nach der Auflösung in Salpetersäure werden dann im sog. *PUREX-Prozeß* (PUREX ist Abk. für: *P*lutonium-*U*ran-*R*eduktion und -*Ex*traktion) das Uran und Plutonium mit Hilfe einer weiteren Folge von Reduktions- und Extraktionsschritten getrennt. Die Spaltprodukte verbleiben in der Salpetersäure; Uran und Plutonium werden einer Feinreinigungs- und einer Nachbehandlung unterzogen, danach werden sie wieder dem Brennstoffkreislauf zugeführt. Aus der Spaltproduktlösung wird die Salpetersäure zurückgewonnen und das enthaltene Wasser weitestgehend verdampft. Das Extraktionsmittel aus den vorhergehenden Arbeitsschritten ist begrenzt rückgewinnbar, weil es während der Extraktionsprozesse durch die radioaktive Strahlung zum Teil zerstört wird. Überhaupt müssen in den Prozeßablauf immer wieder Wasch- und Reinigungsschritte eingefügt werden, um die chemischen Arbeitsmedien von radioaktiven Verunreinigungen zu befreien. Dies führt zu einem nicht unerheblichen Anfall an mittel- und schwachaktiven Abfällen.

Die Wiederaufarbeitung weist vor allem zwei Risikobereiche auf: Einerseits besteht die Gefahr einer unzulässigen Entwendung von Plutonium. Um dieser Gefahr vorzubeugen, werden Wiederaufarbeitungsanlagen im Rahmen der europäischen Atomgemeinschaft EURATOM und der internationalen Atomenergieorganisation der UN (IAEO) mit ausgeklügelten technischen Sicherheitssystemen ausgestattet und durch Kontrollen international überwacht. Andererseits besteht die Gefahr, daß radioaktive Stoffe aus der Wiederaufarbeitungsanlage unkontrolliert entweichen. Die dieser Gefahr entgegenwirkenden Sicherheitsmaßnahmen beruhen wesentlich auf der Wirksamkeit mehrfacher *Barrieren* (Abb. 2). Die radioaktiven Stoffe sind in Behälter und Rohrleitungen eingeschlossen (erste Barriere). Diese befinden sich in einer mit Edelstahl ausgekleideten Betonzelle (zweite Barriere). Die Betonzelle wird von einer Halle umgeben (dritte Barriere). Zufuhr und Abfuhr der verschiedenen Stoffe sowie Zuluft und Abluft werden über mehrere Schleusen und voneinander unabhängige Filtersysteme geleitet und kontrolliert. Außerdem wird ein gestaffelter Unterdruck aufrechterhalten, so daß die Luft z. B. bei Leckagen stets von außen in die Anlage strömt und nicht umgekehrt.

In der BR Deutschland ist seit 1971 auf dem Gelände des Kernforschungszentrums Karlsruhe eine kleine Wiederaufarbeitungsanlage als Versuchsanlage in Betrieb. Ihre Kapazität reicht nur für die Entsorgung eines Kernkraftwerks aus. Im westlichen Ausland liegen Erfahrungen über die großtechnische Aufarbeitung von Brennstoffen aus Anlagen in den USA, Großbritannien, Japan und Frankreich vor. Bis Ende 1982 wurden in diesen Ländern etwa 1300 t Brennstäbe aus Leichtwasserreaktoren wieder aufgearbeitet.

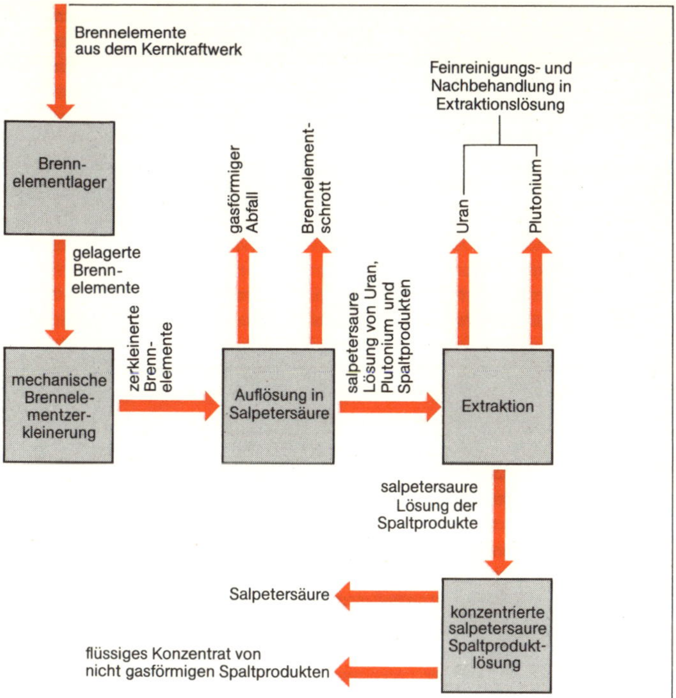

Abb. 1 Schematische Darstellung der Wiederaufarbeitung

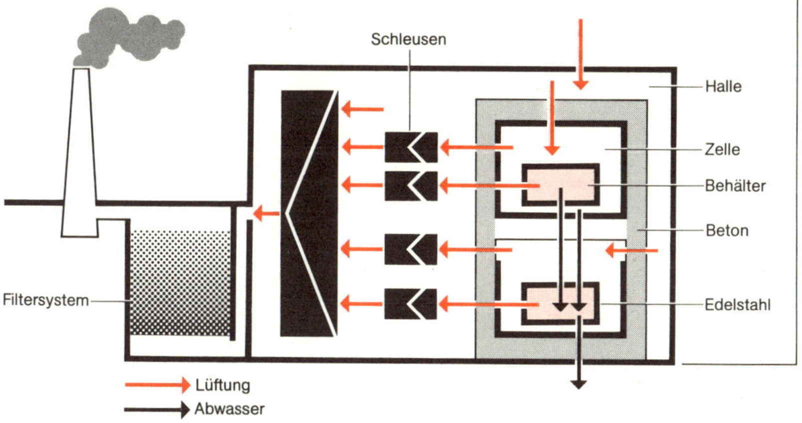

Abb. 2 Schematische Darstellung der Lüftung und der Abwasserführung einer Wiederaufarbeitungsanlage

Kernfusion

Verschmelzungsreaktionen *(Kernfusionsreaktionen)* zwischen leichten Atomkernen sind der Ursprung der Energieströme, die von der Sonne und den Fixsternen ausgehen, die aber auch bei der Explosion einer Wasserstoffbombe wirksam werden. Für die technisch gebändigte Nutzung der Fusionsenergie kommen die in Abb. 1 angeführten Kernreaktionen in Betracht; die freigesetzte Energie (s. S. 42) verteilt sich als Bewegungsenergie auf die Reaktionsprodukte. Die Zusammenfassung der in Abb. 1a bis 1d angeführten Fusionsreaktionen von Kernen der Wasserstoffisotope Deuterium (^2H oder D) und Tritium (^3H oder T) sowie des Heliumisotops ^3He ergibt die Bruttogleichung: $6D \rightarrow 2n + 2\,^4He + 43{,}23$ MeV. Ihrzufolge hätte 1 g Deuterium, das mit 0,033 Gewichts-‰ in 30 Liter natürlichem Wasser enthalten ist, den Heizwert von 10 000 Liter Heizöl.

Kernfusionsreaktionen erfordern hohe Relativgeschwindigkeiten der miteinander reagierenden Kerne. Nur dann können sich diese gegen die zunehmende Kraft ihrer gegenseitigen elektrischen Abstoßung bis auf Abstände nähern, bei denen die Kernbindungskräfte überwiegen und eine Verschmelzung bewirken. Auch bei ausreichender Relativgeschwindigkeit erfahren die Kerne im Mittel zahlreiche (ca. 10^7) Ablenkungen ihrer Bewegung im elektrischen Feld der Nachbarkerne, bevor es auch nur zu einer einzigen Fusionsreaktion kommt. Aus diesem Grunde entsteht im Reaktionsvolumen immer eine regellose Teilchenbewegung, z. B. auch dann, wenn Teilchenschwärme mit zunächst einheitlicher und hinreichender Geschwindigkeit aufeinander losgeschickt werden. Es bildet sich eine Temperaturbewegung aus. Unter Fusionsbedingungen hat man Brennstofftemperaturen oberhalb einiger 10 Mill. K; typische Betriebswerte eines Fusionsreaktors könnten bei 100 Mill. K liegen. Die Zahl der Fusionsreaktionen wächst mit den Dichten der Reaktionspartner und, im angegebenen Temperaturbereich, zunächst auch mit der Brennstofftemperatur (Abb. 3). Die nächstliegende Version eines Fusionsreaktors wird vor allem die D-T-Reaktion (Abb. 1c) nutzen, weil diese sich unter vergleichbaren Bedingungen etwa 100mal häufiger ereignet als beide D-D-Reaktionen (Abb. 1a und 1b) zusammen. Das benötigte Tritium muß dann mit Hilfe der Reaktionsneutronen gemäß den Reaktionen in Abb. 1e und 1f aus Lithium „erbrütet“ werden.

Bei Fusionstemperaturen befindet sich die Materie im Zustand des *vollionisierten Plasmas,* einer Art viertem Aggregatzustand. Die Hüllelektronen der Atome sind aus ihrer Bindung an den Kern entlassen, Elektronen und Kerne (Ionen) führen heftige Temperaturbewegungen aus; typische Mittelwerte der thermischen Geschwindigkeit von Ionen liegen bei 1 000 km/s, von Elektronen bei 60 000 km/s. Ionen und Elektronen stehen untereinander und mit aufgeprägten elektromagnetischen Feldern in starker Wechselwirkung. Feldwirkungen können also genutzt werden, um *Fusionsplasmen* zu erzeugen und aufrechtzuerhalten. Ein heißes Plasma verliert seine Energie durch entweichende Teilchen, Wärmeleitung und Strahlung. Damit ein Fusionsreaktor mehr Energie freisetzen kann, als er zum Betrieb benötigt, muß das Produkt aus Plasmateilchendichte n und Verweilzeit τ_E der mittleren kinetischen Energie eine Mindestgröße überschreiten. Für den Reaktor mit D-T-Brennstoff im 1 : 1-Verhältnis liegt sie bei $n \cdot \tau_E \geqq 10^{14}$ s/cm^3; bei der D-D-Version müßte $n \cdot \tau_E \geqq 10^{16}$ s/cm^3 sein.

Aufgrund der $n \cdot \tau_E$-Bedingung lassen sich zwei grundverschiedene Typen von Fusionsreaktoren konzipieren: Bei extrem kurz gepulstem Betrieb (Puls- bzw. Branndauer $\tau \approx 10^{-9}$s) behindert die Trägheit der Atomkerne die Expansion des Plasmas und damit Teilchenverluste und Abkühlung während des Pulses (sog. *Trägheitseinschluß*). Mit der mittleren thermischen Ionengeswindigkeit errechnen sich z. B. Wege von 1 mm in 10^{-9}s. Bei quasistationärem Betrieb ($\tau \geqq 1$s) übertreffen die Laufwege der Kerne die Abmessung technisch vernünftiger Reaktionsgefäße um viele Größenordnungen. Das Plasma muß durch magnetische Feldkräfte zusammengehalten werden (sog. *Magnetfeldeinschluß*). Gemäß dem $n\tau_E$-Kriterium muß beim Trägheitseinschluß die Teilchendichte größer als normale Festkörperdichten sein: $n \geqq 10^{23}$ cm^{-3}.

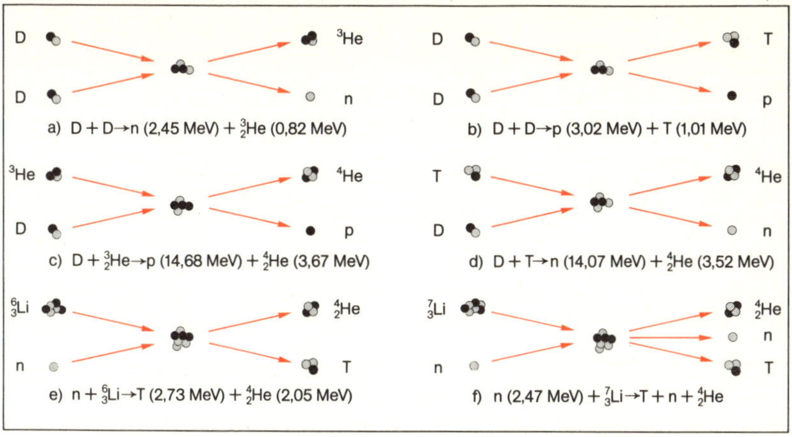

Abb. 1 Die wesentlichen Prozesse zur technischen Ausnutzung der Kernfusion (in Klammern hinter den Symbolen der Teilchen ihre Bewegungsenergie)

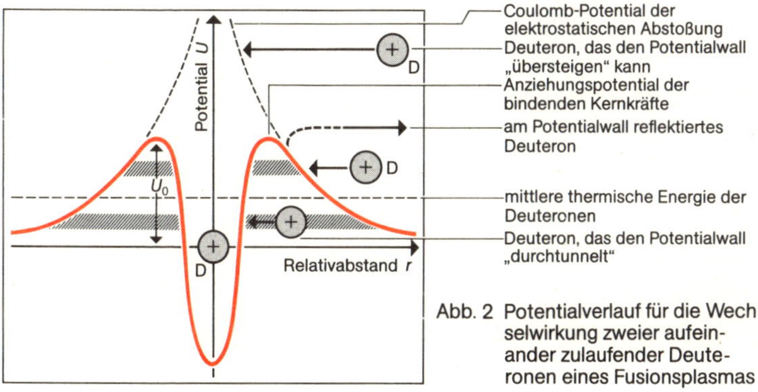

Abb. 2 Potentialverlauf für die Wechselwirkung zweier aufeinander zulaufender Deuteronen eines Fusionsplasmas

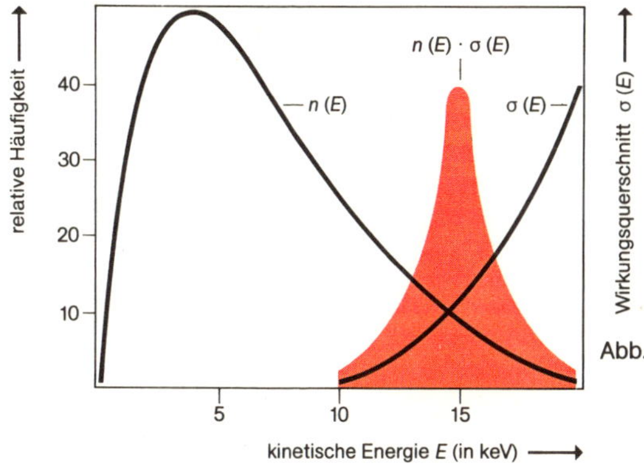

Abb. 3 Die Häufigkeit von Fusionsreaktionen in einem Deuterium-Tritium-Plasma bei einer Temperatur von etwa 100 Millionen Kelvin

Beim Magnetfeldeinschluß muß nur $n \geqq 10^{14}\ cm^{-3}$ sein; das bedeutet bei 100 Mill. K einen Plasmadruck von nur 2,8 bar.

Der Trägheitseinschluß ist das Konzept der Vorhaben zur Laser-, Elektronen- und Ionenstrahlfusion. Sehr viel detaillierter ausgearbeitet und fortgeschrittener sind allerdings die Konzepte zum *Fusionsreaktor mit Mangetfeldeinschluß:* Im Magnetfeld bewegen sich geladene Teilchen auf schraubenförmigen Bahnen bevorzugt in Richtung der Feldlinien. Gegenseitige Beeinflussung der Teilchen und inhomogene Magnetfelder führen zu Teilchenverlusten quer zum Feld. Gute Einschlußbedingungen sind nur mit geschlossenen Konfigurationen zu erzielen, also dann, wenn die Feldlinien innerhalb des Reaktionsvolumens sich schließen oder, noch besser, dichte magnetische Oberflächen mit schraubenförmigem Feldlinienverlauf bilden. Die *toroidale Konfiguration* (Abb. 4) bietet hier natürliche Vorteile. In sehr heiße Plasmen können äußere Magnetfelder nicht eindringen. Der magnetische Druck $\frac{1}{2}\,\boldsymbol{HB}$ der Felder hält dann dem Plasmadruck das Gleichgewicht. Es können sich jedoch Instabilitäten aus kleinen Störungen aufbauen und zur Zerstörung des Gleichgewichts führen. Unterdrückt werden diese, wenn das Plasma vom Magnetfeld durchsetzt ist, so daß der Plasmadruck im allgemeinen nur einen kleinen Teil des äußeren Magnetfeldes ausmachen darf. Das erfordert technischen Mehraufwand und bringt ökonomische Nachteile. Mit bisherigen Versuchsanordnungen konnte die $n\,\tau_E$-Bedingung noch nicht erfüllt werden; erreicht sind etwa 10^{13} s/cm^3.

Um Reaktorbedingungen zu verwirklichen, muß das Plasma soweit aufgeheizt werden, daß Selbstheizung durch die bei der D-T-Reaktion entstehenden α-Teilchen einsetzt. Diese führen dem Plasma allenfalls 20 % der Reaktionsenergie zu; 80 % werden immer über die Neutronen „abtransportiert". Während der Aufheizphase nimmt das Plasma sehr unterschiedliche Zustände ein, so daß verschiedene, jeweils sehr effektive Heizverfahren kombiniert werden müssen. Energie wird z. B. durch Widerstandsheizung, magnetisches Pumpen, Hochfrequenzheizung, schnelle magnetische Kompression oder durch den Einschuß hochenergetischer Teilchen eingekoppelt. Überlagert ist das Problem, die stabile Einschlußkonfiguration des Plasmas bei der Aufheizung zu erhalten. Beim *JET-Experiment,* einer gemeinsamen Versuchseinrichtung der europäischen Fusionsforschung, hofft man, bereits reaktorrelevante Plasmen mit α-Teilchen-Heizung erreichen zu können.

Diese Anlage gehört vom Typus her zur Tokamak-Linie, auf die sich das Hauptgewicht der plasmaphysikalischen Forschung verlagert hat. Beim *Tokamak* (Abb. 5) bildet das Plasma die Sekundärwindung eines Transformators. Der in toroidaler Richtung induzierte Strom heizt das Plasma und erzeugt ein poloidales Magnetfeld (mit kreisförmigen Feldlinien um den ringförmigen Strom), das zusammen mit dem toroidalen Hauptmagnetfeld und mit einem vertikalen Zusatzfeld eine mehr oder weniger stabile Lage des Plasmas bewirkt.

Einen vergleichbaren experimentellen und theoretischen Entwicklungsstand haben die Verfahren mit Trägheitseinschluß noch nicht erreicht. Das Prinzip der *Laserfusion* (Abb. 6) gründet sich auf theoretische Überlegungen und Berechnungen, wonach es möglich sei, ein D-T-Kügelchen (Durchmesser etwa 1 mm) durch geeignete Laserpulse für einige 10^{-9}s auf das 1000fache der Festkörperdichte zu komprimieren und auf Fusionstemperaturen aufzuheizen. Zur experimentellen Demonstration fehlt es jedoch z. Z. noch an geeigneten Lasern.

Die Auskopplung der freigesetzten Fusionsenergie erfolgt in einem *Fusionsreaktor* über den Wärmetransport zur Wand des Reaktionsgefäßes und über die im D-T-Prozeß gebildeten Neutronen, die in einer weiteren, Lithium enthaltenden Umhüllung den Brennstoff Tritium erzeugen und dort moderiert und absorbiert werden. Über dieser liegen die supraleitenden Spulen, die das Magnetfeld erzeugen und bei Trägheitseinschluß nicht erforderlich sind.

Beim Magnetfeldeinschluß liegt die Leistungsdichte im Bereich konventioneller Technik, beim lasergepulsten Reaktor sind hohe Spitzenleistungen aufzufangen.

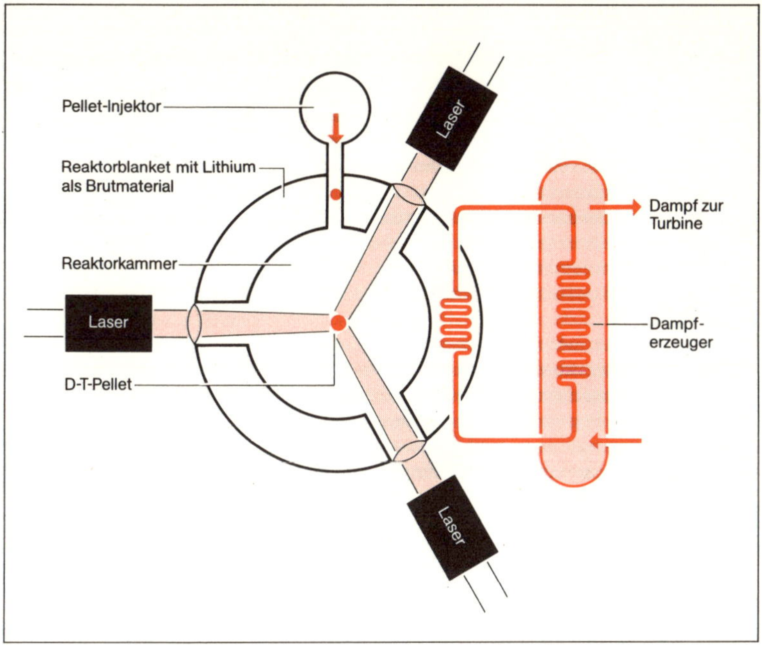

Abb. 6 Schematischer Aufbau eines Laserfusionsreaktors

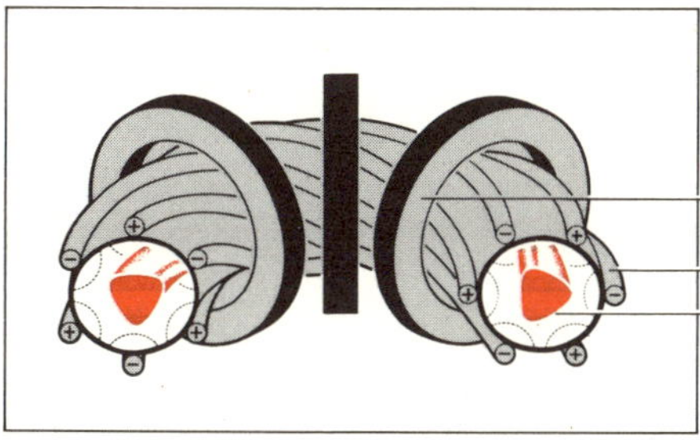

Abb. 4 Einschluß eines Plasmas in einer toroidalen Magnetfeldkonfiguration

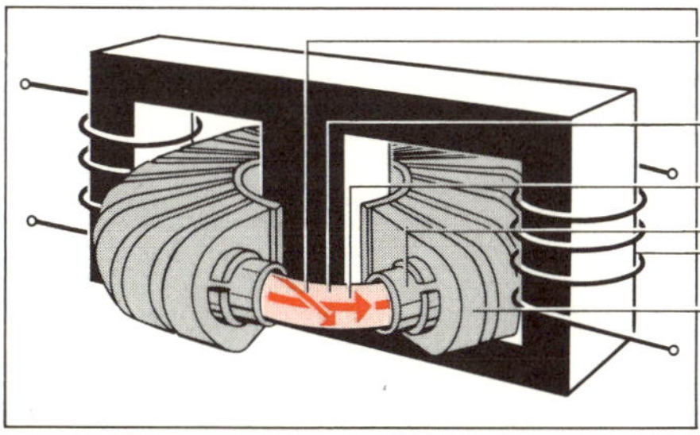

Abb. 5 Schema einer Tokamak-Anordnung

Regenerative Energiequellen

Neben fossilen und nuklearen Energieträgern stehen uns heute die sog. regenerativen Energiequellen zur Verfügung. Sie heißen regenerativ oder erneuerbar, weil sie im Gegensatz zu Kohle, Erdöl, Erdgas und den Kernbrennstoffen auch in fernster Zukunft in nahezu gleichbleibendem Umfang Energie liefern werden. Man unterscheidet drei primäre regenerative Energiequellen: die Sonnenstrahlung, die geothermische Energie und die Gezeitenkräfte der Sonne und des Mondes:

Die stärkste unter diesen regenerativen Energiequellen ist die *Sonnenstrahlung,* die letztendlich von Kernverschmelzungsprozessen im Sonneninneren herrührt (s. S. 42). Die spezifische Ausstrahlung der Sonne, d. h. ihre Strahlungsleistung pro Flächeneinheit der Oberfläche, ist sehr groß; sie beträgt 62,5 MW/m^2. Von der gesamten Ausstrahlung gelangt jedoch nur ein geringer Teil zur Erde. Unmittelbar außerhalb der Erdatmosphäre beträgt die Flächendichte der Strahlungsleistung (die Bestrahlungsstärke) nur noch 1,353 kW/m^2. Dieser Wert wird als *Solarkonstante* bezeichnet.

Die Energiemenge, die der Erde jährlich zugestrahlt wird, beträgt 5,6 Mill. EJ, was in etwa dem Zwanzigtausendfachen der Energiemenge entspricht, die die gesamte Menschheit z. Z. im Jahr umsetzt. Etwa 30% davon werden jedoch unmittelbar an der Atmosphäre reflektiert und in Form von kurzwelliger Strahlung in den Weltraum zurückgeworfen *(Albedo).* Etwa 22% dienen dazu, Wasser verdunsten zu lassen, das in Form von Niederschlägen wieder auf die Erdoberfläche zurückströmt. Der größte Anteil der Sonnenstrahlung (45%) wird jedoch in Form von *Wärme* gespeichert und führt auf der Erdoberfläche zu regional unterschiedlichen Temperaturerhöhungen. Ein Teil dieser Temperaturunterschiede wird durch Bewegungsvorgänge der Atmosphäre und in den Meeren ausgeglichen. Für ihre Aufrechterhaltung sind rund 2,5% der gesamten Strahlung notwendig.

Das in Bächen und Flüssen zum Meer strömende Regenwasser verliert dabei sein Energiepotential, das es aufgrund der Höhendifferenz zwischen Niederschlagsort und Meeresspiegel besaß. Weltweit gesehen, entspricht dieser Energieanteil 0,003% der solaren Strahlungsenergie. Nur ein Tausendstel (0,1%) der zur Erde gelangenden Sonnenstrahlungsenergie wird benötigt, um alle Pflanzen und Lebewesen der Welt entstehen zu lassen und zu erhalten.

Geothermische Energie entsteht durch die Vielzahl radioaktiver Zerfallsprozesse (s. S. 246) im Erdinnern. Dabei treten im Erdkern Temperaturen von ungefähr 10 000 °C auf. Als Folge des Temperaturunterschieds gegenüber der viel niedrigeren Temperatur der Erdoberfläche bildet sich ein Wärmestrom aus, dessen gemittelte Flächendichte jedoch außerordentlich gering ist: 63 kW/km^2. Immerhin ergibt sich, über die gesamte Erdoberfläche gesehen, ein *Wärmestrom* von fast 1 000 EJ pro Jahr, also rechnerisch rund das Vierfache des heutigen Weltprimärenergieverbrauchs. Dieser Wärmestrom erhitzt u. a. auch die Gesteinsschichten der Erde, die damit einen geothermischen Wärmespeicher darstellen. So haben die zwischen 4 und 6 km Tiefe liegenden Schichten eine mittlere Temperatur von 150 °C und damit einen Wärmeinhalt von 18 Mill. EJ, also ein Vielfaches der durch den geothermischen Wärmestrom transportierten Energie. In einigen Gebieten vulkanischen Ursprungs, wo die Erdwärme in Form von heißen Quellen (Geysire u. a.) auftritt, wird geothermische Energie bereits genutzt. Man schätzt das gesamte Potential dieser Anomalien auf 16 000 EJ pro Jahr oder rund 500 TW.

Die schwächste regenerative Energiequelle ist die *Gezeitenenergie,* die auf dem Zusammenwirken der von Mond und Sonne auf die Erde ausgeübten Gravitationskräfte und einer aus dem Erd- und Mondumlauf um den gemeinsamen Schwerpunkt resultierenden Zentrifugalkraft beruht. Der *Tidenhub,* also der größte Unterschied zwischen den Wasserständen bei Ebbe und Flut, beträgt auf dem offenen Meer zwar nur etwa 1 m, er wird aber an vielen Küstenregionen der Erde, z. B. durch trichterförmige Flußmündungen, erheblich verstärkt. Er kann dort bis zu 20 m betragen und in Gezeitenkraftwerken zur Energieerzeugung genutzt werden (s. S. 244).

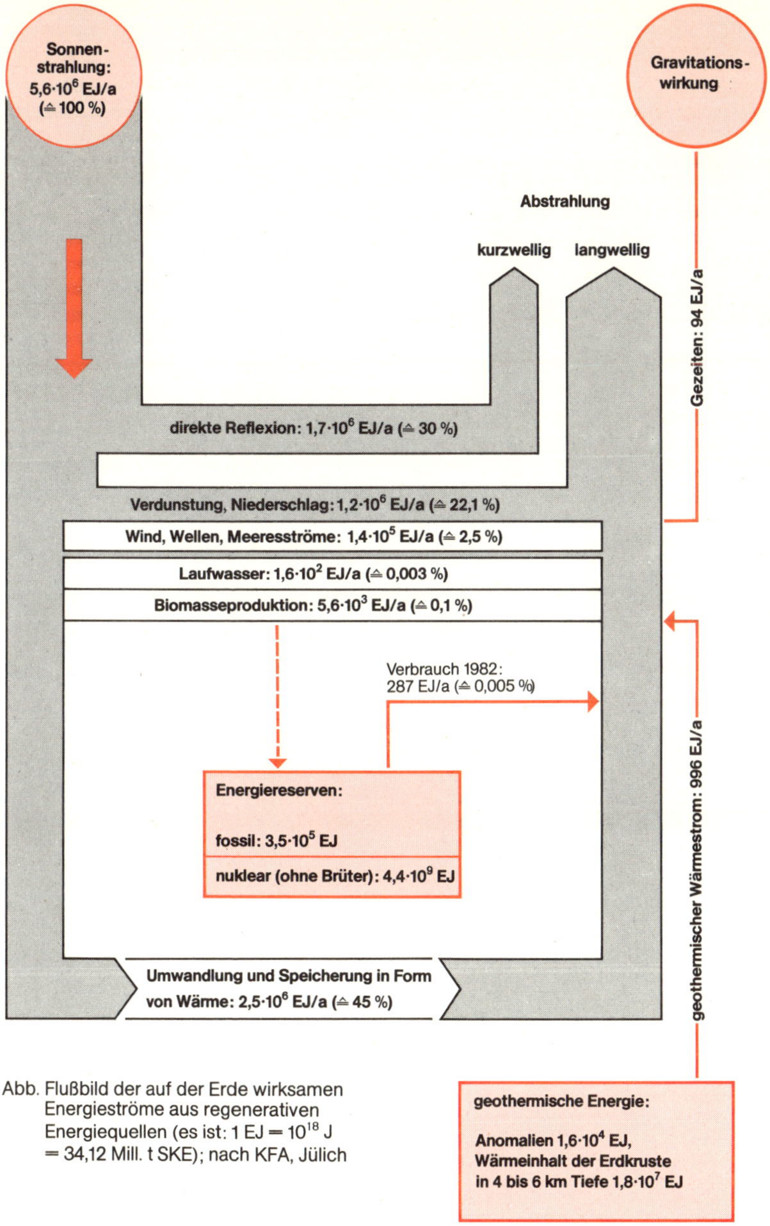

Abb. Flußbild der auf der Erde wirksamen Energieströme aus regenerativen Energiequellen (es ist: 1 EJ = 10^{18} J = 34,12 Mill. t SKE); nach KFA, Jülich

Sonnenenergie – Verfügbarkeit von Sonnenenergie

Die auf die Erdoberfläche auftreffende *Sonnenstrahlung* setzt sich im wesentlichen aus zwei Anteilen, der direkten und der diffusen Strahlung, zusammen. Als *direkte Strahlung* bezeichnet man denjenigen Anteil, der nahezu geradlinig durch die Atmosphäre dringt und auf der Erdoberfläche auftrifft. Die *diffuse Strahlung* hat dagegen keine einheitliche Richtung. Sie entsteht durch Streuung (Ablenkung) der Strahlung an den Molekülen, Wassertröpfchen und Staubteilchen in der Atmosphäre. Bei bedecktem Wetter hat man es überwiegend mit diffuser Strahlung zu tun, bei klarem, wolkenlosem Himmel dagegen überwiegend mit direkter Strahlung. Die Summe aus beiden Strahlungsanteilen bezeichnet man als *Globalstrahlung*.

Messungen der Globalstrahlung werden an vielen Orten der Welt von den meteorologischen Diensten durchgeführt. Die mittleren jährlichen Einstrahlungswerte weichen, örtlich gesehen, sehr stark voneinander ab. Sie liegen für die nördlichen und südlichen Polregionen bei Werten um 800 kWh je m^2 und Jahr, in manchen äquatornahen Zonen dagegen bei über 2 000 kWh je m^2 und Jahr. Innerhalb der Bundesrepublik Deutschland schwankt die Globalstrahlung im Jahresmittel zwischen etwa 965 kWh je m^2 und Jahr in Norddeutschland und etwa 1 050 kWh je m^2 und Jahr in Süddeutschland. Oftmals wird dieser Energiewert durch Teilung mit den 8 760 Stunden des Jahres auf eine fiktive Dauerleistung umgerechnet. Dann ergeben sich Werte zwischen 110 und 120 W je m^2 und Jahr (Abb. 1). Diese geringe Flächendichte der Sonnenstrahlungsleistung stellt eines der beiden Grundprobleme der Sonnenenergienutzung dar, weil zum Sammeln der Energie also immer sehr große Flächen benötigt werden und dieser Platzbedarf einen höheren Kapitalaufwand erfordert.

Für viele Techniken zur Nutzung der Sonnenstrahlung ist es wichtig, den direkten und diffusen Anteil der Globalstrahlung zu kennen. Abb. 2 zeigt den aus entsprechenden Messungen berechneten Jahresgang der Sonnenstrahlung für Hamburg im Zeitraum der Jahre 1963 bis 1965. Es wird deutlich, daß in unserem Lande im Jahresmittel die direkte Sonnenstrahlung nur etwa $^1/_3$ der Gesamtstrahlung ausmacht. Der überwiegende Teil der Strahlung fällt also in Form von diffuser Himmelsstrahlung an.

Abb. 2 verdeutlicht auch das zweite wesentliche Problem bei der Nutzung der Sonnenstrahlung: die starke zeitliche Änderung des Energieangebots. So schwankt die täglich verfügbare Energiemenge zwischen wenigen kWh je m^2 und über 200 kWh je m^2. An besonders günstigen wolkenlosen Sonnentagen kann auch in der Bundesrepublik Deutschland die eingestrahlte Leistung durchaus im Bereich von 1 kWh je m^2 liegen.

Nur in wenigen Anwendungsfällen fällt das zeitlich schwankende Energieangebot der Sonne mit der jeweiligen Energienachfrage zusammen. Bei einem der größten Posten der Energiebilanz, dem *Raumwärmebedarf,* ist sogar eine völlig gegenläufige Tendenz vorhanden: Während der Heizperiode in der kalten Jahreszeit fallen im Durchschnitt höchstens 25 % der jährlichen Sonnenenergie an. Bei der technischen Nutzung von Sonnenenergie sind daher in der Regel Energiespeicher notwendig oder aber zusätzliche Energiesysteme vorzusehen, die die Zeiten, in denen die Sonne nicht scheint, überbrücken.

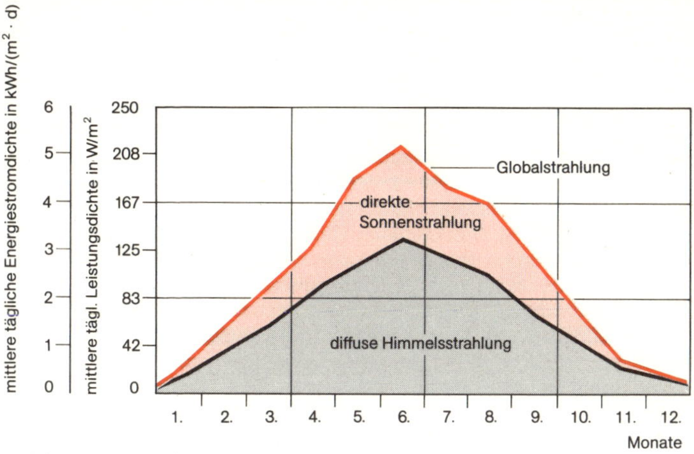

Abb. 1 Jahresgänge der Sonnenstrahlung für Hamburg für die Jahre 1963 bis 1965

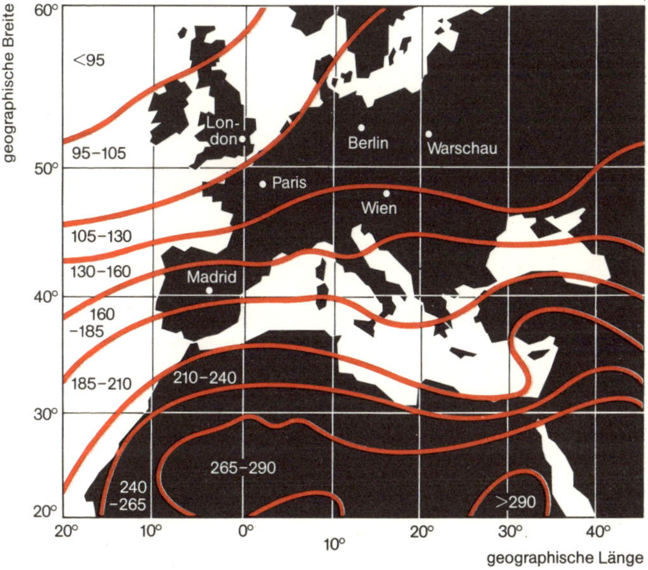

Abb. 2 Mittlere jährliche Intensität der Globalstrahlung (24-Stunden-Mittel in W/m²)

Umwandlung und Nutzung von Sonnenenergie

Die Nutzung der Sonnenenergie ist grundsätzlich auf zweierlei Wegen möglich. Beim ersten Weg wird die solare Strahlungsenergie unmittelbar über von Menschen geschaffene Energiewandler in nutzbare Energieformen überführt. So kann beispielsweise mit Hilfe einer Photolyseeinrichtung aus der Sonnenstrahlung chemische Energie entstehen oder mit Solarzellen elektrische Energie bereitgestellt werden. Beim zweiten Weg wird die Sonnenstrahlung zuerst durch einen natürlichen Energiewandlungsschritt umgewandelt, bevor sie dann mit Hilfe eines technischen Energiewandlers in nutzbare Sekundärenergie überführt wird. So bewirkt die Sonnenstrahlung beispielsweise die Verdunstung des Wassers, das dann in Form von Niederschlägen zur Erdoberfläche zurückgelangt und in Bächen und Flüssen abläuft, so daß seine Strömungsenergie mit Hilfe von Wasserturbinen zur Energiegewinnung genutzt werden kann. Alle heute benötigten Sekundärenergien (chemische, thermische und elektrische Energie) können von den regenerativen Energiequellen, insbesondere von der Sonnenstrahlung, bereitgestellt werden.

In der *Bundesrepublik Deutschland* sind aus geologischen und meteorologischen Gründen einige der in Abb. 1 aufgeführten Energiewandlungsmöglichkeiten nicht gegeben (Gletschereiskraftwerke, Meeresströmungskraftwerke und Meereswärmekraftwerke). Einige weitere sind hier zwar technisch einsetzbar, können jedoch aufgrund des Energieangebotes nur so geringe Energiemengen bereitstellen, daß ihre Nutzung auch langfristig wohl kaum in Betracht kommt. Hierzu zählen Wellen- und Gezeitenkraftwerke.

Als einsetzbar verbleiben bei uns nur geothermische Kraft- und Heizwerke, Laufwasserkraftwerke, Windenergiekonverter, Wärmepumpenanlagen, Kraftwerke und Konversionsanlagen zur Nutzung der Biomasse sowie die zur direkten Sonnenenergienutzung geeigneten Photolyseeinrichtungen, Solarzellen und thermischen Sonnenkollektoren. Allerdings befinden sich im Gebiet der Bundesrepublik nach derzeitigem Kenntnisstand keine geothermischen Anomalien, die eine Nutzung der geothermischen Energie erleichtern würden. Es wären hier zur Nutzung der Erdwärme nur kompliziertere Techniken anwendbar. Diese sind jedoch erst im Stadium der Forschung und Entwicklung, daher werden sie bis zur Jahrhundertwende die Energiebilanz der Bundesrepublik Deutschland kaum entlasten können.

Das gleiche gilt auch für Photolyseeinrichtungen, deren Entwicklung sich noch im Bereich der Grundlagenforschung befindet. Solarzellen sind für die terrestrische Anwendung heute noch so teuer, daß nicht erwartet werden kann, daß sie innerhalb der nächsten 15 bis 20 Jahre einen größeren Anteil unserer Energieversorgung übernehmen. Die Ausnutzung der Laufwasserkräfte, mit deren Hilfe heute bereits 19 TWh elektrische Energie pro Jahr bereitgestellt werden, kann nur noch geringfügig ansteigen, da bereits 90% des technisch nutzbaren Potentials ausgebaut sind.

Die übrigen Techniken (also die Biomassenutzung, die kleinen und großen Windenergiekonverter, die Niedertemperarurkollektoranlagen sowie die mit Elektro- oder Verbrennungsmotoren angetriebenen Wärmepumpen) befinden sich z. T. noch in der Forschung und Entwicklung und sind, von einzelnen Sonderfällen abgesehen, nach strengen betriebswirtschaftlichen Maßstäben noch nicht mit konventionellen Energiewandlersystemen wettbewerbsfähig. Setzt man einmal voraus, daß diese Technologien ihre technische Bewährungsprobe bestehen und sich gleichzeitig die Wettbewerbssituation auf den Energiemärkten so verschiebt, daß sie wirtschaftlich werden, könnten immerhin die in Abb. 2 dargestellten Entlastungen der Primärenergiebilanz der Bundesrepublik etwa um das Jahr 2000 verwirklicht werden. Für eine Entlastung der Primärenergiebilanz in der Größenordnung von 30–40 Mill. t SKE (880 bis 1 100 PJ) sind noch erhebliche Anstrengungen nötig.

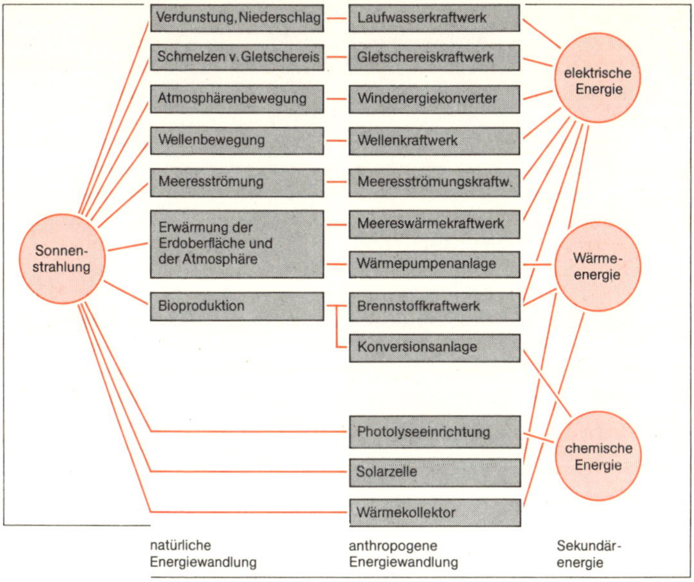

Abb. 1 Nutzungsmöglichkeiten der Sonnenenergie

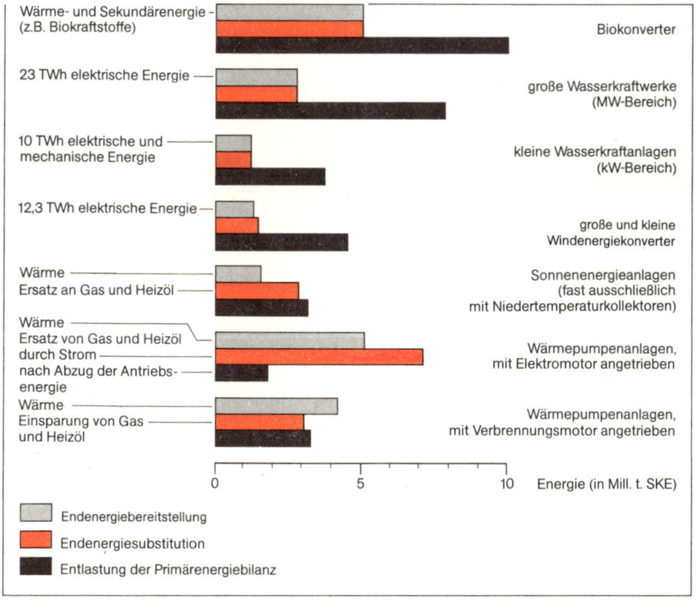

Abb. 2 Die Entlastung der Primärenergiebilanz der BR Deutschland um das Jahr 2000 durch Systeme, die regenerative Energiequellen nutzen (nach KFA Jülich)

Niedertemperatursonnenkollektoren

Die Umwandlung von Sonnenenergie in nutzbare Wärmeenergie geschieht in Solaranlagen mit Hilfe von sog. Sonnenkollektoren. Aufgrund des relativ niedrigen Strahlungsangebots, das zudem jahreszeitlich stark schwankt, sind in unseren Breiten nur solche Anwendungen von Interesse, bei denen Temperaturen bis 120 °C benötigt werden.

An der Oberfläche eines Absorbers - ein Aluminium- oder Kupferblech, das zur besseren Strahlungsabsorption mit schwarzem Lack bestrichen ist - wird die Strahlung in Wärmeenergie umgewandelt und an einen Wärmeträger (Luft, Wasser oder eine frostsichere Flüssigkeit) übertragen, der durch ein fest mit dem Absorber verbundenes Rohrsystem strömt (Abb. 1). Hierbei treten infolge kurzwelliger Abstrahlung, Konvektion und Wärmeleitung Wärmeverluste auf. Durch eine oder mehrere Glas- oder Kunststoffscheiben an der Frontseite des Kollektors versucht man die Abstrahlungs- und konvektiven Verluste zu minimieren, während durch Isolierung der Rückfront und der Seiten die Wärmeleitungsverluste verringert werden. Zu einer weiteren Reduzierung werden häufig selektive Absorberbeschichtungen verwendet, die neben einem hohen Absorptionsvermögen im sichtbaren Wellenlängenbereich ein geringes Emissionsvermögen im Infrarotbereich aufweisen.

Auf dem deutschen Markt ist eine Vielzahl geeignet konstruierter Sonnenkollektoren erhältlich. In der Mehrzahl handelt es sich um sog. *Flachkollektoren,* deren Eintrittsfläche etwa ebenso groß wie die Absorberfläche ist und bei denen keine Konzentration der Sonnenstrahlung erfolgt. - Kollektoren ohne Frontabdeckung *(Einfachkollektoren)* sind für solche Anwendungen interessant, die niedrige Temperaturen (unter 30 °C) benötigen. Diese Kollektoren weisen zwar höhere Wärmeverluste durch Abstrahlung sowie insbesondere durch Konvektion auf, sind aber in der Regel wesentlich preisgünstiger erhältlich.

In neuerer Zeit wurden verschiedene hocheffiziente Kollektoren entwickelt, darunter v. a. der Vakuum- und der Wärmerohrkollektor. Beim *Vakuumkollektor* werden durch Evakuierung der Räume zwischen Absorber und Kollektorhülle die Verluste reduziert. Die Vorteile liegen darin, daß auch bei geringer Einstrahlung und/oder in höheren Temperaturbereichen nutzbare Energie gewonnen werden kann. *Wärmerohrkollektoren* weisen die gleichen Vorteile auf. Sie werden mit einem niedrigsiedenden Arbeitsmittel betrieben, das durch die Sonnenstrahlung verdampft, in einem geschlossenen Rohr aufsteigt, an kühleren Stellen wieder kondensiert und dabei über einen Wärmetauscher seine Kondensationswärme an einen Wärmeträger abgibt und diesen erwärmt. Die Rückführung der kondensierten Flüssigkeit erfolgt durch Kapillareffekt in feinen Rillen, die in die Rohrinnenwand eingefräst sind. Der Wärmetransport mit derartigen *Wärmerohren (Heat-pipes)* ist 10^4fach größer als der Wärmetransport die Wärmeleitfähigkeit metallischer Wärmeleiter.

Die Leistung eines Sonnenkollektors wird durch eine *Wirkungsgradkennlinie* in Abhängigkeit von der Temperaturdifferenz ΔT zwischen der mittleren Temperatur des Wärmeträgers (Arbeitstemperatur) und der Umgebungstemperatur beschrieben (Abb. 2). Je höher die Arbeitstemperatur und je geringer die Sonneneinstrahlung ist, desto kleiner wird der Wirkungsgrad, der definiert ist als das Verhältnis der Nutzwärmeabgabe des Kollektors zur Sonneneinstrahlung auf die Absorberfläche. Die Verluste werden nach optischen und thermischen Verlusten unterschieden. Im praktischen Betrieb bei wechselnden Wetterbedingungen wird die Kennlinie zu einem Band aufgefächert.

Es wird deutlich, daß die Auswahl der Kollektoren aus thermischen und wirtschaftlichen Gründen anwendungsorientiert erfolgen muß. Die Entwicklung von Flachkollektoren kann heute als im wesentlichen abgeschlossen bezeichnet werden. Bei den hocheffizienten Kollektoren sind allerdings noch Weiterentwicklungen zu erwarten.

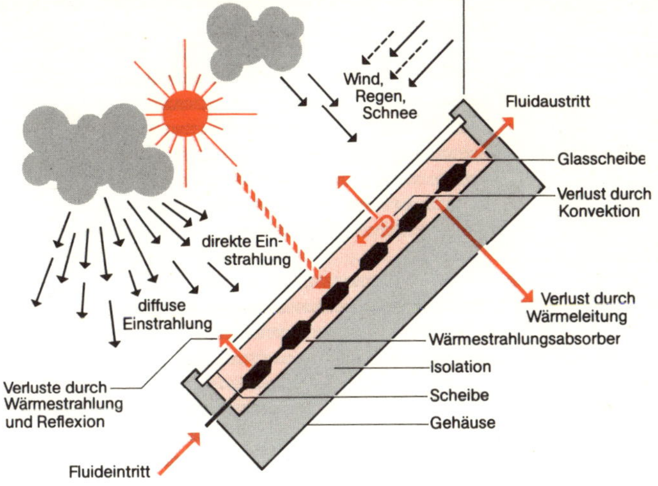

Abb. 1 Aufbau und Funktionsweise eines typischen Sonnenkollektors

Abb. 2 Wirkungsgradkennlinien von Sonnenkollektoren in Abhängigkeit von der Temperaturdifferenz ΔT zwischen mittlerer Arbeitstemperatur und Umgebungstemperatur

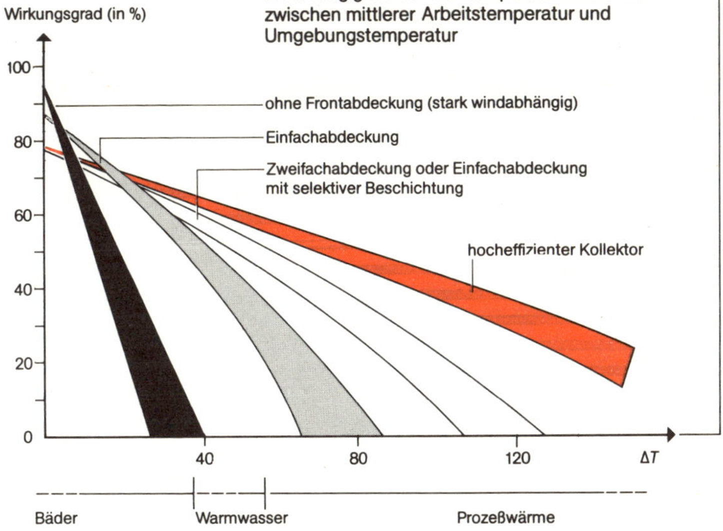

Konzentrierende Sonnenkollektoren

Die Leistungsdichte der Sonnenstrahlung erreicht an günstigen Tagen bis zu 1 000 W/m^2. Damit erzielt man auf der schwarzen Absorberfläche eines Flachkollektors (s. S. 208) Temperaturen bis 150 °C. Für viele technische Prozesse sind aber höhere Temperaturen erwünscht. Diese lassen sich nur erreichen, wenn das Sonnenlicht konzentriert wird. Ein allgemein bekannter konzentrierender Sonnenkollektor ist das *Brennglas*. Für die technische Anwendung, wo sehr große Kollektorflächen benötigt werden, sind jedoch Brenngläser zu teuer, zu schwer und zu unhandlich.

Konzentrierende Sonnenkollektoren werden daher aus gekrümmten Spielgelflächen hergestellt. Die Krümmung entspricht im allgemeinen der *Parabelform;* denn die Parabel hat die mathematische Eigenschaft, jeden parallel zur Parabelachse einfallenden Strahl in die zum Brennpunkt weisende Richtung zu reflektieren. Dieser Punkt liegt auf der Parabelachse; sein Abstand vom Scheitel der Parabel ist die Brennweite. Der Brennpunkt eines rotationssymmetrischen Paraboloids wird bei der einfach gekrümmten parabolischen Rinne zur Brennlinie. Für die praktische Anwendung reicht häufig auch eine leichter herstellbare kreisförmige (sphärische) Spiegelkontur, die als eine angenäherte Parabel aufgefaßt werden kann. Solche Spiegel erreichen allerdings nur eine geringe Konzentration des Sonnenlichtes.

Das optische System eines konzentrierenden Kollektors entwirft immer ein verschmiertes flächenhaftes Abbild der Sonne im Brennpunkt und kein exakt punktförmiges. Die Ursache hierfür ist die Tatsache, daß die Sonnenstrahlen nicht exakt parallel auf der Erde ankommen, sondern mit einer Divergenz von 32 Bogenminuten. Dieser Winkel ergibt sich aus dem Verhältnis von Sonnendurchmesser ($1{,}39 \cdot 10^6$ km) zum Abstand der Sonne von der Erde ($149{,}6 \cdot 10^6$ km).

Ein wesentliches Kennzeichen konzentrierender Kollektoren ist außerdem, daß sie nur direkte Sonneneinstrahlung nutzen. Daher müssen sie dem Sonnengang nachgeführt werden, so daß die Spiegelachse immer genau in Richtung Sonne zeigt. Dies erfordert sehr aufwendige Antriebs- und Regeleinrichtungen.

In der Brennebene besitzt der konzentrierende Kollektor einen Absorber, der die Aufgabe hat, das hochkonzentrierte Sonnenlicht in fühlbare Wärme hoher Temperatur umzuwandeln. Die Größe des auf dem Absorber entworfenen Sonnenbildes ist eine Funktion der Brennweite des Systems: Je kleiner die Brennweite, um so kleiner ist das Sonnenbild und um so höher ist das Konzentrationsverhältnis, d. h. das Verhältnis der Öffnungsfläche des Spiegels zur Fläche des Sonnenbildes auf dem Absorber. Dieses Verhältnis gibt auch an, wievielmal die Leistungdichte am Absorber größer ist als die Leistungsdichte der einfallenden Sonnenstrahlung. Je höher das Konzentrationsverhältnis ist, um so höher ist die Temperatur am Absorber. Die höchste theoretisch erreichbare Temperatur ist die Sonnenoberflächentemperatur von 5 780 K.

Die Absorber selbst besitzen im Innern einen Hohlraum, durch den ein flüssiges oder gasförmiges Wärmeträgermittel strömt, das die Wärme zu einem technischen Nutzungssystem transportiert. Das kann ein Kraftwerk zur Stromerzeugung sein oder eine verfahrenstechnische Anlage, die Hochtemperatur-Prozeßwärme benötigt.

An jedem konzentrierenden Kollektor treten eine Reihe von Verlusten auf, so daß die an das Wärmeträgerfluid abgegebene Nutzleistung geringer ist als die eingestrahlte Sonnenleistung. Ein nicht unwesentlicher Verlust beruht auf der unvollständigen Reflexion der Spiegeloberfläche, die im allgemeinen aus Glas mit einem Silberüberzug besteht. Weitere Verluste entstehen als Folge von Herstellungsungenauigkeiten der Spiegeloberfläche und durch Orientierungsfehler bei der Nachführung des Spiegels. Am Absorber treten ebenfalls Reflexionsverluste auf, darüber hinaus auch Wärmeabstrahlungsverluste im langwelligen Bereich sowie Wärmeübertragungsverluste an die Umgebung infolge Wärmeleitung und Konvektion. Die Wirkungsgrade konzentrierender Kollektoren liegen zwischen 60–80 %.

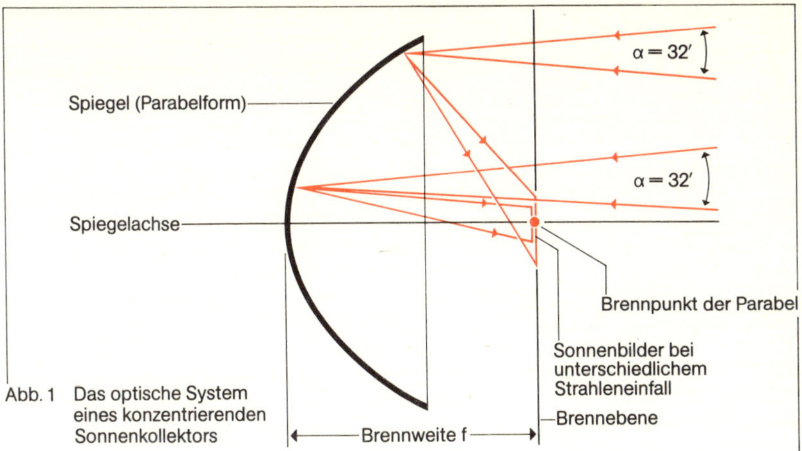

Abb. 1 Das optische System eines konzentrierenden Sonnenkollektors

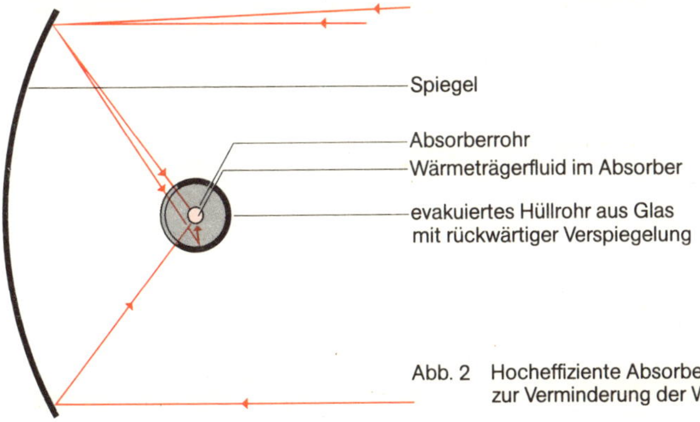

Abb. 2 Hocheffiziente Absorberanordnung zur Verminderung der Wärmeverluste

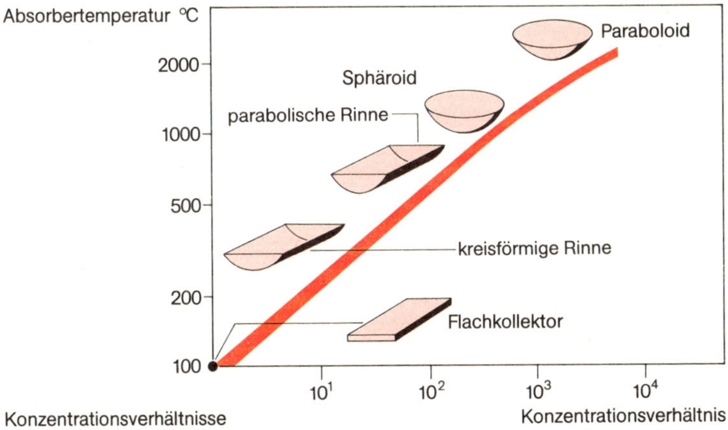

Abb. 3 Konzentrationsverhältnisse und typische Temperaturbereiche verschiedener Sonnenkollektoren

Sonnenenergie zur Heizung und Kühlung

In der Bundesrepublik Deutschland ist aufgrund der geringen Strahlungsdichte (s. S. 204) und des hohen Anteils an diffuser Strahlung (im Jahresmittel 60 %) eine direkte Umwandlung der Sonnenstrahlung in Wärmeenergie nur mit Hilfe von *Niedertemperaturkollektoren* (s. S. 208) sinnvoll, die Temperaturen bis 120 °C erzeugen. Mehrere Kollektoren können in Parallel- und Serienschaltungen zu *Solaranlagen* mit Flächen von 6 bis 2 000 m^2 zusammengefügt werden, deren thermische Leistung maximal 4 kW bis 1 400 kW beträgt. Je nach Leistungsfähigkeit der Kollektoren und Einsatzbereich der Solaranlage liegt die durchschnittliche thermische Leistung (über Tag und Nacht gemittelt) zwischen 25 W und 60 W je m^2 Kollektorfläche.

In unseren Breiten werden Solaranlagen im wesentlichen in vier Bereichen eingesetzt: Schwimmbadbeheizung, Warmwasserbereitung, Raumheizung und Erzeugung von Prozeßwärme auf niedrigem Temperaturniveau für Trocknungs- und Kühlungsprozesse:

Die *solare Erwärmung von Schwimmbadwasser* ist bei Freibädern besonders günstig, da einerseits nur geringe Wassertemperaturen (niedriger als 30 °C) benötigt werden (dies leisten schon preiswerte Einfachkollektoren) und andererseits die Betriebszeit von Mai bis September in der Regel mit einem hohen Strahlungsangebot zusammenfällt. Außerdem entfällt die Notwendigkeit eines Wärmespeichers, da das Wasserbecken diese Funktion selbst ausübt. Für Wassertemperaturen von 24–26 °C benötigt man etwa 1 bis 2 m^2 Kollektorfläche je m^2 Wasserfläche, je nachdem, ob in Nichtbenutzungszeiten eine Abdeckvorrichtung eingesetzt wird oder nicht.

Zur *solaren Raumheizung* oder *Warmwasserbereitung* (Abb. 1 zeigt ein kombiniertes System) sind Arbeitstemperaturen von 30 bis 60 °C erforderlich, die aber aufgrund der periodischen Schwankungen der Sonnenstrahlung von einer Solaranlage nicht kontinuierlich bereitgestellt werden können; daher ist für diesen Einsatzbereich eine *Wärmespeicherung* (s. S. 122) unabdingbar. Während nun übliche Wärmespeicher aufgrund des hohen Temperaturunterschieds gegenüber der Umgebung selbst bei guter Isolierung allmählich abkühlen, wird in sog. *Latentwärmespeichern* die zugeführte Wärmeenergie zum größten Teil zur Änderung des Aggregatzustandes des Speichermediums verwendet: Bestimmte Salzmischungen gehen beim Erwärmen aus dem festen in den flüssigen Aggregatzustand über, wobei die zugeführte Wärmeenergie in Form latenter Wärme (Schmelzwärme) festgelegt wird und später in Form von Nutzwärme zurückgewonnen werden kann. – Reicht das Temperaturniveau des Speichers nicht aus, so muß mit konventionellen Mitteln die Wärmeversorgung sichergestellt werden (in Abb. 1 geschieht dies mit einer Zusatzheizung und einer Wärmepumpe).

Sonnenenergie kann auch zur Kühlung von Vorratsräumen und Wohnungen genutzt werden. *Solare Kühlanlagen* arbeiten entweder nach dem Prinzip einer Kompressorkältemaschine bzw. -wärmepumpe (s. S. 90 und S. 92) oder wie eine Absorptionskältemaschine (Abb. 2): Ein Arbeitsmittel (Ammoniak, Lithiumbromid) wird in einer Rohrschlange (Verdampfer) bei niedriger Temperatur verdampft; die dazu benötigte Verdampfungswärme wird dem zu kühlenden Raum entzogen (Kühlvorgang). Anschließend nimmt ein flüssiges Absorptionsmittel (z. B. Wasser) den Arbeitsmitteldampf auf, wobei Wärme an die Umgebung abgeführt wird. Zur Regeneration des Arbeitsmittels zwecks kontinuierlicher Kühlung wird dieses in einem Austreiber bei Temperaturen von 70 bis 120 °C, die von einem Sonnenkollektor erzeugt werden, wieder vom Absorptionsmittel getrennt und dann in einem Kondensator erneut verflüssigt, so daß es wieder für den Kühlprozeß zur Verfügung steht.

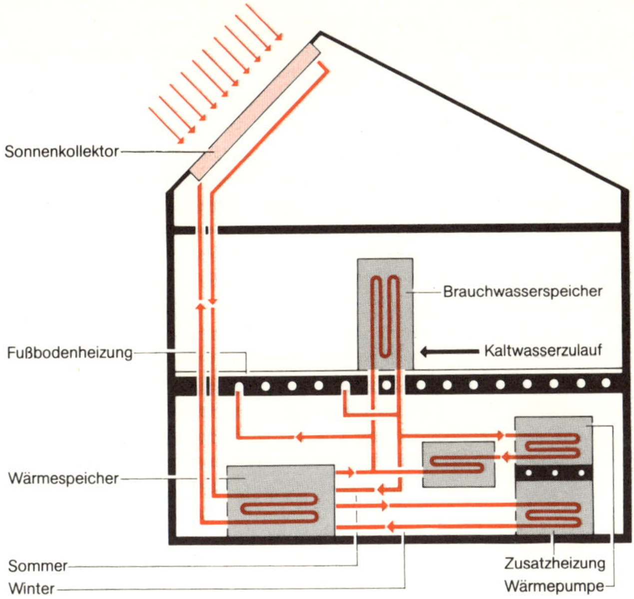

Abb. 1 Schema eines solarbeheizten Hauses mit Zusatzheizung und zusätzlicher Wärmepumpe

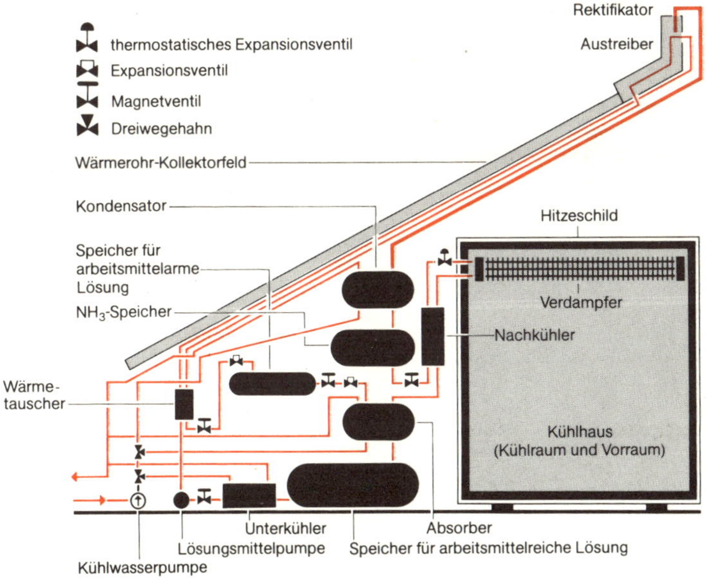

Abb. 2 Prinzipschema eines solaren Kühlhauses (nach Dornier, Solarenergietechnik)

Nutzung der Sonnenenergie mit Wärmepumpen

Wärmepumpen können sowohl bei der direkten Nutzung der Sonnenenergie mit Hilfe von Sonnenkollektoren als auch zur indirekten Nutzung der Sonnenenergie eingesetzt werden. Im ersten Fall dient die Wärmepumpe (Funktion und Technik s. S. 92) dazu, dem durch die Sonnenkollektoren fließenden, von der absorbierten Sonnenstrahlung aufgeheizten flüssigen Wärmeträger die zur Raumheizung, Bereitstellung von heißem Brauchwasser u. a. benötigte Wärme zu entziehen. Im zweiten Fall entzieht die Wärmepumpe der sonnenenergieabsorbierenden und -speichernden, daher jahreszeitlich unterschiedlich erwärmten Umwelt (Erdreich, Luft, Niederschläge, Grundwasser) die benötigte Wärme. Je nach dem Energieangebot der Sonne bzw. dieser umweltlichen Wärmequellen kann eine Wärmepumpe die benötigte Wärme allein *(monovalenter Betrieb)* oder mit einem oder zwei anderen wärmeliefernden Systemen (*bivalenter* oder *trivalenter Betrieb*) aufbringen. Sie kann z. B. bei direkter Sonnenenergienutzung dann einsetzen, wenn die über die Kollektoren und Speicher eingesammelte und genutzte Sonnenenergie nicht mehr ausreicht, eine den Nutzungszwecken angemessene Temperatur zu erzielen. Bei einem solchen bivalenten Heizsysytem werden etwa 50% des Wärmebedarfs mit Sonnenenergie gedeckt, während die Wärmepumpe die übrigen 50% liefert.

Die direkte Nutzung der Sonnenergie mit Wärmepumpen wird durch *Solarabsorber,* das sind Sonnenkollektoren ohne Glasabdeckung, ermöglicht (Abb. 1). Durch das Rohrsystem des Solarabsorbers strömt eine aus Wasser und Frostschutzmittel bestehende Sole, der durch die Wärmepumpe Wärme entzogen wird. Der entscheidende Unterschied zu Sonnenkollektoren besteht darin, daß die Absorberfläche bei fehlender Sonneneinstrahlung kälter gehalten wird als die Temperatur der Umgebungsluft und so Wärme niedriger Wertigkeit aufnehmen kann. Bei Sonnenschein steigt die Temperatur, bei der die Wärmepumpe aus der Absorberfläche Energie aufnimmt, auf Werte oberhalb der Umgebungstemperatur an. Auf diese Weise erreicht man bei Nutzungsgraden von über 100% eine hocheffiziente Wärmebereitstellung und -nutzung, verbunden mit einer erheblichen Umweltentlastung. Allerdings erschweren hohe Anschaffungskosten derzeit eine verstärkte Markteinführung.

Beim Einsatz von *Grundwasser* als Wärmequelle für die Wärmepumpe wird Sonnenenergie indirekt genutzt. Grundwasser hat in einer Tiefe von etwa 7 m ganzjährig eine Temperatur um 10 °C; es ist daher hervorragend zur Wärmebereitstellung geeignet. Aus geologischen Gründen ist eine großflächige Verteilung nur in Niederungen und im norddeutschen Raum zu erwarten. Das Grundwasser wird aus einem Saugbrunnen mit Hilfe einer Pumpe durch den Verdampfer der Wärmepumpe gefördert; dort wird ihm Wärme entzogen (Abb. 2). Das abgekühlte Wasser wird über einen zweiten Brunnen (Schluckbrunnen) dem Grundwasserbereich wieder zugeführt. Grundwasser-Wärmepumpenanlagen können die Wärmeversorgung allein (monovalent) übernehmen.

Ist die Einfamilienhäusern zugeordnete Gartenfläche etwa zwei- bis dreimal größer als die Wohnfläche, so ist die Wärmekapazität des *Erdreichs* ausreichend, um den Wärmebedarf eines Hauses mit einer Wärmepumpe zu decken. Durch Kunststoffrohrschlangen, die etwa 1,5 m tief flach im Erdreich verlegt und vom Arbeitsmittel der Wärmepumpe durchflossen werden, wird die Wärme, die das Erdreich im Sommer gespeichert hat, diesem nach und nach entzogen. Erdreich-Wärmepumpenanlagen können ebenfalls monovalent eingesetzt werden.

Die *Luft* ist die einzige universell einsetzbare Wärmequelle. Leider ist jedoch gerade dann der Wärmebedarf für ein zu beheizendes Gebäude am größten, wenn der Wärmeinhalt der Luft bei tiefen Außentemperaturen gering ist. Daher werden Luft-Wärmepumpenanlagen bivalent ausgeführt. Die Wärmepumpe übernimmt bei Alternativbetrieb die Wärmeerzeugung bis zu dem bei etwa 3 °C liegenden Umschaltpunkt (Bivalenzpunkt); bei tieferen Temperaturen liefert ein konventioneller Heizkessel die erforderliche Wärme. Luft-Wärmepumpenanlagen können bis zu 70% des Jahreswärmebedarfs decken.

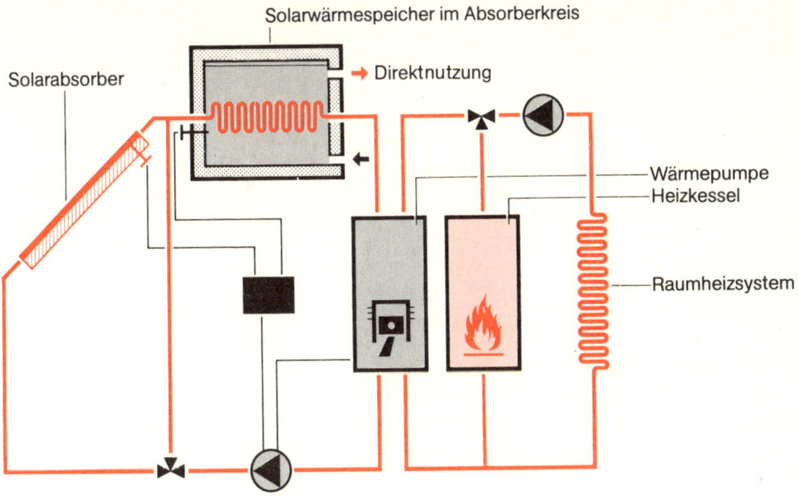

Abb. 1 Prinzipschaltbild eines trivalenten Heizsystems, bestehend aus Solarabsorber und Solarwärmespeicher, Wärmepumpe und Heizkessel (nach RWE-Anwendungstechnik)

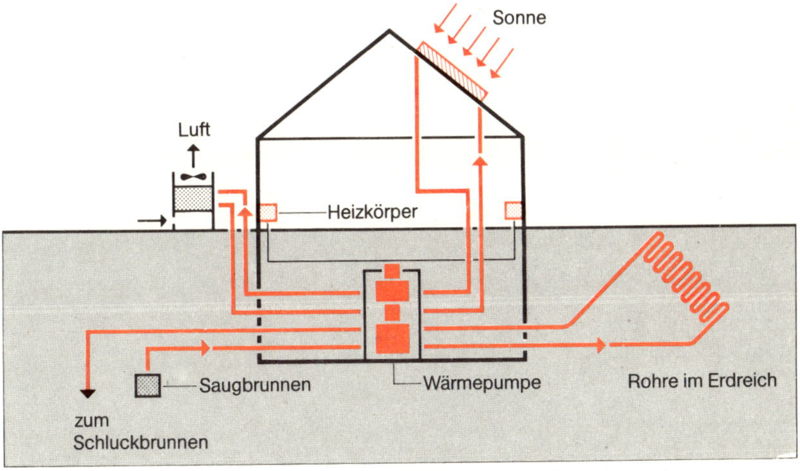

Abb. 2 Schema einer Wärmepumpenheizung für Wohngebäude (Ausnutzung der Sonnenenergie und der Wärme des Erdbodens, des Grundwassers und der Luft)

Passive Nutzung der Sonnenenergie – Solararchitektur

Die Solararchitektur als Teil des Gesamtkomplexes „klimagerechtes Bauen" versucht durch passive Maßnahmen das Makroklima (Sonnenstrahlung, Außentemperatur, Wind und Niederschläge) in die Planung einzubeziehen und den Einflüssen des Mikroklimas durch Standortwahl, Orientierung des Baukörpers zur Sonne hin und durch geeignete Bepflanzung Rechnung zu tragen. Dabei werden Techniken und Erkenntnisse unserer Vorfahren wiederentdeckt. Die *passive Nutzung der Sonnenenergie* als praktische Umsetzung der Solararchitektur steht der *aktiven Solarenergienutzung* gegenüber, die sich für die Sammlung, Speicherung und Verteilung der Sonnenenergie bestimmter Geräte wie Kollektoren, Pumpen, Speicher und Rohrleitungen bedient, die im Bereich des Baukörpers installiert werden.

Die *passiven Systeme* lassen sich in drei Gruppen unterteilen: Systeme mit direktem Gewinn, Systeme mit indirektem Gewinn, Systeme mit speziellen Einzelmaßnahmen:

Ein *direkter Gewinn* durch solare Strahlung ist nur durch die *Fenster* möglich, in unseren Breiten hauptsächlich durch die „Südfenster" (Abb. 1). Die eindringende *kurzwellige Strahlung* wird vom Boden, von den Wänden und von der Decke absorbiert und als *langwellige Wärmestrahlung* an den Raum abgegeben. Zur Reduzierung von Konvektions- und Abstrahlungsverlusten (vor allem in den Abend- und Nachtstunden) sind die Fenster mit 2- bis 3facher Verglasung versehen, oder sie werden nachts durch Klappläden oder sonstige Vorrichtungen verschlossen, damit keine Wärme verlorengeht. Die Systeme der direkten Nutzung haben den Vorteil der Einfachheit und relativ geringer Kosten. Ein Nachteil liegt in großen Temperaturschwankungen im Innenraum, im Einwirken von starkem direktem Tageslicht und in der schädlichen Wirkung ultravioletter Strahlung auf Hausmaterialien. Durch geeignete bauliche Maßnahmen (z. B. Dachvorsprünge, Anpflanzung von Laubbäumen) versucht man, bei hohem Sonnenstand im Sommer ein Eindringen der Strahlung in den Wohnraum zu verhindern. Im mitteleuropäischen Klima läßt sich der Heizwärmebedarf eines normalen Einfamilienhauses bei Vergrößerung der südlichen Fensterfläche pro m^2 um etwa 1% reduzieren.

Beim *indirekten Gewinn* (Abb. 2) wird hinter der Südverglasung eine Wand aus Stein, Beton, Ziegeln oder Lehm angeordnet. Diese Wände werden nach ihrem Erfinder *Trombe-Wände* genannt. Die einfallende Strahlung erwärmt tagsüber die Wand, die die Wärme in einer Phasenverschiebung nachts wieder an den Raum abgibt. Hierdurch wird ein ausgeglichenes Raumklima erreicht. (Durch Öffnungen in der Wand, in der Glaswand sowie an der Nordseite des Hauses kann mit einer Trombe-Wand auch eine Kühlung erreicht werden.) Zur Wärmespeicherung kann auch ein Wasserspeicher verwendet werden. Wenn man eine örtliche Trennung zwischen Glas- und Speicherwand zuläßt, wird ein zusätzlicher Raum geschaffen (Glashaus, Grünhaus, Wintergarten). Im Sommer vergrößert er effektvoll den Wohnraum und sorgt für einen Temperaturausgleich. Im Winter dient er als Puffer zwischen Wohnraum- und Außentemperatur.

Zu den *speziellen Einzelmaßnahmen* zählt die Speicherung von Wärme in besonderen Bauteilen des Hauses (Abb. 3). Dies wird zum einen mit sog. *Thermosiphonsystemen* erreicht. Hierbei wird in einem Luftkollektor erwärmte Luft durch Schwerkraftzirkulation (eventuell unter Zuhilfenahme eines Ventilators) speziell konstruierten Wänden zugeführt. – Eine andere Möglichkeit ist die Erwärmung der Masse der Bauteile durch Wärmestrahlung von direkt bestrahlten Wohnflächen und durch Konvektion im Raum.

Auswirkungen einzelner passiver Komponenten, wie z. B. des Baukörpers auf den Gesamtenergiebedarf eines Hauses, sind schwer zu quantifizieren. In jedem Fall sind bei uns jedoch reine Wärmedämmaßnahmen effektiver als solararchitektonische Maßnahmen. Überdies sind sie nachträglich leichter durchzuführen als passive Maßnahmen.

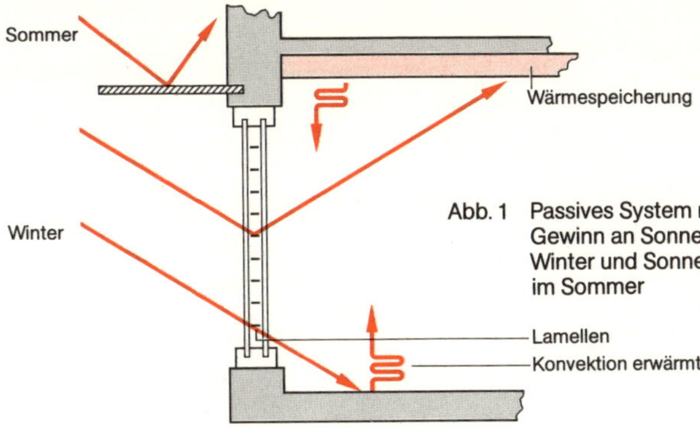

Abb. 1 Passives System mit direktem Gewinn an Sonnenenergie im Winter und Sonnenschutz im Sommer

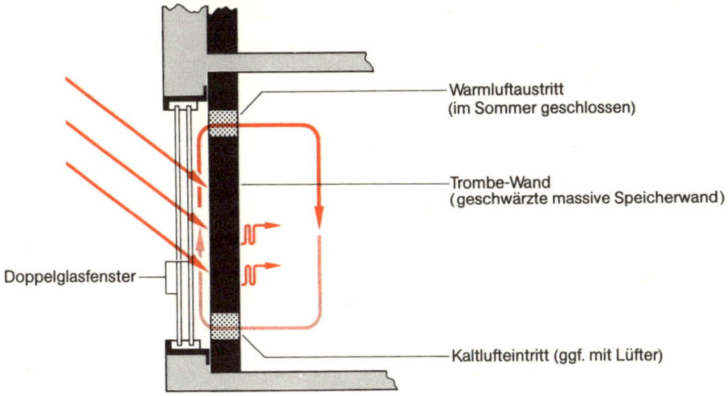

Abb. 2 Indirekter Gewinn an Sonnenenergie mit Hilfe einer Trombe-Wand

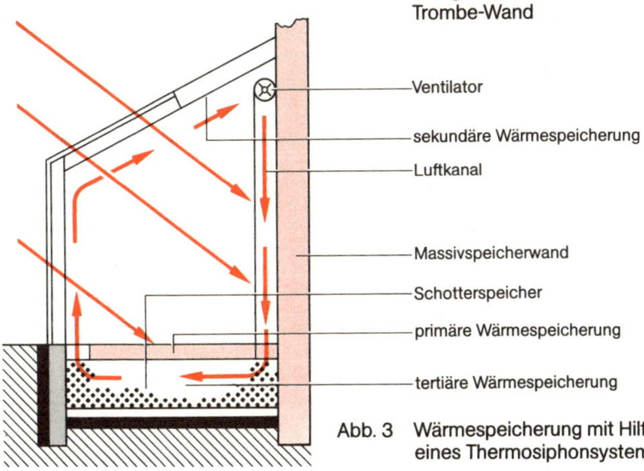

Abb. 3 Wärmespeicherung mit Hilfe eines Thermosiphonsystems

Sonnenenergie zur Stromerzeugung – Solarzellen

Solarzellen dienen dazu, die von der Sonne eingestrahlte Strahlungsenergie direkt in elektrische Energie umzuwandeln. Ihre Wirkungsweise beruht auf dem photovoltaischen Effekt (s. S. 110). Um mit Solarzellen eine nennenswerte elektrische Leistung zu erzielen, muß man viele solcher dünnscheibiger Zellen leitend miteinander verbinden. Meist werden ca. 18–40 Solarzellen (maximale Leistungsabgabe jeweils 100–900 mW) zu *Solarmodulen* (liefern Spannungen von 8 bis 18 Volt) und diese wiederum zu *Sonnenpaneelen* (Flächen über 1 m^2) zusammengesetzt und mit einer gemeinsamen Schutzschicht (Glas, Kunststoff) versehen.

Die Betriebszuverlässigkeit von Solarzellen ist sehr groß, so daß trotz ihres z. Z. noch sehr hohen Preises *Solarzellengeneratoren (Sonnenbatterien)* nicht nur zur Energieversorgung von Satelliten und Raumsonden, sondern auch wirtschaftlich zur Stromversorgung von Funkstationen und Häusern in abgelegenen Gebieten, Leuchttürmen, Bojen und Segelschiffen einsetzbar sind.

Die bis zu 100 cm^2 großen, in ihrer Form quadratischen, rechteckigen oder runden Solarzellen bestehen aus einer dünnen Scheibe eines einkristallinen Halbleitermaterials (Dicke einige Zehntel mm), auf der ein Antireflexbelag (aus Silicium- oder Titanoxid) aufgebracht ist und die zur Ableitung des photoelektrisch erzeugten Stroms mit einem metallischen Rückseitenkontakt und einem meist als Gitterstruktur ausgebildeten Vorderseitenkontakt versehen ist (Abb. 1). Je nach Anwendung sind dem Verbraucher elektronische Regeleinrichtungen und Batteriespeicher zur Überbrükkung der sonnenscheinlosen Zeit vorgeschaltet.

Die Absorption der verwendeten Halbleitermaterialien muß der spektralen Verteilung des Sonnenlichtes (Abb. 2) möglichst gut angepaßt sein, d. h., sie muß v. a. im Bereich des sichtbaren und infraroten Lichts zwischen 0,3 und 1,4 µm (entspricht Energien von 0,8 bis 3,5 eV) wirksam sein. Damit sich ein möglichst großer Photostrom ergibt, müssen die Halbleitermaterialien so gewählt werden, daß auch noch die Energie der Photonen aus dem langwelligen Teil des Sonnenspektrums ausreicht, um in ihnen Elektronen und Löcher als freibewegliche Ladungsträger freizusetzen. Andererseits darf die dafür benötigte Mindestanregungsenergie (= Breite der Energielücke zwischen Valenz- und Leitungsband des verwendeten Materials) nicht zu klein sein; sonst wird die elektrische Feldstärke in den wirksamen Bereichen (s. S. 110) und damit die erzeugte Photospannung zu klein. Daher hat ein Halbleiter mit einer Anregungsenergie von etwa 1,5 eV den optimalen Wirkungsgrad für die Umwandlung von Sonnenenergie in elektrische Energie. Dieser liegt theoretisch bei etwa 26 %, praktisch also bei den am meisten verwendeten *Siliciumsolarzellen (Siliciumzellen)* bei etwa 11 bis 15 %.

Die in den Solarzellen verwendeten Materialien haben Energiebandabstände (Abb. 2) zwischen 1,1 eV bei Silicium (Si) und 2,4 eV bei Cadmiumsulfid (CdS). Die Kosten liegen heute mit etwa 5 DM pro kWh noch sehr hoch, so daß ihr Einsatz nur für Sonderzwecke wirtschaftlich sinnvoll ist. Hoffnungen auf Kostenreduktion stützen sich auf die Entwicklung von Dünnschichtzellen mit wesentlich geringerem Materialverbrauch. Als aussichtsreich dafür gelten vor allem solche aus amorphem Silicium und aus Cadmiumsulfid.

Auch durch Konzentration der einfallenden Sonnenstrahlung mit Spiegeln oder Fresnel-Linsen kann man die Kosten von Solarzellengeneratoren senken. Bei den *konzentrierenden Solarzellengeneratoren,* deren Zellen v. a. aus Galliumarsenid (GaAs), Indiumphosphid (InP) oder Cadmiumtellurid (CdTe) hergestellt werden, fällt der Wirkungsgrad jedoch mit steigender Temperatur ab, so daß sie oft mit Wasser gekühlt werden (sog. *Hybridzellen*). – Bei *Fluoreszenzkollektoren* wird die Sonnenstrahlung in farbigen Kunststoffplatten gesammelt und auf die an den Kanten angeordneten Solarzellen geleitet. – Bei *Tandemzellen* sind Halbleiter unterschiedlicher Anregungsenergien übereinandergeschichtet, um möglichst das gesamte Sonnenspektrum auszunutzen.

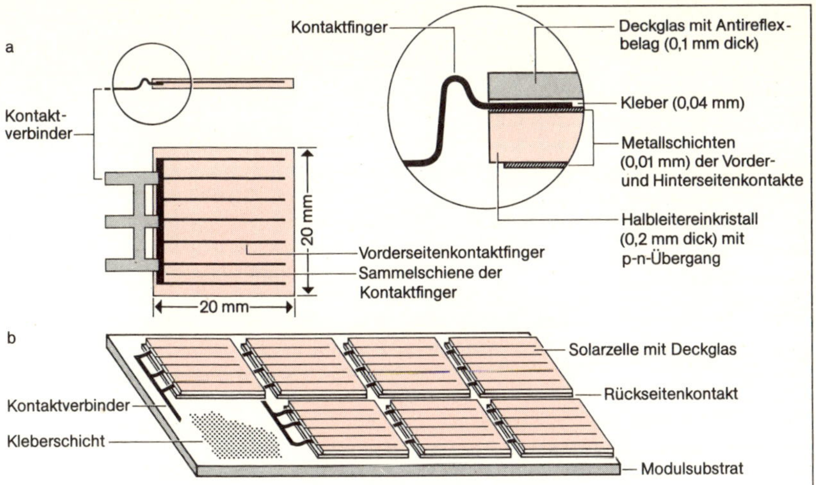

Abb. 1 Schematischer Aufbau einer kontaktintegrierten Solarzelle mit Deckglas (a; rechts vergrößerter Querschnitt) und eines Solarzellenmoduls (b)

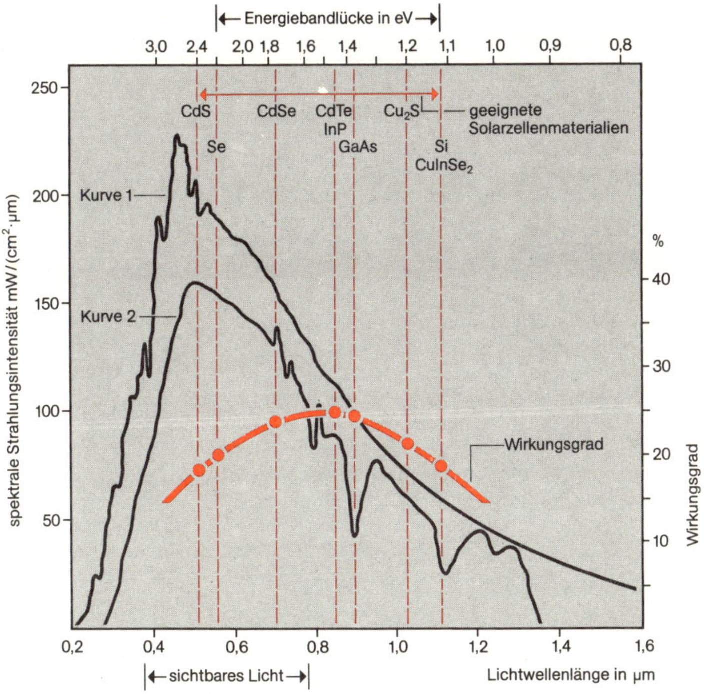

Abb. 2 Spektrum der Solarstrahlung im Weltraum (Kurve 1) und in Meereshöhe bei Zenitstand der Sonne (Kurve 2) sowie der maximale berechnete Solarzellenwirkungsgrad für Kurve 1

Solarkraftwerke auf der Erde

Bei den Nutzungsmöglichkeiten der Sonnenenergie spielt die Umwandlung von Sonnenenergie in elektrische Energie, die ja wegen ihrer universellen Verwendbarkeit eine besonders hochwertige Energie darstellt, eine herausragende Rolle. Man unterscheidet grundsätzlich zwei Verfahren, Sonnenenergie großtechnisch in elektrische Energie umzuwandeln. Die erste Möglichkeit ist die *solarthermische Stromerzeugung* mit Hilfe einer Vielzahl von Sonnenkollektoren, die Wärme zum Betrieb eines nachgeschalteten, von einem Wärmeträger durchströmten thermodynamischen Kreislaufs bereitstellen. Den elektrischen Strom liefert ein Generator, der von einer Wärmekraftmaschine angetrieben wird. Die zweite direkte Möglichkeit ist die *photovoltaische Stromerzeugung*. Hier wird das Sonnenlicht in Solarzellen (s. S. 218) direkt, d. h. ohne den Umweg über die Erzeugung von Wärme, durch photovoltaische Energiewandlung (s. S. 110) in elektrische Energie umgewandelt.

Alle derzeitigen Typen von *Solar-* oder *Sonnenkraftwerken* zur Erzeugung von elektrischem Strom auf der Erde befinden sich noch im Forschungs-, Entwicklungs- oder Demonstrationsstadium. Ein kommerzieller Einsatz auf breiter Basis ist noch nicht möglich.

Bei den *solarthermischen Kraftwerken* wird die Sonnenenergie mit konzentrierenden Kollektoren (s. S. 210) eingesammelt. Die anfangs ebenfalls eingesetzten Flachkollektoren werden heute für die solarthermische Stromerzeugung nicht mehr für sinnvoll gehalten, weil bei einer Arbeitstemperatur von ca. 100 °C der Wirkungsgrad der Anlage sehr schlecht wird. Eine Sonderform konzentrierender Kollektoren sind die sog. *Heliostaten*. Hier handelt es sich um großflächige, aus mehreren Segmenten zusammengesetzte Spiegel (Abb. 1). Die gesamte Spiegelfläche ist auf einem stabilen und biegesteifen Träger montiert und um die waagrechte und die senkrechte Achse drehbar. Jede der beiden Drehachsen besitzt einen Elektromotor mit einem Getriebe. Die Nachführung entsprechend dem Sonnenstand wird von einem Kleincomputer für jeden einzelnen Heliostaten separat besorgt.

Ein solarthermisches Kraftwerk besitzt eine Vielzahl solcher Heliostaten, die ein großflächiges Spiegelfeld bilden und außerdem noch mit einem Zentralrechner verbunden sind. Dieser führt übergeordnete Steuerungsaufgaben durch, wie z. B. das Wegklappen der Spiegel bei einem Störfall oder bei Unwetter.

Die Heliostaten eines solarthermischen Kraftwerks reflektieren nun das Sonnenlicht auf einen zentralen *Absorber (Receiver),* der sich an der Spitze eines hohen Turms befindet. Anlagen dieser Bauweise werden daher *Solarturmkraftwerke* genannt. Der Absorber besitzt an der Innenseite Wärmeübertragerrohre, in denen die eingespiegelte Sonnenwärme hindurchströmendes Wasser in hochgespannten Dampf umwandelt, der anschließend in eine Turbine strömt. Dort wird der Wärmeinhalt des Dampfs in mechanische Rotationsenergie umgewandelt. Ein angekoppelter Generator wandelt schließlich die mechanische Energie der Turbine in elektrische Energie um. Hinter der Turbine kondensiert der Dampf wieder zu Wasser, das dann zur erneuten Aufheizung in den Absorber gepumpt wird.

Solche Dampfkreisläufe sind in der konventionellen Kraftwerkstechnologie seit langem gebräuchlich. Neu sind beim solarthermischen Kraftwerk die Spiegel, der Absorber und ein zusätzlicher Wärmespeicher, der die Aufgabe hat, sonnenscheinlose Perioden zu überbrücken. Der Gesamtwirkungsgrad solcher Kraftwerke liegt bei 15 % bis 20 %.

Die größte Solarturmanlage in Europa ist das 1-MW-Kraftwerk EURELIOS (Abb. 2), das mit finanzieller Unterstützung der Europ. Gemeinschaft bei Adrano (Sizilien) errichtet wurde und 1982 den Probebetrieb aufgenommen hat. Die bisher größte Versuchsanlage mit 10 MW elektrischer Leistung wurde in den USA bei Barstow in Kalifornien gebaut. Einheiten von 20 MW bis 100 MW werden in Projektstudien von verschiedenen Ländern untersucht. Die Einheitengröße von Sonnenturm-

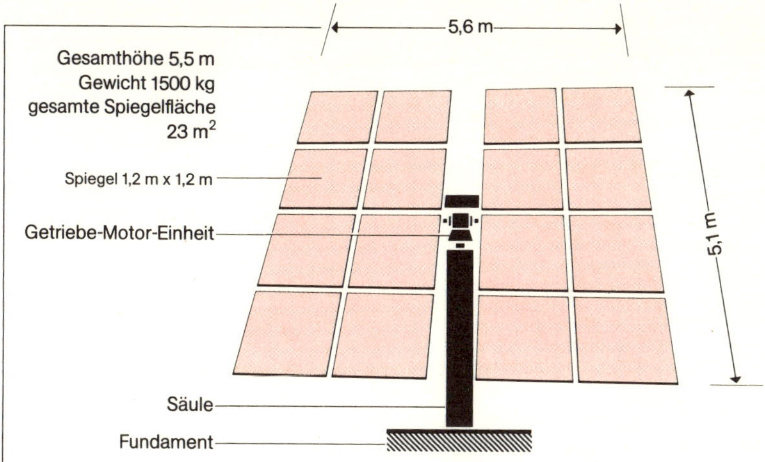

Abb. 1 Heliostat für das Sonnenturmkraftwerk EURELIOS (nach MBB)

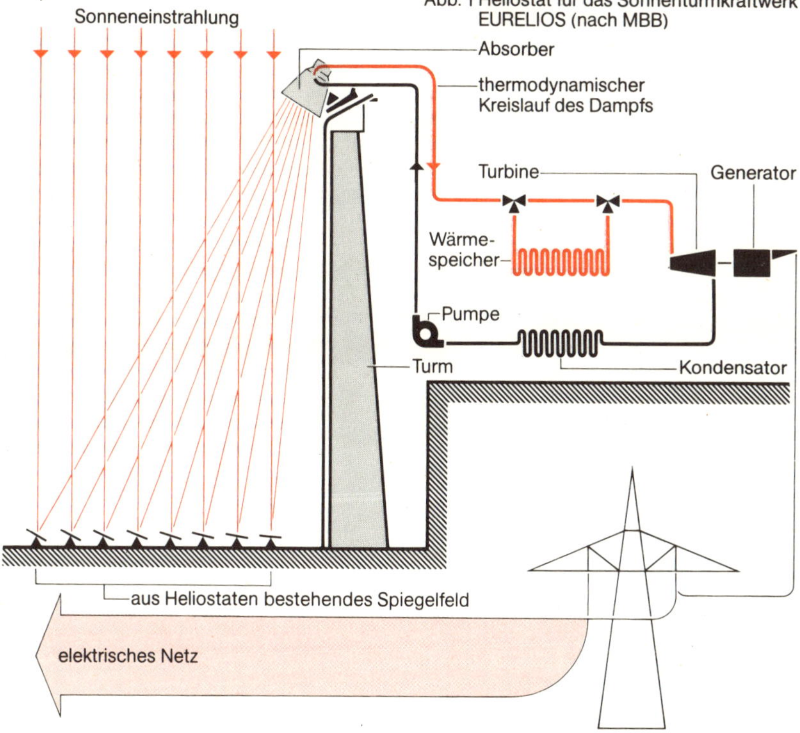

Abb. 2 Schema des in Sizilien errichteten Sonnenturmkraftweks EURELIOS der Europäischen Gemeinschaft (elektrische Leistung 1 MW, Spiegelfläche 6216 m^2, Turmhöhe 55 m)

kraftwerken ist auf ca. 100 MW begrenzt, weil anders das Spiegelfeld so groß würde, daß die letzten Spiegel am äußeren Rand des Feldes (mehrere hundert Meter vom Turm entfernt) wegen Nachführungenauigkeiten, Spiegelfehlern und Windbelastung kaum noch einen Beitrag liefern. Je MW elektrischer Leistung sind an sonnenreichen Standorten 6 000 m^2 Spiegelfläche und 30 000 m^2 Landfläche notwendig. Solarthermische Kraftwerke benötigen also enorme Flächen. Bei einem großtechnischen Einsatz kommen daher als Standorte nur Wüstengebiete oder ähnliche landwirtschaftlich nicht nutzbare Flächen in Frage. Eine Wirtschaftlichkeit im Vergleich zu Kohle- und Kernkraftwerken ist vor dem Jahre 2000 kaum erreichbar.

Werden in einem solarthermischen Kraftwerk statt Heliostaten als Kollektoren Parabolrinnen oder Paraboloide (s. S. 210) verwendet, spricht man von *Solarfarmanlagen* oder *-kraftwerken*. Im Gegensatz zu Solarturmanlagen mit zentralem Absorber hat bei Solarfarmanlagen (Abb. 3) jeder Kollektor seinen eigenen Absorber (Prinzip der verteilten Absorber). Die Sonnenenergie wird durch die vielen Absorber quasi lokal „geerntet". Die Kollektorfelder werden mit den Feldern eines Bauernhofs (Farm) verglichen; der davon hergeleitete Name „Solarfarm" hat sich im Sprachgebrauch fest eingebürgert. Ein wesentliches Kennzeichen von Solarfarmanlagen ist der Kollektorkühlkreislauf. Er hat die Aufgabe, die an jedem Absorber konzentrierte und absorbierte Sonnenwärme in einen zentralen Wärmespeicher zu transportieren.

Dort wird die gespeicherte Wärme durch einen Zwischenkreislauf vom Wärmespeicher auf einen Verdampfer übertragen, in dem das im Arbeitskreislauf der Solarfarmanlage zirkulierende Wärmeträgerfluid die Wärme aufnimmt und verdampft wird, so daß es eine Turbine antreiben kann, bevor es in einem Kondensator wieder verflüssigt wird.

Eine Begrenzung der Einheitengröße von Solarfarmanlagen ergibt sich aus der Länge der Vor- und Rücklaufleitungen des Kühlkreislaufs, die jeden Absorber mit dem zentralen Wärmespeicher verbinden. Bei großer Leistung, d. h. bei vielen Kollektoren, wird das Leitungsnetz zu aufwendig und hat dann auch zu hohe Energieverluste. Eine optimale Einheitengröße für Solarfarmanlagen dürfte bei einigen MW liegen. Sie eignen sich daher eher für eine kleintechnische dezentralisierte Versorgung, während Solarturmkraftwerke mehr für eine großtechnische Anwendung geeignet sind. Die Abwärme des Kondensators im Arbeitskreislauf kann in sonnenreichen Ländern noch für andere Zwecke, wie z. B. Wasserentsalzung oder Warmwasserbereitung, verwendet werden.

Eine direkte Stromerzeugung mit Solarzellen erfolgt in sog. *photovoltaischen Kraftwerken (Solarzellenkraftwerke)*. Große Leistungen können hier durch eine großflächige Verschaltung sehr vieler Solarzellen erreicht werden. Wegen der noch sehr hohen Kosten haben die bisherigen photovoltaischen Demonstrationskraftwerke nur Leistungen bis einige 100 kW. Allerdings geht hier die Entwicklung stürmisch voran. Größere Anlagen im Megawattbereich werden geplant und dürften wohl bald Realität werden.

Man muß dieser Technologie ein hohes Zukunftspotential einräumen. Sie liefert elektrischen Strom ohne bewegte Teile und ohne thermodynamische Kreisläufe. Störungsanfälligkeit und Wartungsaufwand sind im Vergleich zu den solarthermischen Konzepten gering. Die Wirtschaftlichkeit kann langfristig wahrscheinlich durch verbesserte Materialien und Massenproduktion erreicht werden.

Nach neueren Vorschlägen will man große Landflächen in sonnenreichen Gegenden mit Solarzellen belegen und den Strom in die weiter entfernt liegenden Industrieländer transportieren. Andere Konzepte schlagen vor, über die Wasserelektrolyse Wasserstoff zu erzeugen und diesen per Pipeline in die Verbrauchszentren zu transportieren. Solche Vorschläge müssen allerdings als eine langfristige und wahrscheinlich teure Option unserer Energieversorgung angesehen werden.

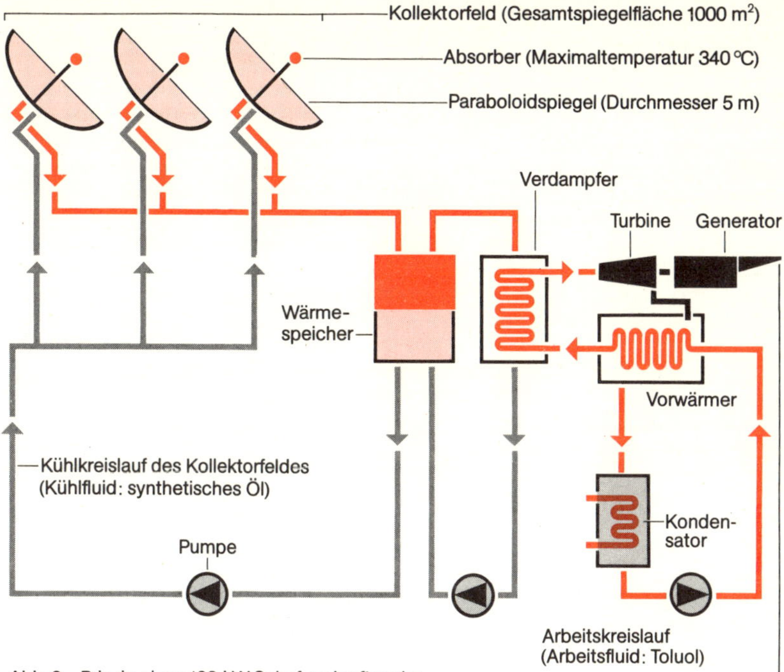

Abb. 3 Prinzip eines 100-kW-Solarfarmkraftwerks (nach MBB); die Abwärmeleistung beträgt 500 kW

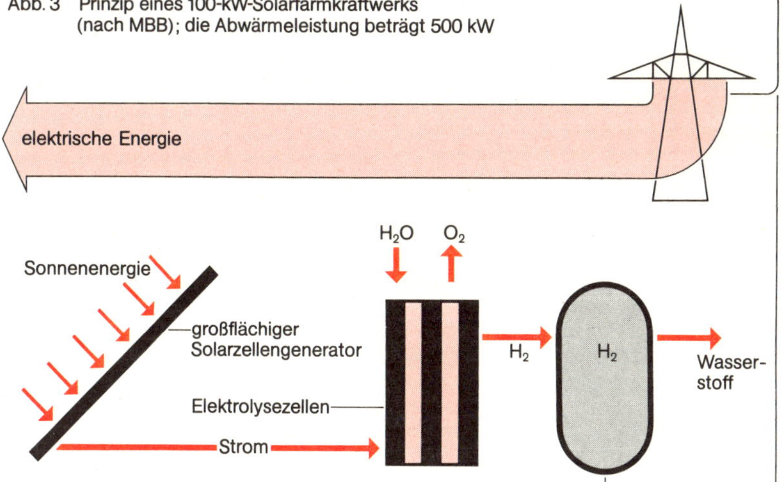

Abb. 4 Konzept einer großtechnischen Wasserstofferzeugung mittels Solarzellen

Solarkraftwerke im Weltraum

Nach der Entwicklung der *Siliciumsolarzelle* im Jahre 1954 fanden photovoltaische Energiewandler (s. S. 110) zunächst nur Anwendung in der Raumfahrt zur Energieversorgung von Satelliten, Sonden und Raumstationen. Die technologische Entwicklung der Solargeneratoren, die ausschließlich mit monokristallinen Siliciumsolarzellen bestückt waren, fand somit vor dem Hintergrund der extrem hohen Anforderungen der Raumfahrt statt. Für die Verwendung im Weltraum werden ein optimales Verhältnis von Leistung und Gewicht sowie hohe Zuverlässigkeit und Beständigkeit gegen die im Weltraum vorhandene Partikelstrahlung verlangt, während bei der terrestrischen Anwendung lediglich Kostenüberlegungen im Vordergrund stehen.

Für den *kanadischen Nachrichtensatelliten CTS* (1976) wurde der erste flexible, ausklappbare Solargenerator entwickelt und gebaut; mit zwei gleichartigen Generatorflächen von je 8 m^2 wird hier eine elektrische Leistung von 1,3 kW erzeugt. – Die *Raumstation Skylab* wurde durch Siliciumsolarzellen mit 25 kW elektrischer Leistung versorgt. Der Leistungsbedarf für die geplanten Raumfahrtprojekte stieg von einigen Kilowatt für Nachrichtensatelliten auf das Zehnfache für unabhängige Raumstationen. Testmodule mit einigen hundert Kilowatt Leistung zur Erprobung von wirtschaftlichen Verfahren zur Energieerzeugung im Weltraum werden in den kommenden Jahren installiert werden.

Durch die Entwicklung neuer Zellstrukturen und durch verbesserte Ausgangsmaterialien wurde der Umwandlungswirkungsgrad in den letzten Jahren stetig erhöht; Labormuster spezieller Zellstrukturen erreichen nahezu den physikalischen Grenzwert von ca. 16% für das im Weltraum vorhandene Spektrum der Sonnenstrahlung (s. S. 218), deren Leistungsdichte im erdnahen Weltraum 1 353 W/m^2 beträgt.

Nach dem Erfolg der Solarzellensysteme im Weltraum denkt man daran, eine große Station im Weltraum zu installieren, die die Erde mit Energie versorgt (Abb.; *SPS* = Abk. für engl. *S*atellite *p*ower *s*tation). Ein Erdsatellit in einer geostationären Umlaufbahn in 35 800 km Höhe über dem Erdäquator könnte riesige Solarzellenflächen tragen; damit könnte, weitgehend unbeeinflußt von irdischen Verhältnissen, ein Solarkraftwerk hoher Leistung realisiert werden. Der Transport der erzeugten elektrischen Energie könnte nach entsprechender Umwandlung mit einem *Mikrowellenstrahl* erfolgen, der auf der Erde von einer Spezialantenne *(Rectenna)* aufgefangen und in Gleichstrom zurückverwandelt würde.

In den frühen Jahren der Weltraumfahrt, bevor die Solarzellen ihren Siegeszug als Energiequellen im Weltraum angetreten hatten, wurden auch andere Energiesysteme, die die Sonne als Energiequelle nutzen können, eingehend untersucht. Diese Systeme, die als thermische Energiewandler arbeiten, benutzen große Spiegel zur Konzentration der Sonnenstrahlung, um hohe Betriebstemperaturen und entsprechende Wirkungsgrade zu erreichen. Es wurden *thermoelektrische* und *thermionische Energiewandler* sowie *Rankine-Prozesse* in Betracht gezogen. Am weitesten entwickelt wurde hierbei ein *solarthermionisches System,* das aus einem konzentrierenden Spiegel und einem Hohlraumabsorber mit thermionischen Dioden bestand, die bei 1 700 °C eine Lebensdauer von 3 000 Stunden und einen Wirkungsgrad von 7,7 % hatten. Einen höheren Wirkungsgrad als die Solarzellen erreichte jedoch keiner dieser Wandler. Die Kosten für Entwicklung und Herstellung sowie die Kompliziertheit der exakten Sonnennachführung des Spiegels (mit ausreichender Oberflächengüte und möglichst geringem Gewicht) machten diese Systeme nicht konkurrenzfähig gegenüber der photovoltaischen Energiewandlung.

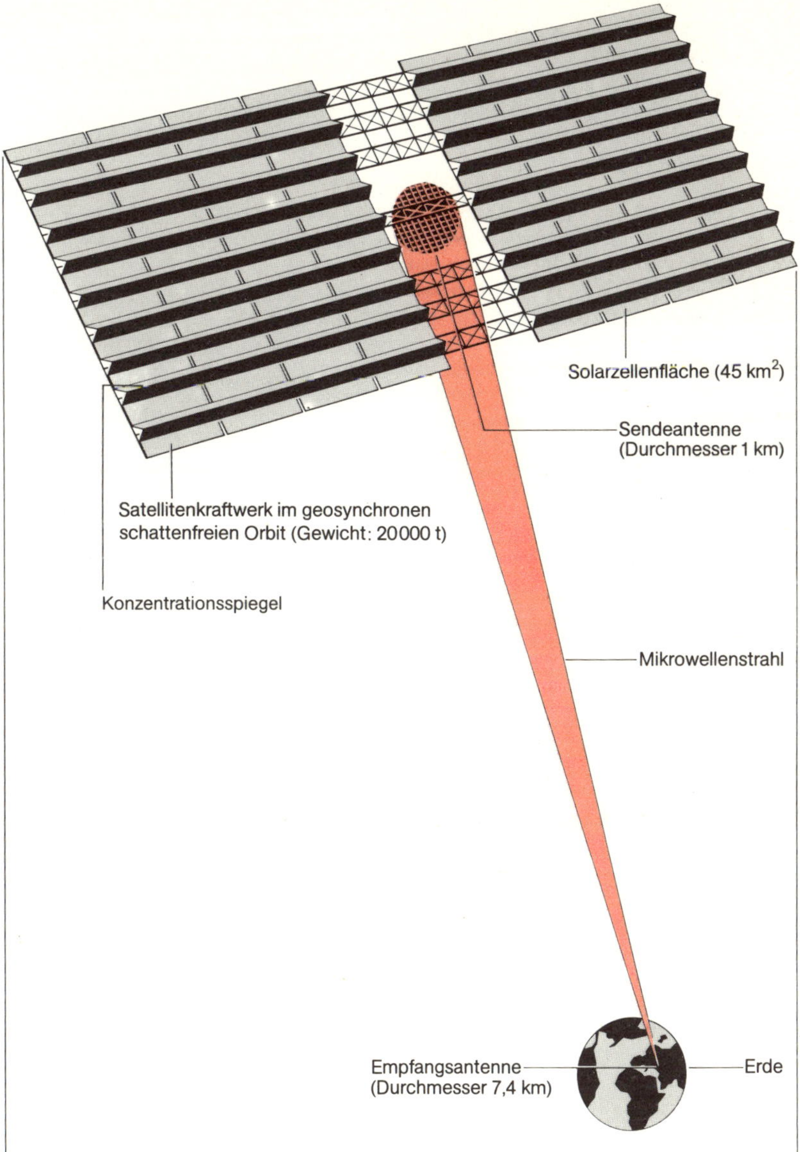

Abb. Solarzellen-Satellitenkraftwerk (SPS); Leistung 5 GW

Energie aus Biomasse · Biokraftstoffe

Da *Biomasse* (s. S. 34) in sehr unterschiedlicher Konsistenz, insbesondere mit mehr oder weniger hohem Wassergehalt und im allgemeinen in Form teiloxidierter Kohlenwasserstoffverbindungen, auftritt, ist ihre energetische Verwertung grundsätzlich aufwendiger und von geringerer Leistungsdichte als bei fossilen Brennstoffen. Deshalb ist die *Biokonversion* (energetische Nutzung von Biomasse) nur dann wirtschaftlich, wenn die Biomasse sehr billig oder kostenlos zur Verfügung steht (z. B. als Abfall oder als Rückstand).

Die heute angewendeten Verfahren lassen sich in die Gruppen der thermochemischen und die der biologischen Umwandlungen einteilen. Auch die Nutzung von pflanzlichen Ölen und Kohlenwasserstoffen zählt zur Biokonversion. Während die Verbrennung nur Wärme liefert, erzeugen alle anderen Verfahren feste (z. B. Holzkohle), flüssige (z. B. Öle, Alkohole) oder gasförmige (z. B. Kohlenmonoxid-Wasserstoff-Gemische, Biogas) Energieträger, die ihrerseits wieder zu Wärme und Kraft umgesetzt oder gespeichert werden können, was vor allem flüssige Energieträger (Öl, Methanol, Äthanol) interessant macht (Abb. 1).

Die für die energetische Verwertung von Biomasse wichtigsten Methoden sind die chemischen Verfahren der Verbrennung, Vergasung und Pyrolyse sowie die biologischen Umwandlungen zu Methan oder Alkohol. Bei den *chemischen Verfahren* ist vor der Umwandlung in Energie oder in Energieträger (Gase, Öle) meist eine Vortrocknung notwendig, insbesondere vor der Verbrennung von Biomasse zur Wärmeerzeugung. Die bei der *Vergasung von Biomasse* eingesetzten Verfahren sind durch eine nur teilweise erfolgende Oxidation gekennzeichnet (reduzierter Luftzutritt), wobei brennbare Gase wie Kohlenmonoxid (CO) und Wasserstoff (H_2) entstehen. Ein bekanntes Beispiel ist der im und einige Zeit nach dem Zweiten Weltkrieg zum Fahrzeugantrieb verwendete *Holzgasgenerator,* in dem Holz vergast wurde. – Bei der *Pyrolyse* wird die Biomasse ganz unter Luftabschluß von außen auf Temperaturen zwischen 500 °C und 1 000 °C aufgeheizt. Infolge thermischer Zersetzung entstehen dabei feste, flüssige und gasförmige Brenn- bzw. Treibstoffe.

Die beiden auf mikrobieller Fermentation *(Gärung)* beruhenden biologischen Umwandlungen von Biomasse in Alkohol bzw. Methan (Biogas) sind anaerobe, d. h. unter Luftabschluß ablaufende Prozesse, bei denen die Biomasse einen sehr hohen Wassergehalt von deutlich über 80 % aufweisen muß. Bei der alkoholischen Gärung werden Zuckerarten (z. B. Traubenzucker) in wäßriger Lösung durch Hefebakterien zu Äthanol (Trinkalkohol) umgewandelt. Es kann auch stärke- und zellulosehaltige Biomasse eingesetzt werden; allerdings müssen dann vorher die Stärke durch Enzyme und die Zellulose entweder ebenfalls durch Enzyme oder durch Behandlung unter Druck mit heißer Säure in Zucker gespalten werden.

Zur Verwendung als Motortreibstoff muß *Äthanol* noch bis zu einem Reinheitsgrad von 99,5 % destilliert werden, wenn es (bis zu 20 %) dem Benzin beigegeben werden soll. Brasilien hat ein großes Programm *(PROALCOOL)* zur Substitution von Benzin durch Äthanol aus Zuckerrohr in Angriff genommen.

Bei der *Methangärung* wird aus sehr feuchten organischen Substanzen in einem mehrstufigen Prozeß durch anaerobe Bakterien ein Gasgemisch *(Biogas)* aus 55 bis 70 % Methan (CH_4), 30–45 % Kohlendioxid (CO_2) und Restgasen gewonnen. Insbesondere eignen sich *Mist* und *nichtholzige Pflanzen* zur Vergärung, wobei neben dem Energiegewinn für Kochen, Heizen und Trocknen ein weitgehend steriler, geruchsfreier, wertvoller Dünger mit vollem Stickstoffgehalt entsteht. Deshalb entspricht dieses Verfahren einer ökologischen Kreislaufwirtschaft (Abb. 2). Die Biogastechnologie hat mit Einfachanlagen eine eigene Tradition in Indien und China (Abb. 3) und ist inzwischen auch für die europäische Landwirtschaft interessant geworden.

Biomasse für energetische Nutzung kann zukünftig auch durch Anbau von schnell wachsenden Pflanzen in sog. *Energieplantagen* oder aus *Algen-* und *Tangzuchten* im Meer erzeugt werden.

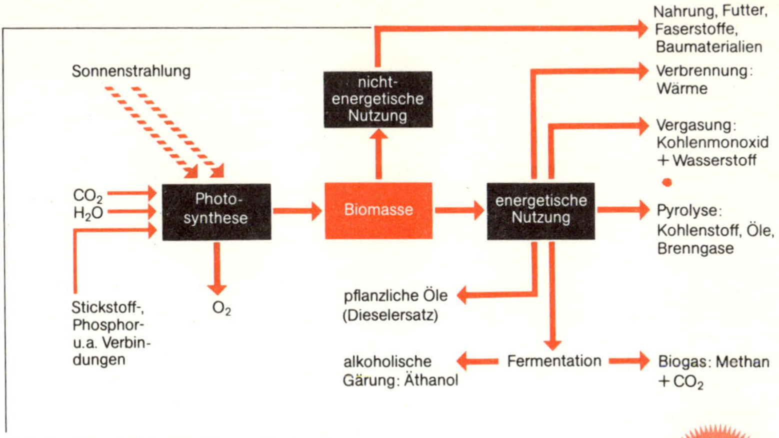

Abb. 1 Die wichtigsten Verwendungsarten von Biomasse und ihre Produkte

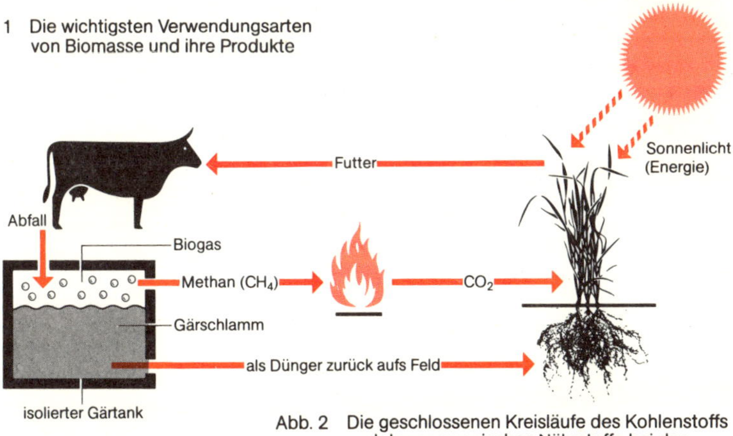

Abb. 2 Die geschlossenen Kreisläufe des Kohlenstoffs und der anorganischen Nährstoffe bei der Biogasproduktion

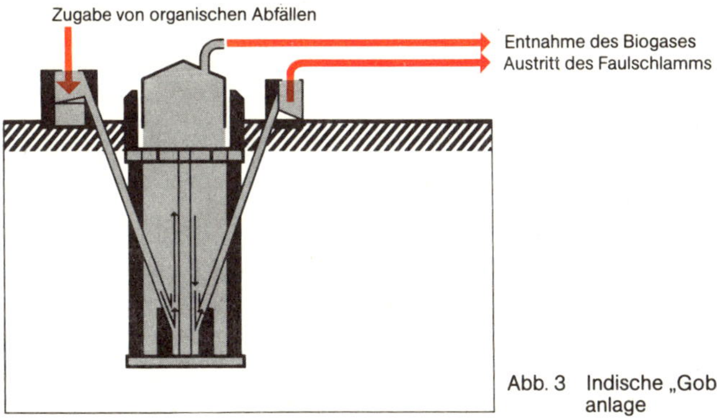

Abb. 3 Indische „Gobar“-Biogas-anlage

Windenergie – Verfügbarkeit und Nutzung

Wind gehört neben Wasserkraft, tierischer Zugkraft und Brennholz zu unseren ältesten Energiequellen. In den alten Hochkulturen gab es schon vor 6000 Jahren Segelschiffe. Mit der Einführung der Dampfmaschine und später des Dieselmotors verlor der Wind als Antriebsenergie schnell an Bedeutung; denn die modernen Antriebe sind leistungsfähiger und von den Unregelmäßigkeiten des Windes unabhängig.

Eine weitere, seit 3000 Jahren in Persien und am östlichen Mittelmeer bekannte Nutzungsmöglichkeit sind *Windmühlen* zum Getreidemahlen und Wasserschöpfen. An der holländischen und deutschen Nordseeküste tauchten die ersten Windmühlen im 13. Jahrhundert auf. Sie waren durch die Kreuzzüge nach Europa gebracht und hier weiterentwickelt worden. Die traditionellen Holländermühlen wurden bis ins 19. Jahrhundert gebaut.

Mit Beginn des Industriezeitalters ging man dazu über, *vielflügelige Windturbinen* (s. S. 88) aus Stahl serienmäßig herzustellen. Diese Anlagen, die meist zum Wasserpumpen eingesetzt wurden, waren weit verbreitet. Am Anfang des 20. Jahrhunderts wurden die Windmühlen durch Elektro-, Diesel- oder Ottomotoren ersetzt. Heute, im Zeichen steigender Energiepreise, setzt eine Rückbesinnung auf die Windenergie ein.

Wind entsteht durch großflächige Unterschiede in der Sonneneinstrahlung. In Regionen mit höherer Einstrahlung bilden sich Hochdruckgebiete; wo die Einstrahlung geringer ist, entstehen Niederdruckgebiete. Durch solche großräumigen Druckdifferenzen werden Luftbewegungen vom Hochdruckgebiet zum Niederdruckgebiet in Gang gesetzt. Die Richtung des Windes wird dabei auch noch durch die Erddrehung verändert; die Stärke des Windes wird durch die Reibung an der Erdoberfläche vermindert.

Als Maß für den Energieinhalt des Windes dient die *Windgeschwindigkeit*. Da diese sehr stark schwankt, wird zur Beurteilung des Windenergiepotentials der Jahresmittelwert der Windgeschwindigkeit herangezogen. Eine sinnvolle Windenergienutzung beginnt bei mittleren Jahreswindgeschwindigkeiten ab 5 m/s. Bei kleineren Werten ist das Energieangebot zu gering.

In der Bundesrepublik Deutschland werden die günstigsten Jahresmittelwerte von ca. 7 m/s an der Nordseeküste erreicht. Im Verlaufe eines Jahres treten die stärksten und häufigsten Winde im November auf und die meisten Flauten im August und September. Für die Windkraftnutzung sind der Verlauf und die Intensität der *Böen*, das sind kurzzeitige turbulente Spitzengeschwindigkeiten, von allergrößter Bedeutung; denn solche Böen können Windkraftanlagen zerstören. Besteht während der Flauten eine Energienachfrage, so muß auf ein herkömmliches Energiesystem zurückgegriffen werden. Die aus meteorologischen Gründen unregelmäßige und eingeschränkte Verfügbarkeit des Windes ist ein gravierendes Hindernis.

Zwei weitere Beurteilungsgrößen für das Windenergieangebot sind die *Jahresenergie* und die *Leistungsdichte*. Sie werden auf eine Fläche senkrecht zur Windrichtung bezogen. An der deutschen Nordseeküste beträgt die pro Jahr angebotene Windenergie 3000 kWh/m^2 bei einer mittleren Leistungsdichte von 340 W/m^2. Das ist dreimal so viel wie die mittlere Sonnenenergieeinstrahlung je Quadratmeter in diesem Gebiet. Die Wärmestromdichten z. B. in modernen Kraftwerkskesseln sind allerdings mehr als tausendmal so groß. Will man also mit Windkraftanlagen nennenswerte Energiemengen bereitstellen, so müssen die Windräder entsprechend groß sein (s. S. 232). Dies erfordert dann im Vergleich mit den jetzt üblichen Technologien mehr Baumaterial je erzeugte Energieeinheit. Andererseits hat die Windkraftnutzung den unschätzbaren Vorteil, daß beim Betrieb von Windkraftanlagen im Gegensatz zu Wärmekraftwerken keine Energierohstoffe verbraucht werden und keine Schadstoffe freigesetzt werden.

Abb. 1 Die mittlere Windgeschwindigkeit $\overline{v}$ in der Bundesrepublik Deutschland

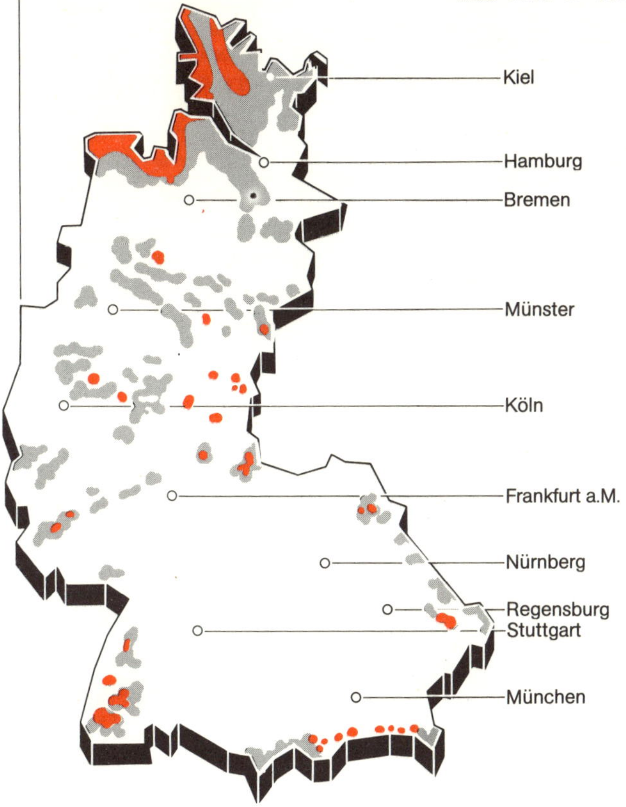

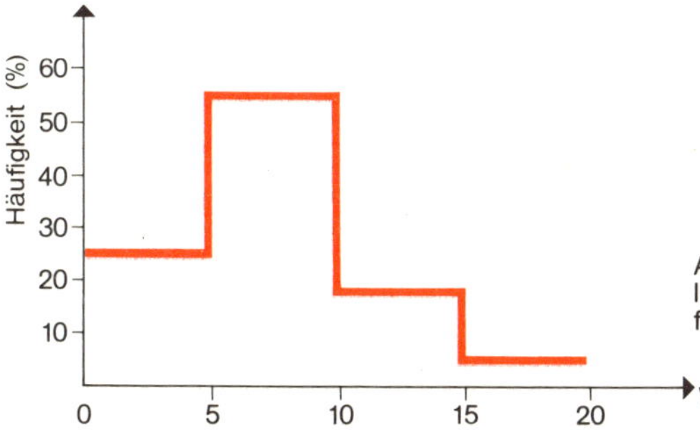

Abb. 2 Die Häufigkeitsverteilung der Windgeschwindigkeit für die Ostfriesischen Inseln

Windenergie – kleine Windkraftanlagen

Bei den kleinen Windkraftanlagen mit Leistungen unter 100 kW sind heute zwei Grundbauweisen üblich, die sog. Vielflügler und die (viel schneller rotierenden) Zwei- oder Dreiflügler:

Beim *Vielflügler* (Abb. 1) besitzt der Rotor meist zwischen 12 und 24 Blätter, die aus billigen, flachen oder leicht gebogenen Blechen hergestellt und schräg zur Drehachse starr befestigt sind. Durch die Schrägstellung verursacht der Winddruck eine Seitenkraft, die eine Drehung des Rotors bewirkt. Aufgrund der großen Windangriffsfläche der vielen Flügel kann die Anlage schon bei sehr niedrigen Windgeschwindigkeiten anlaufen. Ein Nachteil der starren Befestigung der Schaufelblätter am Rotor ist, daß die Anströmung bei hohen Umfangsgeschwindigkeiten so ungünstig wird, daß sich die Leistungsabgabe verringert. Optimale Betriebsbedingungen bei Vielflüglern ergeben sich dann, wenn die Umfangsgeschwindigkeit der Blattspitzen etwa gleich der Windgeschwindigkeit ist, d.h. wenn das als Schnellaufzahl λ bezeichnete Verhältnis dieser beiden Größen etwa gleich Eins ist. Diese Anlagen werden als *Langsamläufer* bezeichnet.

Mit Hilfe einer Fahne, die mit dem Rotor auf dem Turm drehbar ist, wird eine selbsttätige Windrichtungssteuerung erreicht. Als Sturmsicherung dient oft eine kleinere Seitenfahne, die mit stärker werdendem Wind den Rotor immer mehr aus der Windrichtung dreht. Dadurch wird der Rotor vor Überdrehzahlen und Zerstörung geschützt. Eine genaue Regelung der Drehzahl ist nicht möglich. Daher werden Vielflügler hauptsächlich in der Landwirtschaft zum Antrieb von Wasserpumpen eingesetzt, weil dort keine geregelte Drehzahl erforderlich ist. Der Gesamtwirkungsgrad von Vielflüglern mit angetriebener Wasserpumpe kann 20% erreichen.

Mit *Zwei-* und *Dreiflüglern* (Abb. 2) kann man elektrischen Wechselstrom erzeugen, was allerdings eine konstante Drehzahl des Rotors erforderlich macht. Um bei wechselnder Windgeschwindigkeit eine konstante Drehzahl einhalten zu können, müssen die Flügel um ihre Längsachse an der Nabe verdrehbar sein. Bei großen Windgeschwindigkeiten muß zur Vermeidung von Überdrehzahlen der Flügel automatisch so verstellt werden, daß sich die Angriffskraft des Windes verkleinert; bei Verringerung der Windgeschwindigkeit ist der umgekehrte Regelvorgang notwendig. Stromerzeugende Windkraftanlagen arbeiten mit beträchtlich höheren Drehzahlen als Vielflügler. Die Schnellaufzahl λ hat bei ihnen Werte zwischen 6 und 8. Sie werden daher als *Schnelläufer* bezeichnet.

Einen besonders hohen Wirkungsgrad erreicht man durch eine günstige aerodynamische Formgebung der Flügelquerschnitte, ähnlich wie bei den Tragflächen von Flugzeugen. Dies bedeutet allerdings eine teure Fertigung, so daß man aus Kostengründen meist nur zwei Flügel anbringt. Damit wird dem Wind weniger Angriffsfläche geboten, weswegen diese Anlagen erst bei höheren Windgeschwindigkeiten anlaufen als die Vielflügler. Andererseits können sie auch bei höheren Windgeschwindigkeiten betrieben werden. Die Verstellung der Flügel in Windrichtung erfolgt häufig durch ein kleines Seitenrad, das auf ein Verstellgetriebe arbeitet.

Moderne Schnelläufer erreichen Gesamtwirkungsgrade bis 40%. Sie eignen sich zur Stromerzeugung in windreichen Gegenden, wobei sowohl ein dezentraler Betrieb zur Versorgung von Gehöften oder kleinen Siedlungen als auch eine Ankopplung an ein vorhandenes Netz möglich ist. Eine große Chance haben solche Anlagen in abgelegenen Regionen und Inseln, wo die konventionellen Energierohstoffe wegen des weiten Antransports sehr teuer sind.

Neben den Kleinwindanlagen mit Horizontalachsenrotoren sind auch Sonderbauweisen mit Vertikalachsenrotoren im Einsatz bzw. in der Entwicklung. Sie sind als *Darrieus-Rotoren* und/oder als *Savonius-Rotoren* ausgeführt und haben den Vorteil, daß sie nicht in eine bestimmte Windrichtung ausgerichtet werden müssen. Beide Typen sind allerdings nicht regelbar. Darrieus-Rotoren haben außerdem den Nachteil, daß sie nicht von allein anlaufen können. Sie werden deshalb häufig mit den leicht anlaufenden Savonius-Rotoren kombiniert.

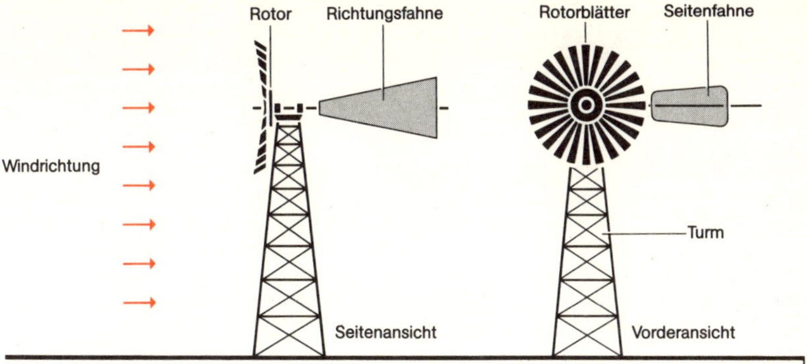

Abb. 1 Vielflüglige Windkraftanlage zum Wasserpumpen

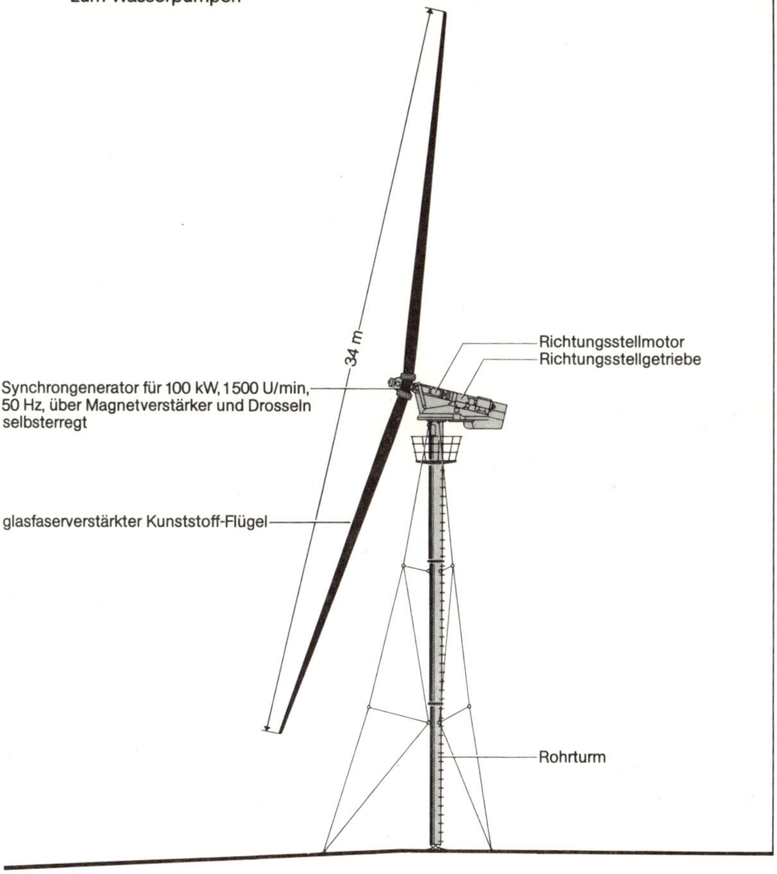

Abb. 2 Die 100-kW-Versuchanlage Stötten der Studiengesellschaft Windkraft (1959–68 in Betrieb): Läuferfläche 900 m^2, Nenndrehzahl 42 U/min

Windenergie – große Windkraftanlagen

Als groß werden Windkraftanlagen bezeichnet, deren Leistung einige hundert Kilowatt bis zu einigen Megawatt beträgt. Sie werden zur Stromerzeugung im Netzverbund eingesetzt. Die größten bisher gebauten Anlagen sind zwei 0,6-MW-Windturbinen in Dänemark, eine 2-MW- und eine 3-MW-Anlage in Schweden, vier Windenergiekonverter von 2 bis 2,5 MW in den USA und der im Kaiser-Wilhelm-Koog an der Elbemündung errichtete GROWIAN mit einer Leistung von 3 MW.

Der *GROWIAN* (Abk. für *gro*ße *Wi*ndenergie*an*lage) besteht aus einem 96 m hohen, mit Stahlseilen abgespannten Stahlturm von 3 m Durchmesser, auf dem sich in einer Gondel von 22 m Länge und 6 m Durchmesser das mit einem Fahrstuhl erreichbare Maschinenhaus befindet (Abb. 1). In diesem steht der Generator, der mit der Rotorwelle durch ein die Rotordrehzahl von 18,5 U/min auf die Generatordrehzahl von 1 500 U/min übersetzendes Getriebe verbunden ist. An der vorn auf der Rotorwelle sitzenden Nabe sind die beiden 50 m langen Rotorblätter befestigt; die Nabe enthält auch die zur Regelung notwendigen Blattverstelleinrichtungen.

Die *Rotorblätter* sind die teuersten Teile der Anlage. Sie bestehen aus einem tragenden Stahlholm, der von einer aerodynamisch günstig geformten Außenschale aus glasfaserverstärktem Kunststoff umgeben ist. Die Blätter sind erheblich länger als die Flügel der größten Flugzeuge. Dies zeigt die Problematik solcher Anlagen. Die Windrichtungsnachführung erfolgt elektrisch. Um eine stabile Lage im Wind zu erreichen, läuft der Rotor im Lee des Turms. Bei einer Windgeschwindigkeit von 6,3 m/s beginnt er sich im Leerlauf zu drehen. Mit steigender Windgeschwindigkeit steigt dann bei konstanter Drehzahl die abgegebene Leistung, bis bei einer Windgeschwindigkeit von 12 m/s der Nennwert von 3 MW erreicht wird. Beim weiteren Anstieg der Windgeschwindigkeit wird die Anlage so geregelt, daß Drehzahl und Leistung konstant auf den Nennwerten bleiben.

Bei Windgeschwindigkeiten über 24 m/s werden die Belastungen für die Rotorblätter so groß, daß sie auf Leerlauf oder Stillstand (Windfahnenposition) geschaltet werden müssen. In dieser Stellung kann der Rotor Sturmböen von mehr als 60 m/s überstehen. Im Nennbetrieb hat das Verhältnis von Umfangsgeschwindigkeit der Blattspitzen zu Windgeschwindigkeit den Wert 8, so daß der Rotor zu den Schnelläufern (s. S. 230) gehört. Der Gesamtwirkungsgrad des GROWIAN liegt bei etwa 38 %; die mittlere Jahresenergieausbeute beträgt bei 4 000 Benutzungsstunden $12 \cdot 10^6$ kWh; das entspricht dem Strombedarf von 4 000 Haushalten.

Es gibt Überlegungen, eine Vielzahl von GROWIAN-Anlagen an der Nordseeküste und im Off-shore-Gebiet aufzustellen. Um die gleiche Jahresenergiemenge wie ein konventionelles Großkraftwerk von 1 000 MW bereitzustellen, sind ca. 420 GROWIAN-Anlagen notwendig. Der Landflächenbedarf ist relativ gering, da die Anlagen im Abstand von 12 Rotordurchmessern (= 1 200 m) aufgestellt werden, wobei nur die Fläche der Turm- und Abspannfundamente für die landwirtschaftliche Nutzung verlorengeht. Allerdings ergibt sich eine optische Beeinträchtigung des Landschaftsbildes (Abb. 2), die gravierender ist als bei Hochspannungsmasten. Daneben dürfte in der Nähe der Anlagen eine Geräuschbelästigung zu erwarten sein.

Derzeit erscheint es möglich, 15 % des in der Bundesrepublik verbrauchten Stroms mit 4 000 GROWIAN-Anlagen aus Windenergie zu gewinnen. Dadurch ließen sich zwar entsprechende Mengen Brennstoff einsparen, jedoch kaum konventionelle Kraftwerkskapazität, weil für den Fall von Flauten und unzureichender Windgeschwindigkeit die volle Reserveleistung vorhanden sein muß. Durch die relativ hohen Anlagekosten und durch die stark beschränkte Anlagenverfügbarkeit stößt die großtechnische Nutzung der Windenergie auf Grenzen. Für das Jahr 2000 wird daher in der Bundesrepublik Deutschland nur ein deutlich unter 1 % liegender Beitrag der Windenergie zur Gesamtenergieversorgung erwartet.

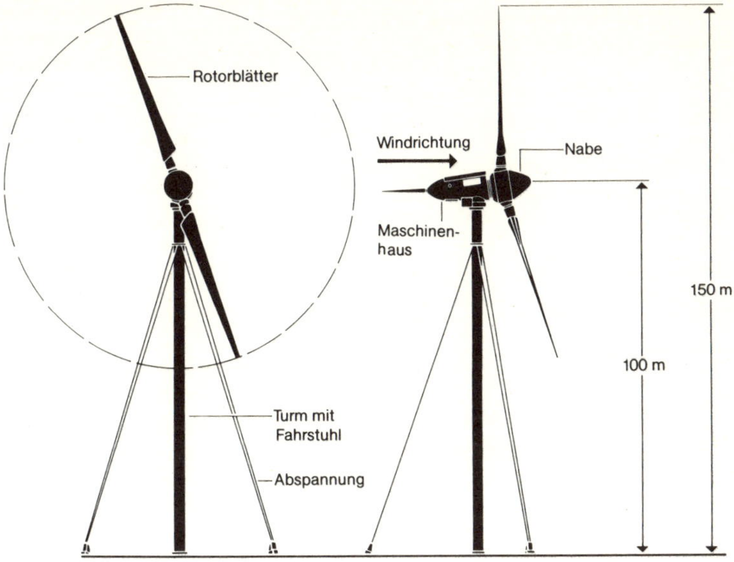

Abb. 1 Große Windenergieanlage GROWIAN (nach MAN)

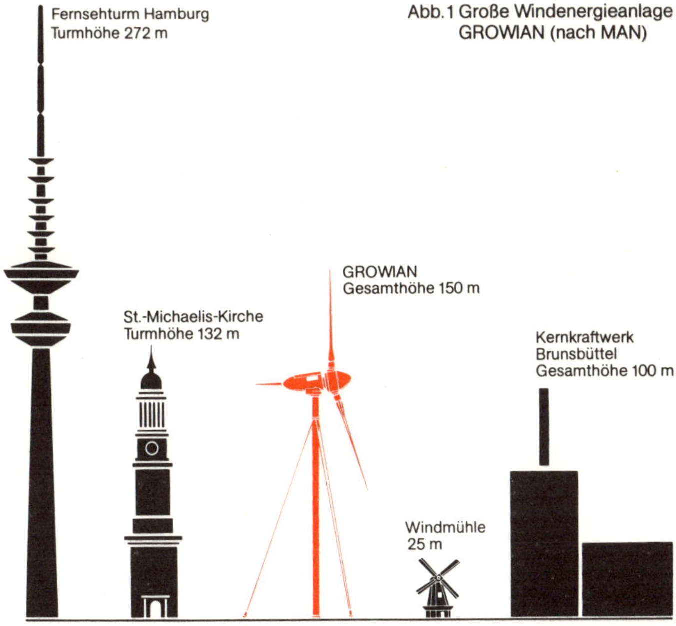

Abb. 2 GROWIAN im Größenvergleich

Wasserenergie – Energie fließender Gewässer

Die Nutzung der Energie fließender Gewässer, d. h. die Umwandlung der Bewegungs- oder Strömungsenergie fließender Gewässer in mechanische Antriebsenergie, ist den Menschen seit Jahrtausenden bekannt. Während schon die Alten Ägypter die Wasserkraft zu Bewässerungszwecken nutzten, wurde sie bei uns jahrhundertelang zum Antrieb der Wasserräder von Getreidemühlen und Hammerwerken eingesetzt. Heute dient die Wasserkraft vorwiegend zur Stromerzeugung in Wasserkraftwerken.

Physikalisch betrachtet, ist die Nutzung der Wasserenergie eine indirekte Nutzung der Sonnenenergie. Die Wärmeeinstrahlung der Sonne auf die Erdoberfläche bewirkt die teilweise Verdunstung des vorhandenen Wassers, das als Wasserdampf in die Atmosphäre eintritt. Ein Teil des verdunsteten Wassers kondensiert durch Abkühlung und zeigt sich in Form von Wolken, Nebel oder Tau. Kühlt sich das Wasser stark ab, so werden die Wolken zu schwer, und es kommt zu Niederschlägen (Regen, Schnee u. a.). Auf der Erdoberfläche sammelt sich das Wasser dann im wesentlichen wieder in Bächen, Flüssen oder Seen an und kann dann direkt oder indirekt durch Aufstau für die Energiegewinnung mit Hilfe von *Wasserrädern* oder *Wasserturbinen* genutzt werden. Durch diesen natürlichen Kreislauf des Wassers mit Verdunstung und Niederschlag ist die Wasserkraft eine sich stets erneuernde (regenerative) Energiequelle, die in den Grenzen ihrer Verfügbarkeit quasi unerschöpflich ist.

Tatsächlich ist jedoch nur ein Teil dieses „umlaufenden" Wassers energetisch nutzbar. So liegt das *technisch nutzbare Wasserkraftpotential* der Erde nach Schätzungen bei ca. 13 000 TWh pro Jahr. Unter Berücksichtigung eines sinnvollen Investitions- und Kostenaufwandes reduziert sich dieses Potential auf ein *wirtschaftlich nutzbares Wasserkraftpotential* in Höhe von derzeit ca. 10 000 TWh pro Jahr (dies entspricht 1,23 Mrd. t SKE; zum Vergleich der Weltenergieverbrauch 1980: ca. 10 Mrd. t SKE). Tatsächlich genutzt werden weltweit jährlich nur 1 300 TWh, d. h. 13 % des wirtschaftlich nutzbaren Potentials.

Das Wasserkraftpotential der Erde ist also bei weitem nicht ausgeschöpft, doch zeigen sich in globaler Hinsicht völlig unterschiedliche Verhältnisse. Während die Industrienationen z. B. in Westeuropa ihr verfügbares Wasserkraftpotential weitgehend nutzen, sind in Entwicklungsländern, v. a. in Lateinamerika und Afrika, aber auch in Asien und Ozeanien, noch große wirtschaftliche Wasserkraftpotentiale ungenutzt (Abb.). So werden in Lateinamerika nur ca. 5 %, in Afrika nicht einmal 2 % des wirtschaftlichen Wasserkraftpotentials genutzt. Dies ist zum Teil darauf zurückzuführen, daß sich einerseits die Wasserkraftpotentiale oft weitab von den Energieverbrauchszentren in unerschlossenen Regionen befinden, andererseits die Entwicklungsländer infolge Kapitalmangels die hohen Investitionen für die Wasserkraftanlagen und Energietransportleitungen nicht aufbringen können.

In Europa und v. a. in der Bundesrepublik Deutschland sehen die Verhältnisse dagegen völlig anders aus: Über die Hälfte des wirtschaftlich nutzbaren Potentials in Höhe von 722 TWh pro Jahr werden in Europa (ohne UdSSR) tatsächlich genutzt. Für die Bundesrepublik kann man nach Schätzungen sogar annehmen, daß im Jahre 1985 das wirtschaftlich nutzbare Wasserkraftpotential (ca. 21 TWh pro Jahr) in voller Höhe ausgenutzt sein wird.

Die Nutzung der Wasserkraft ist nicht immer problemlos. Der Aufstau des Wassers und damit die Überschwemmung z. T. weiter Landstriche, ferner die Änderung des Grundwasserspiegels sowie des Mikroklimas lassen in einigen Fällen die Nutzung der Wasserkraft durch die möglichen ökologischen Nachteile ungünstig erscheinen. In anderen Gebieten wiederum kann gerade die Anlage von Stauseen eine Bewässerung und Kultivierung weiter Landstriche ermöglichen.

Abb. Regionale Verteilung des Energiepotentials an Wasserkraft in Terawattstunden
(1 TWh = 10^{12} Wh = 3,6 · 10^{15} J)

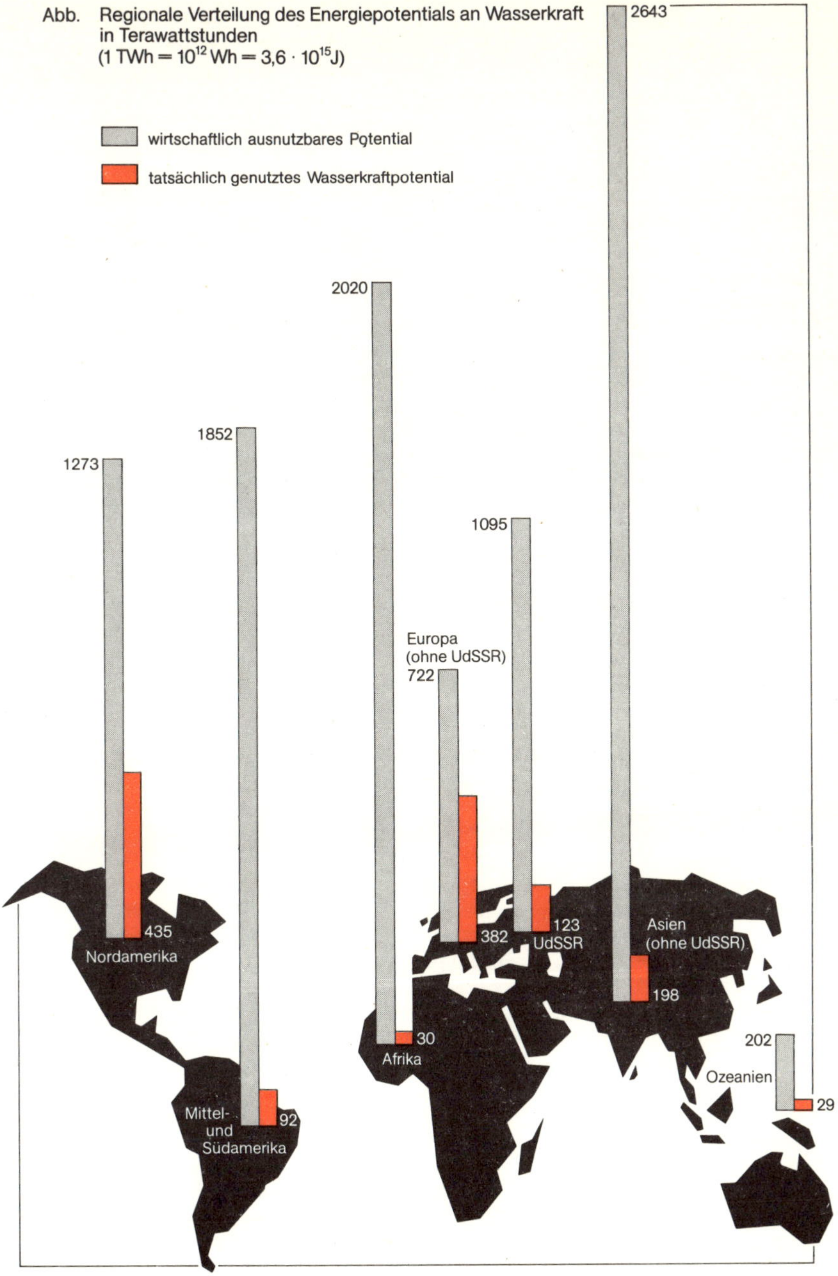

Wasserkraftwerke

Die großtechnische Nutzung der Energie strömenden Wassers zur Stromerzeugung erfolgt in Wasserkraftwerken. In ihnen wird das Wasser durch große *Wasserturbinen* (s. S. 90) geleitet, die dadurch angetrieben werden und die ihrerseits angekoppelte *elektrische Generatoren* antreiben, die die elektrische Energie erzeugen (Abb. 1). Zur Erhöhung der Strömungsgeschwindigkeit wird das Wasser entweder unmittelbar vor einem Wasserkraftwerk aufgestaut oder in einem höher gelegenen Speicherbecken bzw. -see gesammelt, bevor es in Druckrohren oder -stollen quasi freifallend zur Turbine strömt. Der dort wirksame Wasserdruck hängt von der Stau- bzw. Fallhöhe des Wassers ab. Je größer die Stau- bzw. Fallhöhe und die Durchflußmenge des Wassers durch die Turbine sind, desto größer ist die gewinnbare elektrische Energie.

Je nach Stau- bzw. Fallhöhe des Wassers unterscheidet man Nieder-, Mittel- und Hochdruckanlagen: *Niederdruckkraftwerke* (Abb. 2) sind solche mit einer niedrigen Stau- bzw. Fallhöhe (bis 25 m). Unter diesen sind in erster Linie die *Laufwasserkraftwerke* zu nennen. Sie werden als Flußstaue (*Flußkraftwerke;* mit Aufstau des Wassers durch Wehre) oder als *Kanalstufen* gebaut, wobei das Wasser entsprechend dem natürlichen Zulauf zur Energiegewinnung genutzt wird, da aus umwelttechnischen und wirtschaftlichen Gründen ein größeres Aufstauen zur Erhöhung des Gefälles und des Speicherraums nicht möglich ist. Bei Laufwasserkraftwerken schwankt die Stromabgabe, da ihre Stromerzeugung von den jahreszeitlichen Witterungsbedingungen und damit vom Wasserangebot (Regen-, Trocken- und Schmelzwasserperioden) abhängig.

Im Gegensatz zu Niederdruckkraftwerken arbeiten *Speicherkraftwerke* in der Regel mit großen Stau- bzw. Fallhöhen; sie werden deshalb als *Mitteldruckkraftwerke* (Fallhöhen bis 100 m) oder als *Hochdruckkraftwerke* (Fallhöhen bis 1 500 m) unterschieden. Speicherkraftwerke nutzen das gestaute Wasser eines natürlichen oder künstlichen Speicherbeckens. Sie werden in erster Linie als *Talsperrenkraftwerke* errichtet, bei denen ein hoher Damm (Staumauer) das Wasser eines Flusses in einem Tal zu einem großen See aufstaut (Talsperre) und Turbinen sich in Durchlässen am Fuße der Staumauer befinden.

In Gebirgen sind die Speicherbecken sehr hoch angelegt und durch Druckrohrleitungen oder -stollen mit dem tief gelegenen Wasserkraftwerk verbunden (Abb. 3). Zur Stromerzeugung wird das Wasser aus dem Speicherbecken über die Druckrohre durch das Gebirge hindurch der Turbine zugeleitet.

Im Gegensatz zu den Laufwasserkraftwerken wird bei Speicherkraftwerken das zufließende Wasser nicht unmittelbar zur Stromerzeugung genutzt, sondern für Zeiten hohen Strombedarfs gespeichert. Beispielsweise kann ein Jahresspeicher das Schmelz- und Regenwasser des Frühjahrs und des Sommers für den hohen Strombedarf des kommenden Winters sammeln bzw. speichern.

Eine besondere Art der Speicherkraftwerke sind die *Pumpspeicherwerke.* In ihnen wird Überschußstrom, der z. B. nachts in Laufwasser- oder Wärmekraftwerken anfällt, zum Hochpumpen von Wasser aus einem Tiefbecken in ein hochgelegenes Speicherbecken genutzt. Die Energie des im Hochspeicher befindlichen Wassers läßt sich dann zu Zeiten erhöhten Elektrizitätsbedarfs nutzen, wenn man das Wasser durch Turbinen wieder in das Tiefbecken zurückströmen läßt. Pumpspeicherwerke sind in erster Linie Spitzenkraftwerke. Sie werden eingesetzt, um die zu Spitzenzeiten kurzfristig auftretenden hohen Stromnachfragen zu decken.

In der Bundesrepublik Deutschland trugen 1981 rund 640 größere Wasserkraftwerke (Leistungsvermögen größer als 1 000 kW) und rund 10 000 Klein- und Kleinstanlagen – hauptsächlich Laufwasserkraftwerke – zur Stromerzeugung bei; die Wasserkraft deckte dabei ungefähr 5–6% des bundesdeutschen Strombedarfs. Eine wesentliche Steigerung der Erzeugung elektrischer Energie aus Wasserkraft ist bei uns nicht zu erwarten, da die Ausbaumöglichkeiten nahezu erschöpft sind.

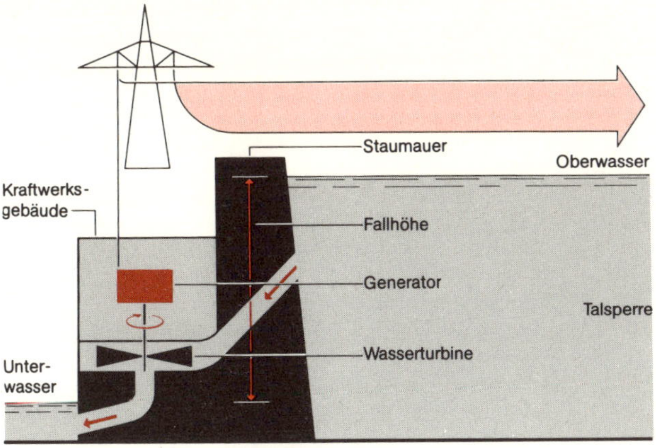

Abb. 1 Prinzipskizze eines Wasserkraftwerks

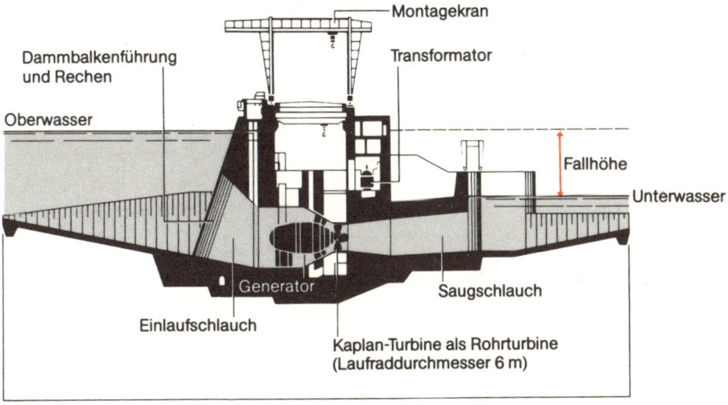

Abb. 2 Schnitt durch ein Niederdruck-Wasserkraftwerk

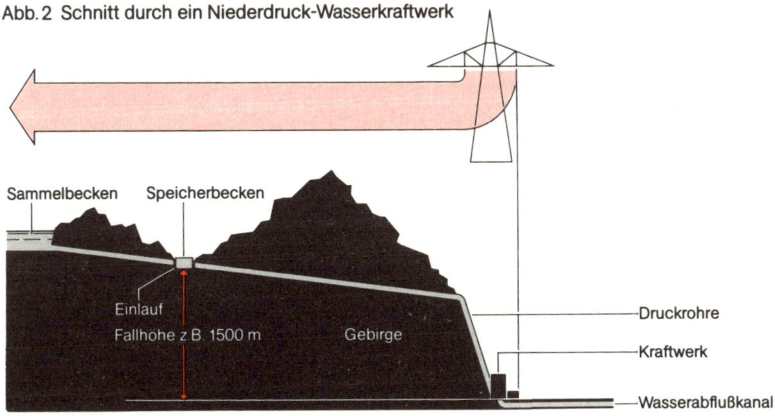

Abb. 3 Hochdruckkraftwerk im Gebirge

Meeresenergie

Die Weltmeere stellen eines der größten Energiereservoire der Erde dar. Träger dieser Meeresenergie sind die Wärme des Meerwassers, die Meereswellen, die Meeresströmungen, lokale Unterschiede der Salzkonzentration und die Gezeiten. Die Energie der vier erstgenannten Energiequellen entsteht durch natürliche Umwandlungsprozesse aus der auf die Erde eingestrahlten Sonnenenergie.

Die Weltmeere wirken als gigantischer Sonnenkollektor und Wärmespeicher zugleich, der die Sonnenstrahlung auffängt und in fühlbare *Wärme des Meerwassers* umwandelt. Verdunstungsvorgänge an der Wasseroberfläche entziehen dem Meer rund die Hälfte der eingestrahlten Energie. Die restliche Energie erwärmt eine schmale, bis in etwa 100 m Tiefe reichende Oberflächenschicht, die in den Tropen im Jahresmittel Temperaturen bis zu 28 °C aufweist. Darunter liegt eine Kaltwasserzone, deren Temperatur ab 500 m Tiefe unter 10 °C abfällt.

Grundsätzlich läßt sich jeder Temperaturunterschied eines derartig großen Wärmereservoirs in nutzbare Energie transformieren. Eine technisch sinnvolle Nutzung mit Hilfe von Meereswärmekraftwerken (s. S. 240) setzt jedoch Temperaturdifferenzen von mindestens 15 K voraus, wie man sie nur in einer relativ schmalen Äquatorialzone vorfindet. Unter realistischen Annahmen könnten dort installierte Meereswärmekraftwerke insgesamt 100–500 GW elektrische Leistung liefern.

Die Atmosphäre und die Weltmeere werden je nach Breitengrad unterschiedlich stark erwärmt. So entstehen horizontale Temperatur-, Druck- und Dichtegradienten, die unter dem Einfluß der auf der Erdrotation beruhenden Coriolis-Kraft atmosphärische und ozeanische Zirkulationssysteme erzeugen. Der *Golfstrom* zählt zu den größten so entstehenden *Meeresströmungen*. Er erreicht im Kerngebiet mittlere Strömungsgeschwindigkeiten von 4–5 Knoten in der Stunde (2–2,5 m/s). Seine mechanische Leistung beträgt dort 24 GW. Die in ihm enthaltene Strömungsenergie könnte im Prinzip mit Hilfe großflügeliger Turbinen in nutzbare Energie umgewandelt werden. Die relativ geringe ausnutzbare Leistung sowie zu erwartende gravierende klimatologische Auswirkungen bei großtechnischer Nutzung lassen jedoch von Meeresströmungen keinen nennenswerten Beitrag zur Energieversorgung erwarten.

Durch Reibung an der Meeresoberfläche verlieren die atmosphärischen Zirkulationssysteme (Luftströmungen) zum Teil ihre Energie und erzeugen so die *Wellenenergie* (s. S. 242). Für die gesamte Küstenlänge der Kontinente (rund 340 000 km) ergeben Schätzungen ein erneuerbares Leistungspotential von 2 700 GW.

Die Erwärmung der Meeresoberfläche bedingt eine erhöhte Verdunstungsrate. Durch Kondensation des Wasserdampfs und Abregnung über dem Festland entsteht an Flußmündungen, wo sich Süß- und Meerwasser vermischen, ein *Salzgehaltgefälle*. Es bewirkt, daß Bereiche ungleicher Salzkonzentration die Tendenz haben, sich zu vermischen und ein Lösungsgleichgewicht (d. h. überall gleiche Konzentration) herzustellen. Trennt man nun solche Bereiche unterschiedlichen Salzgehalts durch halbdurchlässige (semipermeable) Membranen, dann strömt aufgrund des dann wirksamen osmotischen Drucks Wasser von der Seite niedrigerer zur Seite höherer Konzentration. Der gerichtete Wasserstrom kann in *Salzgehaltgradientenkraftwerken* (Abb. 1 a und 1 b) herkömmliche Wasserturbinen antreiben, die zum Antrieb elektrischer Generatoren dienen: Die mit dem Salzgehaltgefälle bzw. dem osmotischen Druck verbundene freie Energie wird in elektrische Energie umgewandelt. Das theoretische Potential des osmotischen Drucks aller kontinentalen Abflüsse in Meere und Salzseen beträgt 2 800 GW. Zur Zeit existiert noch kein Prototypkraftwerk, mit dem praktische Erfahrungen in größerem Umfang gesammelt werden könnten.

Die in den *Gezeiten* steckende Meeresenergie (s. S. 244) resultiert nicht aus der Strahlungsenergie der Sonne, sondern aus einem Zusammenwirken von Gravitations- und Zentrifugalkräften im System Erde–Mond–Sonne. Ihr theoretisches Leistungspotential beträgt weltweit 3 000 GW. Es kann aber nur an geeigneten Küstenformationen mit Gezeitenkraftwerken ausgenutzt werden, die maximal eine elektrische Leistung von 360 GW ergeben könnten.

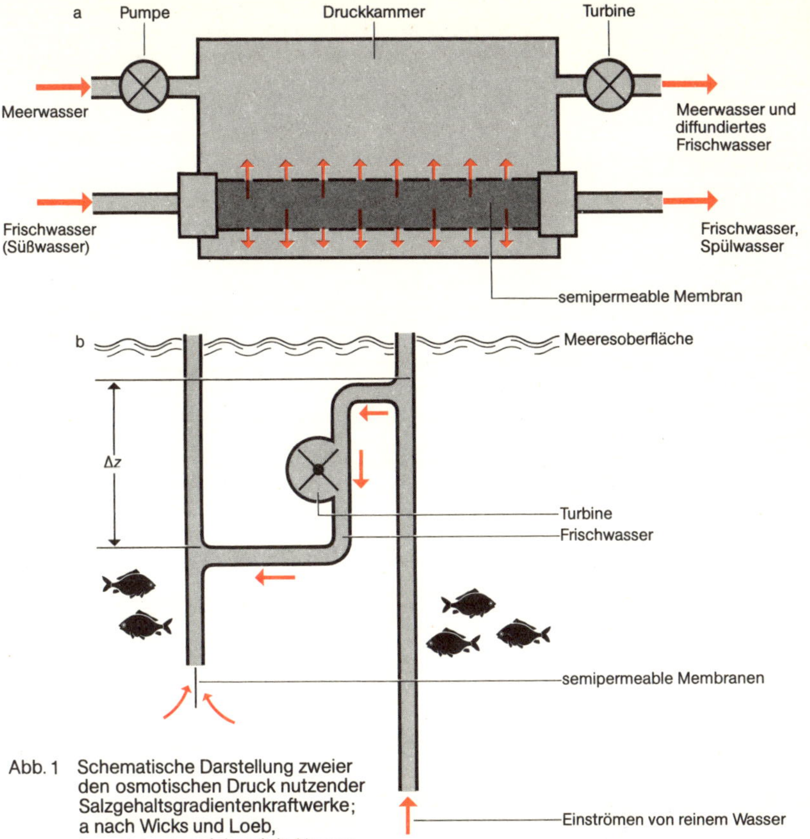

Abb. 1 Schematische Darstellung zweier den osmotischen Druck nutzender Salzgehaltsgradientenkraftwerke; a nach Wicks und Loeb, b nach Levenspiel und de Nevers

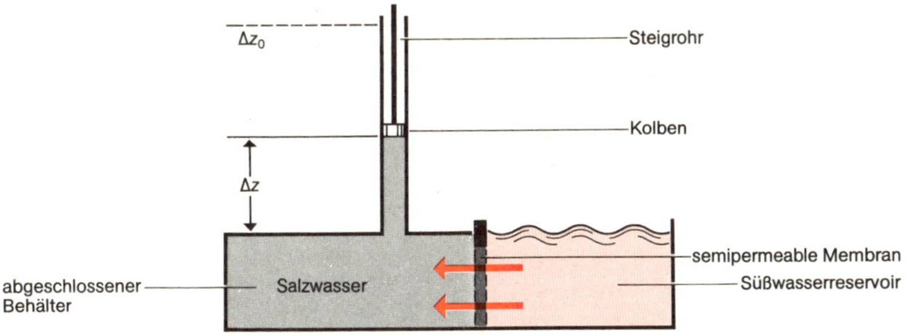

Abb. 2 Zur Wirkung des osmotischen Drucks: Wassermoleküle dringen so lange durch die semipermeable Membran in das Salzwasser ein, bis der hydrostatische Druck der Wassersäule im Steigrohr bei einer Höhe Δz_0 den hindurchtreibenden osmotischen Druck kompensiert

Meereswärmekraftwerke

Die sich ständig erneuernde und immer zur Verfügung stehende *Meereswärme* läßt den größten Beitrag bei der Nutzung der Meeresenergie erwarten. Im Jahre 1881 schlug der französische Physiker Jacques d'Arsonval erstmals vor, Temperaturunterschiede im Meerwasser mit einer Wärmekraftmaschine in nutzbare Energie zu transformieren. Sein Landsmann George Claude realisierte 1929 diesen Vorschlag zur *Umwandlung von Meereswärmeenergie* (engl. *O*cean *t*hermal *e*nergy *c*onversion; Abk. *OTEC*) in Kuba mit einem an der Küste installierten Meereswärmekraftwerk *(OTEC-Kraftwerk)*. Seine elektrische Leistung von 22 kW reichte allerdings nicht aus, um das kalte Tiefenwasser zum Kraftwerk zu fördern.

Der Einsatz eines OTEC-Kraftwerks ist erst ab Temperaturdifferenzen von 15 K sinnvoll, d. h. bei einem Carnot-Wirkungsgrad von mindestens 5 %. Solche Temperaturdifferenzen und die erforderlichen durchschnittlichen Oberflächentemperaturen finden sich ausschließlich in tropischen Gewässern. Dort hat das Oberflächenwasser fast unverändert das ganze Jahr über eine Temperatur von 25 °C. In etwa 500 bis 1 000 m Tiefe herrschen hingegen nur noch Temperaturen von 5 °C. Aufgrund des geringen Wirkungsgrades von OTEC-Kraftwerken (real 2–3 %) müssen für größere Energiebereitstellungen gigantische Mengen sowohl kalten als auch warmen Wassers umgewälzt werden. Für ein 300-MW-Kraftwerk z. B. wären zwei Wasserströme zu bewältigen, die dem Durchfluß an der Elbmündung entsprächen (ca. $3 \cdot 10^6$ m^3/h).

OTEC-Kraftwerke würden als schwimmende Inseln auf offener See liegen und am Meeresboden verankert sein. Bei solchen Kraftwerken mit *offenem Kreislauf* gelangt das warme Oberflächenwasser in eine Unterdruckkammer und verdampft dort zum Teil. Der Dampf treibt eine Turbine an, deren Drehbewegung ein angekoppelter Generator in elektrische Energie umwandelt. Der (salzfreie) Wasserdampf wird nach Verlassen der Turbine an kaltem Wasser kondensiert, das in großen Mengen aus der Tiefe heraufgepumpt wird. Neben elektrischer Energie fällt also gleichzeitig entsalztes Meereswasser (d. h. Trink- und Brauchwasser) an, bei einem 100-MW-Kraftwerk etwa 60 Millionen Liter je Tag.

OTEC-Kraftwerke mit *geschlossenem Kreislauf* (Abb. 1) benutzen ein niedrigsiedendes Arbeitsmedium (Ammoniak oder Propan). Das warme Meerwasser gibt seine Energie über Wärmeübertrager an das Arbeitsmedium ab. Dieses verdampft und treibt ebenfalls eine Turbine an. Auch hier wird kaltes Wasser benötigt, um über Wärmetauscher das dampfförmige Arbeitsmedium wieder zu kondensieren. Aufgrund des geringeren spezifischen Dampfvolumens des Arbeitsmediums können kleinere Turbinen mit höheren Wirkungsgraden eingesetzt werden.

Vor der Kona-Küste von Hawaii wurde 1979 ein Minikraftwerk dieses Typs zur Felderprobung in Betrieb genommen. Seine elektrische Bruttoleistung von 50 kW wird zu 66 % für den Betrieb der Anlage benötigt (Kalt- und Warmwasserpumpen verbrauchen 21,3 kW, Ammoniakpumpen 6 kW, Hilfspumpen 2 kW, die Chlorerzeugung zur Vermeidung von Biofouling 3 kW), so daß insgesamt nur rund 17 kW als Nettoleistung übrigbleiben.

Die Hauptelemente eines derartigen OTEC-Kraftwerks – Verfahrensplattform, Niederdruckturbine, Pumpen, großflächige Niedertemperatur-Wärmeübertrager und das bis 1 000 m lange Kaltwasseransaugrohr – entsprechen (bis auf die beiden letztgenannten Elemente) dem derzeitigen Stand der Technik. Es ist also durchaus realistisch anzunehmen, daß OTEC-Kraftwerke mit elektrischen Leistungen von 100 bis 400 MW, wie sie heute für kommerzielle Zwecke bereits geplant sind, in absehbarer Zeit realisiert werden können (Abb. 2).

Da Meereswärme gespeicherte Sonnenenergie ist, stellt das Prinzip der OTEC-Kraftwerke eine vielversprechende Möglichkeit der Sonnenenergienutzung dar. Die erzeugte elektrische Energie könnte entweder über Kabel zum Festland geleitet oder an Ort und Stelle zur Herstellung energieintensiver Produkte wie Aluminium, Magnesium und Ammoniak verwendet werden oder zur Gewinnung des Energieträgers Wasserstoff durch Wasserelektrolyse dienen.

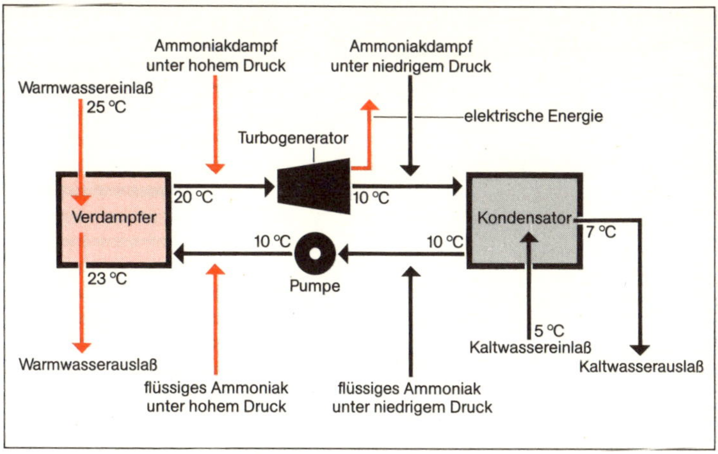

Abb. 1 Schema eines OTEC-Kraftwerks mit geschlossenem Kreislauf (nach Lavi und Zener)

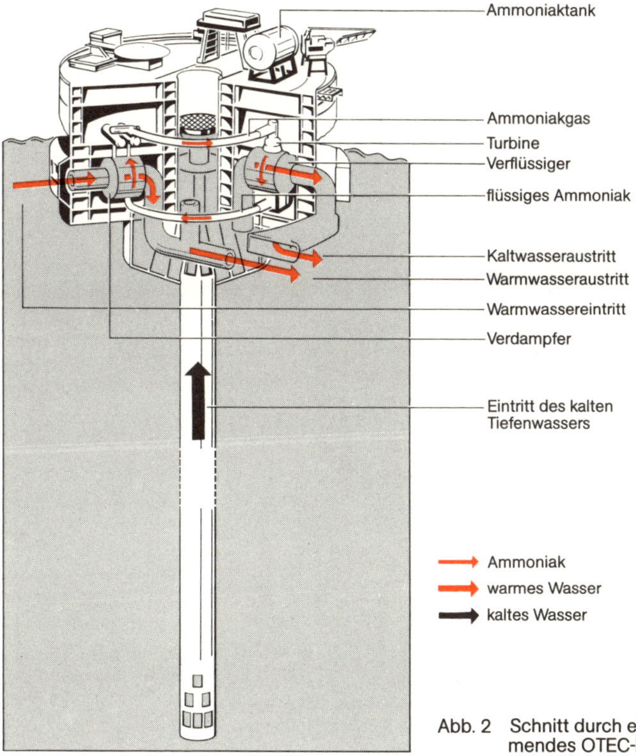

Abb. 2 Schnitt durch ein schwimmendes OTEC-Kraftwerk

Wellenkraftwerke

Durch Reibung an der Meeresoberfläche wird ein (geringer) Teil (etwa 1%) der kinetischen Energie (Strömungsenergie) des Windes unter Anfachung von Meereswellen aufgezehrt. Diese Verlustenergie wandelt sich dabei zu gleichen Teilen in kinetische und potentielle Energie dieser Wellen um. Die *Wellenenergie* ist daher wie die Windenergie indirekt auf die Strahlungsenergie der Sonne zurückzuführen. Gegenüber anderen regenerativen Energieströmen ist die Leistungsdichte der Meereswellen relativ hoch. Im Idealfall einer sinusförmigen Welle von 1,5 m Höhe und einer Periode von 4,5 s Dauer beträgt die Leistung 10 kW je Meter Wellenfront. Die mittlere Wellenleistung in der Nordsee liegt bei 14 kW je Meter Wellenfront; an der gesamten 250 km langen deutschen Nordseeküste steht somit ein theoretisches Wellenenergiepotential von 3,6 GW zur Verfügung.

Bereits vor 200 Jahren wurden die ersten Geräte zur Nutzung der Wellenenergie entwickelt. Allein in Großbritannien wurden seit 1856 mehr als 340 Patente für Wellennutzungsgeräte vergeben. Bislang hat man derartige, als *Wellenenergie-* oder *Wellenkonverter* bezeichnete Maschinen jedoch nur in sehr kleinem Maßstab (Leistung bis 100 W) eingesetzt, beispielsweise zur Stromversorgung von Leuchtfeuerbojen. Neuere Konzepte zur Wellenenergienutzung sehen vor, Einzelgeräte mit Leistungen im kW-Bereich zu größeren *Wellenkraftwerken* zusammenzuschalten. Von der Vielzahl bekannter Konstruktionen, die sowohl die kinetische als auch die potentielle Energie der Wellen nutzen, seien zwei näher erläutert:

Die *Salter-Ente* (so genannt nach dem Briten Stephen H. Salter, der sie 1973 erfand) ist ein nockenähnlicher Schwimmkörper (Abb. 1), der unter dem Einfluß anlaufender Wellen nickende Pendelbewegungen ausführt. Die Bewegung des „Nikkens" wird durch Kreisel auf Spezialpumpen übertragen, die mit hohem Druck eine Flüssigkeit (Wasser oder Öl) stets in die gleiche Richtung pumpen. Mehrere Salter-Enten, quer zur Wellenlaufrichtung nebeneinander auf einem gemeinsamen, von der Flüssigkeit durchströmten Rohr angebracht, ermöglichen den Bau von Wellenkraftwerken bis in den MW-Bereich. Am Ende des Rohrs transformiert ein Turbogenerator oder ein Hydraulikmotor mit angekoppeltem Generator den Wasser- bzw. Ölfluß in elektrischen Strom. Zwischen den Salter-Enten montierte schwimmfähige Tauchstrukturen, die die Wellenbewegung nicht mitmachen, stabilisieren das gesamte System. – Salter-Enten arbeiten mit Wirkungsgraden bis über 70% und eignen sich für ein breites Wellenspektrum. Trotz ihrer Vorzüge bestehen jedoch Bedenken wegen ihrer komplizierten Konstruktion und Zweifel an ihrer Zuverlässigkeit.

Viele Wellenkonverter basieren auf dem Prinzip der „umgekehrten Dose". Auch ein von Joshio Masuda 1965 entwickeltes Gerät (Abb. 2) arbeitet nach diesem Prinzip: Die Luft in zwei getrennten, unten offenen Kammern wird während der Aufwärtsbewegung einer Welle komprimiert und während der Abwärtsbewegung ausgedehnt. Durch entsprechende Ventilanordnungen (oben oder seitlich) strömt bei beiden Vorgängen die Luft stets in derselben Richtung aus einer Luftkammer in die andere. Der Luftstrom treibt eine zwischen den Kammern installierte Turbine an, die ihrerseits über einen angekoppelten Generator elektrischen Strom erzeugt. Derartige *pneumatische Wellenkonverter* haben den Vorteil, daß sie von der Wellenlaufrichtung unabhängig sind.

Ein erstes Prototyp-Wellenkraftwerk dieser Art wurde 1979 vor der japanischen Westküste in Betrieb genommen. Die etwa 500 t schwere schiffsähnliche Boje (Kaimei-Konzept) mit einer Länge von 80 m, einer Breite von 12 m und einer mittleren Höhe von 6 m arbeitet seit Inbetriebnahme mit Erfolg. Die in 10 Luftkammern installierten Turbinen treiben 10 elektrische Generatoren an, die im Mittel eine elektrische Leistung von 300 kW abgeben. Durch Modellversuche gestützt, erhofft man sich, mit seitlichen Luftkammeröffnungen die Leistungsausbeute von solchen *Kaimei-Bojen* noch um das Dreifache steigern zu können.

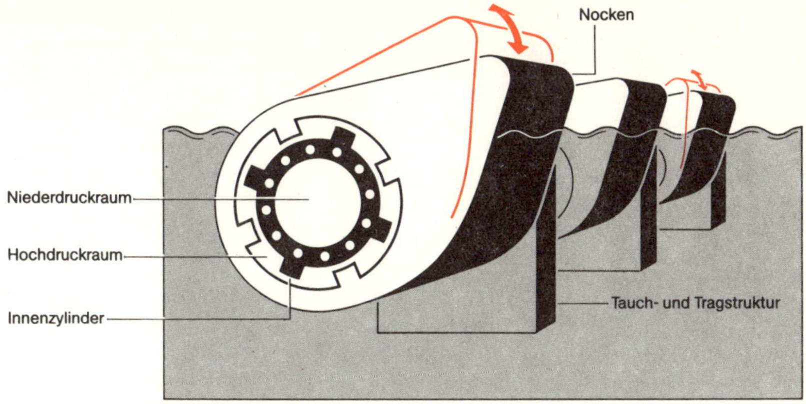

Abb. 1 Salter-Ente zur Ausnutzung der Oberflächenbewegung von Wellen (nach St. H. Salter)

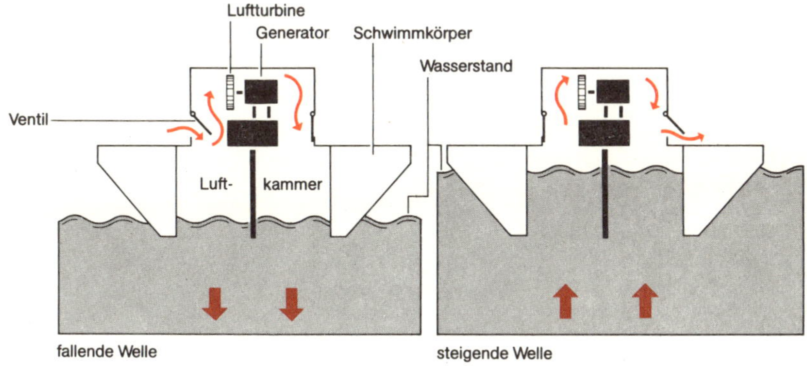

Abb. 2 Pneumatischer Wellenkonverter zur Ausnutzung der Auf- und Abwärtsbewegung von Wellen (nach J. Masuda)

Gezeitenkraftwerke

Die Rotation der Erde und die Gravitationskräfte von Mond und Sonne bewirken die mit einer Periode von 12 Stunden und 24 Minuten wiederkehrenden Erscheinungen von *Ebbe* und *Flut* (Abb.). Die in diesen *Gezeiten* steckende kinetische bzw. potentielle Energie *(Gezeitenenergie)* ist nach menschlichem Zeitempfinden quasi unerschöpflich, auch wenn durch Reibungskräfte zwischen Flutwelle und Oberflächenwasser die Rotationsenergie der Erde und damit das Potential dieser Energie allmählich vermindert werden (ein Erdentag wird dadurch in 1 Million Jahren um 16 Sekunden länger).

Die Gezeitenenergie kann nun mit Hilfe von *Gezeitenkraftwerken (Flutkraftwerke)* in elektrische Energie umgewandelt werden. Ein solches hydroelektrisches Kraftwerk ist im Prinzip ein Damm, der eine Bucht oder eine Flußmündung vom Meer abtrennt und somit ein künstliches Wasserbecken schafft, das durch große Rohrdurchlässe im Damm bei Flut und Ebbe gezielt aufgefüllt bzw. entleert wird. Dabei wandelt sich die potentielle Energie der unterschiedlichen Wasserstände in kinetische Energie (Strömungsenergie) des ein- bzw. ausströmenden Wassers um. Die Fließbewegung des Wassers läßt die Läufer der in den Durchlässen befindlichen Turbinen rotieren; angekoppelte Generatoren wandeln diese Drehbewegung in elektrische Energie um. Die maximale Leistung eines Gezeitenkraftwerks ergibt sich aus den während der Flut gespeicherten Wassermassen, dem *Tidenhub* (Höhenunterschied zwischen Hoch- und Niedrigwasser) und der Gezeitenperiode. Der Wirkungsgrad der insgesamt stattfindenden Energieumwandlung liegt zwischen 20 und 25%.

Man unterscheidet Gezeitenkraftwerke mit und ohne Speicherbecken. Solche *ohne Speicherbecken* haben zwar eine hohe Leistungsausbeute, unterliegen aber dem intermittierenden Energieangebot der Gezeiten. Ihre Errichtung ist nur dann sinnvoll, wenn der erzeugte Strom in ein großes Verbundnetz eingespeist werden kann. Ein kontinuierlicher Kraftwerksbetrieb ist nur in Verbindung *mit Speicherbecken* möglich. Hierbei reduzieren sich jedoch die zur Verfügung stehende Druck- bzw. Fallhöhe und damit die Leistungsausbeute.

Voraussetzungen für einen technisch sinnvollen Einsatz von Gezeitenkraftwerken sind große Tidenhübe von mehr als 3 m und eine natürliche Meeresbucht oder eine geeignete Flußmündung. Besonders günstige Küstenformationen weisen *Gezeitenunterschiede* von 10 m und mehr auf. Nicht an allen Küsten sind daher diese Voraussetzungen für die Gezeitenenergienutzung gegeben. An der deutschen Nordseeküste z. B. beträgt der mittlere Tidenhub nur etwa 2,7 m.

Pionier im Bau von Gezeitenkraftwerken war Deutschland. Im Ersten Weltkrieg arbeitete ein Kleingezeitenkraftwerk in Husum, das den Ein- und Ausstrom der Flut in ein ehemaliges Austernzuchtbecken nutzte, um die Häuser der Umgebung mit elektrischem Strom zu versorgen. – Das erste große Gezeitenkraftwerk mit einer elektrischen Leistung von 240 MW ging 1966 in der La-Rance-Flußmündung in Frankreich in Betrieb. In einem 750 m langen Damm sind dort insgesamt 24 Turbinen angeordnet, die doppelt arbeiten: Sie nutzen die einströmende und die ausströmende Flut aus. Der Tidenhub beträgt dort rund 10 m, maximal 13 m. – In der UdSSR wurde 1968 eine kleine Anlage von 800 kW an der Kislaya-Mündung, 80 km nordöstlich von Murmansk, in Betrieb genommen. Eine größere Anlage von 320 MW ist für den Lombowska-Fluß an der Nordostküste der Halbinsel Kola vorgesehen, eine weitere an der Penschinabucht im Ochotskischen Meer. – Gezeitenkraftwerke sind auch in Großbritannien (am Solway Firth, in der Humber- und Severn-Mündung), in den USA und in Kanada (am Bay of Fundy) sowie in Argentinien und Australien geplant.

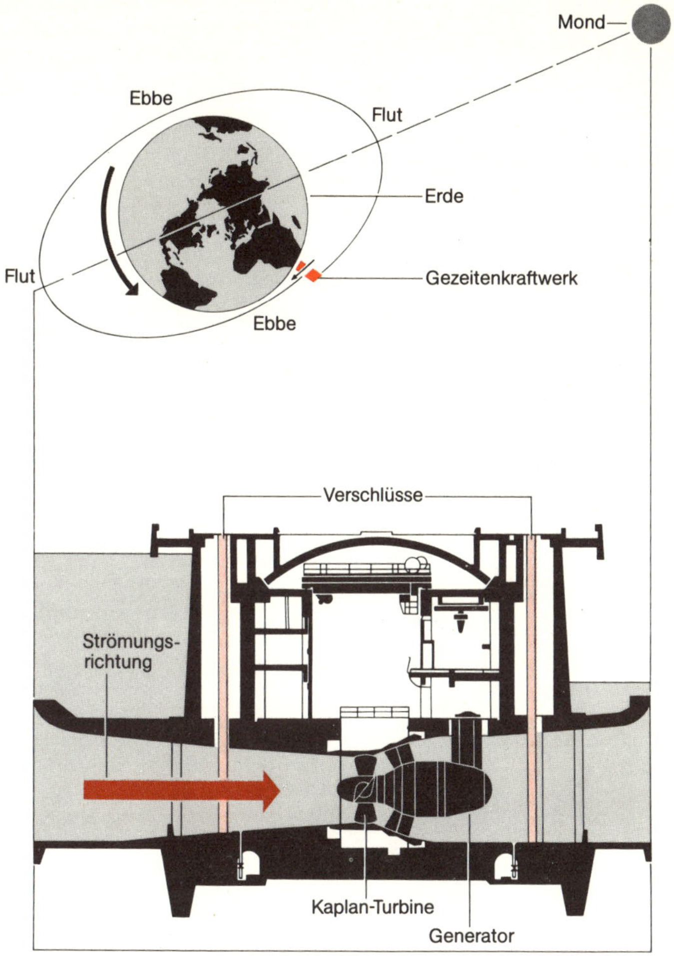

Abb. Arbeit des Gezeitenkraftwerks bei beginnender Ebbe

Geothermische Energie – Lagerstätten und Potential

Durch den radioaktiven Zerfall verschiedener *Radionuklide*, besonders der Uranisotope U 238 und U 235, des Thoriumisotops Th 232 und des Kaliumisotops K 40, entsteht im Innern der Erde fortwährend Wärme, die in einem andauernden Wärmestrom zur Erdoberfläche transportiert wird. Eine Tonne *Granit* liefert z. B. im Durchschnitt pro Sekunde etwa $0{,}8 \cdot 10^{-6}$ J Wärme. Stellt man sich die Tonne Granit als senkrecht in die Erde gesteckten Vierkantstab mit einer Querschnittsfläche von 1 cm^2 vor, so würde dieser von der Erdoberfläche bis in eine Tiefe von 3,8 km reichen (ein Kubikzentimeter Granit hat im Durchschnitt eine Masse von 2,6 g). Würde die gesamte im Granit entstehende Wärme am oberen Ende des Grantistabs ausfließen, so könnte man dort einen Wärmefluß von $0{,}8 \cdot 10^{-6}$ W/cm^2 messen. Unter den Kontinenten beträgt die Dicke der Granitschicht jedoch nicht 3,8 km, sondern im Durchschnitt 20 km. Entsprechend läge der Wärmefluß bei $4{,}2 \cdot 10^{-6}$ W/cm^2. Dieser Wert kommt dem Durchschnitt der an der Erdoberfläche gemessenen Werte von $6{,}27 \cdot 10^{-6}$ W/cm^2 schon sehr nahe. Berücksichtigt man, daß einerseits zwar die Konzentration der radioaktiven Nuklide zum Erdinnern hin abnimmt, andererseits aber auch in den Bereichen unterhalb der Granitschicht noch Zerfallsprozesse stattfinden, die Wärme erzeugen, so läßt sich der an der Erdoberfläche gemessene Wärmefluß durch den Zerfall radioaktiver Nuklide vollständig erklären.

Als *geothermische Anomalien* werden jene Bereiche der Erdkruste bezeichnet, in denen wesentlich mehr Wärme aus dem Erdinnern an die Erdoberfläche fließt als anderswo. Während in Gebieten mit normalem Wärmefluß die Temperatur zum Erdinnern hin durchschnittlich um 30 °C pro km zunimmt, ist bei Anomalien ein Temperaturgradient bis zu 150 °C/km möglich. Die Anomalien können verschiedene Ursachen haben: z. B. Aufdringen von geschmolzenen heißen Gesteinsmassen aus dem tieferen Untergrund. Derartige Anomalien lassen sich unter Umständen als geothermische Lagerstätten nutzen:

Die *geothermischen Lagerstätten* lassen sich in folgende Gruppen einordnen:

- *Heiße Lavavorkommen:* Rezente Lavaströme haben Gesteinstemperaturen bis 1 200 °C.
- *Heißdampflagerstätten:* Grundwasser wird durch einen magmatischen Körper erhitzt, wobei sich Heißdampf bildet. Eine undurchlässige Schicht über der Lagerstätte läßt nur geringe Dampfmengen entweichen.
- *Heißwasserreservoire:* Grundwasser wird durch einen magmatischen Körper erhitzt; der auf dem Grundwasser lastende Wasserdruck verhindert jedoch das Verdampfen des Wassers.
- *Warmwasserreservoire:* Grundwasser wird durch geothermische Energie auf Temperaturen unter 100 °C erwärmt.
- *Hot-dry-rock-Lagerstätten:* Den größten Anteil der nutzbaren geothermischen Energie enthalten Gesteine mit einer hohen Temperatur, aber geringem Porenraum (weniger als 2%) und entsprechend geringem Wassergehalt.

Die geothermischen Anomalien in der Bundesrepublik Deutschland lassen sich u. a. auf der Temperaturverteilungskarte des Untergrunds in einer Tiefe von 1 000 m ablesen. Erwähnenswerte Anomalien gibt es an der westlichen Flanke des Oberrheingrabens und im Uracher Vulkangebiet südlich von Stuttgart. – Weltweit sind die geothermischen Lagerstätten von Larderello (Italien), The Geysers in Nordkalifornien (USA) und Wairakei (Neuseeland) zu erwähnen. Bei Larderello und The Geysers handelt es sich um Heißdampflagerstätten, während in Wairakei ein Heißwasserreservoir genutzt wird.

Angaben über das weltweite *Potential an geothermischer Energie* sind schwierig, da die Wärmereservoire noch zu wenig erforscht sind. Nach vorsichtigen Schätzungen liegt es bei 16 000 Exajoule (= 10^{18} Joule). Man erwartet, daß bis zum Ende dieses Jahrhunderts die elektrische Leistung geothermischer Kraftwerke auf rund 100 000 MW ausgebaut sein wird, was einem Angebot an elektrischer Energie von etwa 3 Exajoule (= $83{,}3 \cdot 10^9$ kWh) pro Jahr entspricht.

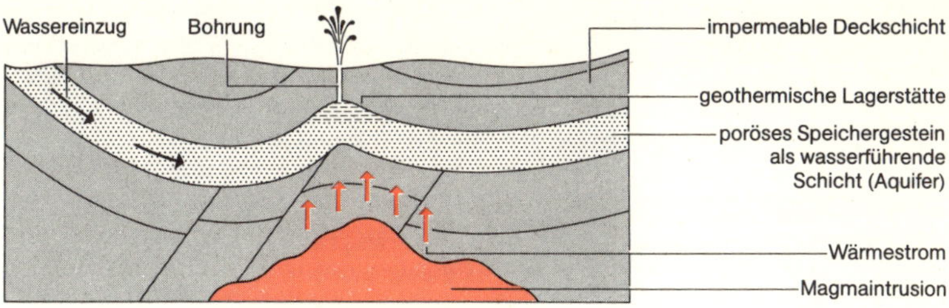

Abb. 1 Schema einer geothermischen Lagerstätte in einem Aquifer über einer tieferen, heißen Magmaintrusion (Typ Larderello)

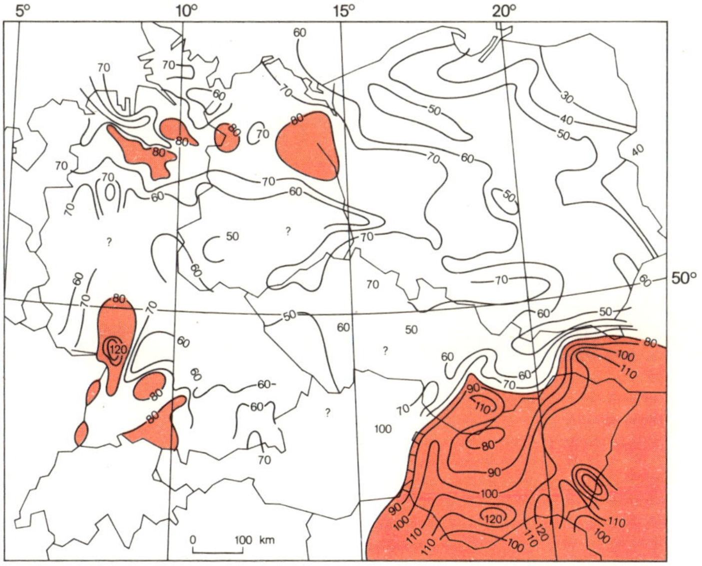

Abb. 2 Isothermenkarte der Temperatur (in °C) in 2000 m Tiefe für Mitteleuropa

Geothermische Energie – Nutzungsmöglichkeiten

Geothermische Energie wird heute vorwiegend in Italien, den USA, Island, Japan, Neuseeland und den UdSSR genutzt. Die Nutzungsmöglichkeiten erstrecken sich von medizinischen Anwendungen in Thermalbädern über die Beheizung von Gebäuden und Gewächshäusern bis zur Stromerzeugung in *geothermischen Kraftwerken*. Derartige Kraftwerke nutzen geothermische Anomalien (s. S. 246) mit natürlichen Heißwasser- oder Dampfvorkommen.

Heiße Dampfquellen mit Temperaturen von 200–300 °C können relativ einfach zur Stromerzeugung herangezogen werden. Die Dampfquelle wird angebohrt, und der Dampf kann (häufig unmittelbar in einem geothermischen Kraftwerk) zum Antrieb von stromliefernden Turbogeneratoren eingesetzt werden. Anschließend wird er in Kühltürmen verflüssigt. Aus dem Kondensat werden vielfach in chemischen Anlagen Borsäure, Ammoniak u. a. Chemikalien gewonnen. Ist eine Abscheidung der mitunter hochgiftigen Stoffe nicht möglich, so erfolgt aus Gründen des Umweltschutzes eine Reinjektion des Kondensats ins Erdreich. Hierzu wird ein zweites, meist zu einer bereits versiegten Quelle führendes Bohrloch benötigt.

Heißwasservorkommen können z. B. mit Hilfe niedrigsiedender Fluide (Freon, Isobutan u. ä.) in einem thermischen Kreisprozeß genutzt werden. In großflächigen Wärmeübertragern gibt das heiße Wasser seine Wärme an das als Arbeitsmittel verwendete Fluid ab. Dieses verdampft und treibt nun seinerseits Kraftwerksturbinen an. An einer natürlichen Kältequelle (Luft, Fließwasser o. ä.) wird der Arbeitsdampf wieder verflüssigt und steht dann für einen erneuten Durchlauf zur Verfügung.

Eine wirtschaftliche Stromerzeugung mit Hilfe der *Erdwärme* in geothermischen Kraftwerken setzt Temperaturen von mehr als 130 °C voraus. Bei niedrigeren Temperaturen kann die Erdwärme für Heizzwecke oder für Industriewärme bereitgestellt werden. In Island z. B. bezieht rund die Hälfte der Bevölkerung ihre Heizwärme aus geothermischen Quellen.

Geothermische Kraftwerke sind heute nur an wenigen Stellen der Erde in Betrieb. Sie werden in der Regel blockweise angelegt, so daß die Gesamtleistung bei Erschöpfung einzelner Quellen durch Erschließung neuer Quellen konstant gehalten oder sogar ausgebaut werden kann. Die drei z. Z. größten Anlagen befinden sich in der Toskana bei Lardarello (bereits seit 1904 in Betrieb; elektrische Leistung heute 400 MW), in Nordkalifornien bei The Geysers (heute 700 MW) und auf Neuseeland bei Wairakei (300 MW). Im Vergleich zum vorhandenen Potential (s. S. 246) ist die weltweit genutzte geothermische Energie äußerst gering: Die Leistung aller geothermischen Heizwerke beträgt ca. 4 500 MW, die der stromproduzierenden Kraftwerke ca. 1 500 MW.

Mit dem sog. *Hot-dry-rock-Verfahren* (Abb.) lassen sich geothermische Anomalien auch dort nutzen, wo keine natürlichen Wärmeträger vorhanden sind, sondern nur heiße, trockene Gesteinsformationen. Eine solche Gesteinsformation wird angebohrt, und mit hydraulischen Krackverfahren wird in ihr eine große Rißfläche erzeugt, die dann als Wärmeübertrager dient: Kaltes Wasser, das durch das Bohrloch eingepreßt wird, nimmt über die Rißfläche die Gesteinswärme auf und wird als Heißwasser oder Dampf durch ein zweites Bohrloch zur Erdoberfläche geführt, wo es zur Wärmebereitstellung oder in einem Kraftwerk zur Stromerzeugung genutzt werden kann.

Die nur wenige Millimeter dicken Rißflächen ergeben bei einem Durchmesser von 250–300 m eine Übertragerfläche von etwa 30 000–70 000 m^2. Hiermit können thermische Leistungen von 10–20 MW übertragen werden. Wirtschaftlich arbeitende Kraftwerke erfordern große Übertragerflächen bei wenigen Bohrlöchern. Dies wird möglich durch das *Ein-Bohrloch-System* (erprobt im Uracher Vulkangebiet), bei dem in einem Doppelrohr innenseitig das kalte Wasser eingepreßt und im äußeren Teil das heiße Wasser an die Oberfläche transportiert wird, oder durch das *Zwei-Bohrloch-System* mit mehreren parallel angeordneten Rißflächen.

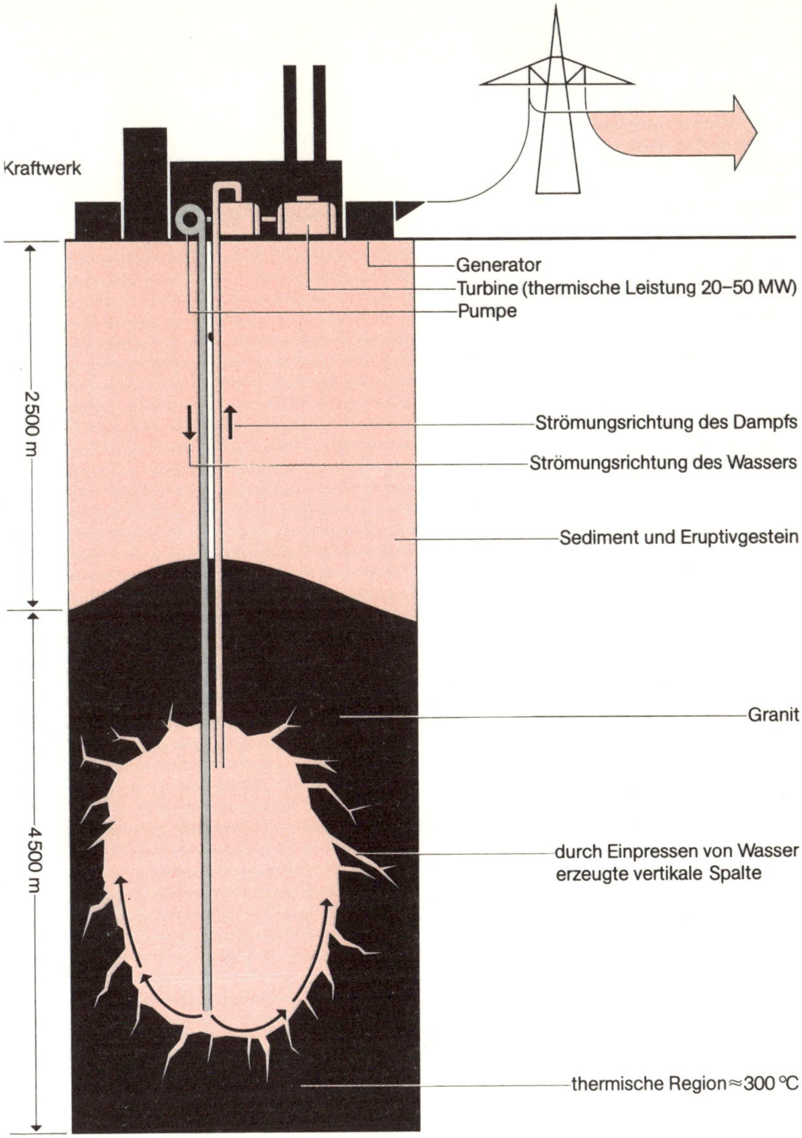

Abb. System zur Gewinnung von Energie aus einem trockenen geothermischen Reservoir (Schema); Quelle: Morton C. Smith, Los Alamos Scientific Laboratory

Der Energiefluß

In der Energiewirtschaft unterscheidet man zwischen Primärenergie, Sekundärenergie, Endenergie und Nutzenergie. Dabei meint man mit *Primärenergie* diejenigen Energieträger, die in der Natur vorkommen, wie z. B. die Kohle, das Erdöl und die Energie der Sonnenstrahlung. Durch Umwandlung der Primärenergieträger (z. B. Kohle zu Strom in Kraftwerken, Erdöl zu Benzin in Raffinerien) erzeugt man die *Sekundärenergieträger*. Alle Energieträger, die der Letztverbraucher (z. B. die privaten Haushalte) einsetzt, nennt man *Endenergie*. Diese wird schließlich beim Verbraucher in *Nutzenergie* umgewandelt (z. B. Heizöl in Raumwärme oder Strom in Licht). Die gesamte Energieversorgung dient letztlich der Deckung des Nutzenergiebedarfs (Abb.).

Die Aufteilung des Energieflusses von der Primärenergie bis zur Endenergie bzw. Nutzenergie umfaßt die folgenden vier Bereiche:

Energieaufkommen im Inland;
Energieaufbereitung und -umwandlung;
Endenergieverbrauch;
Energienutzung in den Verbrauchssektoren.

Wie dem Flußbild zu entnehmen ist, betrug 1980 das Energieaufkommen im Inland 443,3 Mill. t SKE (= 12,992 EJ). Nur 37% davon entfielen auf die Gewinnung im Inland, 279,5 Mill. t SKE wurden importiert. Nach Abzug der Energiemengen für den Export und die Bunkerung (Halden, Vorratshaltung, Lieferung an Seeschiffe) erhält man den Energieverbrauch der Bundesrepublik Deutschland von 390,2 Mill. t SKE. Dieser Verbrauch wird üblicherweise als *Primärenergieverbrauch* bezeichnet. Das ist aber nicht ganz korrekt, da sich dieser Energieverbrauch z. B. für 1980 zu 90,4% aus Primär- und zu 9,6% aus Sekundärenergieträgern zusammensetzte.

Nach weiterer Reduzierung um den nichtenergetischen Verbrauch (hierunter versteht man die Nutzung des jeweiligen Energieträgers als Rohstoff; z. B. Mineralölprodukte für Straßenbau, Schmierstoffe, Arzneimittel, Düngemittel, Kunststoffe) und nach Abzug von Umwandlungsverlusten und unter Berücksichtigung des industriellen Energieverbrauchs in der Energiegewinnung (z. B. zur Kohleförderung) und in den Umwandlungsbereichen weist das Energieflußbild einen Endenergieverbrauch von 256,9 Mill. t SKE (= 7,529 EJ) auf.

In einem hochindustrialisierten Land wie der Bundesrepublik Deutschland wird diese Endenergie heute für drei *Nutzungsbereiche* benötigt, nämlich zur Erzeugung von:

Raumwärme zum Heizen bzw. Klimatisieren (40% des Endenergiebedarfs);
Prozeßwärme, die als Produktionswärme in Industrie und Gewerbe benötigt wird und mit der in den Haushalten gekocht und Heißwasser bereitet wird (Anteil 35%);
Licht für Beleuchtungszwecke und Energie für mechanische und nachrichtentechnische Zwecke (25% Anteil).

Von der eingesetzten Endenergie in Höhe von 256,9 Mill. t SKE im Jahre 1980 konnten insgesamt in den verschiedenen Verbrauchssektoren 194,1 Mill. t SKE als tatsächliche Nutzenergie verwendet werden. 142,8 Mill. t SKE, das sind 56% des Endenergieverbrauchs, gingen als *Verlustenergie* verloren. Die Aufteilung in Nutz- und Verlustenergie macht deutlich, in welchem Maße theoretisch durch Verbesserung des Nutzungsgrades Energie eingespart werden kann. Einschränkend muß allerdings gesagt werden, daß dieses Einsparpotential aufgrund von physikalischen Gesetzmäßigkeiten nur begrenzt zur Verfügung steht.

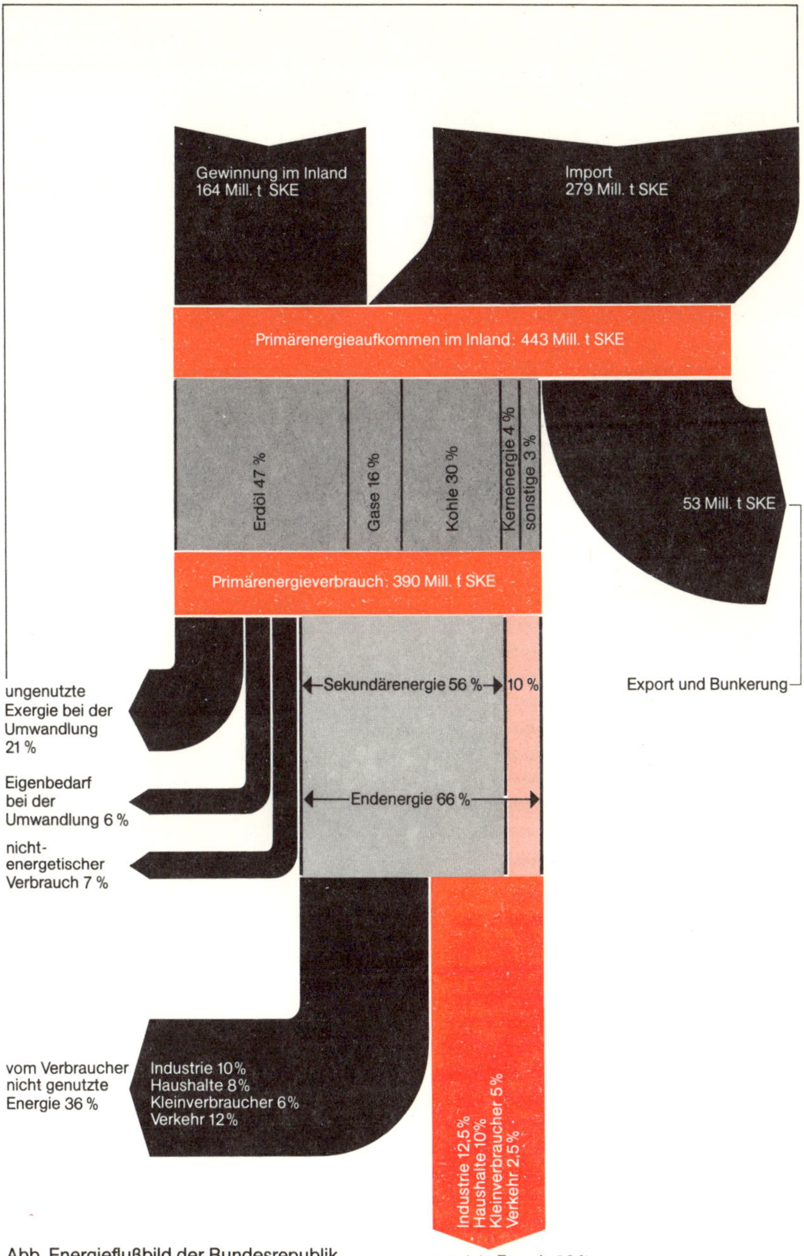

Abb. Energieflußbild der Bundesrepublik Deutschland 1980 (nach RWE-Anwendungstechnik)

Noch bis vor nicht allzu langer Zeit war die Menschheit darauf angewiesen, ihren Energiebedarf vornehmlich aus dem schwankenden Angebot regenerativer Energieträger (Holz, Wasser und Wind) zu decken. Die nach der Erfindung der ersten brauchbaren Dampfmaschine durch James Watt rasch fortschreitende Industrialisierung sowie die Erfolge in der Medizin und in der Landwirtschaft setzten Rahmenbedingungen, die ein starkes Anwachsen der Weltbevölkerung bei gleichzeitigen erheblichen Verbesserungen der materiellen Lebensbedingungen ermöglichten. Die regenerativen Energieträger reichten schon bald nicht mehr aus, um diese Entwicklung zu tragen, und die industrielle Bereitstellung von Energie wurde notwendig. Die Lösung des damaligen Energieproblems brachte die Kohle, die bis zum Ende des 19. Jahrhunderts zum dominierenden Energieträger wurde.

Mit dem Beginn des „Kohlezeitalters“ vollzog sich eine tiefgreifende Änderung der Energieversorgung, die von einer lokal auf erneuerbaren Energieträgern aufbauenden Versorgung zu überregionalen Versorgungen mit umfangreichen Transport- und Verteilungssystemen führte. Der weitere Verlauf der Entwicklung ist – bis auf einige Einbrüche durch Wirtschaftskrisen und Kriege – durch einen stetig wachsenden Verbrauch und den Marktdurchbruch des Erdöls und des Erdgases gekennzeichnet. Diese Energieträger übernahmen, beginnend mit den 60er Jahren, zunehmend die Rolle der Hauptenergielieferanten und decken heute 58% des jährlichen Weltenergiebedarfs in Höhe von fast 10 Mrd. t SKE. Bei einer derzeitigen Weltbevölkerung von etwas mehr als 4 Mrd. Menschen bedeutet dies einen Verbrauch von ca. 2,0 t SKE (= 57000 MJ) pro Kopf und Jahr.

Regional bestehen erhebliche Unterschiede im Pro-Kopf-Verbrauch. So haben z. B. die Menschen in Afrika, Asien, Australien und Südamerika (zusammen mehr als 50% der Weltbevölkerung) nur einen Anteil von 13% am gesamten Weltenergieverbrauch, während die westlichen Industrienationen bei einem Bevölkerungsanteil von nur 18% mehr als die Hälfte der weltweit verfügbaren Energie verbrauchen. Dieses Mißverhältnis, das auch als Ausdruck der eklatant unterschiedlichen Lebensbedingungen gesehen werden kann, ist neben dem weiteren Bevölkerungszuwachs ein wesentlicher Grund dafür, daß in Zukunft noch mit einer Steigerung des Weltenergiebedarfs gerechnet werden muß.

Die Energiesituation in der *Bundesrepublik Deutschland* weist viele Parallelen zur Weltentwicklung auf. Ab 1950 stieg der Energieverbrauch auch hier sehr stark an: von 136 Mill. t SKE auf heute (1980) 391 Mill. t SKE. Wie in der gesamten Weltenergieversorgung haben die beiden letzten Jahrzehnte auch in der bundesdeutschen Energieversorgung einen deutlichen Strukturwandel gebracht. Während sich Anfang der 60er Jahre die Deckung des Energiebedarfs auf die festen Energieträger stützte, sind es heute vornehmlich die flüssigen und gasförmigen Energieträger, die den Hauptanteil der Energienachfrage tragen. Auf *Erdöl* und *Erdgas* zusammen entfielen 1980 zusammen rund 65%. Dieser hohe Prozentsatz macht die Abhängigkeit der deutschen Energieversorgung von diesen beiden Energieträgern, die zum überwiegenden Teil – beim Erdöl zu 95% – importiert werden müssen, deutlich. Der Anteil von Erdöl an der Versorgung erhöhte sich von 1960 bis 1973 von 21,0% auf mehr als 55%. 1980 sank der Erdölanteil erstmals seit 1967 unter 50%. Der Erdgasanteil stieg in der Zeitspanne zwischen 1960 und 1980 von 0,5% auf mehr als 16%. Der Anteil der festen Brennstoffe verringerte sich dagegen bei Steinkohle von rund 61% auf knapp 20% und bei Braunkohle von knapp 14% auf rund 10%. Die Kernenergie, die in der Bundesrepublik Deutschland seit 1961 zur Stromerzeugung genutzt wird, erzielte 1980 einen Anteil von knapp 4%.

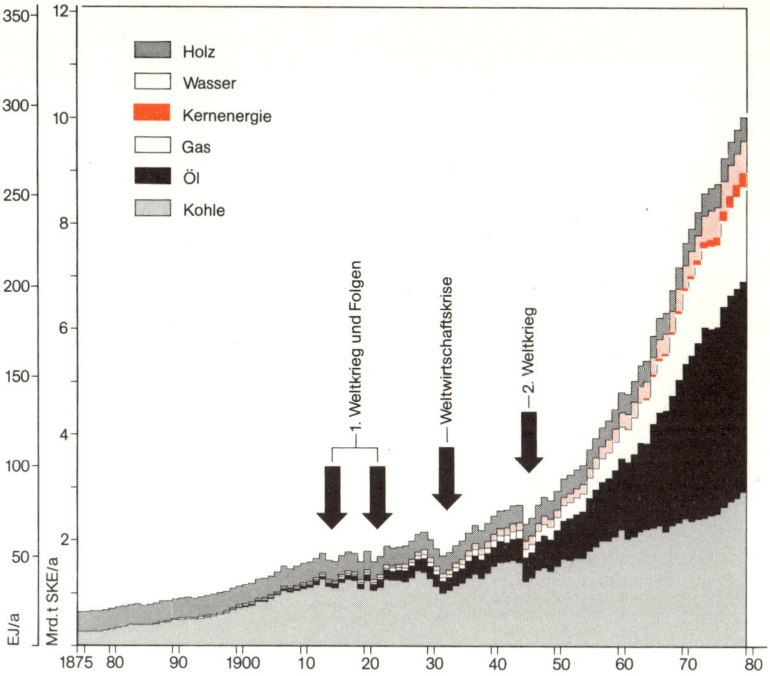

Abb. 1 Entwicklung des Weltenergieverbrauchs

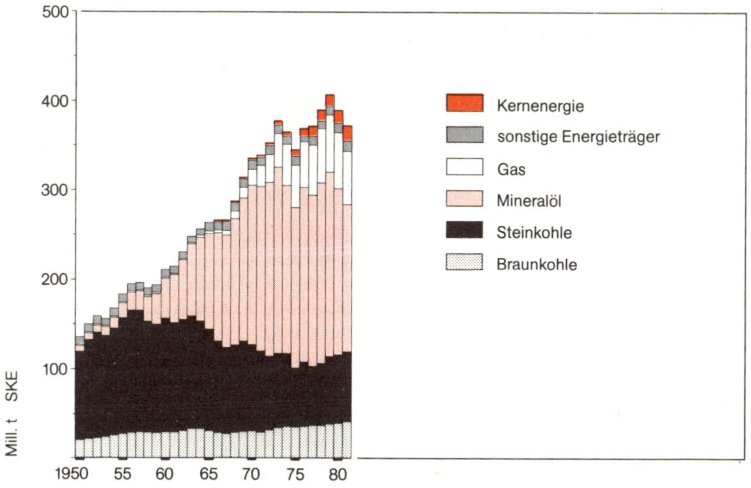

Abb. 2 Die Entwicklung des Primärenergieverbrauchs in der BR Deutschland bis 1981

Energiereserven

Die Primärenergieträger lassen sich in die zwei Kategorien *regenerative* (erneuerbare) und *nichtregenerative* (nichterneuerbare) *Energieträger* einteilen. Zur ersten Gruppe zählen diejenigen Energieträger, die ihr Energiepotential aus der Sonnenstrahlung, der Erdwärme und der natürlichen Erdbewegung schöpfen (also Energie aus Biomasse, Wasserenergie, Windenergie, Sonnenenergie). Zu der zweiten Gruppe, den nichtregenerativen Energieträgern, gehören Torf, Kohle, Erdöl, Öl aus Ölschiefer und bitumösen Sanden, Erdgas und Uran. Während die erneuerbaren Energieträger theoretisch unerschöpflich sind – ihre Nutzung ist allein von örtlichen Gegebenheiten abhängig –, sind der Verfügbarkeit der nichterneuerbaren Energieträger Grenzen durch die jeweiligen Vorräte gesetzt.

Für die *nichtregenerativen Energieträger* gilt folgende *Vorratsklassifikation:*

- *gesamte Ressourcen:* vermutete Gesamtvorräte;
- *nachgewiesene Reserven:* der Anteil der gesamten Ressourcen, der bekannt und sorgfältig untersucht ist;
- *ausbringbare Reserven:* der Anteil der nachgewiesenen Reserven, der unter ökonomisch und technisch vertretbaren Bedingungen aus der Erde gewonnen werden kann.

Die den einzelnen Klassen entsprechenden Zahlen, wie sie im folgenden entwickelt werden, orientieren sich an den Fördermethoden und am Energiepreisniveau, d.h., bei hohen Preisen können aufwendigere Fördermethoden eingesetzt werden, die die Lagerstättenausbeute und damit die ausbringbaren Reserven erhöhen.

Die *gesamten Ressourcen aller Primärenergieträger* (Kohle, Erdöl, Erdgas, Öl aus Ölschiefer und bituminösen Sanden) betragen $3,5 \cdot 10^{23}$ J (= 12240 Mrd. t SKE), von denen 8,3 %, also $30 \cdot 10^{21}$ J (= 1020 Mrd. t SKE) als ausbringbare Reserven angesehen werden.

Da die Verteilung der Kohlelagerstätten weltweit gut bekannt ist, wird nicht damit gerechnet, daß sich die *Kohleressourcen* von $3,2 \cdot 10^{23}$ J (= 10880 Mrd. t SKE) noch wesentlich verändern werden. Als ausbringbare Reserven gelten $2,0 \cdot 10^{22}$ J (= 687 Mrd. t SKE), davon 30 % Braunkohle und 70 % Steinkohle.

Ungünstiger stellen sich die Reservezahlen beim derzeit wichtigsten Primärenergieträger *Erdöl* dar. Von den gesamten Ressourcen, rund $1,2 \cdot 10^{22}$ J (= 410 Mrd. t SKE), werden nur 30 % als ausbringbare Reserven klassifiziert. Es ist jedoch damit zu rechnen, daß mit steigendem Energiepreisniveau aufwendigere Fördermethoden zum Einsatz kommen, mit denen die ausbringbaren Reserven erhöht werden können.

Obwohl *Erdgas* in den letzten zwei Jahrzehnten zu einem bedeutenden Primärenergieträger geworden ist, wird die Suche nach Erdgaslagerstätten erst seit kurzem systematisch und gezielt betrieben. Bislang wurden solche Lagerstätten meist eher zufällig wegen ihrer häufigen Nachbarschaft zu Öl entdeckt. Aus diesem Grund sind die Vorratsangaben noch unsicher und uneinheitlich. Neue Veröffentlichungen weisen als gesamte Ressourcen $0,7 \cdot 10^{22}$ J (= 238 Mrd. t SKE) und davon 38 % als ausbringbare Reserven aus (Stand 1980).

Wegen der hohen Gewinnungskosten hat *Öl aus Ölschiefer und bituminösen Sanden* bislang noch keine Bedeutung gewonnen, was sich aber bei steigenden Energiepreisen ändern kann. Die unter günstigen wirtschaftlichen Bedingungen gewinnbaren (ausbringbaren) Reserven an Öl aus Ölschiefer und Öl aus bituminösen Sanden werden mit $1,9 \cdot 10^{21}$ J (= 64,6 Mrd. t SKE) bzw. $1,7 \cdot 10^{21}$ J angegeben.

Der heutige Kenntnisstand über Ressourcen und Reserven an *Uran* ist unvollständig, da zum einen ein gültiges Klassifikationsschema fehlt und zum anderen keine Angaben aus dem Ostblock vorliegen. So werden die sicher gewinnbaren Uranreserven für die westlichen Staaten mit 2,6 Mill. t angegeben (bei Gewinnungskosten bis zu 130 $/kg; bezogen auf den US-$ von 1979).

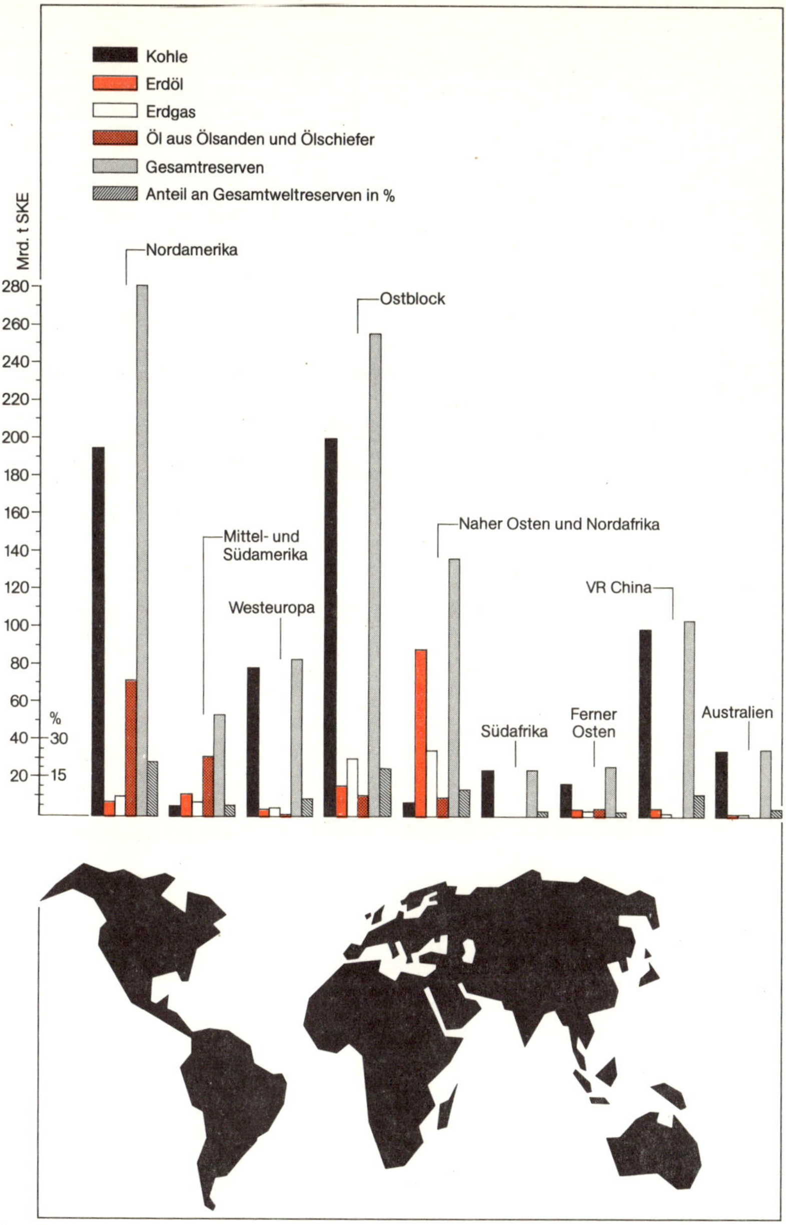

Abb. Regionale Verteilung der beim derzeitigen Stand der Technik wirtschaftlich gewinnbaren Vorräte an fossilen Primärenergieträgern
(nach: Bundesanstalt für Geowissenschaften und Rohstoffe, 1980)

Weltenergiestudien

Der weltweite Verbrauch an kommerziellen Primärenergieträgern betrug im Jahr 1975 etwa 8,2 TWa (Terawattjahre; 1 TWa entspricht $1{,}076 \cdot 10^9$ t SKE). Bei einer Weltbevölkerung von knapp 4 Mrd. Menschen lag der mittlere Verbrauch demnach bei 18 000 kWh pro Kopf. Teilt man die Welt in 7 Regionen auf, so differiert der Pro-Kopf-Verbrauch zwischen 2 000 kWh in der ärmsten Region (Afrika ohne Nord- und Südafrika, ferner Süd- und Südostasien) und 98 000 kWh in der reichsten Region (Nordamerika). Hier zeigt sich ein in Zukunft bedeutsames Entwicklungs- und Verteilungsproblem.

Projektionen des zukünftigen Energieverbrauchs orientieren sich in der Regel an den Entwicklungstendenzen der Bevölkerung und des Bruttosozialprodukts sowie an der technologischen Entwicklung in den einzelnen Wirtschaftssektoren bei der Gewinnung und Umwandlung von Primär- in Sekundär- bzw. Nutzenergie. Auch die Ressourcen- bzw. Reservensituation (in Abhängigkeit von den Preisen) und der internationale Handel spielen bei solchen Betrachtungen eine Rolle.

Die bisher wohl umfassendste globale Energiestudie wurde in den vergangenen Jahren am *IIASA* (International Institute for Applied Systems Analysis, Laxenburg, Österreich) durchgeführt. Sie enthält u. a. zwei für sieben Weltregionen durchgerechnete Szenarien, die vom Jahr 1975 bis zum Jahr 2030 reichen und in einem Fall ein vergleichsweise hohes, im anderen Fall ein niedriges Wirtschaftswachstum zugrunde legen. In beiden Szenarien geht man davon aus, daß die *Weltbevölkerung* bis zum Jahr 2000 um 54%, bis 2030 um 102% gegenüber 1975 steigt. Bezüglich des *Bruttosozialprodukts* (BSP) lauten die angenommenen Prozentzahlen des Zuwachses für das hohe (bzw. niedrige) Szenario 178% (112%) bis zum Jahr 2000 und 543% (263%) bis zum Jahr 2030. Der diesen Daten zugeordnete *weltweite Primärenergieverbrauch* (PEV) würde bis zum Jahr 2000 um 105% (66%), bis zum Jahr 2030 um 334% (173%) steigen. Die PEV/BSP-Relationen zeigen deutlich einen zunehmend sparsameren und rationelleren Umgang mit den Energierohstoffen.

Die regionalen Unterschiede, hier nur aufgezeigt am Zahlenverhältnis zwischen der reichsten und der ärmsten Region, ändern sich beim BSP pro Kopf, von einem Verhältnis 29,5 : 1 im Jahr 1975 ausgehend, nur langsam, dagegen beim PEV pro Kopf, von einem Verhältnis 48,7 : 1 im Jahr 1975 ausgehend, sehr stark (14,7 : 1 bzw. 18,5 : 1 im Jahr 2030 beim hohen bzw. niedrigen Szenario). Dies liegt an der Erwartung, daß die PEV/BSP-Relation in der reichen Region (1975 etwa 1,6) bis zum Jahr 2030 auf 0,76 bzw. 1,05 abnimmt, in der armen Region dagegen (1975 etwa 0,96) bis zum Jahr 2030 auf 1,33 (im hohen wie im niedrigen Szenario) zunimmt. Dahinter steckt die schon ab- bzw. noch zunehmende Bedeutung der energieintensiven Wirtschaftssektoren in den schon hoch industrialisierten Ländern bzw. in den Entwicklungsländern. Das Energieproblem der Zukunft liegt also in den *Entwicklungsländern*. Hier wächst die Bevölkerung noch erheblich; man kann davon ausgehen, daß bei ihnen auch das BSP pro Kopf stärker steigen wird als bei uns; ein entsprechendes Wirtschaftswachstum erfordert zumindest vorübergehend auch noch eine steigende PEV/BSP-Relation.

Die Rechnungen des IIASA wollen ausdrücklich als Szenarien und nicht als Prognosen verstanden werden, d. h., es handelt sich um (optimistische) Entwürfe, die z. T. mit Hilfe von Rechnermodellen auf Widerspruchsfreiheit, aber nicht auf Eintrenswahrscheinlichkeiten hin überprüft wurden.

Ganz im Gegensatz zu einem solchen optimistischen Entwurf scheinen Prognosen fast immer pessimistisch auszusehen, insbesondere dann, wenn sie sich auf langfristige globale Entwicklungstendenzen beziehen. Sogenannte *Weltmodelle*, die Wirkungen und Rückwirkungen der verschiedenen menschlichen Aktivitäten aufeinander und deren Wechselwirkungen mit der Umwelt rechnerisch erfassen wollen, sind insbesondere durch den *Club of Rome* bekannt geworden. Die *Modelle von Forrester und Meadows* (Massachusetts Institute of Technology) unterschieden noch keine Regionen; Energie wurde nicht als limitierender Faktor angesehen, wohl aber Rohstoffe als Ganzes und die Absorptionsfähigkeit der Umwelt hinsichtlich der von Menschen produzierten Schadstoffe. Demzufolge würde eine weiter wie bisher exponentiell zunehmende Industrieproduktion um die Mitte des nächsten Jahrhunderts zu einem Kollaps führen, und zwar aufgrund der allmählichen Erschöpfung der Rohstoffvorräte oder wegen der zunehmenden Umweltverschmutzung mit ihren Rückwirkungen auf die Nahrungsmittelproduktion und die Lebenserwartung der Menschen. Um die Katastrophe zu verhindern, sei es notwendig, die Geburtenraten schnell an die Sterberaten anzupassen und etwas später auch die Investitionen im Industriesektor auf reine Ersatzinvestitionen zu beschränken.

Das erste *regionalisierte Weltmodell von Mesarović und Pestel* (Case Western Reserve University, Ohio, und Technische Universität Hannover) kommt zu räumlich und zeitlich differenzierten Aussagen über die ohne politische Maßnahmen zu erwartenden Katastrophen. Besonders bedroht sind danach Südasien, das tropische Afrika und Lateinamerika (teilweise noch in diesem Jahrhundert). Abhilfe wird auch hier in einem gezügelten Wachstum mit massiver Hilfeleistung von Industrienationen für die Entwicklungsländer gesehen.

Gewissermaßen als Antwort auf diese Prognosemodelle entwickelten *Herrera* und *Scolnik* (Bariloche-Institut, Argentinien) mit Hilfe eines normativen *Modells für vier Weltregionen* eine Überlebensstrategie aus der Zielsetzung, allen geborenen Menschen eine ausreichende Befriedigung ihrer Grundbedürfnisse (Nahrung, Wohnung, Ausbildung) zu garantieren. Als einzige physische Grenze wird die Erschöpfung kultivierbaren Bodens in Asien im nächsten Jahrhundert gesehen. Auch hier werden politische Konsequenzen gefordert, aber nicht, um eine prognostizierte Katastrophe zu verhindern, sondern um die erwünschte und als erreichbar angesehene Entwicklung zu ermöglichen.

Viele weitere Weltmodelle wurden seither entwickelt bzw. befinden sich noch in der Entwicklung. Die Tendenz geht dahin, regional und sektorenweise weiter zu entflechten. Wie schwierig allerdings das Vorhaben ist, zeigte sich am Beispiel der *Studie Global 2000* (Regierung der USA), deren Aufgabe es war, die bis zum Jahr 2000 weltweit zu erwartenden Veränderungen der Bevölkerung, der natürlichen Ressourcen und der Umwelt zu untersuchen. Trotz intensiven Rechnereinsatzes gelang es binnen drei Jahren nicht, ein formal widerspruchsfreies Bild zu entwerfen. Die deswegen auch herangezogenen subjektiven Einschätzungen von Experten führten zu Schlußfolgerungen, die besonders pessimistisch hinsichtlich der Umweltfolgen des zunehmenden menschlichen Zugriffs auf die Ressourcen sind.

Die politische Brisanz der Beschäftigung mit solchen Themen läßt sich an zwei Beispielen deutlich aufzeigen: Ein großer Teil der am Global-2000-Bericht beteiligten Beamten mußte nach dem Regierungswechsel ihr Amt verlassen, die Mitglieder des Bariloche-Teams sogar binnen 24 Stunden ihr Heimatland.

Neueren Datums ist ein von *Leontief* für die Vereinten Nationen entwickeltes multiregionales, multisektorales *Input-Output-Modell der Weltwirtschaft*. Neben einem sog. „Nuklearpfad“ und einem sog. „Kohlepfad“ hinsichtlich der Energieversorgung wird in bezug auf die Weltbevölkerung und das Bruttosozialprodukt ein optimistisches und ein pessimistisches Muster von Rahmenbedingungen herangezogen. Im pessimistischen Fall steigt die Weltbevölkerung bis zum Jahr 2030 auf knapp 9,8 Mrd. Menschen. Damit verbunden ist ein niedrigeres Bruttosozialprodukt und ein geringerer Energieverbrauch; letzterer ist aber in jedem Fall erheblich höher als in den IIASA-Szenarien. Dies betrifft vor allem die Ölförderung in den westlichen Entwicklungsländern.

Während für die IIASA-Studien besonders viele technologische Informationen, im Fall der Leontief-Studie hingegen besonders viele ökonomische Informationen verarbeitet wurden, versucht man am Wissenschaftszentrum Berlin *(GLOBUS-Projekt)* zur Zeit ein Weltmodell aufzubauen, das besonders den soziopolitischen Gegebenheiten und Veränderungen Beachtung schenkt.

Rationelle Energieverwendung · Energieeinsparung

Rationelle und sparsame Energieverwendung sind ein wichtiges Anliegen der umfassenden Bemühungen zur Sicherung der Energieversorgung und stehen daher auch in ernergiepolitischen Empfehlungen und Maßnahmen sowie in der Forschungspolitik an erster Stelle, z. B. im Energieprogramm der Bundesregierung und in Empfehlungen des Bundestages.

Eine bessere Energienutzung bzw. eine wirkungsvolle Energieeinsparung ist grundsätzlich bei allen drei Verbrauchssektoren (Industrie, Haushalte und gewerbliche Kleinverbraucher, Verkehr) sowie bei der Energiebereitstellung möglich, und zwar auf fünf Wegen:

- *Änderung des Verbraucherverhaltens* (geringerer Energiebedarf durch Vermeiden unnötigen Nutzenergieverbrauchs; energiebewußtes Verhalten);
- *Reduzierung des Nutzenergiebedarfs* (z. B. durch bessere Wärmedämmung, Absenkung der Raumtemperatur, Verwendung von Schnellkochtöpfen);
- *technische Verbesserung* von Anlagen, Maschinen und Geräten (höhere Wirkungs- und Nutzungsgrade bei der Energieanwendung und -bereitstellung);
- *Energierückgewinnung* (z. B. Wärme aus Abluft oder Abwässern mit Hilfe von Wärmetauschern oder Wärmepumpen, Nutzung von Kraftwerksabwärme, Recycling);
- *verstärkte Nutzung regenerativer Energiequellen* (z. B. Sonnenenergie, Wasserkraft, Windkraft, Erdwärme).

Maßnahmen zur *Einsparung von Energie* sind besonders wirkungsvoll durchführbar bei der *Raumheizung* der privaten Haushalte und der gewerblichen Kleinverbraucher; in diesem Bereich wurden in der Bundesrepublik Deutschland 1980 etwa 35% der Endenergie verbraucht. Die Verwendung geeigneter Baustoffe und Isoliermaterialien zur Wärmedämmung und -speicherung für Wände, Decken, Fußböden, Türen und Fenster ermöglicht unter Wirtschaftlichkeitsgesichtspunkten in Verbindung mit verbesserten Reglern und Heizungsanlagen eine Einsparung von rund 50% der Heizenergie der privaten Haushalte (Abb. 1 zeigt das Einsparpotential am Beispiel eines Einfamilienhauses). Eine ähnliche Einsparung bietet sich auch bei den gewerblichen Kleinverbrauchern an. Ein vermehrter Einsatz von Wärmepumpen und Fernwärme und die Nutzung der Sonnenenergie zur Warmwasserbereitung bedeuten eine rationellere Energieverwendung und können einen wichtigen Beitrag zur Mineralölsubstitution leisten.

Im Bereich des *Verkehrs* wurden 1980 ca. 98% der erforderlichen Energie in Form von Mineralölprodukten eingesetzt; 60% davon wurden allein von den Pkws verbraucht. Hier bieten sich, ausgehend von dem schlechten Energienutzungsgrad bei Pkws (unter 15%!), erhebliche Einsparmöglichkeiten an: Verbesserung der Motoren, alternative Antriebskonzepte (z. B. LPG- und Methanolmotor), veränderte Auslegung von Motor und Getriebe, aerodynamische Verbesserungen der Karosserieform, Verringerung des Fahrzeugleergewichts, Verringerung des Reifenrollwiderstandes. Eine Reduzierung des spezifischen Energieverbrauchs von durchschnittlich 11,4 l/100 km für einen Benzin-Mittelklassewagen im Jahre 1980 um ca. 4 l/100 km in den nächsten 20 bis 30 Jahren erscheint aus der Sicht der Automobilhersteller durchaus realistisch.

Weitere Ansatzpunkte für eine rationelle Energieverwendung sind: Verbesserung des Verkehrsflusses, Veränderung des persönlichen Fahrverhaltens und eine höhere Auslastung der Fahrzeuge durch Bildung von Fahrgemeinschaften. Wenn außerdem gleichzeitig eine Verschiebung des energieintensiven Individualverkehrs zugunsten des weniger energieaufwendigen öffentlichen Verkehrs (Eisenbahn, Straßenbahn, Bus) gelingt, erscheint eine Reduzierung des Energieverbrauchs im Individualverkehr um bis zu 50% in 30 Jahren als realisierbar (Abb. 2 zeigt eine mögliche Entwicklung).

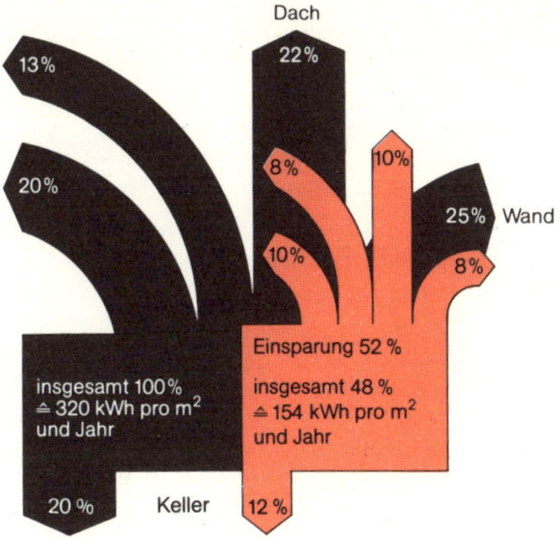

Abb. 1 Aufführung der Heizwärmeflüsse und des Einsparpotentials am Beispiel eines freistehenden Einfamilienhauses

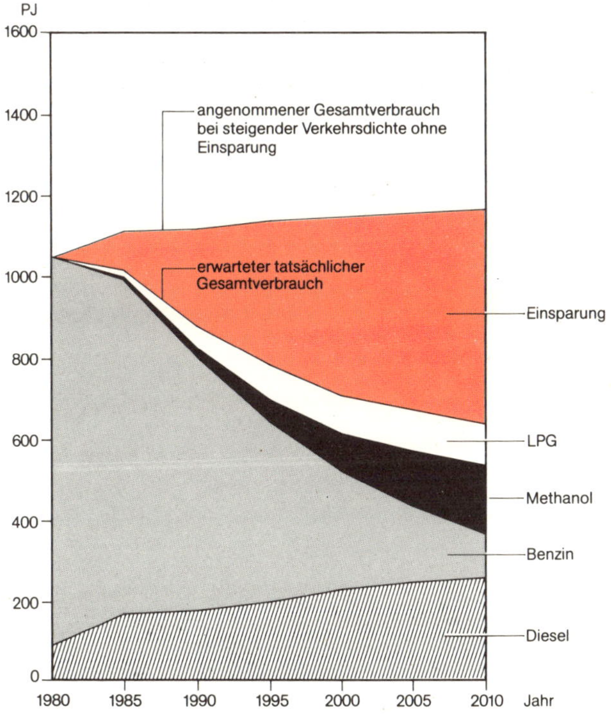

Abb. 2 Entwicklungsmöglichkeit des Energieverbrauchs bei Pkws in der BR Deutschland

In der *Industrie* erfolgte der Umgang mit Energie aus Kostengründen schon immer bewußter und sparsamer als in den Verbrauchsbereichen, in denen Energie bisher meist unreflektiert konsumiert wurde. Darüber hinaus ist es der Industrie durch gesteigerte Anstrengungen gelungen, den spezifischen industriellen Energieeinsatz in einem Zeitraum von 20 Jahren um etwa 38% zu vermindern (Abb. 3). Eine Einsparquelle der Zukunft könnte die Verlagerung der Produktion von energieintensiven auf weniger energieintensive Branchen („intelligentere" Produkte) und speziell für ein hochentwickeltes Land wie die Bundesrepublik die Verlagerung der Grundstoffindustrien in die Rohstoffländer sein.

Weitere Einsparmöglichkeiten bieten sich in der Industrie durch Wärmerückgewinnung, verstärkte gekoppelte Erzeugung von Strom und Wärme und eine Rückführung energieintensiver industrieller Abfallgüter (Recycling). Hierzu gibt es heute schon eine Reihe von Techniken, mit denen z.T. große Mengen an Energie eingespart werden können. Bei der *Aluminiumproduktion* z.B. werden pro Tonne Aluminium für die Elektrolyse 15000 kWh an Strom verbraucht. Wählt man hingegen ein Recyclingverfahren und stellt Aluminiumschrott her, benötigt man nur etwa 750 kWh an elektrischer Energie. Dieses Verfahren spart gegenüber der Elektrolyse 98% an Energie ein und ist zudem umweltschonender und rohstoffsparender. Es muß allerdings einschränkend erwähnt werden, daß nicht der gesamte Bedarf an Aluminium mit Hilfe des Recyclings gewonnen werden kann und daß damit der Einsparung Grenzen gesetzt sind. – Im Bereich der Fertigungsindustrie verspricht der Einsatz von Mikroprozessoren zur Prozeßsteuerung eine Verminderung des Strombedarfs.

Bei der *Energiebereitstellung* steht der Verminderung des Energieeinsatzes aufgrund verfahrenstechnischer Verbesserungen ein zu erwartender Mehraufwand für Umweltschutzmaßnahmen (z.B. Rauchgasentschwefelung) und für die Erzeugung synthetischer Energieträger zur Mineralölsubstitution (Kohleveredelung) entgegen. Hat sich der spezifische Energieeinsatz in der Vergangenheit in den öffentlichen Wärmekraftwerken von 1960 bis 1980 um etwa 23% verbessert (Abb. 4), so ist also in Zukunft nicht mehr mit solch großen Einsparquoten zu rechnen, da die technisch-physikalischen Grenzen hinsichtlich der Verbesserungen des Wirkungsgrades bei Wärmekraftwerken bald erreicht zu sein scheinen. Einsparmöglichkeiten liegen hier noch in der verstärkten Anwendung der Kraft-Wärme-Kopplung, d.h. in der kombinierten Erzeugung von Strom und Fernwärme, die einen etwa doppelt so hohen Wirkungsgrad (ca. 80%) wie die reine Stromerzeugung aufweist. Der Einsatz der Kernenergie zur Stromerzeugung wirkt zwar nicht energiesparend, liefert aber einen Beitrag zur Schonung anderer Rohstoffvorräte und zur Reduzierung der Umweltbelastung.

Bei allen Überlegungen zu diesem Thema darf nicht vergessen werden, daß ebenso wie in anderen Bereichen jede Rationalisierung des Energieeinsatzes ihren Preis hat. Vielfach wird das energetisch günstigere System gegenüber dem bisherigen mehr materiellen Aufwand benötigen, d.h., Energie wird durch Kapital ersetzt. Zudem wird im allgemeinen die angewandte Technik komplexer, weniger transparent, und die Wirkungsprinzipien werden für den Laien, aber auch für den einzelnen Fachmann immer schwerer durchschaubar. Wartung und Reparatur verlangen zunehmend speziell geschulte und qualifizierte Kräfte und werden dadurch zu einem noch bedeutenderen Kostenfaktor als bisher. Daraus ergibt sich die Forderung, daß für jede Energieeinsparmaßnahme eine sorgfältige Kosten-Nutzen-Analyse durchgeführt werden muß.

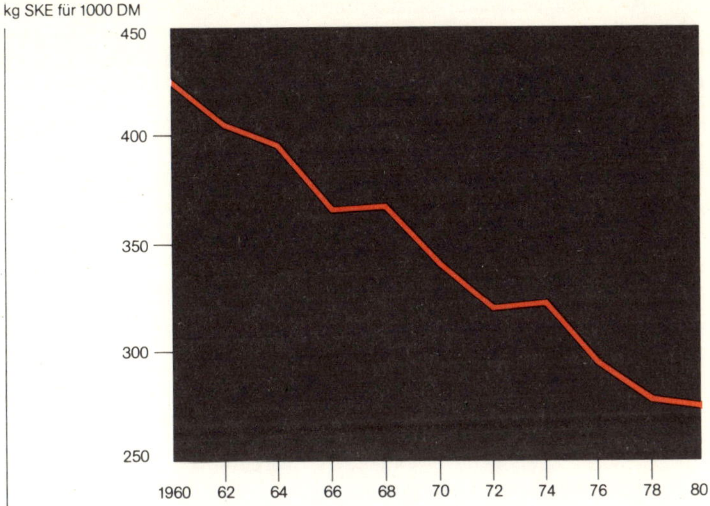

Abb. 3 Spezifischer Endenergieverbrauch der Industrie (in kg SKE für 1000 DM), bezogen auf den Preis von 1970

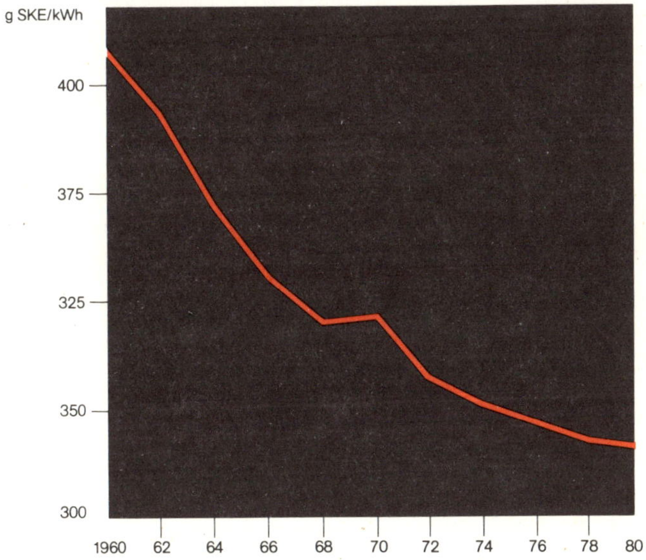

Abb. 4 Spezifischer Brennstoffverbrauch in öffentlichen Wärmekraftwerken (in g SKE/kWh)

Im Jahre 1980 wurden in der Bundesrepublik Deutschland ca. 35 % der Endenergie für die Raumheizung der privaten Haushalte und der gewerblichen Kleinverbraucher verwendet; in absoluten Zahlen bedeutet das 90 Mill. t SKE, was energetisch etwa der deutschen Steinkohleförderung dieses Jahres oder umgerechnet einem Ölverbrauch von 62 Mill. t entspricht.

Durch eine *bessere Energienutzung* mit Hilfe technisch verbesserter Heizungsanlagen und durch eine Reduzierung des Nutzenergiebedarfs mittels verstärkter Wärmedämmung der Häuser sind hohe Einsparquoten erreichbar. Dabei hängen die Wirtschaftlichkeit der Maßnahmen und damit die Höhe der realisierbaren Einsparungen natürlich vom jeweiligen Preisniveau der Energieträger ab.

Der *Wärmeverlust eines Gebäudes,* den es durch Wärmedämmung zu vermindern gilt, setzt sich zusammen aus der *Transmission (Wärmedurchgang)* durch die Gebäudeumfassungsfläche (d. h. Außenwände, Fenster, Dach und Kellerdecke), aus der *ungewollten Lüftung* durch Fensterfugen und Türritzen und aus einer *gewollten Lüftung* zur Lufterneuerung. Dieser Wärmeverlust, vermindert durch Sonneneinstrahlung und andere Wärmegewinne (Beleuchtung, elektrische Geräte, die Anwesenheit von Menschen), muß durch das Heizsystem ausgeglichen werden.

Die Anteile der einzelnen Verlustquellen sind in der Abbildung für ein typisches freistehendes Einfamilienhaus und für ein entsprechendes Mehrfamilienhaus dargestellt. Bei einem *Wärmeschutz nach DIN 4108* (August 1969) beträgt der Heizwärmebedarf für das *Einfamilienhaus* 265 kWh und für das *Mehrfamilienhaus* 175 kWh, jeweils pro Quadratmeter und Jahr. Die gleichen Häuser weisen einen auf 180 bzw. 110 kWh verminderten Heizwärmebedarf auf, wenn sie nach den Bestimmungen der *Wärmeschutzverordnung* vom August 1977 gebaut wurden. Häuser, die nach dem Inkrafttreten der zweiten Wärmeschutzverordnung (1. Januar 1984) gebaut werden, dürfen nur noch maximale Transmissionsverluste aufweisen, die etwa 25 % unter den Werten der Verordnung von 1977 liegen. Damit ergeben sich Höchstwerte von 135 kWh für das Einfamilienhaus und von 83 kWh für das Mehrfamilienhaus pro Quadratmeter und Jahr.

Mit der Verbesserung des Wärmeschutzes sind auch die *Jahresnutzungsgrade* der Heizungsanlagen gestiegen. Waren 1969 Nutzungsgrade von etwa 55 % für neuinstallierte Ölheizungsanlagen typisch, kann für 1977 eine Steigerung durch Verbesserungen der Brenner und durch verstärkten Einsatz von automatischen Regelungseinrichtungen auf einen Wert von etwa 65 % angenommen werden. Weiterer technischer Fortschritt auf diesem Gebiet läßt einen Jahresnutzungsgrad von 75 % für 1984 als nicht unrealistisch erscheinen, zumal es bereits jetzt Anlagen gibt, die diesen Wert erreichen oder überschreiten. Mit solchen Nutzungsgraden ergeben sich für ein freistehendes Einfamilienhaus mit 120 m^2 Wohnfläche und für ein Mehrfamilienhaus von 1 200 m^2 Wohnfläche (16 Wohneinheiten zu je 75 m^2) folgende *Verbrauchsentwicklungen für leichtes Heizöl:*

Baufertigstellung	1969	1977	1984
Jahresnutzungsgrad	0,55	0,65	0,75
Verbrauch im Einfamilienhaus (Liter pro Jahr)	5 780	3 230	2 160
Verbrauch im Mehrfamilienhaus (Liter pro Jahr)	38 180	20 300	13 200

Dies entspricht einer Einsparung von ca. 65 % in 15 Jahren. Weitergehende Einsparungen, insbesondere durch eine weitere Erhöhung des baulichen Wärmeschutzes, sind als durchaus realistisch einzuschätzen. Maßstab könnte hier Schweden sein, wo bereits Vorschriften gelten, die über die Maßgaben der 1984 in Kraft tretenden Wärmeschutzverordnung der Bundesrepublik Deutschland hinausgehen.

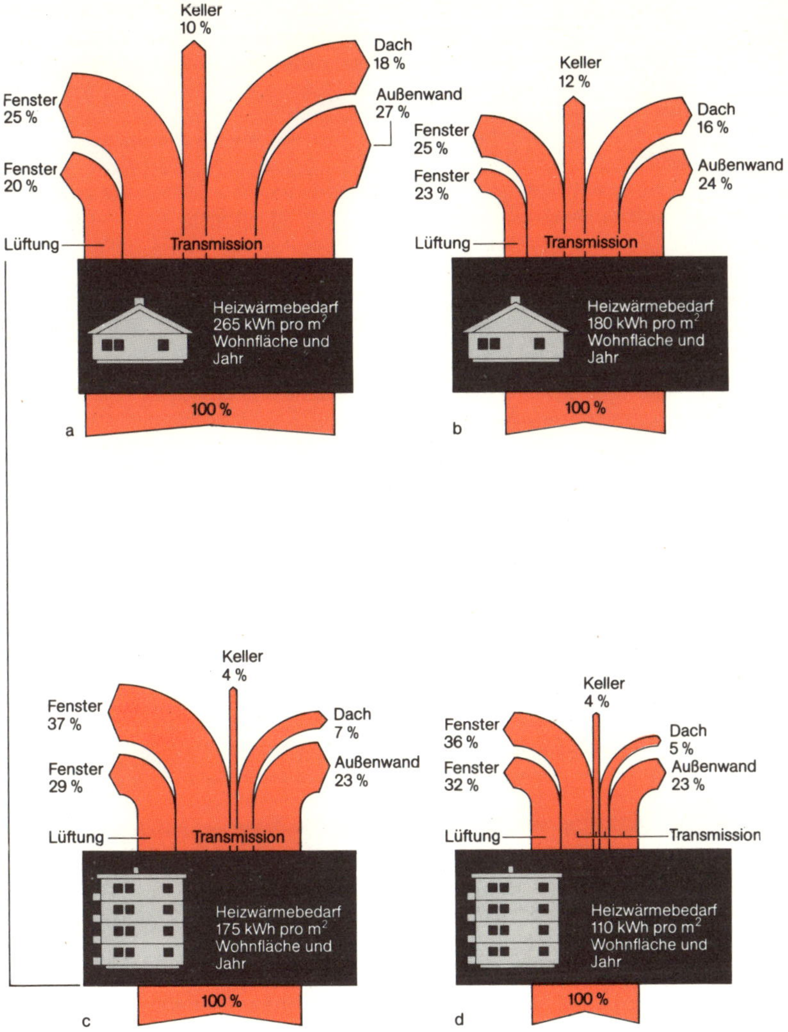

Abb. Wärmeverluste eines Einfamilien- (a, b) und eines Mehrfamilienhauses (c, d) mit unterschiedlichem Wärmeschutz

Energieprobleme in den Industrieländern

Die Energieprobleme in den Industrieländern sind eng verknüpft mit den Ölverteuerungen der Jahre 1973/74 und 1979/80. Die starke Erhöhung der Ölpreise innerhalb kurzer Zeit führte zu einer finanziellen Mehrbelastung der Industriestaaten, die anfänglich in der Größenordnung von 2% der Produktionsleistung lag. Die volkswirtschaftliche Leistung, die hierfür zusätzlich erbracht werden mußte, löste einen Anpassungsprozeß aus, der in allen Bereichen wirtschaftlichen Handelns negative Auswirkungen zeigte: auf der einen Seite ein Rückgang der Gesamtnachfrage, der allgemeinen Wirtschaftstätigkeit und der Beschäftigung, auf der anderen Seite eine Verstärkung inflationärer Tendenzen und dadurch immer mehr sinkende Realeinkommen.

Auf Grund der weltweiten Bemühungen, die Wirtschaftskrise zu überwinden, ist inzwischen in den Industriestaaten ein energiewirtschaftlicher Strukturwandel in Gang gekommen, der bereits dauerhafte Ergebnisse zeigt. Einige *Indikatoren des Strukturwandels* für den Bereich der *OECD-Länder* sind die folgenden, in % angegebenen Änderungen (Stand 1980) gegenüber dem Bezugsjahr 1973:

reales Bruttoinlandsprodukt (BIP)	+ 19%
gesamter Primärenergieverbrauch (PEV)	+ 4%
Ölbedarf	− 3%
Ölimporte	− 14%
Primärenergieeinsatz pro BIP-Einheit	− 13%
Öleinsatz pro BIP-Einheit	− 20%
heimische Energieproduktion	+ 13%
Erdöl	+ 9%
Kohle	+ 23%
Kernkraft	+ 206%

Diese Tendenzen zeigen eindeutig die Verdrängung des Öls durch andere, insbesondere durch die heimischen Energieträger und die Wirkung von Energieeinsparungsmaßnahmen auf. Allerdings sind die Möglichkeiten der Industriestaaten, diesen mit Milliardeninvestitionen verbundenen Strukturwandel voranzutreiben, begrenzt.

Die eigenen Erdgas- und Ölvorkommen der Industrieländer (z. B. Nordsee, Alaska) sind zwar bedeutend, aber für eine dauerhafte Problemlösung unzureichend. Bei der Kohle, die mengenmäßig auf lange Zeit reichen würde, stehen die hohen Kosten für Transport- und Umschlaganlagen sowie Umweltschutzauflagen, ferner Standort- sowie Strukturprobleme einer starken und schnellen Expansion im Wege. Was die Kernenergie betrifft, so haben v. a. Probleme des Umweltschutzes, Standortfragen und generelle Akzeptanz- sowie Risikoeinwendungen die Möglichkeiten der Kernenergienutzung in fast allen Industrieländern (mit Ausnahme Frankreichs und der Staatshandelsländer) stark beeinträchtigt.

Als weitere Möglichkeit ist der Einsatz von *regenerativen Energiequellen* (z. B. Sonnenenergie, Windenergie, Energie aus Biomasse, Meeresenergie usw.; s. S. 202 ff.) zu nennen. Wenn das theoretische Potential dieser Energiequellen auch sehr hoch ist, so ist doch die großtechnische Nutzung in vielen Industriestaaten schwierig, und die Technologie, insbesondere bei der indirekten Nutzung der Sonnenenergie, ist noch nicht ausreichend entwickelt und noch zu teuer.

Die energiewirtschaftlichen Perspektiven der Industrieländer müssen daher darauf ausgerichtet sein, durch eine ausgewogene Mischung von konventionellen Energieträgern (Öl, Erdgas, Kohle), Kernenergie und regenerativen Energiequellen die Energieprobleme und damit die Wirtschaftsstrukturprobleme zu lösen. Dabei ist im einzelnen genau zu prüfen, was technisch realisierbar, wirtschaftlich vertretbar und politisch durchsetzbar ist. Die Abb. zeigt eine denkbare Strukturentwicklung der Energieversorgung für die Industrieländer der OECD-Gruppe.

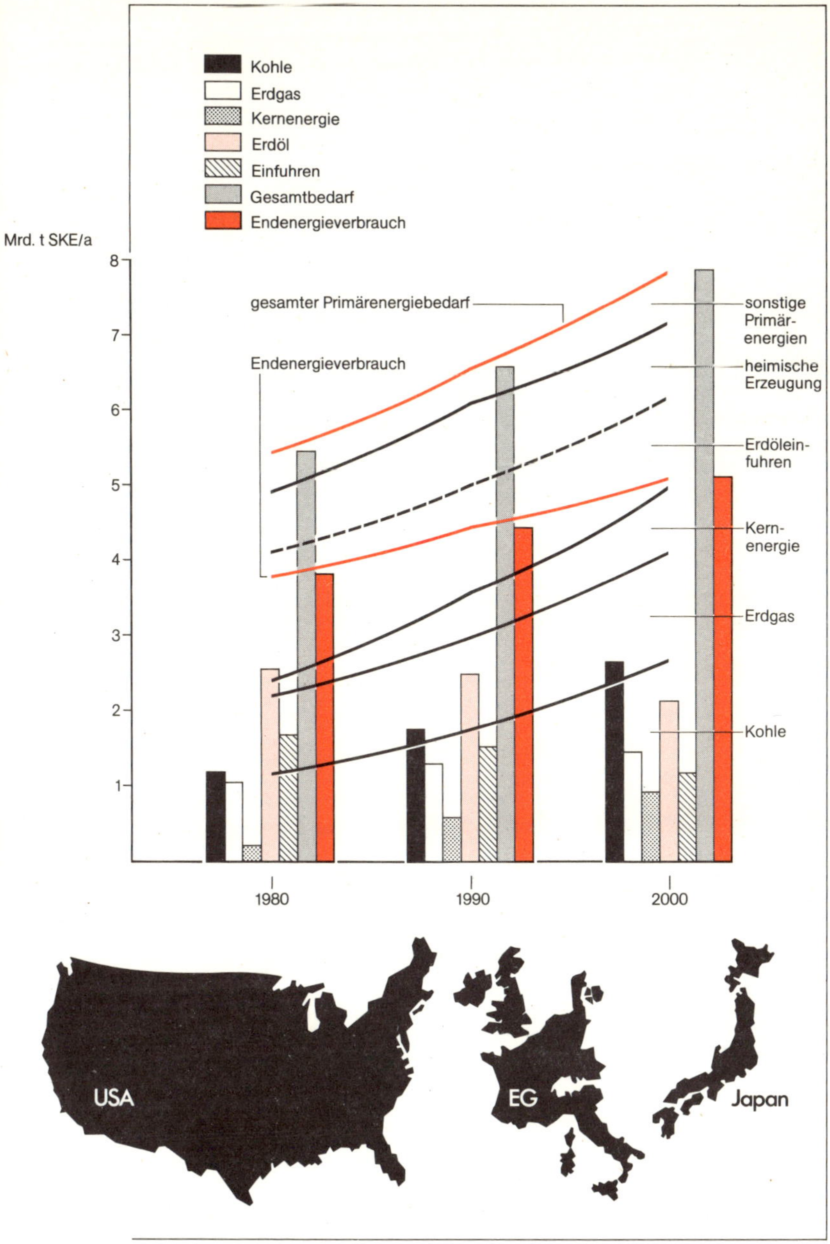

Abb. Mögliche Entwicklung der Deckung des Primärenergiebedarfs in den zur OECD gehörenden Industrieländern

Energieprobleme in der dritten Welt

Der jährliche *Primärenergieverbrauch* ist in den Entwicklungsländern mit durchschnittlich 0,5 t SKE pro Kopf viel geringer als in den westlichen Industrieländern mit durchschnittlich 6,9 t SKE pro Kopf. Beispielsweise beträgt er in dem Schwellenland Brasilien nur ¼ und in dem armen Entwicklungsland Sudan gar nur $^1/_{12}$ des Verbrauchs in der Bundesrepublik von 6,5 t SKE pro Kopf. Der Anteil des *Öls* am Verbrauch aller kommerziellen Energieträger (Öl, Gas, Kohle, Wasserkraftstrom) liegt in den Industrieländern im Durchschnitt (wie in der Bundesrepublik) bei 50 %, in den Entwicklungsländern dagegen, deren junge Industrialisierung sich auf das ehemals billige Öl ausgerichtet hat und in denen der Ölverbrauch prozentual wesentlich schneller stieg, bei 80 %.

Die Nutzung der nichtkommerziellen Energieträger *Holz,* getrocknete tierische *Dungfladen* und *landwirtschaftliche Abfälle* (z. B. Stroh) durch die überwiegend auf dem Land lebende Bevölkerung sowie die verbreitete Verwendung von *Holzkohle* in den Städten macht heute noch einen großen Anteil am gesamten Energieverbrauch aus, in den ärmeren Entwicklungsländern häufig bis zu 80 %.

Eine besondere Bedeutung kommt, wie bereits angedeutet, dem *Ölproblem* zu. Die über 90 ölimportierenden Entwicklungsländer sind von den enormen Ölpreiserhöhungen v. a. der Jahre 1973/74 und 1979 durch die ca. 30 ölexportierenden Entwicklungsländer noch stärker betroffen als die Industrieländer; viele stehen am Rande des wirtschaftlichen Ruins. Im Durchschnitt dieser Länder zehrt die auf das Achtfache gestiegene Ölrechnung ein Viertel der Exporterlöse auf, bei manchen sogar die gesamten Exporterlöse. Die Auswirkungen zeigen sich in höheren Preisen auch für importierte Güter, in der Verlangsamung des Wirtschaftswachstums, in der Erhöhung des Leistungsbilanzdefizits, in der Verdreifachung der Verschuldung und schließlich im Rückgang landwirtschaftlicher Erträge durch verminderten Einsatz von verteuertem Kunstdünger und Diesel für Bewässerungspumpen.

Die Entwicklungshilfe von Industrieländern und OPEC-Ländern macht nicht einmal mehr die Hälfte der Ölimportrechnung aus. Und eine Verbilligung der Ölpreise für Entwicklungsländer wird von der OPEC bisher lediglich diskutiert.

Eine Verringerung des Bedarfs an importiertem Öl könnten die Entwicklungsländer durch die Erschließung eigener Ölvorkommen, durch Ölsparmaßnahmen und durch den Ersatz von Öl durch einheimische Alternativenenergien (Wasserkraft, Kohle, Gas, Torf, Uran, eventuell auch Ölschiefer, Teersande und Schweröl) erreichen. Auch die Solarenergie könnte mit Warmwassersystemen und solaren Bewässerungspumpen einen Beitrag leisten.

In vielen ländlichen Regionen hat das hohe Bevölkerungswachstum dazu geführt, daß *Brennholz* knapp geworden ist; mit der Folge, daß Frauen und Kinder stundenlang Holz sammeln und kilometerweit nach Hause tragen müssen, die Preise für gehandeltes Holz sehr hoch sind, und mancherorts die Speisen nur noch halb gargekocht werden können, so daß Magenkrankheiten zugenommen haben.

Die Brennholzbeschaffung trägt mit zu der problematischen *Reduktion des Waldbestandes* bei. Der Wald wird in vielen Entwicklungsländern vor allem durch *Brandrodung* zur Gewinnung von Ackerland und durch *industrielle Holzgewinnung* dezimiert. Die irreversiblen ökologischen Folgen sind in einigen Ländern bereits drastisch: Die fruchtbare Bodenschicht wird auf den abgeholzten Flächen durch Wind und Regen abgetragen (Erosion), die Wüsten breiten sich aus, Berghänge verkarsten, es kommt zu Überschwemmungen.

Die Feuerholzknappheit könnte durch die Benutzung verbesserter Herde (anstelle offener Feuerstellen und ineffektiver Herde) und durch die Wiederaufforstung mit geeigneten schnellwachsenden Bäumen teilweise kompensiert werden. Andererseits könnte Holz leicht substituiert werden: zum Kochen durch Solarkocher und Biogas aus Exkrementen und landwirtschaftlichen Abfällen; zu Beleuchtungszwecken (an Stelle des Feuerscheins) z. B. durch (bisher allerdings häufig noch nicht vorhandenen) Strom aus Kleinwasserkraft- und Windanlagen.

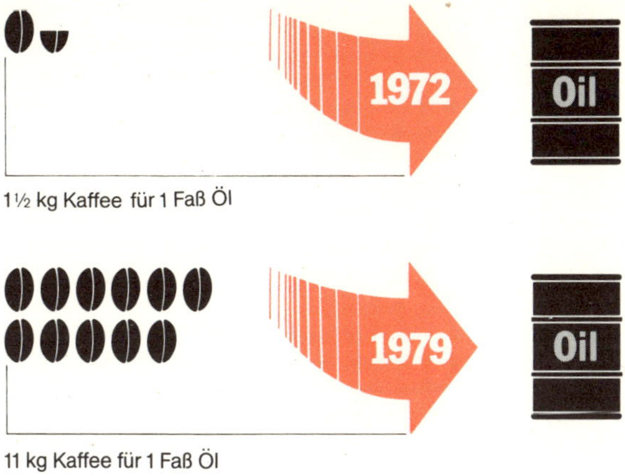

Abb. 1 Die Entwicklungsländer müssen immer mehr für ihre Ölimporte bezahlen

Abb. 2 Ursachen und Auswirkungen des sinkenden Waldbestandes in Entwicklungsländern

Energiewirtschaft und Volkswirtschaft

Bei der Entwicklung von Energieperspektiven ist zu beachten, daß das Energiesystem notwendigerweise in das übergeordnete gesamtwirtschaftliche bzw. gesellschaftliche System eingebettet ist. Die *Energieproduktion* erbringt zwar nur einen relativ kleinen Teil der gesamten Wertschöpfung einer *Volkswirtschaft;* aber bereits die Lockerung eines kleinen Grundbausteins kann das gesamte Wirtschaftsgefüge ins Wanken bringen, wie der Ausfall von Öllieferungen im Jahr 1973 gezeigt hat.

Wenn man also die Frage nach dem *Stellenwert der Energie in einer Volkswirtschaft* beantworten will, kommt es darauf an, den „Energiebaustein" an der richtigen Stelle im Gesamtwirtschaftsgefüge zu untersuchen. Die *wechselseitige Produktionsverflechtung* in der Industrie ist in diesem Sinne ein wichtiger Untersuchungsbereich. Man unterscheidet hier Sektoren, die *Energiegüter,* und solche, die *Nichtenergiegüter* produzieren. Zur Produktion von Endenergie werden Primärenergien sowie Hilfs- und Betriebsstoffe, Arbeit und Kapital eingesetzt. Ähnliches gilt für die Produktion von Nichtenergiegütern. Hier werden beispielsweise Energie und andere Vorleistungen eingesetzt, um den Stahl zu produzieren, mit dem ein Kraftfahrzeug gebaut wird, das im Verkehrssektor zum Einsatz kommt. Zur Darstellung dieser Verflechtung wählt man das *Matrixkonzept* (Abb.).

Eine Analyse der Zahlenwerte der Matrix zeigt, daß die Energievorleistungen zur Produktion in den Energie- und Grundstoffindustrien einen vergleichsweise hohen Anteil haben. Diese Industriezweige sind besonders anfällig für Störungen auf den Energiemärkten.

Außerhalb der industriellen Verflechtung wird Energie im wesentlichen an den privaten Verbraucher geliefert, wo sie eingesetzt wird, um Heiz- und Kochwärme, elektrisches Licht usw. zu produzieren.

Will sich eine Volkswirtschaft von importierten Energien unabhängiger machen, so muß sie wegen der bestehenden Verflechtungen nicht allein das Energiesystem, sondern den gesamten Produktionsapparat umstellen. Energie wird in der gesamten Volkswirtschaft nur in Verbindung mit langlebigen Kapitalgütern eingesetzt (Beispiele: Kraftwerke, Raffinerien, Hochöfen, Heizungssysteme, Kraftwagen, Hausgeräte). Um die Energieverwendungsstruktur zu ändern, muß das gesamte Anlagevermögen umgeschichtet werden, was jedoch kurzfristig nicht möglich ist.

Die *Investitionen in langlebige Kapitalgüter,* die einen hohen Energieeinsatz verlangen, können nur dann optimal gelenkt werden, wenn langfristige Entwicklungen einigermaßen zutreffend eingeschätzt werden. Dies sind beispielsweise langfristige Preistrends, Konsum- und Investitionsnachfragen, Exportmöglichkeiten, Bevölkerungs- und Einkommensentwicklungen, die Verfügbarkeit von Ressourcen, technische Entwicklungen und anderes mehr.

Ein weiteres Bindeglied der Energie- und Volkswirtschaft ist somit der *Kapitalmarkt.* Nicht nur Großtechnologien der Energieversorgung, sondern auch neue (energiesparende) Aggregate bei der Energieverwendung erfordern langfristig rentables Investitionskapital und stehen im Wettbewerb mit alternativen Kapitalverwendungsmöglichkeiten. Fehlentscheidungen in der Investitionsplanung, die dann später mit Kapitaleinsatz korrigiert werden müssen, nehmen der Wirtschaft Bewegungsmöglichkeiten. Damit müssen unter Umständen innovative Investitionen, die zu den Grundlagen der Volkswirtschaft zählen, zurückgestellt werden.

Die Energiewirtschaft ist also trotz ihres geringen Anteils an der Wertschöpfung für die Unternehmen, die Haushalte und die Kapitalmärkte von grundlegender Bedeutung und damit ein Schlüsselsektor der Volkswirtschaft.

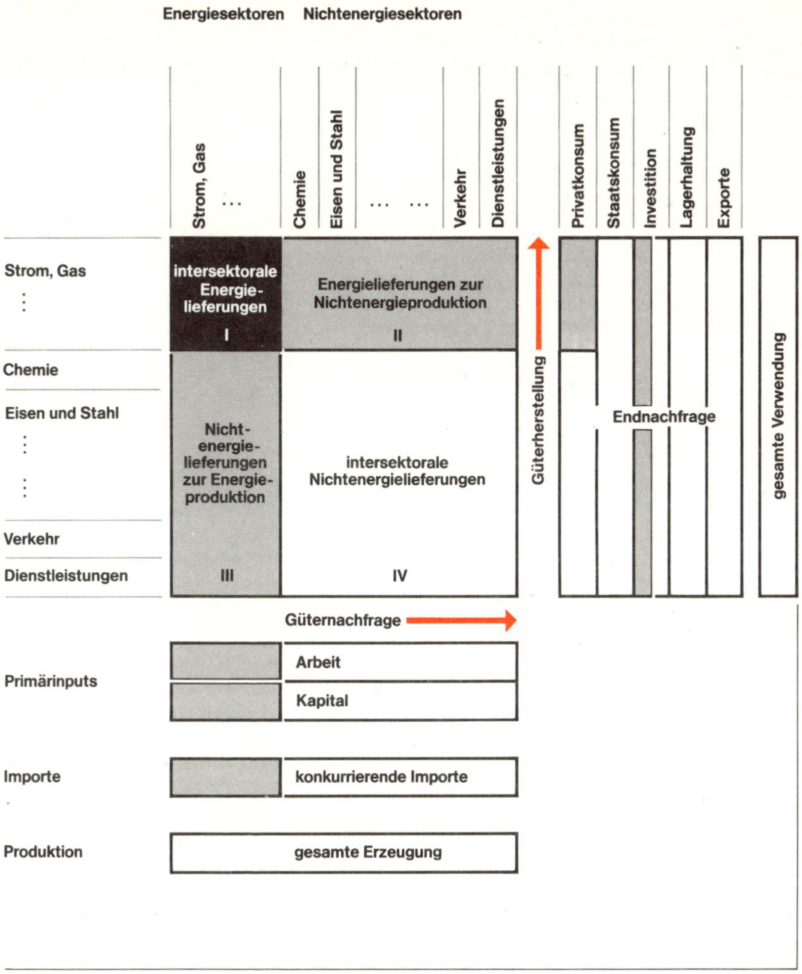

Abb. Verflechtungsschema der Energie- und Gesamtwirtschaft

Energieplanung • Energiepolitik

Die Energiemarkt- und vor allem die Ölpreisentwicklung seit 1979 haben die weltwirtschaftliche Lage und die strukturellen Probleme in vielen Ländern erheblich verschärft. Fast alle Industriestaaten und vor allem die auf Energieimporte angewiesenen Entwicklungsländer leiden unter Leistungsbilanzdefiziten, geringem Wirtschaftswachstum, relativ hoher Arbeitslosigkeit und steigender Inflation. Viele Volkswirtschaften werden mit dem entsprechenden Anpassungsprozeß nur schwer fertig.

Damit wächst die Notwendigkeit, durch vorausschauende Planungen Vorgaben für die Energieversorgung der nächsten Jahre zu setzen. In einem auf marktwirtschaftlichen Prinzipien beruhenden Wirtschaftssystem wie dem der *Bundesrepublik Deutschland* sind diese Vorgaben in Form von Eck- und Rahmendaten der zukünftigen Energieversorgungsstruktur zu sehen. Die Bundesregierung tut dies durch die periodische Herausgabe von *Energieprogrammen* und *Energieforschungsprogrammen,* in denen sie ihre Politik erläutert.

Die in einer Marktwirtschaft bestimmenden Kräfte von Angebot und Nachfrage bezüglich Energie sollen dabei durch die politischen Vorgaben nur zielorientiert beeinflußt werden. Außerdem soll die Steuerung soweit wie möglich von Marktkräften bestimmt werden und nicht durch vorgegebene politische Bestimmungen möglichen Verzerrungen ausgesetzt sein. So beschränkt sich die Bundesregierung in der dritten Fortschreibung des Energieprogramms vom 4. 11. 1981 auf wenige Akzente: „Zur Sicherung der deutschen Energieversorgung in den 80er Jahren bedarf es keiner grundsätzlich neuen Wege und Maßnahmen. Die energiepolitischen Schwerpunkte – Einsparung, Zurückdrängung des Öls, Erweiterung des Energieangebots durch Krisenvorsorge – sind unverändert aktuell. Notwendig ist weiterhin die Streuung der Risiken der Energieversorgung, insbesondere durch Diversifizierung der Energieträger und durch regionale Streuung der Importe . . .“.

In der Begründung des Energieprogramms erläutert die Bundesregierung, wie sie diese grundsätzlichen Ziele erreichen will:

- durch den Vorrang für die heimische Kohle und entsprechende steuerliche, investive und operative Maßnahmen;
- durch den Ausbau der Fernwärme mit entsprechenden Investitionsanreizen;
- durch die weitere Beteiligung der Kernenergie und den Ausbau der notwendigen Teile eines Brennstoffkreislaufs;
- durch Auflagen für Sicherheit und Umweltschutz;
- durch verstärkte Anreize für den sparsamen Umgang mit Energie und die Reduzierung von Umwandlungsverlusten.

Diese Vorgaben zielen sowohl auf eine Veränderung der Primärenergiestruktur als auch auf eine Verminderung der Umwandlungsverluste in der Energiewirtschaft und beim Endenergieverbraucher.

Ähnlich strukturiert sind die energiepolitischen Programme anderer Länder, die nach marktwirtschaftlichen Grundsätzen verfahren. Ganz anders jedoch sind die Verhältnisse in den *Planwirtschaftsstaaten,* zu denen die Ostblockländer und die Mehrzahl der Entwicklungsländer zählen. Dort entscheidet der Staat als oberste Planungsbehörde, wann, wo und wieviele Kraftwerke z. B. zu bauen sind. Dort wird im allgemeinen auch der Energiepreis staatlich festgesetzt. Energieplanung ist damit eine politische Entscheidungssache und unterliegt nicht den täglichen Dispositionen des Marktes.

Dabei werden allerdings die Risiken deutlich, die bei jeder zentralisierten Entscheidungsstruktur erkennbar sind: Wesentliche Kräfte, die vom Markt ausgehen, werden nicht oder zu spät erkannt; Strukturänderungsprozesse laufen oft in die falsche Richtung oder zu langsam ab; wirtschaftsschwache Bereiche werden künstlich am Leben erhalten, und neue Impulse, die vom Markt ausgehen, kommen nicht zur Wirkung.

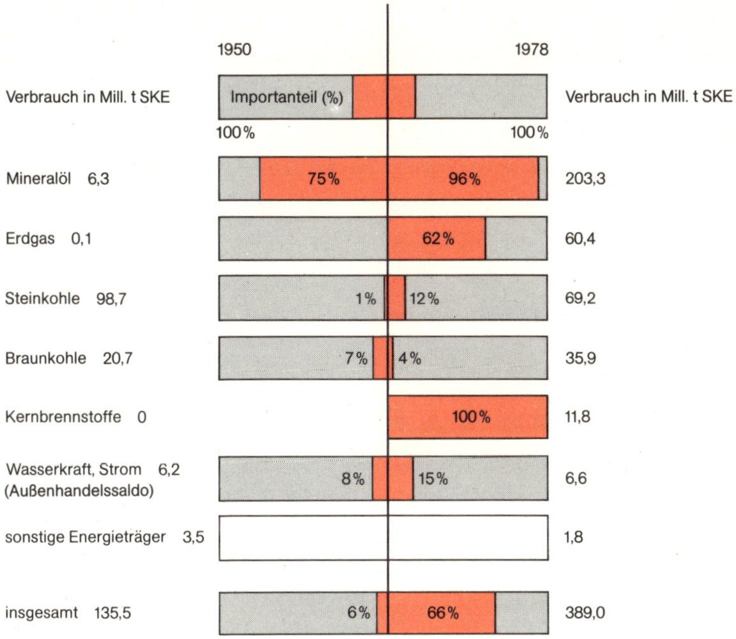

Abb. 1 Die Abhängigkeit der BR Deutschland von Energieträgerimporten

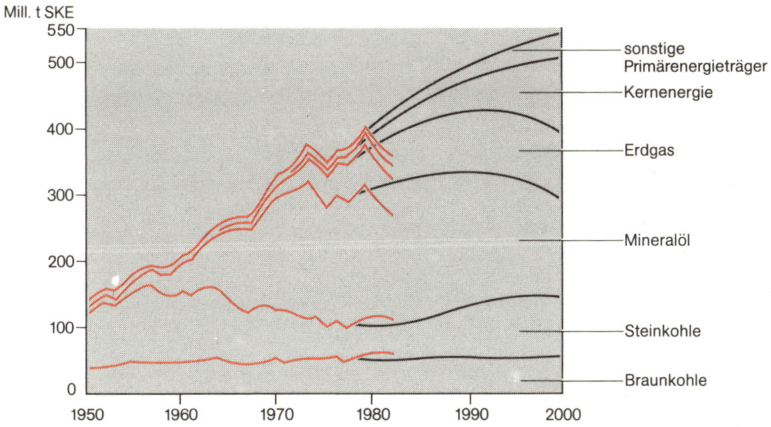

Abb. 2 Der bisherige und der nach dem Energieprogramm der Bundesregierung (dritte Fortschreibung 1981) zu erwartende Primärenergieverbrauch der BR Deutschland

Energieversorgungsstrategien

Seit der ersten Energiepreiskrise 1973/74 kennzeichnen schwaches Wachstum, hohe Inflationsraten, zunehmende Arbeitslosigkeit und Defizite in der Leistungsbilanz die Situation vieler Industrie- und Entwicklungsländer. Zwar ging in der Folge der Mineralölanteil am Energieverbrauch in den Industrieländern zunächst zurück; mit der Entspannung auf dem Ölmarkt stieg er jedoch erneut an und hatte 1978 fast wieder das Niveau von 1973 erreicht. Erst der zweite „Ölpreisschock" von 1979/80 hat überdeutlich gemacht, daß eine Anpassung der Wirtschaftsstruktur an veränderte Preisrelationen und Verfügbarkeiten der Energieträger unerläßlich ist.

Energieversorgungsstrategien für die Bundesrepublik Deutschland, die als Grundlage einer Energiepolitik diese Anpassung zum Ziel haben sollten, lassen sich schlagwortartig folgendermaßen charakterisieren:

- geordnete Abkehr von Öl als Energiequelle;
- verstärkte Nutzung heimischer Kohle;
- Energieeinsparung als neue Energiequelle;
- Erhöhung des Anteils regenerativer Energiequellen.

Um entscheiden zu können, welcher von diesen oder anderen Strategien ein Vorrang eingeräumt werden soll, bedarf es in Zeiten des Umbruchs auf dem Energiemarkt sorgfältiger Analysen. Dabei ist die große Unsicherheit über die zukünftigen Rahmenbedingungen (Entwicklung der Energieträgerpreise, Akzeptanz und Kosten von Energietechnologien, Entwicklung des Weltenergiebedarfs und des technischen Fortschritts) besonders zu berücksichtigen.

Energietechnologien weisen sowohl hohe Investitionskosten als auch lange Vorlaufzeiten auf. So gelten z. B. für die Errichtung eines Kernkraftwerks folgende typische Werte: Über 3 Mrd. DM Investitionskosten und rund 10 Jahre Bauzeit. Für den Bau einer neuen Steinkohleschachtanlage sind zu veranschlagen: einige hundert Mill. DM Investitionskosten und ebenfalls rund 10 Jahre Bauzeit.

Als *Kriterien für die Beurteilung* von Energieversorgungsstrategien sind zu nennen:

- Wirtschaftlichkeit und Preiswürdigkeit der Versorgung;
- optimaler Einsatz von verfügbarer Primärenergie (Schonung von Ressourcen);
- Sicherheit der Versorgung (Grad der Abhängigkeit von Lieferländern);
- Umweltbelastung durch die Versorgung;
- Akzeptanz der Strategie bei den betroffenen Gesellschaftsgruppen.

Für die *Abschätzung der Auswirkungen* möglicher Energieversorgungsstrategien hinsichtlich dieser Kriterien bedarf es eines geeigneten Instrumentariums. War in der Vergangenheit wegen der relativ stabilen Strukturen und Entwicklungen die häufig verwendete Methode der *Trendextrapolation* hilfreich, so muß diese in Zeiten von Strukturverschiebungen und Preissprüngen versagen. Trendextrapolationen setzen voraus, daß ein beobachteter Zusammenhang auch weiterhin bestehen bleibt. Gerade dies muß jedoch für die Zukunft in vielen Fällen bezweifelt werden.

Besser geeignet als diese Methode (und bereits vielfach zur Analyse von Energieversorgungsstrategien angewandt) erscheint der Einsatz von *Energiemodellen* (s. S. 274) unter gleichzeitiger Anwendung der sog. *Szenariotechnik.* Dabei werden die Annahmen (z. B. über mögliche Preisentwicklungen und über die Verfügbarkeit von Energieträgern) systematisch variiert, um mehrere alternative Zukunftsbilder zu entwerfen. Mit Hilfe des auf dem Computer abgebildeten Modells des Energieversorgungssystems werden dann die Auswirkungen dieser Annahmen auf die Energiewirtschaft errechnet. Der Vorzug dieser Vorgehensweise liegt in der ganzheitlichen Problemerfassung von alternativen Entwicklungspfaden und damit in der Möglichkeit, in einem größeren Rahmen unterschiedliche Strategien auf ihre Risiken und Chancen zu untersuchen und auszuwählen.

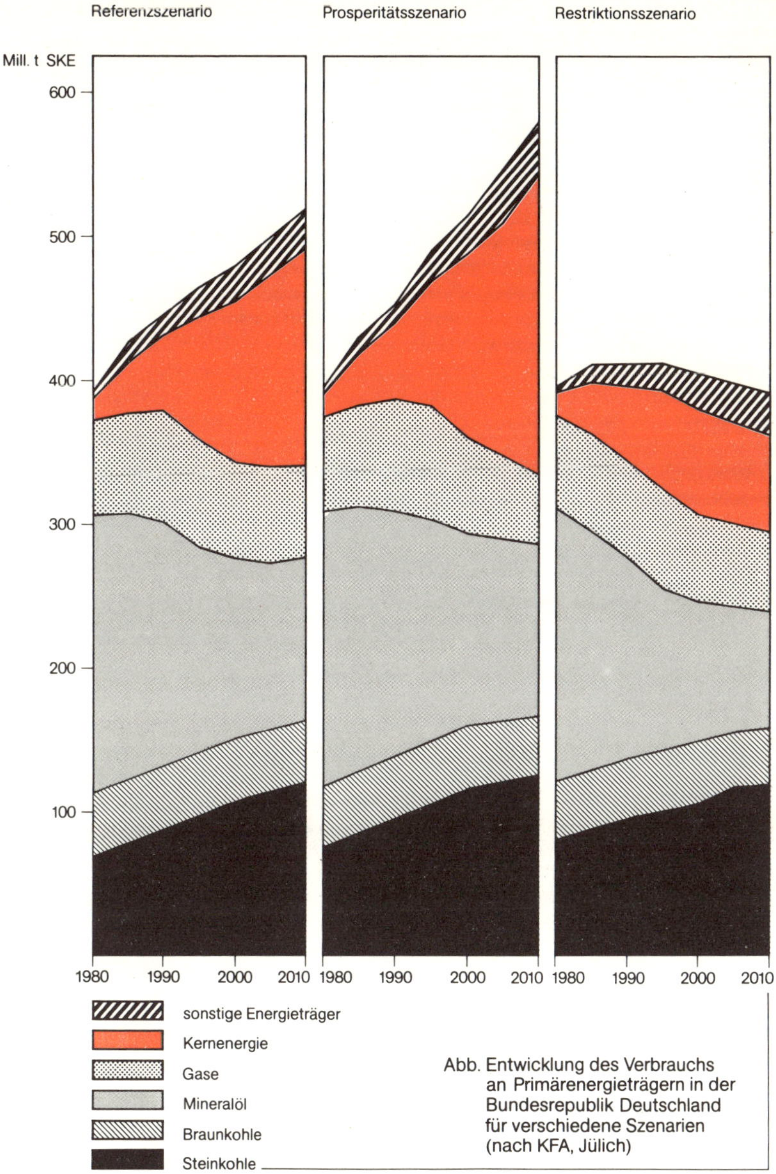

Abb. Entwicklung des Verbrauchs an Primärenergieträgern in der Bundesrepublik Deutschland für verschiedene Szenarien (nach KFA, Jülich)

Energiemodelle

Unter einem Energiemodell versteht man jede modellmäßige, d. h. vereinfachende, idealisierende Darstellung eines auf globaler, supranationaler oder nationaler bzw. auch nur regionaler Ebene alle Bereiche der Industrie, Wirtschaft und der Lebenswelt umfassenden Energiesystems, die sowohl technische als auch sozioökonomische Aspekte (insbesondere menschliches Einwirken) berücksichtigt und deren wechselseitige Beziehungen und Abhängigkeiten zu erfassen sucht.

Energiemodelle erhalten ihre Bedeutung u. a. dadurch, daß die zeitliche Entwicklung eines Energiesystems nicht nur durch technisch bedingte Restriktionen und Kosten bestimmt wird, sondern z. B. auch durch Nutzenvorstellungen und Risikowahrnehmungen der Energienachfrager beeinflußt wird. Die Dynamik eines Energiesystems wird also sowohl durch technische Randbedingungen als auch durch menschliches Entscheidungsverhalten geprägt. Soweit eine zeitliche Veränderung des menschlichen Verhaltens erfaßt wird, wird das kollektive Verhalten von Gruppen gleichartiger Entscheidungsträger (Interessengruppen) als das möglicherweise kompromißbehaftete Streben nach unterschiedlichen Zielen dargestellt.

Die wichtigsten Entscheidungsträger bzw. Interessengruppen eines nationalen Energiesystems (Abb.) sind die inländischen und ausländischen Erzeuger bzw. Anbieter von Energierohstoffen (Primärenergie), die übrige Energiewirtschaft, die die kommerzielle Umwandlung von Primärenergie in Sekundärenergie (z. B. Benzin, Heizöl, Strom) und deren Verteilung betreibt, die Produzenten der übrigen Wirtschaftsgüter einer Volkswirtschaft, die privaten und öffentlichen Haushalte sowie die ausländischen Nutzer dieser Güter.

Die wichtigsten Freiheitsgrade (Handlungsspielräume) der Interessengruppen sind im Falle der Energiewirtschaft die Einsatzmöglichkeiten der unterschiedlichen Energieumwandlungs- und Sekundärenergieverteilungstechniken. Im Falle der übrigen Wirtschaftssektoren und der Haushalte handelt es sich um die Möglichkeiten des Einsatzes unterschiedlicher energieverbrauchender bzw. -einsparender Investitionsgüter sowie der Verwendung dauerhafter Konsumgüter.

Zur modellmäßigen Erfassung der Freiheitsgrade bzw. Möglichkeiten der Substitutionen im Bereich der Endenergienachfrage ist es zweckmäßig, zwischen den Substitutionen unterschiedlicher Bedarfs- bzw. Nutzenkategorien und den Substitutionen unterschiedlicher Bereitstellungstechniken der gleichen Nachfrage- bzw. Nutzenkategorie zu unterscheiden. Die Größe, die bei Substitutionsprozessen der zweiten Art erhalten bleibt, wird *Nutzenergie* genannt. Nach Möglichkeit wird sie als technisch meßbare Größe ausgedrückt. Beispiele für Nutzenergieeinheiten sind: Personen- bzw. Tonnenkilometer als Maß für die Nutzenkategorie Transport; Kubikmeter umbauten Raums als Maß für die Nutzenkategorie Wohnung; Tonnen Rohstahl als Produktionsmaß im energieintensiven Wirtschaftsektor der eisenschaffenden Industrie. Die Nutzenergie stellt somit eine Schnittstelle im Produktions- bzw. Nutzenbereitstellungsprozeß dar, die energietechnische Substitutionsalternativen (z. B. Wärmepumpe oder Wärmeisolation) von übergeordneten Substitutionsmöglichkeiten (z. B. Heizung oder Kleidung) abgrenzt.

Während in simulativen Modellen die Interessengruppen jeweils unterschiedliche Handlungsmaximen haben, geht man in normativen Modellen im Sinne eines Gedankenexperimentes davon aus, daß die Freiheitsgrade des Energiesystems auf ein übergeordnetes gemeinsames Ziel hin optimal eingestellt werden. Dieses übergeordnete Ziel kann im Sinne eines Kompromisses aus mehreren Teilzielen zusammengesetzt sein. Teilziele für ein nationales Energiesystem sind z. B.: Minimierung der Kosten des gesamten Energiesystems; Minimierung des nichtregenerativen primären Energieeinsatzes; Minimierung der Importe fossiler Energieträger.

Es sind aber auch andere Ziele denkbar, die die Anpassungsfähigkeit des Energiesystems an äußere Störungen betreffen. Solche Störungen rühren vor allem daher, daß jedes Energiesystem selbst nur Teil eines umfassenderen soziopolitischen Systems ist. Der Einfluß der Dynamik des umfassenderen Systems auf das betrachtete Energiesystem wird im Rahmen eines Energiemodells durch zeitabhängige exogene Variable erfaßt. Wegen der Zugehörigkeit zu einem umfassenderen System bestehen zwischen den exogenen Variablen wichtige gegenseitige Abhängigkeiten. Die übliche Weise, solche Korrelationen zu erfassen, besteht darin, sog. *Szenarien* (s. S. 272) zu entwerfen. Wegen der großen Unsicherheit bei der Einschätzung der zukünftigen Entwicklung werden in der Regel mehrere Szenarien entworfen. Wichtige Szenariovariable für ein Energiemodell sind z. B. die Entwicklungen der Einkommen der Haushalte und der Bruttoproduktionswerte der Wirtschaftssektoren.

Es ist viel über Sinn und Unsinn von Energiemodellen diskutiert worden. Ein typischer Einwand ist, daß die Darstellung, Messung und Berechnung relativ einfacher und selbstverständlicher Sachverhalte den Blick auf unberechenbare, aber ebenso wesentliche Systemeigenschaften versperrten. Als Mahnung beim Szenarioentwurf bzw. bei der Modellergebnisinterpretation hat dieser Einwand sicher seine Berechtigung. In diesem Sinne sollten Energiemodelle als nützliche Werkzeuge zur Konsistenzkontrolle bezüglich vergleichsweise einfacher Systemzusammenhänge aufgefaßt werden.

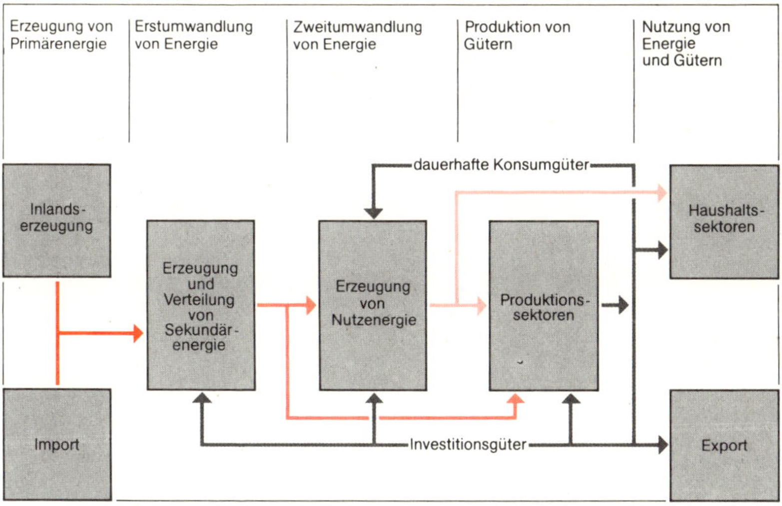

Abb. Wichtige Energie- und Güterflüsse zur Beurteilung des Energiesystems

Energieprognosen • Energieszenarien

Prognosen sind, ganz allgemein gesprochen, Aussagen über eine unbestimmte, aber einschätzbare Zukunft auf der Basis der beobachteten Gegenwart. *Energieprognosen* sind eine Informationsquelle für die langfristige Energiepolitik des Staates, aber auch für die Investitionsentscheidungen der Energieunternehmen. Sie lassen sich in eine Vielzahl von Teilprognosen, wie z. B. Energieverbrauchsprognosen, Prognosen zur Energietechnik, Prognosen zur Ressourcenentwicklung, untergliedern. Die Aussage: „Der Energieverbrauch im Jahr 2000 wird x Mill. t SKE betragen" ist eine Prophezeiung, aber keine Prognose. Eine glaubwürdige Prognose kann immer nur eine bedingte Zukunftsaussage sein, die sich einem „Wenn-dann"-Schema unterordnet.

Dies weist bereits auf die Schwierigkeiten bei der Erstellung von und im Umgang mit Prognosen hin. Die Rahmenbedingungen (die „Wenns") bleiben nicht konstant und müssen ihrerseits wieder prognostiziert werden – durch eine bedingte Prognose. Energieprognosen werden also im Rahmen eines offenen Systems erstellt.

Hinzu kommt ein zweites Dilemma: Der Staat, der die Prognoseergebnisse für seine Energiepolitik verwenden soll, ist mit seinem Verhalten (Steuern, Staatsbedienstete, Subventionen usw.) selbst Prognosegegenstand. Die Schwerpunkte der Prognosetechniken für das offene System *Energiewirtschaft* haben sich in der Vergangenheit gewandelt. Frühformen waren Aussagen über zukünftige Entwicklungen, die allein durch den Faktor Zeit bestimmt wurden *(Trendextrapolation)*. Die Unzulänglichkeiten dieser Prognosen wurden bald offensichtlich; man ging deshalb dazu über, die Bestimmungsgrößen genauer zu untersuchen.

Als gemeinsame Grundlage für die *Energienachfrage* der privaten Haushalte und der Unternehmen wurde die Entwicklung des Sozialprodukts angesehen. Sie liefert sowohl Anhaltspunkte für die Höhe der industriellen Produktion als auch für das Einkommen der Haushalte, beides Größen, aus denen sich Energienachfragen ableiten lassen. In der einfachen Korrelation (Abb.) zwischen Wirtschaftswachstum und Energieverbrauch gingen jedoch alle Detailinformationen unter. Die Verbrauchsprognosen und die Wirklichkeit entwickelten sich mithin zwangsläufig auseinander.

Systemprognosen bestehen im Kern aus einem *Energiemodell*, das eine vereinfachte Darstellung des Energiesektors liefert, und aus *Eingabe-* und *Ausgabedaten*. Typische Eingabedaten sind beispielsweise Zeitreihen zur Entwicklung der Industrieproduktion, des spezifischen Energieeinsatzes, der Anzahl der Haushalte, der Wohnfläche, des Kfz-Bestandes, der Einkommensentwicklung usw. Die Ausgabewerte werden meist in den üblichen Energieverbrauchskategorien (s. S. 250 ff.) dargestellt.

In *Energieszenarien* wird dieses Prognosekonzept aufgegriffen und um spekulative, nicht genau quantifizierbare Größen erweitert. Eingabe- und Ausgabedaten werden miteinander in Beziehung gesetzt bzw. in den Szenarienzusammenhang eingegliedert. Die Einbettung in übergeordnete Systeme (z. B. in das Wirtschafts- und Gesellschaftssystem) erfolgt im Rahmenbereich des Szenarios, wo außerhalb der Modellgleichungen Zusammenhänge meist nur verbal erläutert werden.

Neueste Entwicklungen zielen darauf ab, diese Einbettung zu formalisieren und damit die Zahl der spekulativen Elemente zu reduzieren. Die dann möglichen Prognosen erhalten insofern eine neue Qualität, als sie die Rückwirkungen des Energiesystems auf das Wirtschaftssystem miterfassen und der Wirklichkeit durch diese Kreislaufdarstellung erheblich näher kommen.

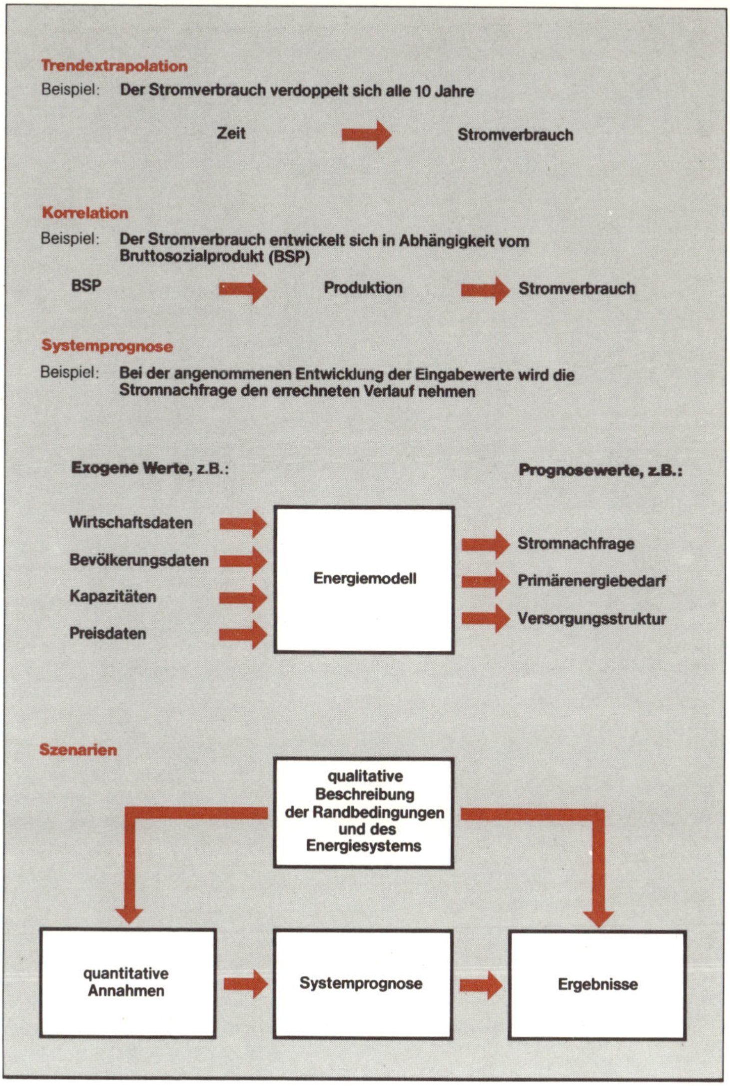

Abb. Prognosen und Prognosetechniken
(am Beispiel der Stromnachfrage)

Energieforschung

Die Energiesituation in der BR Deutschland wird langfristig von folgenden Faktoren bestimmt:

- ○ anhaltende Versorgungsrisiken bei Energieimporten (v. a. bei Mineralöl);
- ○ ökonomische Belastung der Volkswirtschaft durch Energieimporte;
- ○ wachsende Anforderungen an die Umweltfreundlichkeit der Energieversorgung.

Eine sinnvolle Energieforschung muß sich um die Entwicklung neuer Technologien für die Energieumwandlung, um die Erschließung neuer Energiequellen und um eine rationelle Energieverwendung kümmern. Darüber hinaus muß sie bestrebt sein, die Wettbewerbsfähigkeit der Energietechnik zu erhalten.

Die Energieforschung erfordert staatliches Engagement, wenn:

- ○ Entwicklungen mit hohem wissenschaftlich-technischen und wirtschaftlichem Risiko verbunden sind, etwa weil die Entwicklungszeiten die betriebswirtschaftlich überschaubaren Zeiträume überschreiten und der finanzielle Einsatz für die in Frage kommenden Unternehmen zu groß ist;
- ○ bei technischen Entwicklungen wichtige Gesichtspunkte des Umweltschutzes, des Bevölkerungs- und Arbeitsschutzes zu wenig berücksichtigt werden.

Staatliche Förderung ist außerdem notwendig für die Grundlagenforschung und die Erkenntnisgewinnung über die Auswirkungen der Energietechniken (Reaktorsicherheit, Endlagerung, Klimaveränderungen u. a.).

Solche Forschungs- und Entwicklungsvorhaben werden überwiegend in staatlich geförderten Forschungseinrichtungen, z. B. in den Großforschungszentren, ausgeführt. Zusätzlich werden geeignete Projekte der Wirtschaft gefördert; die Förderung erstreckt sich dabei (mit sinkenden Kostenanteilen) auf die vier wichtigsten Phasen einer neuen Technik: Forschung, Entwicklung, Demonstration, wirtschaftliche Phase.

Das *Energieforschungsprogramm der Bundesrepublik Deutschland* (Tab.) ist breit gefächert. Nahezu alle Techniken, deren Markteinführung möglich erscheint, werden in den obengenannten Phasen gefördert. Die Forschungsaufwendungen für *Kohle,* von denen mehr als die Hälfte für die *Kohleveredelung* aufgebracht werden, und die Aufwendungen für die fortgeschrittenen *Reaktoren* dienen fast ausschließlich dazu, die großtechnische Durchführbarkeit der entsprechenden Vorhaben zu demonstrieren und damit deren Markteinführung zu veranlassen. Auch im Bereich *neue Technologien zur rationellen Nutzung und Bereitstellung von Sekundärenergie* (u. a. Wärmepumpen, Abwärmenutzung, Energiespeicherung) steht die Frage der Wirtschaftlichkeit vornan. Zu diesem Komplex zählen auch die Projekte zur billigen Erzeugung von *Wasserstoff,* durch welche das Energieversorgungssystem substantiell verändert werden kann. Die Vielzahl der *regenerativen Energiequellen,* die z. T. in kleinen Märkten schon wirtschaftlich genutzt werden (z. B. die Sonnenenergie mit photovoltaischen Systemen), wird als besonders wichtig für die dritte Welt erachtet.

Außerhalb der rein ökonomischen Betrachtung liegen die *Klimaforschung* und *nukleare Sicherheits-* sowie die *Strahlenschutzforschung.* Die Klimaforschung bemüht sich, die Auswirkungen der Wärme- und Schadstoffbelastung der Umwelt zu ermitteln. Die Sicherheitsforschung trifft u. a. Vorsorge für (an sich extrem unwahrscheinliche) nukleare Störfälle. Die kontrollierte Kernfusion hat ein ähnlich großes Marktpotential wie der schnelle Brüter. Im Gegensatz zu diesem Reaktortyp ist jedoch bei der Kernfusion die Realisierbarkeit dieses Potentials noch nicht nachgewiesen, so daß die gegenwärtigen Aufwendungen eine Investition für die fernere Zukunft darstellen. Die Tatsache, daß der Forschungshaushalt mit mehr als der Hälfte die Kernenergie berücksichtigt, wird allerdings in Anbetracht der hohen Kohlebeihilfen relativiert.

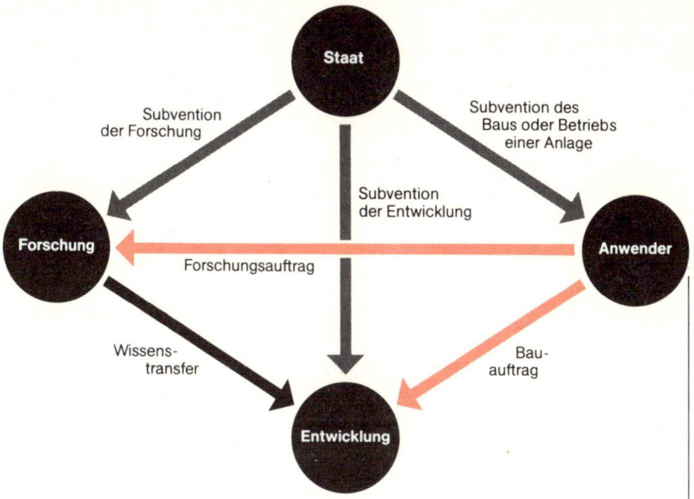

Abb. Schema der Forschungs- und Entwicklungsförderung

	1981	1982	1983	1984	1985
neue Technologien zur rationellen Nutzung und Bereitstellung von Energie (Anwendungstechnik beim Endverbraucher, Bereitstellung von Sekundärenergie)	155	156	178	194	228
Kohle und andere fossile Energieträger (Gewinnungs-, Veredelungsverfahren u.a.)	452	588	777	966	1221
neue Energiequellen (Geo-, Solar-, Windenergie u.a., Biomassenutzung)	148	157	162	164	166
Kernbrennstoffkreislauf und Reaktorsicherheitsforschung	657	755	731	742	728
fortgeschrittene Reaktoren (Hochtemperaturreaktor, schneller Brüter, Forschungsreaktoren)	654	701	693	707	808
kontrollierte Kernfusion	99	100	112	120	128
Programm (insgesamt)	2183	2457	2653	2893	3279
Kohlehilfen	6545	nicht ausgewiesen			

Tab. Gesamtaufwendungen für Energieforschung und Kohlehilfen in Mill. DM (Grundlage: Bundeshaushalt 1982)

Energiegesetze in der BR Deutschland

Die Versorgung mit Energie wird in der Bundesrepublik Deutschland durch eine Vielzahl von Gesetzen und Verordnungen geregelt. Diese reichen von der Regelung der Gewinnung, Verteilung und Subventionierung von Primärenergieträgern (Kohle, Öl, Erdgas, Wasserkraft) über die Staatsaufsicht bei der Erzeugung und Verteilung von Endenergie (Strom, Gas, Fernwärme) bis hin zur Regelung der Rechtsbeziehungen zwischen Energiewirtschaft, Gemeinden und Verbrauchern.

Im folgenden werden mit dem Energiewirtschaftsgesetz, dem Bundesimmissionsschutzgesetz, dem Atomgesetz und dem Energieeinsparungsgesetz nur einige für den Energiebereich bedeutsame Vorschriften angesprochen:

Mit dem *Energiewirtschaftsgesetz (EnWiG)* hat der Gesetzgeber spezielle Rechtsnormen für die öffentliche Elektrizitäts- und Gasversorgung geschaffen. Im Gegensatz zu anderen Bereichen der Energieversorgung bestehen in der Elektrizitäts- und Gasversorgung technisch-wirtschaftliche Besonderheiten, die aus der Sicht des Gesetzgebers die Notwendigkeit dieses Fachgesetzes begründen. Hauptziel des EnWiG ist es, trotz der spezifischen Gegebenheiten die Versorgung mit Elektrizität und Gas für die Verbraucher so sicher und preiswert wie möglich zu gestalten. Zu den Besonderheiten gehören vor allem die mangelnde Speicherfähigkeit und Leistungsgebundenheit dieser Energieformen (was besonders bei der Stromversorgung dazu führt, daß jede Kilowattstunde Elektrizität quasi im gleichen Augenblick erzeugt und transportiert werden muß, in dem der Verbraucher seine elektrischen Geräte einschaltet), ferner die hohen Investitionen für Erzeugungs- und Verteilungsanlagen.

Deshalb wird es als sinnvoll und notwendig erachtet, daß die Strom- und Gasversorgung in abgegrenzten Versorgungsgebieten quasi konkurrenzlos erfolgt. Dadurch werden einerseits Mehrfachinvestitionen für Kapazitäten und Verteilungsnetze innerhalb eines Versorgungsgebietes vermieden, andererseits wird eine gleichmäßigere Kapazitätsauslastung bei minimalem Kapazitätsbestand erreicht, was sich insgesamt kostensenkend und damit vorteilhaft für die Energieabnehmer auswirkt.

Um einen Mißbrauch dieser durch Gesetz legitimierten Monopolstellung der *Energieversorgungsunternehmen (EVU)* für die Verbraucher auszuschließen, unterliegen die EVU nach dem EnWiG der staatlichen Energieaufsicht. Sie sind darüber hinaus verpflichtet, jedermann in den Grenzen des wirtschaftlich Zumutbaren anzuschließen und mit Energie zu versorgen. – Die EVU unterliegen außerdem einer *Investitionskontrolle,* dadurch daß sie verpflichtet sind, Bau, Erzeugung, Erweiterung und Stillegung von Energieanlagen der *Energieaufsichtsbehörde* anzuzeigen. Diese kann das Vorhaben beanstanden oder sogar untersagen, wenn Gründe des Gemeinwohls es erfordern.

Die für das Verhältnis EVU–Verbraucher wichtigste Regelung neben der allgemeinen Anschluß- und Versorgungspflicht besteht darin, daß die EVU allgemeine *Anschlußbedingungen* und *Tarifpreise* öffentlich bekanntgeben müssen und daß die Tarifgestaltung der preisrechtlichen Aufsicht unterliegt. Art und Ausgestaltung der Tarife werden für die Tarifabnehmer (Haushalte, Gewerbebetriebe, landwirtschaftliche Betriebe) in der zum EnWiG erlassenen *Bundestarifordnung Elektrizität* bzw. *Bundestarifordnung Gas* geregelt. Für sog. *Sonderabnehmer* (Großabnehmer der Industrie) besteht dagegen Vertragsfreiheit.

Im Zusammenhang mit dem EnWiG ist auf die Regelung des *Kartellgesetzes* (Gesetz gegen Wettbewerbsbeschränkungen; GWB) zu verweisen. Nach dem Kartellgesetz sind wettbewerbsbeschränkende Vereinbarungen grundsätzlich verboten. Mit Rücksicht auf die wirtschaftlich-technischen Besonderheiten sind die Unternehmen der öffentlichen Energieversorgung von dieser Vorschrift ausgenommen, d. h., nach dem GWB sind wettbewerbsbeschränkende Verträge der EVU (Gebietsabgrenzungsverträge, Konzessionsverträge mit den Gemeinden) zum Ziele der Monopolstellung zulässig, solange die EVU ihre Sonderstellung nicht mißbrauchen. Bei Mißbrauch – z. B. bei nicht gerechtfertigten Tariferhöhungen – kann die Kartellbehörde den

Unternehmen zur Auflage machen, den Mißbrauch abzustellen oder die Verträge zu ändern. Durch die kartellrechtliche Aufsicht sollen die EVU veranlaßt werden, sich so zu verhalten, als ob sie dem Konkurrenzdruck ausgesetzt seien.

Wesentlich für die Errichtung und den Betrieb von nichtnuklearen Energieanlagen (Wärmekraftwerke, Gaserzeugungsanlagen, Heizwerke u.a.) ist neben dem Energiewirtschaftsgesetz das *Bundesimmissionsschutzgesetz (BImSchG).* Ziel dieses Gesetzes ist es, die Umweltverträglichkeit und Ungefährlichkeit technischer Anlagen sicherzustellen. Dieses Ziel beinhaltet die Forderung, daß die von einer technischen Anlage ausgehenden *Emissionen* (Luftveruneinigungen, Geräusche, Erschütterungen, Licht, Wärme, Strahlen und ähnliche Erscheinungen) nur in solchem Umfang zulässig sind, als sie für sich allein oder zusammen mit anderen Anlagen keine Umweltschädigungen oder Beeinträchtigungen der Allgemeinheit bewirken. Die Grenzwerte der zulässigen Umweltbeeinträchtigung bezüglich Emissionen und Immissionen sind z.B. für die Luftreinhaltung in der *Technischen Anleitung zur Reinhaltung der Luft (TA Luft)* festgelegt. Über die Einhaltung der Vorschriften wacht der Gesetzgeber, indem er die Errichtung und den Betrieb größerer technischer Anlagen – insbesondere größerer Energieanlagen – einer *immissionsschutzrechtlichen Genehmigungspflicht* unterstellt.

Nukleare Anlagen (z.B. Kernkraftwerke) unterliegen im Gegensatz zu konventionellen Wärmekraftwerken hinsichtlich Errichtung und Betrieb nicht dem BImSchG, sondern den wesentlich schärferen Vorschriften des *Atomgesetzes,* und zwar besonders hinsichtlich der Genehmigungspflicht. Zweck des Atomgesetzes ist es, einerseits die Nutzung der *Kernenergie* für friedliche Zwecke (z.B. Energieerzeugung) zu ermöglichen, andererseits durch Sicherheitsauflagen die Bevölkerung und die Umwelt vor der schädlichen Wirkung *radioaktiver Strahlung* zu schützen.

Das AtG verlangt daher für die Genehmigung eines Kernkraftwerks, daß Schutzmaßnahmen gegen Strahlenbelastung und sonstige Gefahren nach dem neuesten Entwicklungsstand wissenschaftlicher und technischer Erkenntnis getroffen werden. Beispielsweise sind allein für die Errichtung eines Kernkraftwerkes insgesamt ca. 20–30 Genehmigungen erforderlich. In der Regel werden *Teilerrichtungsgenehmigungen* erteilt, um noch während des *Genehmigungsverfahrens* und des Baus eine Anpassung der Anlage – vor allem der Sicherheitsmaßnahmen – an den neuesten Wissensstand zu gewährleisten. Auch die Betriebsaufnahme, der Betrieb und die Stillegung unterliegen der Genehmigung bzw. der laufenden staatlichen Aufsicht. Geregelt ist der genaue Ablauf des Genehmigungsverfahrens in der zum Atomgesetz erlassenen *Atomrechtlichen Verfahrensverordnung.* Hinsichtlich der Umweltbelastung durch radioaktive Stoffe in Luft und Wasser sind Grenzwerte in der *Strahlenschutzverordnung* festgelegt.

Energieeinsparungsgesetz (EnEG): Grundgedanke des EnEG ist es, durch flankierende gesetzliche Maßnahmen den Einsatz technischer Maßnahmen zur Energieeinsparung voranzutreiben. Ziel des EnEG ist vor allem, das große Einsparungspotential im Bereich der Raumheizung durch Senkung der Wärmeverluste und vernünftigen Brennstoffeinsatz auszuschöpfen. Aus diesem Grunde wurden Vorschriften an den Wärmeschutz und die Beschaffenheit von Heizungsanlagen und Brauchwasseranlagen erlassen, die im einzelnen in der *Wärmeschutzverordnung,* der *Heizungsanlagenverordnung* und *Heizungsbetriebsverordnung* geregelt sind.

Umweltprobleme bei der Energieversorgung und Energienutzung

Die Menschen haben seit Jahrtausenden versucht, sich unter Einsatz von Energie (Feuer, Wasserkraft) von den stets wechselnden Umweltbedingungen unabhängiger zu machen. Mit Hilfe der Nutzung dieser und anderer Energiequellen wurde schließlich die moderne Technik geschaffen.

Die heutigen Techniken verwenden verschiedene Energieträger und unterschiedliche Energieumwandlungsverfahren. Entsprechend vielfältig sind die Umweltbelastungen. Prinzipiell können sich Umweltprobleme ergeben durch: die Beeinträchtigung des Landschaftsbildes, den Landbedarf, Lärm, Abwärme und Schadstoffemissionen; dabei sind die beiden letztgenannten Faktoren sicher die schwerwiegendsten.

Schadstoffemissionen können auf sehr unterschiedlichen Wegen in die Umwelt bzw. zum Menschen gelangen (Abb.). Von den schadstoffintensiven Bereichen (hier als Beispiele Verkehr und Industrie) gelangen die Schadstoffe zunächst in die Atmosphäre (Luft), Hydrosphäre (Wasser) und Pedosphäre (Boden); sie erreichen dann den Menschen über das Trinkwasser, die Nahrung und (direkt) über die Atemluft.

Aus der Art der Freisetzung und der der Technologie und aus dem jeweiligen Umweltbereich ergeben sich verschiedene Problemfelder. Mit Ausnahme der Entsorgung von Kernkraftwerken kann hierbei der Bereich der Pedosphäre zunächst vernachlässigt werden:

Die *Verschmutzung des Wassers* erfolgt vorwiegend durch Abwässer aus der Industrieproduktion und aus Haushalten; bei übermäßiger Verwendung von Kunstdünger kann auch die Landwirtschaft dazu beitragen. Verschmutzungen im Zusammenhang mit der Energieerzeugung sind mit Ausnahme der Kokereien und Kohleveredelungstechnologien von geringer Bedeutung. Eine gewisse Belastung des Wassers tritt bei der Aufbereitung der Kohle und bei der Erdölverarbeitung durch chemische Schadstoffe auf. Bei kerntechnischen Anlagen erhält das Abwasser radioaktive Stoffe. – Ein weiteres Umweltproblem bei der Energieerzeugung stellt die *Abwärmebelastung der Gewässer* dar.

In die *Atmosphäre* werden bei Verwendung fossiler und nuklearer Energieträger sowohl radioaktive als auch konventionelle Schadstoffe emittiert. Die aus kerntechnischen Anlagen im Normalbetrieb emittierten Schadstoffmengen sind sehr gering. Die entsprechende Dosisbelastung ist weit kleiner als die natürliche Strahlenbelastung (bezüglich des Risikos in Störfällen s. S. 186). Ein ernstes Umweltproblem stellt jedoch die Schadstoffbelastung der Atmosphäre mit *Schwefeldioxid* (SO_2), Stickoxiden (NO_x), Kohlenmonoxid (CO), Kohlendioxid (CO_2), Kohlenwasserstoffverbindungen (C_mH_n), Chlor (Cl_2), Fluor (F_2), Schwebstaub und den darin enthaltenen Metallen wie Kadmium (Cd), Thallium (Tl), Blei (Pb) sowie mit kanzerogenen Stoffen und Abwärme dar.

Um eine weitere Zunahme der Schadstoffbelastung der Atmosphäre zu verhindern, wurde in der Bundesrepublik das *Bundesimmissionsschutzgesetz* (BImSchG) geschaffen. Dieses am 1. 4. 1974 in Kraft getretene Gesetz soll den Menschen und seine natürliche Umwelt (Tiere, Pflanzen und Objekte) vor schädlichen Umwelteinwirkungen durch Luftverunreinigungen, Geräusche, Erschütterungen, Wärme, (nichtionisierende) Strahlen und ähnliche Einwirkungen (Immissionen) schützen. Die materiellrechtlichen Anforderungen an genehmigungsbedürftige Anlagen sind in Vorschriften nach § 48 BImSchG geregelt, nämlich in der Technischen Anleitung zur Reinhaltung der Luft *(TA Luft)*. Im Referentenentwurf vom 10. 9. 81 zur Änderung der TA Luft wurden zur Beurteilung der Schadstoffbelastung die in der Tabelle aufgeführten Immissionsgrenzwerte vorgeschlagen.

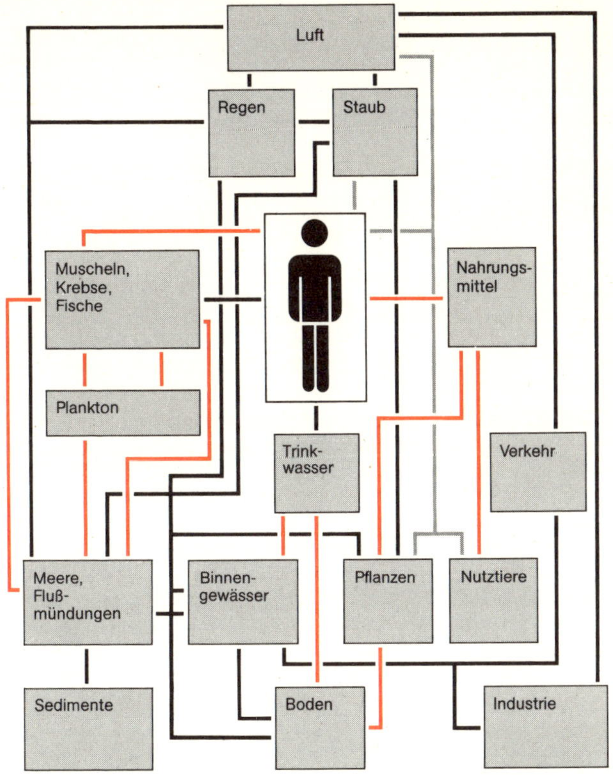

Abb. Ingestionspfade von Schadstoffen aus der Umwelt zum Menschen

Schadstoff	Konzentration (in µg/m³)	
	Langzeit-einwirkung	Kurzzeit-einwirkung
Schwebstaub	150	300
Chlor	100	300
Chlorwasserstoff	100	200
Kohlenmonoxid	10 mg	30 mg
Schwefeldioxid	140	400
Schwefelwasserstoff	10	20
Stickstoffdioxid	80	300
Stickstoffmonoxid	200	600

Tab. Immissionswerte der TA-Luft

Umweltbelastung durch Abwärme

Bei jeder Art der Nutzung fossiler Energieträger wird letztlich Energie in Wärme transformiert und an die Umgebung abgegeben. Die Summe aus mittelbarer und unmittelbarer *thermischer Emission (Abwärme)* entspricht dabei dem Primärenergieverbrauch. Die gesamte thermische Emission der Bundesrepublik Deutschland beträgt derzeit etwa 1,2% der auf die Fläche der Bundesrepublik auftreffenden mittleren jährlichen Sonneneinstrahlung.

Für das Kerngebiet der *Stadt München* z. B. erreicht der Energieumsatz mit Spitzenwerten von 200 W/m^2 (ca. 332% der natürlichen Nettoeinstrahlung) eine Höhe, die entscheidende Auswirkungen auf das lokale Klima haben kann. (Mit zunehmendem Abstand zum Stadtkern verliert allerdings die thermische Belastung an Bedeutung.) Für das gesamte Stadtgebiet von München wird im Sommer eine mittlere Verbrauchsdichte von 6 W/m^2 und im Winter von 18 W/m^2 (ca. 30% der natürlichen Nettoeinstrahlung) erreicht. Besonders in den Wintermonaten bilden sich dadurch über der Stadt (wie auch über anderen Städten), bevorzugt in den Nachtstunden, sog. *Wärmeinseln* aus; andererseits wird durch diese Überwärmung der Bebauungsgebiete eine zum Stadtzentrum gerichtete Zirkulation ausgelöst. Die thermische, zum Zentrum der Stadt gerichtete Zirkulation verursacht nun eine Partikel- und Schadstoffanreicherung in den unteren Luftschichten über dem Stadtzentrum. Als Folge davon kommt es, abgesehen von den Gesundheitsschädigungen durch die z. T. hohen Aerosolkonzentrationen, zu einer Reduzierung der Sonneneinstrahlung und zu einer Häufung stärkerer Regenschauer.

In *Wärmekraftwerken* ist die Abwärmerate aufgrund des thermodynamischen Prozesses der Erzeugung von mechanischer Energie aus Wärme besonders hoch. Zur *Abführung der Abwärme* (etwa 50% der eingesetzten Energie) stehen mehrere Alternativen der *Kühlung* zur Verfügung (s. S. 286), die bestimmte ökologische Folgen haben. Die wesentlichen Auswirkungen z. B. der Einleitung von erwärmtem Kühlwasser in einen Fluß sind: Änderung des Kleinklimas; Verminderung des Abflusses durch vermehrte Verdunstung; schnellerer Abbau vorhandener Abwasserbelastungen; Veränderung des Sauerstoffgehaltes; Änderung der Lebensbedingungen für Pflanzen und Tiere; Beeinflussung der Wasseraufbereitung und -versorgung; Erhöhung der Toxizität der in den Gewässern enthaltenen Stoffe durch Erhöhung der Wassertemperatur; Steigerung von Korrosionsschäden.

Bei der *Kreislaufkühlung* (s. S. 286) erfolgt die Wärmeabgabe direkt an die Atmosphäre. Die Kühlturmauswirkungen hängen dabei sehr stark von den atmosphärischen Bedingungen ab. Von besonderer Bedeutung sind die Verhältnisse im Bereich derjenigen Luftschicht, die sich vom Boden bis in eine Höhe von etwa 1000 m erstreckt. Über flachem Gelände, das häufig starken Winden ausgesetzt ist, sind weitgehend gleichartige meteorologische Verhältnisse zu erwarten. In Gebieten mit starker topographischer Gliederung, wie sie in großen Teilen des mittel- und süddeutschen Raums anzutreffen sind, treten jedoch schon in eng benachbarten Landstrichen merkliche Unterschiede in der vertikalen Verteilung der Lufttemperatur und des Windes auf. Somit sind in diesen Gebieten auch unterschiedliche Auswirkungen auf das Klima zu erwarten.

Prinzipiell können durch Naß- und Trockenkühltürme die in der Tabelle aufgeführten Wirkungen hervorgerufen werden. Allerdings muß einschränkend gesagt werden, daß die meteorologischen Auswirkungen von Naß- und Trockenkühltürmen trotz großer Kraftwerksleistungen in der Regel nur von lokaler Bedeutung sind.

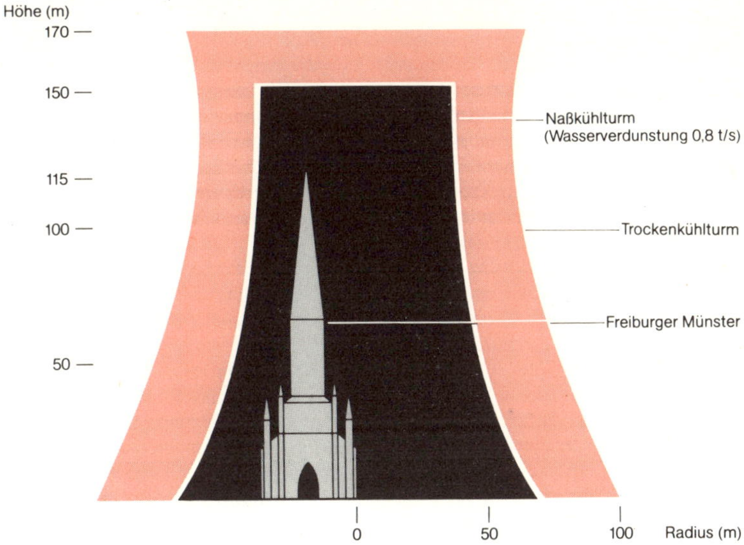

Abb. Schematischer Größenvergleich von Naß- und Trockenkühltürmen mit einer Kühlleistung von 1900 MW

Klimaauswirkungen	Trocken-kühl-turm	Naß-kühl-turm
unmittelbare Wirkungen		
Erhöhung der Lufttemperatur	X	X
Zunahme der Luftfeuchtigkeit		X
Schwadenbildung		X
Beschattung		X
Veränderung der Strahlungsbilanz		X
Ablenkung der Windbewegung	X	X
in Sonderfällen		
Niederschlag aus den Schwaden		X
Glatteisbildung		X
Sichtverschlechterung in Bodennähe		X
mittelbare Wirkungen		
Anregung von Quellwolkenbildung	X	X
Verstärkung bestehender Niederschlagsneigung	X	X
Auslösung von Schauerniederschlägen und Gewittern	X	X
Verlängerung der Dauer natürlichen Nebels		X
verbesserte Durchmischung	X	X
Durchbrechen austauschhindernder Inversionen	X	X
Ausbreitung von Kaminabluft	X	X
Verteilung von Beimengungen des Kühlwassers (Bakterien, Viren, Giftstoffe) auf die Umgebung		X
Veränderung des bodennahen Windfeldes	X	X
Einfluß auf die überörtliche Klimaeigenschaften	X	X

Tab. Meteorologische bzw. klimatologische Auswirkungen von Naß- und Trockenkühltürmen

Umweltbelastung durch Abwärme
Die Kühlung von Kraftwerken

Bei konventionellen Wärmekraftwerken (Kohle-, Öl-, Gaskraftwerke) werden etwa 42 % und bei Kernkraftwerken etwa 33 % der eingesetzten Energie in elektrische Energie umgewandelt. Neben unvermeidlichen Wärmeverlusten über Schornsteinabgase und Ascheabzug bei konventionellen Kraftwerken sowie durch die Kühlung bestimmter Reaktorkomponenten bei Kernkraftwerken muß ein Großteil der eingesetzten Energie als *Kondensatorabwärme* (s. S. 140) abgeführt werden. Diese beträgt bei konventionellen Kraftwerken etwa 51–54 % und bei Kernkraftwerken etwa 62 % der eingesetzten Energie. Zur Abführung dieser Wärme stehen alternative Technologien zur Verfügung (Abb. 1–3):

Wegen des niedrigen Temperaturniveaus und insbesondere wegen der geringen Investitionskosten ist die kostengünstigste Form der Wärmeabfuhr die *Frischwasserkühlung,* bei der die Wärmeabgabe an Flüsse, Seen oder an das Meer erfolgt. Zunächst wird kaltes Flußwasser (See-, Meerwasser) vom Kraftwerk angesaugt, durch den Kondensator geleitet, dort erwärmt und im erwärmten Zustand wieder in das Gewässer zurückgeleitet. Ein Kraftwerk heutiger Größenordnung (elektrische Leistung 1 000 MW) verbraucht pro Sekunde zwischen 40 und 50 m^3 Wasser, die um ca. 10 °C aufgewärmt in den Fluß zurückfließen.

Man kann davon ausgehen, daß das Wasserangebot und die Wärmeaufnahmefähigkeit der Gewässer in der Bundesrepublik Deutschland nahezu ausgeschöpft sind. Für neue Kraftwerke wird daher die *Kreislaufkühlung* bevorzugt, bei der die Abwärme über Kühltürme direkt in die Atmosphäre abgeführt wird:

In *Naßkühltürmen* wird das im Kondensator erwärmte Wasser zum Kühlturm gepumpt, über eine Rieselpackung verteilt und im freien Fall durch die entgegenströmende Frischluft zerstäubt. Durch teilweise Verdunstung und Konvektion wird die Wärme an die Luft abgegeben. Das verdunstete Wasser strömt zusammen mit der erwärmten Luft als Wasserdampf in die Atmosphäre. Der Rest des Wassers fällt nach unten und wird erneut (in abgekühltem Zustand) dem Kondensator zugeleitet. Die Wasserverluste aus Verdunstung und Abflutwasser müssen durch Zusatzwasser ausgeglichen werden (Abb. 2).

In *Trockenkühltürmen* wird bei großen Einheitsleistungen das *indirekte System* bevorzugt (Abb. 3). Es besteht aus dem Einspritzkondensator, der Umwälzpumpe und dem Turm. Wasser als Wärmeübertragungsmittel wird zwischen Einspritzkondensator und Kühlturm umgewälzt. Das Umwälzwasser nimmt die Abdampfwärme auf und erwärmt sich dabei um 10 bis 15 °C. In den Kühlelementen des Turms, der natur- oder zwangsbelüftet sein kann, wird die Wärme des Umwälzwassers an die Luft übertragen. Die *Umwälzpumpen* benötigen zum Antrieb etwa 1 % der Turbinenleistung. Ein Teil der Antriebsenergie kann mit einer in die Leitung zum Einspritzkondensator eingebauten Entspannungsturbine zurückgewonnen werden. Die Umwälzpumpen sind üblicherweise so ausgelegt, daß das Rohrsystem im Turm wasserseitig auf Überdruck gehalten wird, um Lufteinbrüche zu vermeiden.

Eine wesentliche Anforderung stellt das direkte Kühlsystem an die Qualität des Umwälzwassers; da der Kühlkreislauf über den Einspritzkondensator mit dem thermischen Kreislauf verbunden ist, muß das Umwälzwasser die gleiche Qualität wie das Speisewasser aufweisen.

Trockenkühltürme haben den Nachteil, daß sie aufgrund der erforderlich größeren Abmessungen (Tab.) die teuerste Art der Kühlverfahren darstellen und wegen der höheren Abwärmetemperatur den Wirkungsgrad der Kraftwerke herabsetzen.

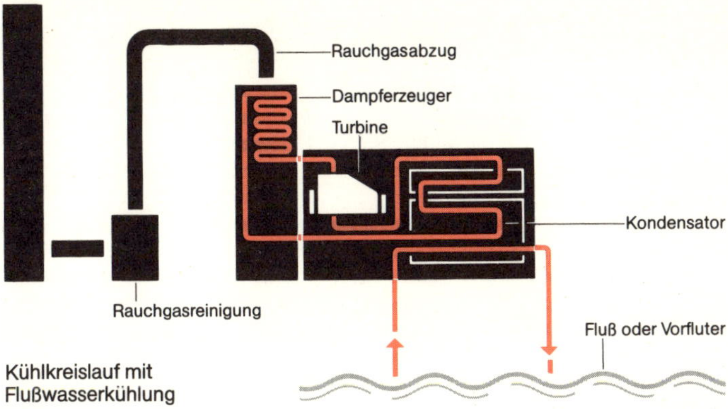

Abb. 1 Kühlkreislauf mit Flußwasserkühlung

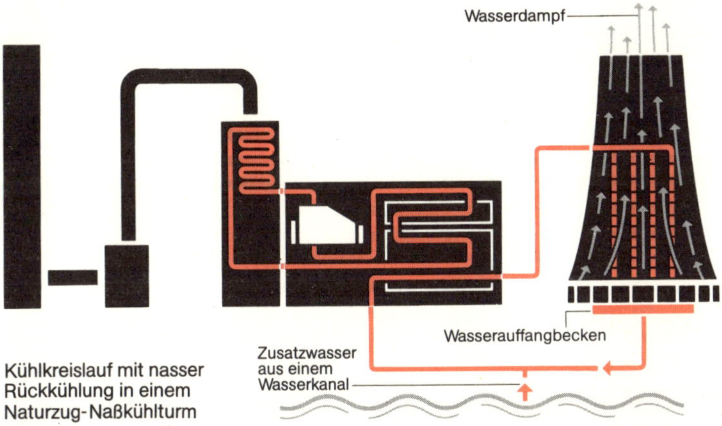

Abb. 2 Kühlkreislauf mit nasser Rückkühlung in einem Naturzug-Naßkühlturm

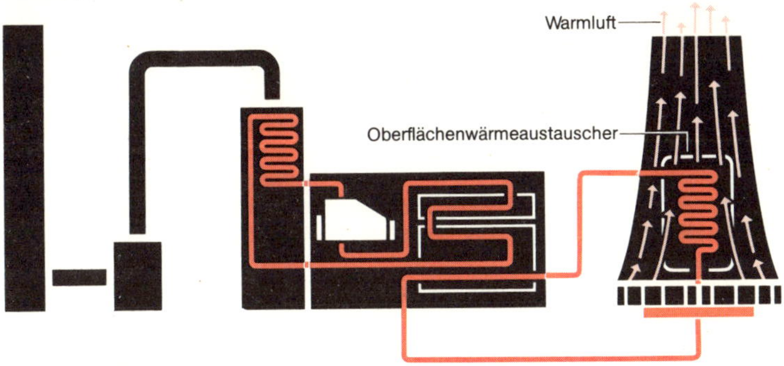

Abb. 3 Kühlkreislauf mit einem Trockenkühlturm

Energetisch bedingte Schadstoffemissionen

Die Emissionsmengen der einzelnen Schadstoffe weisen im Verlauf der letzten Jahre in der BR Deutschland durchaus unterschiedliche, z.T. sogar gegenläufige Tendenzen auf (Abb.1). Beim *Staubauswurf* ist eine stark fallende Tendenz in allen Bereichen erkennbar. Bei *Schwefeldioxid* (SO_2) und *Kohlenmonoxid* (CO) ist die Tendenz nur leicht fallend (bezüglich SO_2 wird die Verminderung hauptsächlich vom Sektor Industrie getragen, bezüglich der CO-Emissionen dagegen überwiegend von den Privathaushalten). Die Emission von *organischen Verbindungen* ist nahezu konstant geblieben.

Bei den *Stickoxiden* (NO_x) ist eine deutliche Steigerung der Emissionsmengen festzustellen, hauptsächlich verursacht durch den *Straßenverkehr*. Überhaupt zeigen die verkehrsbedingten Emissionen für alle Schadstoffe eine steigende Tendenz. Da der auf den Straßenverkehr entfallende Anteil an den Gesamtemissionen beträchtlich ist und die Freisetzung der entsprechenden Schadstoffe unmittelbar in Menschennähe erfolgt, sollten in diesem Bereich vorrangig Emissionsminderungsmaßnahmen getroffen werden. Allerdings kann man erwarten, daß mit der Einführung benzinsparender Technologien bei Autos die Gesamtemissionen in diesem Bereich zurückgehen werden.

Bei SO_2 und NO_x ist der Anteil der Kraftwerke an den Gesamtemissionen noch sehr hoch. Aufgrund der zur Zeit gültigen gesetzlichen Regelungen kann in Zukunft zwar mit einem abnehmenden Ausstoß an SO_2 gerechnet werden, gleichzeitig muß man aber mit einem zunehmenden Ausstoß an NO_x aus Kraftwerken rechnen.

Will man verschiedene Emissionen und ihre Einwirkungsmöglichkeiten miteinander vergleichen, muß man die von jeder Emission herrührende Schadwirkung feststellen. Hierzu ist es notwendig, die *Immission*, d.h. diejenige Schadstoffkonzentration, die auf den Menschen einwirkt, zu ermitteln. Der Übergang von der Emission zur Immission, die sog. *Transmission*, ist komplexer Natur und von sehr vielen Faktoren abhängig. Von wesentlichem Einfluß auf die Transmission ist neben der Wetterlage (Windrichtung, Windstärke, Bewölkung, Lufttemperatur) und der Erdbodenbeschaffenheit auch die effektive Kaminhöhe; diese hängt von der Kaminbauhöhe sowie von der Temperatur und der Austrittsgeschwindigkeit der Rauchgase am Kaminkopf ab. Bei Kenntnis aller dieser Faktoren kann für ein bestimmtes Gebiet die aus der Emission resultierende Zusatzimmission errechnet werden.

Da die Immissionen je nach Schadstoffart unterschiedlich starke Wirkungen zeigen, ist eine *Bewertung* unumgänglich. Hierzu können die maximalen Immissionskonzentrationen *(MIK-Werte)* herangezogen werden. Diese Grenzkonzentrationen sind nach heutiger Erfahrung im allgemeinen für Mensch, Tier und Pflanze unbedenklich. Den Zusammenhang zwischen den anteiligen Emissionen und den Immissionsanteilen der Emittentengruppen in einem Ballungsgebiet (Ruhrgebiet) verdeutlicht Abb. 2 am Beispiel von SO_2.

Es ist erkennbar, daß durch die „Politik der hohen Schornsteine“ eine deutliche Entlastung der näheren Umgebung des Emittenten erreicht wurde; allerdings auf Kosten der Fernbereiche, für die sich Probleme anderer Art ergeben. So verursachen insbesondere das Schwefeldioxid und die Stickoxide das Auftreten des *sauren Regens*, der heute für das Absterben von Nadelwäldern mitverantwortlich gemacht wird. Die Kraftwerke tragen trotz eines 40%igen Anteils an den Gesamtemissionen nur noch zu ca. 14% zur Immission im Nahbereich bei, während die Haushalte aufgrund der geringen Schornsteinhöhen bei einem Anteil von 9% an der Gesamtemission immerhin zu 23% zur Immission beitragen. Dagegen werden die Immissionen durch weiträumigen Transport zu 100% durch Kraftwerke und Industrie verursacht. Eine Nutzen-Kosten-orientierte Umweltpolitik muß diesen Sachverhalt berücksichtigen. Emissionsminderungsmaßnahmen z.B. nur im Kraftwerksbereich führen genauso wenig zum Ziel wie eine immer größere Bauhöhe der Schornsteine.

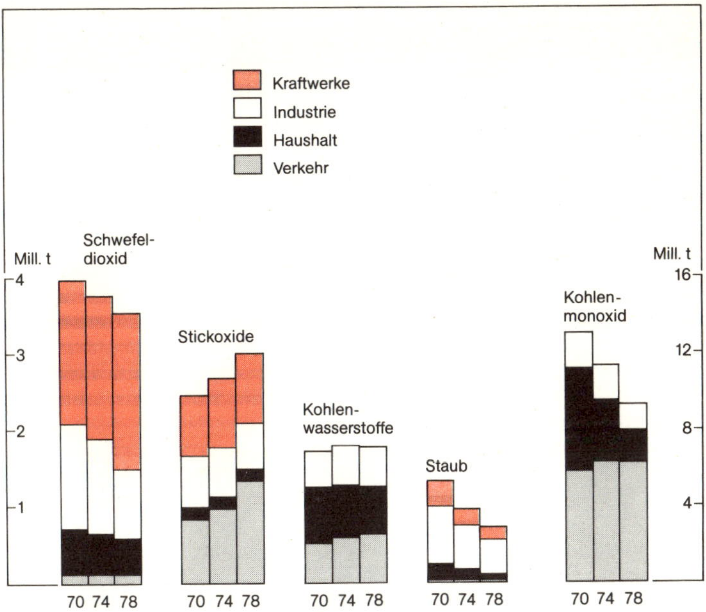

Abb. 1 Jährliche Schadstoffemissionen in der BR Deutschland (nach Angaben des Zweiten Immissionsschutzberichtes der Bundesregierung, März 1982)

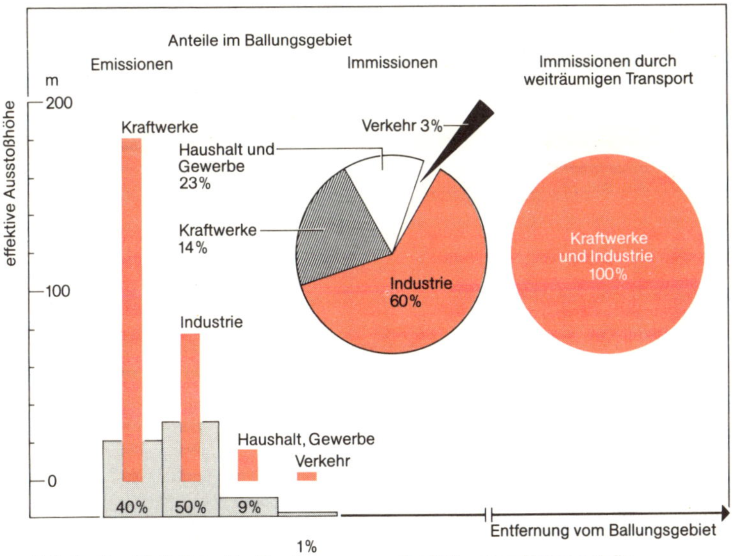

Abb. 2 Der Einfluß der Emittentengruppen des Ballungsgebietes auf die Immissionen im Nah- und Fernbereich (nach Umweltbundesamt, 1980)

Umweltbelastung durch radioaktive Schadstoffemissionen

Strahlung ist ein natürlicher Faktor unserer Umwelt. Das Leben auf der Erde hat sich in Jahrmillionen unter Strahleneinfluß entwickelt, so daß unterstellt werden kann, daß von der Grundstrahlung keine nachteiligen Störungen auf das natürliche Gleichgewicht ausgehen. Für die Beurteilung des Einflusses zusätzlicher künstlicher Strahlen auf die Umwelt ist daher das Ausmaß der natürlichen Strahlenexposition von großer Bedeutung.

Die *natürliche Strahlenbelastung* setzt sich zusammen aus einer kosmischen und terrestrischen *äußeren Bestrahlung* und aus einer *inneren Bestrahlung,* die durch die Aufnahme *(Inkorporation)* von radioaktiven Stoffen *(Radionuklide)* in den Körper verursacht wird. Die Inkorporation erfolgt über die Atemluft, mit der Nahrung und teilweise über die Haut.

Die *künstliche Strahlenbelastung,* die für das Jahr 1978 etwa die Hälfte der natürlichen Strahlenbelastung betrug (Tab. 1), wird hauptsächlich durch *medizinische Anwendungen* (z. B. Röntgendiagnostik) verursacht. Der geringe Anteil der künstlichen Strahlenbelastung, der durch *radioaktive Schadstoffemissionen* verursacht wird, ist nur indirekt über die Aktivitäten der freigesetzten Radionuklide meßbar. Daher ist es notwendig, auf *Rechenmodelle* zurückzugreifen. Ein derartiges Rechenmodell wurde vom Gesetzggeber (Allgemeine Berechnungsgrundlage für die Strahlenexposition bei radioaktiven Ableitungen mit der Abluft oder in Oberflächengewässern, Richtlinie zu § 45 Strahlenschutzverordnung) festgelegt.

Aufgrund der Vielzahl der Einwirkungsmöglichkeiten radioaktiver Emissionen auf den Menschen (Abb. 1) ist es erforderlich, sich auf die *Hauptbelastungspfade* – z. B. Weide-Kuh-Milch-Pfad, Pflanzen-Mensch-Pfad, Futter-Fleisch-(-Fisch)-Mensch-Pfad – zu beschränken. Da Milch für Kleinkinder die Ernährungsbasis darstellt, ist der *Weide-Kuh-Milch-Pfad* für Kleinkinder von besonderer Bedeutung. Bemerkenswert ist, daß in der Milch eine erhebliche Aufkonzentrierung der in die Umwelt gelangten Radionuklide stattfindet (1–10% der täglich von der Kuh aufgenommenen Menge finden sich in der Milch wieder) und daß hier auch kurzlebige Radionuklide eine Rolle spielen, weil die Milch relativ rasch verbraucht wird.

Die Belastung über den *Pflanzen-Mensch-Pfad* wird hauptsächlich durch die direkte Ablagerung von Radionukliden aus der Luft auf die Pflanzen bzw. durch die künstliche Beregnung mit Flußwasser verursacht. Der *Futter-Fleisch-(-Fisch)-Mensch-Pfad* ist aufgrund der nacheinander ablaufenden Anreicherungsvorgänge besonders kritisch bei Radionukliden, die sich im Fleisch oder in Organen von Tieren anreichern.

Aus Vereinfachungsgründen hat man für die Weitergabe eines Radionuklids in der Nahrungskette sog. *Transferfaktoren* ermittelt und für die Berechnung der Dosisbelastung des Körpers sog. *Dosisfaktoren* festgelegt. Entscheidend für die Gültigkeit der Berechnungen ist daher die sorgfältige und streng konservative (schlechtmöglichster Fall) Ermittlung dieser Faktoren.

Bezüglich Radiotoxizität (Radionuklide mit der höchsten Radiotoxizität sind α-Strahler; z. B. Polonium 210, Radium 226, Plutonium 239), Freisetzungsmenge und Verhalten in den Nahrungsketten sind einige Radionuklide von (unterschiedlichem) Interesse:

- *Tritium* (H 3) ist ein β-Strahler mit einer Halbwertszeit von 12,3 Jahren. Es wird anstelle von normalem Wasserstoff in Wasser und organische Verbindungen eingebaut. Es nimmt an allen Stoffwechselvorgängen teil und ist daher von besonderer Bedeutung.
- *Kohlenstoff 14* (C 14) ist ein β-Strahler mit einer Halbwertszeit von 5 600 Jahren. Er wird wie Tritium in organische Materie (anstelle des normalen Kohlenstoffs) eingebaut.
- Die *Edelgasisotope Krypton 85* und *Xenon 133* haben neben Tritium den größten Anteil an der Radioaktivitätsabgabe aus kerntechnischen Anlagen. Ihre

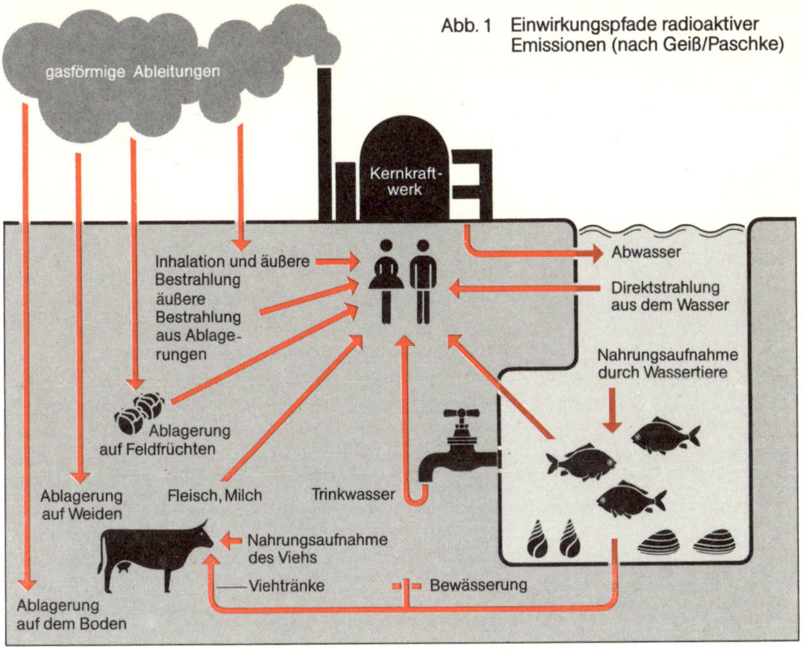

Abb. 1 Einwirkungspfade radioaktiver Emissionen (nach Geiß/Paschke)

Natürliche Strahlenexposition	ca. 110 mrem/a
durch kosmische Strahlung in Meereshöhe	ca. 30 mrem/a
durch terrestrische Strahlung von außen	ca. 50 mrem/a
bei Aufenthalt im Freien	ca. 43 mrem/a
bei dauerndem Aufenthalt in Häusern	ca. 57 mrem/a
durch inkorporierte natürliche radioaktive Stoffe	ca. 30 mrem/a
Künstliche Strahlenexposition	ca. 60 mrem/a
durch kerntechnische Anlagen	< 1 mrem/a
durch Verwendung radioaktiver Stoffe und ionisierender Strahlung in Forschung, Technik und Haushalt	< 2 mrem/a
technische Strahlenquellen	< 1 mrem/a
Industrieerzeugnisse	< 1 mrem/a
Störstrahler	< 1 mrem/a
durch berufliche Strahlenexposition (Beitrag zur mittleren Strahlenexposition der Bevölkerung)	< 1 mrem/a
durch Anwendung ionisierender Strahlen und radioaktiver Stoffe in der Medizin	ca. 50 mrem/a
Röntgendiagnostik	ca. 50 mrem/a
Strahlentherapie	< 1 mrem/a
Nuklearmedizin	ca. 2 mrem/a
durch Strahlenunfälle und besondere Vorkommnisse	0
durch Fall-out von Kernwaffenversuchen	< 1 mrem/a
von außen im Freien	< 1 mrem/a
durch inkorporierte radioaktive Stoffe	< 1 mrem/a

Tab. 1 Genetisch signifikante jährliche Strahlenexposition der Bevölkerung der Bundesrepublik Deutschland

Radiotoxizität ist jedoch gering. Der wichtigste Belastungspfad ist die Bestrahlung des Menschen von außen.

- *Jod 129* und *Jod 131* als Spaltprodukte sind wegen ihrer Anreicherung in der Schilddrüse von radioökologischer Bedeutung. Die Halbwertszeit von J 131 beträgt 8 Tage, die von J 129 dagegen 17 Millionen Jahre. Kritische Pfade für beide Spaltprodukte sind der Weide-Kuh-Milch-Pfad und der Gemüse-Mensch-Pfad.
- *Strontium 89* und *Strontium 90* sind ebenfalls Spaltprodukte und gelangen wie Jod hauptsächlich über den Weide-Kuh-Milch-Pfad bzw. Pflanzen-Mensch-Pfad in den Menschen. Etwa 90% des Strontiums im menschlichen Körper finden sich in den Knochen. Dies bedeutet, daß ein großer Teil des einmal in den menschlichen Körper eingebrachten Strontiums diesen nicht wieder verläßt.

Neben den genannten Radionukliden werden aus *kerntechnischen Anlagen* noch eine Vielzahl von Radionukliden (Cäsium 137, Technetiumisotope, Radium, Uran und Transurane) freigesetzt.

Im *Uranbergbau* entweicht beim Brechen des uranhaltigen Gesteins hauptsächlich *Radon 222*, das zusammen mit den an Staubpartikel gebundenen Zerfallsprodukten *Radium 226* und *Protactinium 231* über die Stollenbewetterung in die Atmosphäre gelangt. Bei der Uranerzaufbereitung fallen große Mengen an schwach kontaminierten Abfallerzen und Waschwässer an, die vom Grundwasser fernzuhalten sind.

Aus den *Uranumwandlungsanlagen* (s. S. 188) fallen neben konventionellen Schadstoffen (wie Stickoxide und Fluorverbindungen) auch geringe radioaktive Emissionen, vorwiegend *Uranstaub* und *Uranhexafluorid* (UF_6), an.

Bei den *Anreicherungsverfahren* (s. S. 188) fällt außer angereichertem Uranhexafluorid (3%) auch *abgereichertes Uranhexafluorid* (0,2–0,3%) an, das zwischengelagert werden muß. Beim Betreiben der Anlagen gelangt dieses Uranhexafluorid sowohl in die Atmosphäre als auch in die Hydrosphäre.

Bei der nächsten Stufe der nuklearen Prozeßkette, der *Brennelementherstellung* (s. S. 188), wird das angereicherte Uranhexafluorid mit Wasserdampf und Wasserstoff zu *Urandioxid* (UO_2) umgesetzt. Hier ist der Hauptbelastungspfad das Abwasser. Das Abwasser mit den Radionukliden (Uran 234, 235 und 238, Thorium 234, Protactinium 234) wird daher zunächst in ein Absetzbecken geleitet.

Die Freisetzung von radioaktiven Stoffen aus *Kernkraftwerken* kann sowohl über die Abluft als auch über das Abwasser erfolgen. Die im Normalbetrieb zu erwartenden Freisetzungen eines Siedewasser- und eines Druckwasserreaktors sind relativ gering. Interessant ist in diesem Zusammenhang, daß Kohlekraftwerke in etwa dieselbe Dosisbelastung bewirken wie Kernkraftwerke (Tab. 2).

Die wichtigste Stufe der nuklearen Prozeßkette bezüglich der Radionuklidemissionen stellt die *Wiederaufbereitung der abgebrannten Kernbrennstoffe* dar. Neben dem Anfall an festen und flüssigen radioaktiven Abfällen (s. S. 196) gelangen in dieser Prozeßstufe v. a. Krypton 85, Tritium (H 3), Kohlenstoff 14, Jod 129 und Jod 131 in die Atmosphäre.

Alles in allem ist die Strahlenbelastung der Bevölkerung durch radioaktive Emissionen aus kerntechnischen Anlagen im Nomalbetrieb außerordentlich gering; dennoch stellt das radioaktive Inventar z. B. eines Kernreaktors ein erhebliches Gefährdungspotential dar. Diesem Sachverhalt wird durch entsprechende Vorsorge- und Sicherheitsmaßnahmen Rechnung getragen (s. S. 186).

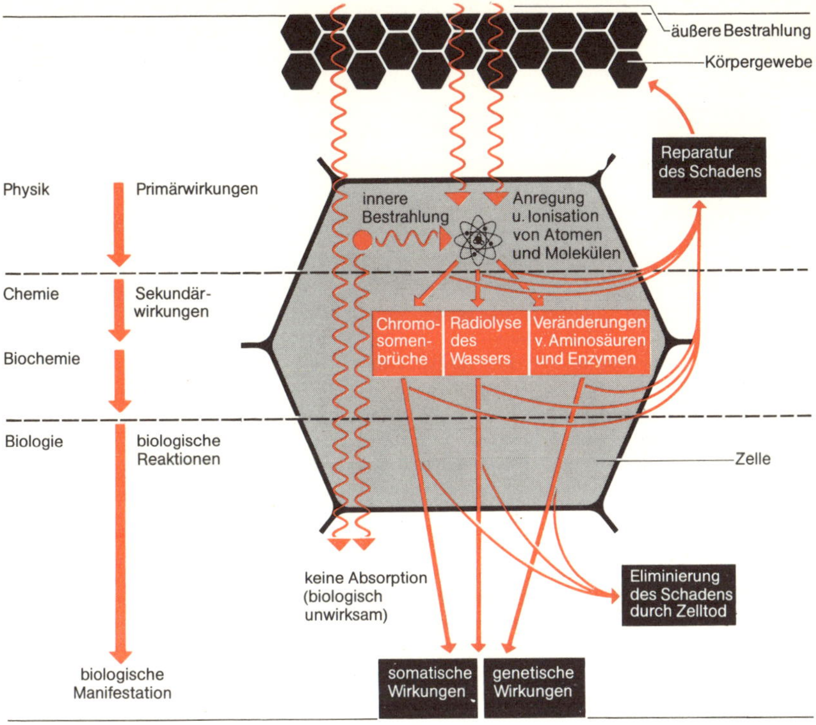

Abb. 2 Strahlenbiologische Reaktionskette

	Keimdrüsen-dosis (Sv/a)	effektive Dosis (Sv/a)
Urangewinnung und -verarbeitung, Brennelementherstellung u.a.		
Allgemeinbevölkerung	0,2	5,0
Beschäftigte	2,0	2,0
100-MW-Kernkraftwerk		
Allgemeinbevölkerung	1,6	1,6
Beschäftigte	4,0	4,0
1000-MW-Kohlekraftwerk		3,8
Wiederaufarbeitungsanlage		
Allgemeinbevölkerung	3,0	3,0
Beschäftigte	1,0	1,0
kerntechnischer Brennstoffkreislauf insgesamt	11,8	16,6
Kernkraftwerksunfälle		
stochastische Auswirkungen		30

Tab. 2 Folgeäquivalentdosis (in Sievert pro Jahr) der Strahlung aller von kerntechnischen Anlagen bzw. einem Kohlekraftwerk emittierten radioaktiven Stoffe

Literaturverzeichnis

K. Bach, Wärmepumpen. Wirtschaftliche Heizwärme, Abwärmenutzung, Wärmerückgewinnung, Grafenau [3]1982.

R. Bachofen u.a., Biomasse. So entsteht Bioenergie, München 1981.

M. Ballmer, Energiesparen von A bis Z, Luzern/Frankfurt a. M. 1980.

G. Bischoff/W. Gocht (Hg.), Das Energiehandbuch, Wiesbaden [4]1981.

J. O'M. Bockris/E. W. Justi, Wasserstoff – die Energie für alle Zeiten. Konzept einer Sonnen-Wasserstoff-Wirtschaft, München 1980.

W. Böning (Hg.), Elektrische Energietechnik, 2 Bände, Berlin u.a. [29]1978.

A. Buch, Kohle: Grundstoff der Energie, München 1979.

F. Cap, Energieversorgung. Probleme und Ressourcen, Stuttgart 1981.

Energiepolitik. Grundlagen und Perspektiven, Stuttgart u.a. 1981.

J. Fricke/W. L. Borst, Energie. Ein Lehrbuch der physikalischen Grundlagen. Regenerative Energiequellen – Energiespeicherung – Energietransport – Energiekonservierung, München/Wien 1981.

F. Frisch, Klipp und klar, 100 × Energie. Von der Windmühle bis zum Kernkraftwerk, Mannheim u.a. 1977.

R. Gerwin, So ist das mit der Entsorgung, Düsseldorf 1978.

R. Gerwin, Die Welt-Energieperspektive, Stuttgart 1980.

P. Gräff/A. Rauh, Unabhängig mit Sonnenenergie, München 1980.

M. Grathwohl, Energieversorgung. Ressourcen, Technologien, Perspektiven, Berlin/New York [2]1983.

D. Hayes, Alternative Energien, Hamburg [2]1979.

O. Höfling, Energieprobleme, Köln 1980.

J. V. Hurdes, Energie für jedermann, Karlsruhe 1982.

L. Jarass, Strom aus Wind, Berlin u.a. 1981.

C. Keller/H. Mölliger (Hg.), Kernbrennstoffkreislauf, 2 Bände, Heidelberg 1978.

M. Kraft, Ergebnisse der Energieforschung, Stuttgart 1982.

F. v. König, Windenergie in praktischer Nutzung, München [3]1981.

W. Kremers u.a., Neue Wege der Energieversorgung, Wiesbaden 1982.

K. U. Kuhlo, Das Energiesparbuch für jedermann, Berlin 1980.

G. Lehner u.a., Solartechnik. Grundlagen, Anwendungen, Zukunftsaussichten, Gräfenau, Köln [3]1981.

E. Lüscher (Hg.), Kernenergie und Kerntechnik, Braunschweig/Wiesbaden 1982.

S. Lyons u.a. (Hg.), Sonne! Eine Standortbestimmung für eine neue Energiepolitik, Frankfurt a. M. 1979.

M. Meliss (Hg.), Energiequellen für morgen? Nichtnukleare, nichtfossile Primärenergiequellen, Frankfurt a. M. 1976.

K. M. Meyer-Abich (Hg.), Energieeinsparung als neue Energiequelle. Wirtschaftspolitische Möglichkeiten und alternative Technologien, München 1979.

H. Michaelis, Handbuch der Kernenergie, 2 Bände, München 1982.

E. Münch (Hg.), Tatsachen über Kernenergie, Essen, Gräfelfing 1980.

V. Petzold, Energie aus Sonne, Wasser, Wind und Eis, Niedernhausen 1981.

K.-H. Preuß, Wege zur Bescheidenheit. Strategien für die Zukunft, Frankfurt 1981.

H. Rau, Geothermische Energie. Weltweite Nutzung der Erdwärme, München 1978.

H. Rohde, Das Energiesparbuch, Stuttgart 1981.

E. Rummich, Nichtkonventionelle Energienutzung, Wien/New York [2]1981.

B. Ruske/D. Teufel, Das sanfte Energie-Handbuch, Reinbek [3]1982.

H.-J. Schlichting, Energie in Naturwissenschaft und Umwelt, Heidelberg 1982.

E. F. Schmidt, Unkonventionelle Energiewandler, Berlin 1975.

D. Sinn, Kernkraftwerke – eine Lösung für die Zukunft?, Würzburg 1978.

E. Teller, Energie für ein neues Jahrtausend, Berlin 1981.

W. Weber, Chemische Energetik, Köln 1981.

K. Wenk (Hg.), Naturerscheinung Energie, Braunschweig 1977.

K. Winnacker, Schicksalsfrage Kernenergie, Düsseldorf 1978.

REGISTER

Kursive Seitenzahlen geben jeweils die Haupttextstelle an

F

G

L

M

N

O

P

Q

R

S

T

U